Gert Hack / Fritz Indra · Mehrventil-Motoren

Gert Hack/Fritz Indra

Mehrventil-Motoren

Entwicklung · Technik · Typen

Motorbuch Verlag Stuttgart

Einbandgestaltung: Gunar Braunke, unter Verwendung einer Abbildung von BMW.

Fotos und Abbildungen: Alfa Romeo (2), Archiv (60), Audi (12), BMW (38), Citroen (3), Daihatsu (2), Ferrari (2), Fiat (2), Ford (4), GM (5), Hack (6), Honda (25), Indra (32), Jaguar (2), KKK (3), Lancia (7), Lotus (2), Maserati (2), M.A.N. (4), Mercedes-Benz (37), Mitsubishi (2), Nissan (1), Opel (32), Peugeot (8), Porsche (9), Renault (2), Rover (2), Saab (1), Seufert (2), Subaru (1), Suzuki (1), Toyota (13), Triumph (1), Yamaha (3), VW (8).

ISBN 3-613-01375-4

1. Auflage 1991

Druck: Rems-Druck & Co., 7070 Schwäbisch Gmünd.
Bindung: K. Dieringer, 7016 Gerlingen.
Printed in Germany.

Inhalt

Am Stand der Technik

Vorwort

Stillstand ist Rückschritt. Dies gilt in ganz besonderem Maße für die technische Entwicklung von Automobilen, zumal der internationale Konkurrenzdruck und ein Übermaß an Produktionskapazität zu häufigen Modellerneuerungen zwingen. Natürlich ist auch das Herz des Automobils, sein Motor, von der technischen Weiterentwicklung nicht ausgeschlossen – im Gegenteil. Nach wie vor wird die Fähigkeit, besonders leistungsfähige und auch effiziente Motoren zu entwickeln, dem Hersteller hoch angerechnet und trägt zum guten Image bei. Speziell die Vierventil- oder Mehrventiltechnik ist ein solcher Imageträger. Aus dem Rennsport kommend, wird die anspruchsvolle Bauweise mühelos mit Hochleistung in Verbindung gebracht, eine Assoziation, die dem Verkauf von Automobilen noch nie geschadet hat. Doch ist es nicht die hohe spezifische Leistung allein, die der Mehrventiltechnik in den letzten Jahren zum Durchbruch verholfen hat, die wäre zur Not auch mit einfacheren Mitteln erreichbar gewesen. Auch andere Anforderungen, wie beispielsweise eine effizientere und auch saubere Verbrennung läßt sich mit mehr Ventilen leichter in die Tat umsetzen. Dies haben mittlerweile alle namhaften Automobilhersteller erkannt. Vier- oder Mehrventilmotoren sind auf breitester Ebene im Angebot, von 550 cm^3 bis über fünf Liter Hubraum. Ja sogar im Dieselbereich, der ja nicht unbedingt etwas mit Höchstleistung zu tun hat, wurden Drei- und Vierventiler entwickelt. Natürlich ist die Entwicklung auf diesem Gebiet ineinandergreifend. Zweiventiler, Dreiventiler und Vierventiler werden noch viele Jahre nebeneinander produziert werden. Doch der Trend zu mehr als zwei Ventilen pro Zylinder ist unverkennbar und auch nicht wieder umkehrbar. Denn das Bessere ist auf Dauer des Guten Feind. Vierventiler sind heute Stand der Technik. Und wenn es wieder einmal eines Beweises für die Befruchtung der Serie durch den Rennsport bedarf – hier ist er. Die Geschichte des Vierventilers läßt keine andere Interpretation zu.

Gert Hack/Fritz Indra

Der lange Marsch

Der Motorsport als Wegbereiter des Vierventilers

Rund 100 Jahre hat das Automobil alt werden müssen, bis dem Vierventiler, oder besser gesagt dem Mehrventiler, der volle Durchbruch zur Großserienreife gelang. Doch diese hundert Jahre, vom milde verpuffenden Benz-Einzylinder bis zum heutigen Stand der Motortechnik, die in Form des Mercedes-Achtzylinders mit vier Ventilen pro Brennraum und variablen Steuerzeiten ganz gut dokumentiert wird, waren ein langer und beschwerlicher Weg. Er gleicht der automobilen Entwicklung an sich, ist gespickt mit Irrwegen und Fehleinschätzungen, aber auch gekrönt von manchen Erfolgen. Wegbegleiter sind bekannte und berühmte Firmennamen, wie eben Daimler-Benz, Peugeot, Opel, Fiat, Bentley, Aston Martin, BMW oder Triumph. Doch auch weniger bekannte oder nicht mehr existierende Firmen haben die Entwicklung des Vierventilers beeinflußt. In diesem Zusammenhang sei an Simson Supra, Brennabor und Duesenberg ebenso erinnert wie an Borgward oder Bugatti. Zurückblickend läßt sich aber eines ganz klar festhalten: Es gab in diesen hundert Jahren keine kontinuierliche Entwicklung zum Vier- oder Mehrventiler. Es gab eine Reihe von Anläufen mit teilweise überzeugenden Ergebnissen. Aber es gab immer auch wieder Perioden, in denen diese Bauart völlig in Vergessenheit geriet. Doch damit dürfte jetzt, nach dem Durchbruch, endgültig Schluß sein.

Die Ursprünge der Mehrventiltechnik lassen sich bis in das vergangene Jahrhundert verfolgen. So sieht bereits im Jahre 1888 eine Patentschrift zwei Auslaßventile für Gas- und Petroleumkraftmaschinen vor. Dennoch: Die Entwicklung des Vierventilers fällt in dieses Jahrhundert und läßt sich, ganz grob, in drei Zeitphasen aufteilen, wobei die letzten beiden ineinandergreifen. Phase eins reicht von 1906 bis zum Ausbruch des Zweiten Weltkrieges, also bis 1939. Es war die empirische und experimentelle Phase dieser Motorbauart, ja des Automobilbaus an sich, mehr von Rückschlägen als von bahnbrechenden Konstruktionen gekennzeichnet. Letztere gab es natürlich auch, wie noch berichtet wird.

Phase zwei beginnt lange nach dem Zweiten Weltkrieg, genauer gesagt Ende der fünfziger Jahre, nachdem das Konstruktionsprinzip des Vierventilers gut 20 Jahre lang wegen hervorragender Ergebnisse der hochentwickel-

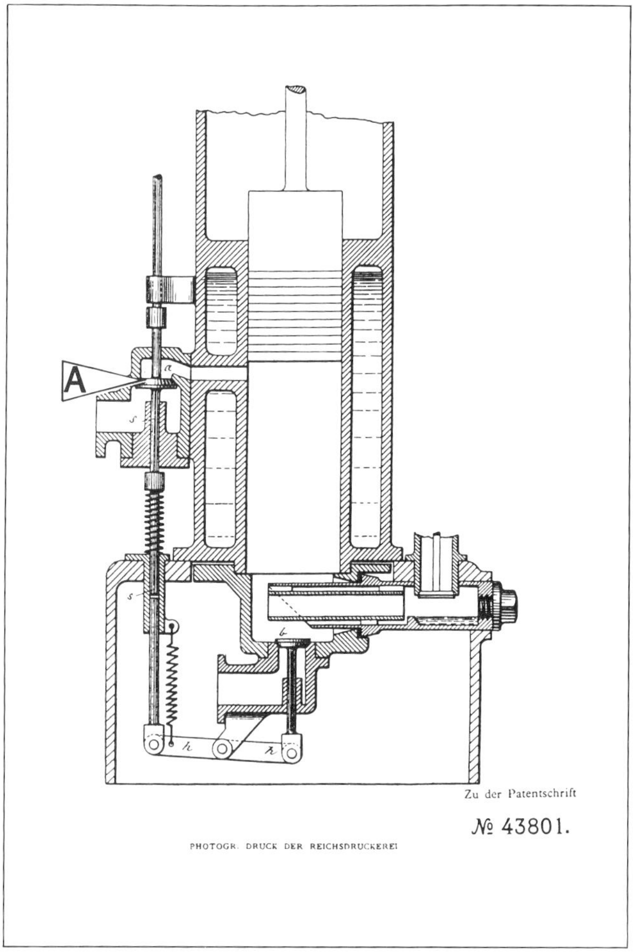

Erste Ansätze der Mehrventil-Technik finden sich bereits im Jahre 1888. In der Patentschrift Nr. 43801 des Kaiserlichen Patentamtes in Berlin wird erstmalig die Anwendung von zwei gleichzeitig bewegten Auslaßventilen (A) an Petroleum- und Gaskraftmaschinen beschrieben.

ten Zweiventiler nicht gefragt war. Aber der Vierventiler wurde wiederentdeckt, seine Vorteile mit besserem Ingenieurswissen konsequenter in die Tat umgesetzt, und er ist letztendlich bis heute die dominierende Motorenbauart bei Rennmotoren.

Phase drei ist die schwierigere Umsetzung des Mehrventilprinzips und die Anwendung seiner Vorteile für die Großserie. Sie begann schon in den frühen siebziger Jahren, kam aber beim Automobil erst Mitte der Achtziger richtig in Schwung. Der Rest ist als Stand der Technik bekannt. Heute gibt es kaum einen Automobilhersteller von Rang und Namen, der die Vier- oder Mehrventiltechnik nicht praktiziert, mit zunehmender Durchsetzung aller Hubraum- und Leistungsklassen. Daß dabei der Motorsport wieder einmal dynamischer Wegbereiter für eine fortschrittliche und letztendlich unter dem Strich auch vorteilhafte Technologie war, sei nur am Rande erwähnt, zumal diese wichtige Funktion des sportlichen Wettbewerbs immer wieder in Frage gestellt wird.

Stationen der Entwicklung	
Jahr	Hersteller/Fabrikat
1906	Hotschkiss-Patent
1909	Fiat 561 Corsa
1910	Benz, Opel
1912	Peugeot/Henry-Motor
1919	Bugatti Brescia
1921	Offenhauser Indy-Motor
1924	Rudge Radial-Vierventiler
1924	Mercedes Targa Florio-Rennwagen
1926	Simson Supra S
1937	Mercedes W125F 1-Wagen (750 kg-Formel) 8 Zylinder
1939	Mercedes W154 Formel 1 (3 Liter-Formel) 12 Zylinder
1957	Borgward RS
1962	Honda Motorrad-Rennmotor
1965	Coventry Climax 1,5 / Formel 1
1966	BMW-Apfelbeck-Motor
1967	Ford Cosworth DFV F1
1967	Ferrari F1 Zwölfzylinder
1970	Ford Escort RS 1600 (BDA)
1972	Jensen Healey (Lotus)
1973	Chevrolet Vega Cosworth
1974	Lotus (alle Modelle)
1974	Triumph Dolomite Sprint
1978	BMW M1
1982	Nissan Silvia
1982	Toyota Corolla GT
1983	Audi Quattro Sport
	Ferrari 308 Quattrovalvole
	Mercedes 190E 2,3/16
	BMW M635CSi
	VW Scirocco 16V
	Saab 900 Turbo 16V
	Jaguar 3,6 Liter

DIE WILDEN JAHRE

Bei der Entwicklung des Automobils stand sein Antrieb, also der Motor, für die damit befaßten Techniker mit weitem Abstand im Vordergrund des Interesses. Er war es schließlich, der die ziehenden Pferde überflüssig machte, und er war es auch, der bis dato nicht für möglich gehaltene Fahrleistungen und Geschwindigkeiten ermöglichte. Das Streben und Trachten der ersten Automobil-Ingenieure galt also in erster Linie einem möglichst leistungsfähigen Motor, der in seiner Entwicklung – und das gilt

Bei Großdiesel-Maschinen wurde die Vierventiltechnik schon sehr früh eingesetzt. Die Abbildung zeigt einen Zylinderdeckel des M.A.N.-Dieselmotors DM 200 von 1906. Die Ventile werden durch lange Kipphebel und Stoßstangen betätigt.

nicht nur für die Rennwagen jener Frühzeit – den anderen Bereichen des Automobils meist voraus war. Allein die Maschine, deren Leistungsfähigkeit und Standfestigkeit, machten damals die Qualität eines Autos aus. Fahrwerk, Karosserie und andere Bauteile hinkten dieser Entwicklung weit hinterher. Und ein wenig von dieser motororientierten Beurteilung ist selbst im Zeitalter der Massenproduktion des Automobils immer noch zu spüren.

So ist auch eine Tatsache zu erklären, die heutige Automobilhersteller immer wieder verblüfft: In den ersten drei Jahrzehnten der Automobilgeschichte wurden fast alle motorspezifisch wichtigen Erfindungen gemacht, ob es sich nun um den reinen Maschinenbau handelt oder um die Thermodynamik der Verbrennungsmaschine. In diese frühe Phase fällt auch die Vierventiltechnik, die bereits 1906 für die französische Firma Hotschkiss patentiert wurde. Es sei daran erinnert, das gerade ein Jahr zuvor, also 1905, der Schweizer Dr. Alfred Büchi das Prinzip des Abgasturboladers erfunden hatte. Und bei der im Dieselmotorbau führenden deutschen Maschinenfabrik M.A.N. gab es im Jahr 1906 sogar schon einen ausgeführten Vierventil-Dieselmotor, den Motortyp DM200, dessen vier Ventile über riesige Kipphebel betätigt wurden.

Die Vierventiltechnik beim Ottomotor sinnvoll umzusetzen, war nicht ganz so einfach wie beim Diesel. Denn man muß sich vor Augen halten, daß in der Frühzeit des Automobils wichtige Technologien, Bearbeitungsverfahren, Materialien, Gußtechniken, Abdichtungsverfahren und auch Meßtechniken entweder noch gar nicht bekannt waren oder erst in den Kinderschuhen steckten. So gab es beispielsweise keine Möglichkeit, Zylinderkopf und Motorblock zuverlässig miteinander zu verschrauben. Auch gas- und wasserdichte Zylinderkopfdichtungen waren noch in weiter Ferne. Die im Nachhinein kompliziert anmutende, in der damaligen Zeit aber einzig praktikable,

Bild 61. Benz-Rennmotor (Querschnitt). Maßst. 1 : 5.

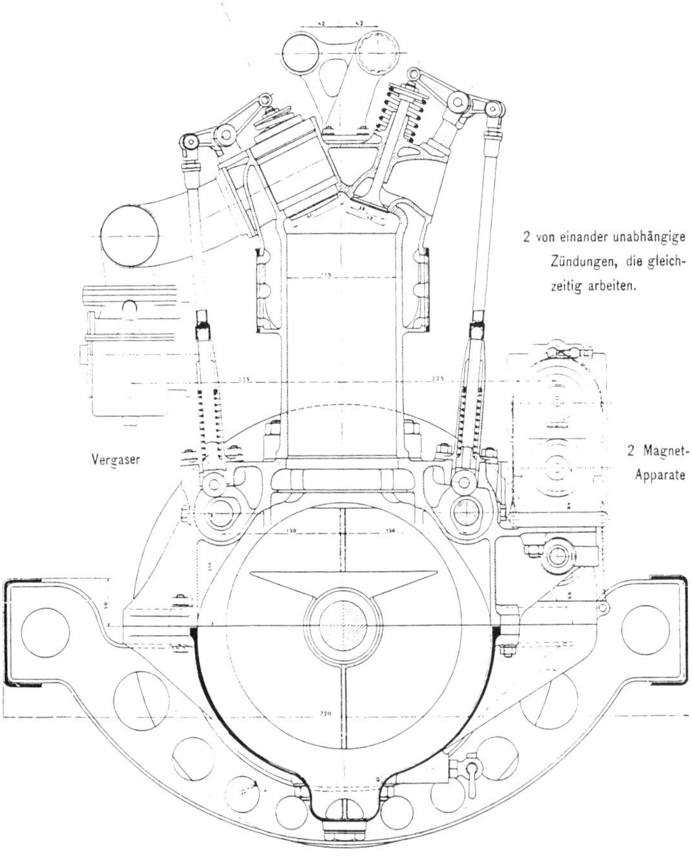

In der Frühzeit des Automobilbaus gab es keine Möglichkeiten, Zylinder und Zylinderkopf druckdicht miteinander zu verschrauben. Sie wurden daher entweder aus einem Stück gefertigt, oder verschweißt. Hier der Querschnitt des ersten Vierventilers von Benz (1910), dessen vier Ventile von zwei untenliegenden Nockenwellen über lange Stoßstangen betätigt wurden. Die Ventilwinkel (Einlaß 25° , Auslaß 20°) entsprechen durchaus auch neuzeitlichen Vorstellungen.

weil haltbare Lösung war, Zylinder und Kopf aus einem Stück zu gießen, was natürlich Nachteile bei der Bearbeitung, der Brennraumgestaltung und der Materialauswahl nach sich zog. Aber immerhin: Das Problem der unzuverlässigen Zylinderkopfabdichtung war dadurch gelöst. Auch gab es immer wieder Teile, die zwar zum Betrieb des Motors unentbehrlich waren, wie beispielsweise Zündkerzen, aber mit hoher Störanfälligkeit behaftet waren. Man sah solche Teile dann eben zwei- oder dreifach vor. So weisen die allerersten Vierventilmotoren zu Beginn dieses Jahrhunderts solche typischen Merkmale auf.

Angesichts solcher Einschränkungen ist es beachtlich, daß schon die erste Vierventilkonstruktion von Hotschkiss in St. Denis bei Paris die grundlegenden Vorteile der Vierventilanordnung für Gaswechsel und Verbrennung deutlich aufzeigte. Denn das Patent aus dem Jahr 1906 könnte prinzipiell auch für eine modernere Konstruktion zutreffend sein. Es beschreibt die dachförmige Anordnung der Ventile, wodurch ein kompakter Brennraum entsteht, in dem von zentraler Stelle aus die Verbrennung eingeleitet werden kann. Optimal ist dies deshalb, weil die Auslösung der Verbrennung genau aus der Mitte heraus bessere Voraussetzungen für die Verbrennung

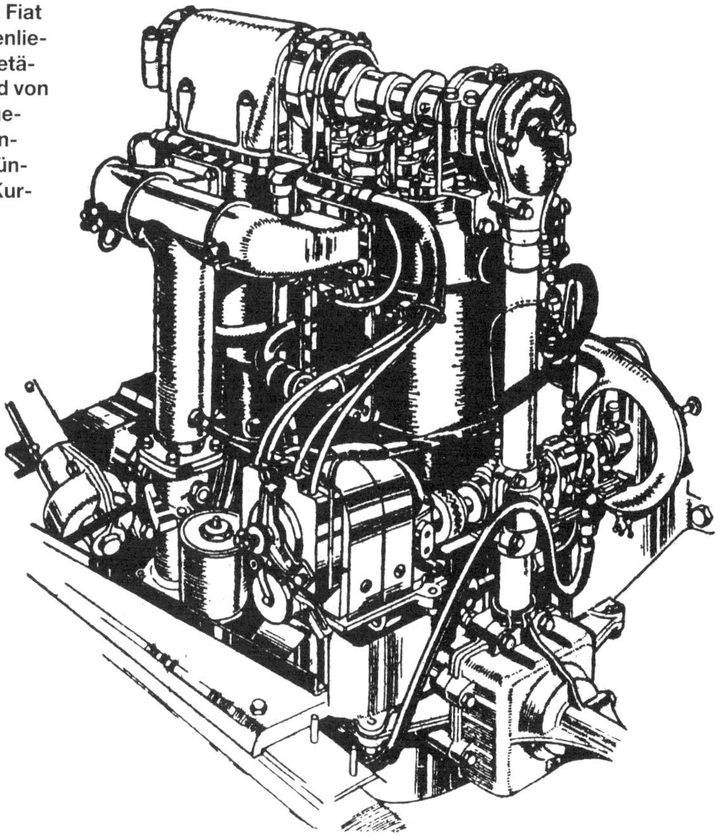

Erster Vierventiler von Fiat im Jahr 1909. Eine obenliegende Nockenwelle betätigt die Ventile; sie wird von einer Königswelle angetrieben, die aus schwingungstechnischen Gründen schneller als die Kurbelwelle lief.

selber schafft, als dies bei der Zweiventiltechnik möglich ist. Die Verdoppelung der Ventilzahl erlaubte die Unterbringung von insgesamt mehr freiem Ventilquerschnitt, wodurch die Frischgase besser einströmen bzw. die verbrannten Gase besser ausgestoßen werden können. Die durch den erhöhten Aufwand erzielbaren Verbesserungen wurden also schon sehr früh erkannt und auch angewandt. Daß die Literleistung dieser ersten Rennmotoren von ca. 10 kW (13,6 PS) nicht einmal heutiges Dieselniveau erreichten, lag am Unvermögen, die Drehzahlen anzuheben, an den extrem langen Hüben und damit hohen Kolbengeschwindigkeiten, an der niedrigen Verdichtung und am mangelndem Wissen über den eigentlichen Verbrennungsablauf.

ENTWICKLUNGSHELFER MOTORSPORT

Dennoch dauerte es nicht lange, da begannen Vierventiler im Motorsport ihre ersten Gehversuche – zum Teil sehr erfolgreich. Fiat machte den Anfang mit dem Typ 651 Corsa von 1909. Besondere Kennzeichen waren

Der Opel-Vierventiler verfügt ebenfalls über eine obenliegende Nockenwelle mit Königswellenantrieb. Die Ventile selbst wurden durch Kipphebel betätigt, die Ventilfedern liegen zur besseren Kühlung außen.

zehn Liter Hubraum mit vier Zylindern – also 2,5 Liter Hubraum pro Zylinder. Die Motorhöchstleistung stellte sich bei 1500 Umdrehungen pro Minute ein. Beachtlich aber die sonstigen High-Tech-Merkmale: Die obenliegende Nokkenwelle wurde durch eine Königswelle angetrieben, die aus schwingungstechnischen Gründen schneller als die Kurbelwelle lief.

Auch kuriose Lösungen gab es schon. So versprach sich ein Bastler sehr viel von einem sehr großen, mittig angordnetem Einlaßventil, das von vier kleinen Auslaßventilen umgeben war. Ein Einzylinder-Borderaux von 1909 hatte sogar schon sechs Ventile aufzuweisen, die über Zugstangen betätigt wurden. Auch über einen Motor, der über drei obenliegende Nockenwellen, fünf Ventile und zwei Zündkerzen pro Zylinder verfügte, wird berichtet.

Wer sich heute über solche Kuriositäten amüsiert, sollte bedenken, daß sich damals noch keine Vorrichtung zur Steuerung des Gaswechsels als signifikant vorteilhaft herausgestellt hatte. Es gab seitlich stehende Ventile, die sich ja bekanntlich bis Mitte des Jahrhunderts halten konnten, es gab Schnüffelventile, waagrecht liegende Ventile und alle möglichen Betätigungsvorrichtungen dafür. Es gab aber auch schon sehr früh V-förmig im

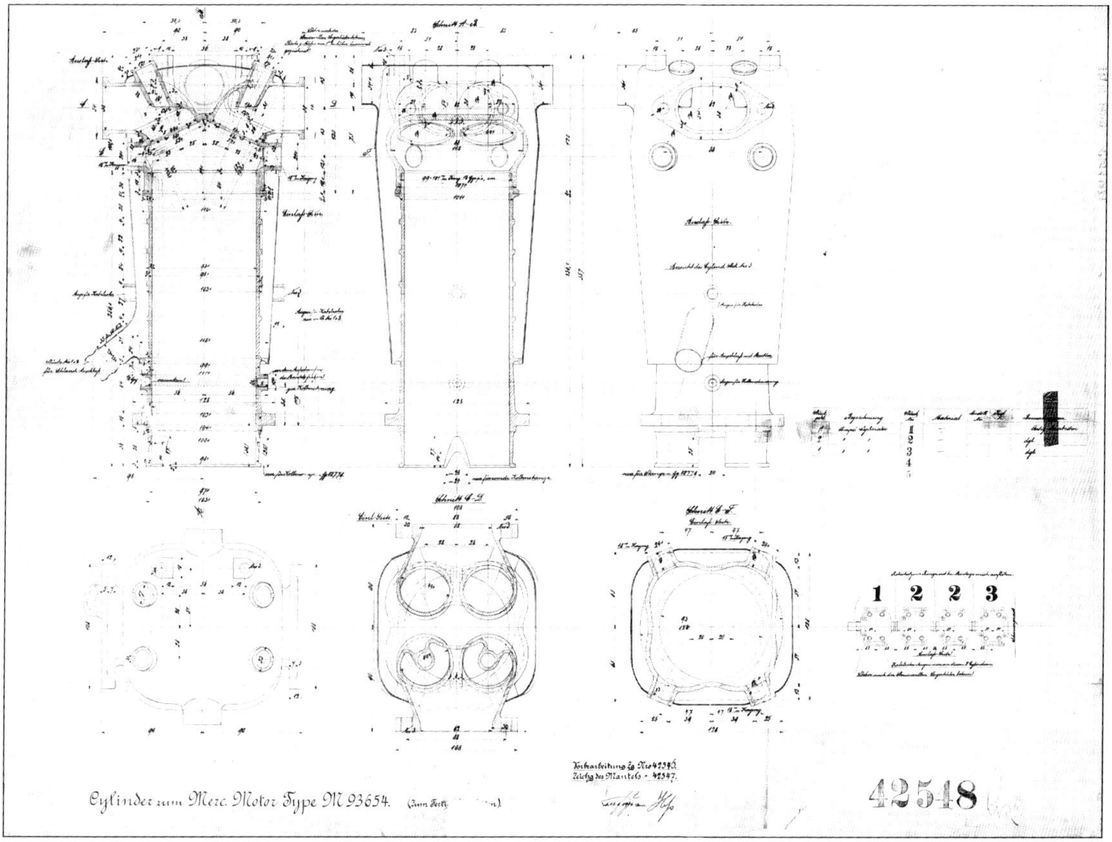

Die Zylinder dieses Mercedes-Motors zeigen ein Konstruktionsprinzip, das man bis in die Silberpfeilära beibehielt. Zylinderkopf und Zylinder sind überlappend miteinander verschraubt. Der Kühlwassermantel besteht aus Blech und wird drumherum verschweißt.

Zylinderkopf hängende Ventile und obenliegende Nockenwellen zu deren Betätigung. Einer der ersten Motoren dieser Bauart war der Premier-Rennmotor aus den USA, der schon 1905 diese konstruktiven Merkmale in die Tat umsetzte. Seine obenliegende Nockenwelle wurde durch eine Königswelle angetrieben. Sie war, wie die gesamte Ventilbetätigung über Kipphebel, freilaufend; ebenso – und das war etwas ungewöhnlich – die Kurbelwelle. Wegen mangelhaftem Stehvermögen war diesem Motor kein Erfolg beschieden. Aber er zeigt, daß es schon in den frühen Anfängen Ingenieure gab, die sich intuitiv auf dem richtigen Weg befanden.

Dieses Prädikat läßt sich auch jenen Technikern ausstellen, die den ersten Benz-Vierventiler konstruierten und in die Tat umsetzten. Bereits 1909 lief dieser Motor im Versuch, 1910 konnte er bei der Prinz-Heinrich-Fahrt den ersten Erfolg verbuchen. Je zwei Ein- und Auslaßventile waren wie heute parallel nebeneinander plaziert. Sie wurden über zwei untenliegende Nockenwellen sowie Stößel und Kipphebel betätigt. Interessant und aktuell auch der Ventilwinkel, der zwischen Einlaß und Auslaßventilen ca. 45 Grad betrug, wobei die Einlaßventile um fünf Grad stärker geneigt waren als die

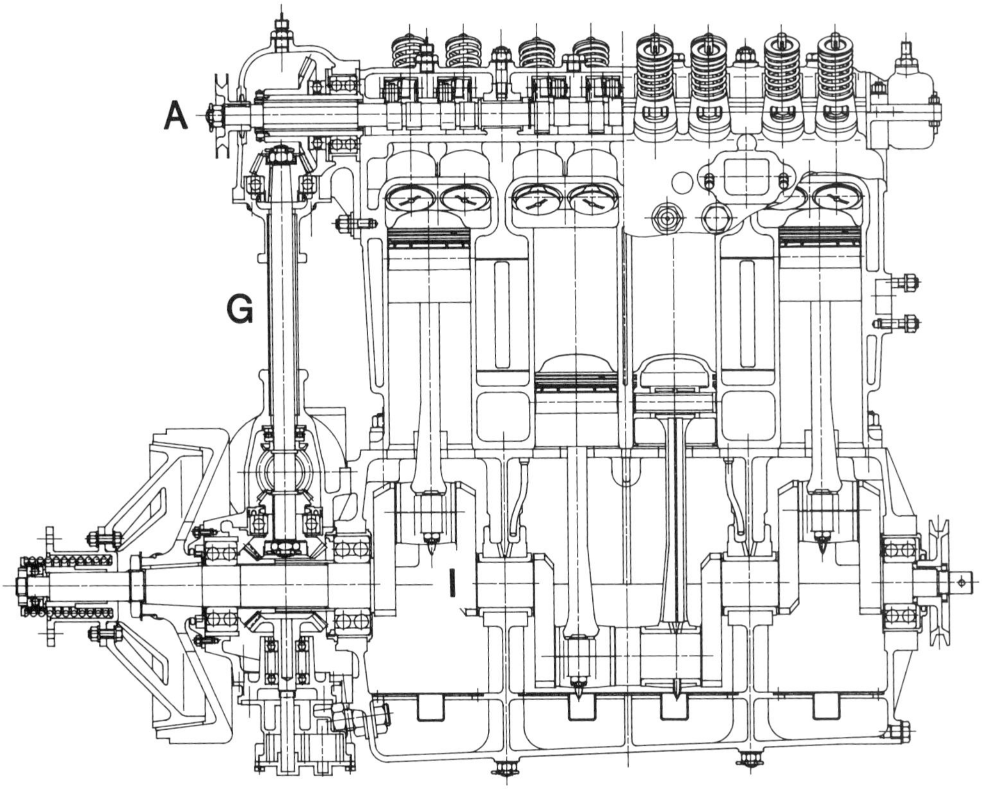

Der Opel Grand Prix-Motor von 1913 zeigt interessante Konstruktionsmerkmale. Die obenliegende Nockenwelle (A) wird von einer Königswelle (G) angetrieben und betätigt die Ventile über Kipphebel (B). Die Ventilfedern (C) liegen zur besseren Kühlung außerhalb der Motorhaube. Zylinderkopf und Block waren aus einem Stück, so daß die Ventile von unten eingesteckt werden mußten. Die Zündkerzen (D) liegen ungünstig seitlich im Brennraum. Extrem lange Pleuel (E) stellen die Verbindung zur Kurbelwelle (I) her, die außen rollengelagert ist. Die beiden inneren Lager sind ebenso wie die Pleuellager Gleitlager. Das Motorunterteil (H) besteht aus Aluminium. Das Kraftstoff-Luftgemisch wird in einem Steigstromvergaser (F) produziert. Die Leistung des 4,2 Liter großen Langhubers (Bohrung/Hub: 90/165 mm) wurde damals mit 110 PS angegeben.

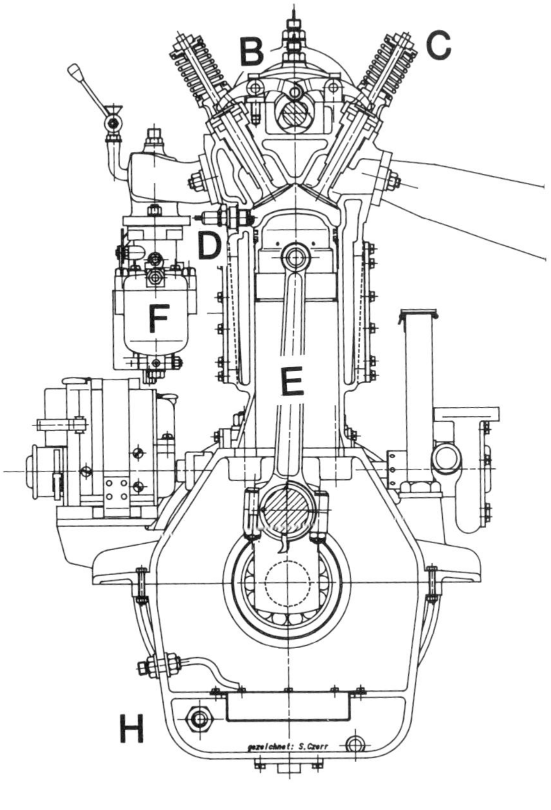

Auslaßventile. Die Leistung dieses riesigen Benz-Vierzylinders, dessen Hubraum 7,27 Liter betrug, war nach heutigen Maßstäben lächerlich. Er kam auf 118 PS bei 2050 Kurbelwellenumdrehungen, was bei einer solchen Großkolbenmaschine schon eine beachtliche Nenndrehzahl war. In der damaligen Zeit jedoch war diese Leistung überdurchschnittlich hoch. Zu diesem Urteil kam auch Professor A. Riedler, von der königlich technischen Hochschule zu Berlin, der den Benz-Rennwagen schon ganz neuzeitlich auf einem Rollenprüfstand untersuchte und unter anderem folgendes anmerkte: »...die bei den Versuchen ermittelten Wertzahlen für die Leistungsfähigkeit von Wagen und Motor sind außerordentlich bemerkenswert«. Doch Benz war nicht der einzige deutsche Hersteller, der die Vierventiltechnik schon in so frühen Jahren praktizierte. Auch Opel griff für einen Sportwagenmotor bereits 1910 auf vier Ventile pro Zylinder zurück.

Allerdings konnten diese ersten Gehversuche die Vorteile einer solchen Ventilsteuerung nicht voll überzeugend zur Geltung bringen. Ein Entwicklungsschub setzte erst ein, als 1912 Peugeot dem Reglement für Grand Prix-Fahrzeuge entsprechend einen völlig neuen Dreiliter-Rennmotor mit vier Ventilen pro Zylinder präsentierte, der nicht nur zu seiner Zeit sehr erfolgreich war, sondern zugleich Vorbild für mehrere Folge-Generationen von Rennmotoren.

DIE GEBURT DES MODERNEN RENNMOTORS

Die Konstruktion des in Peugeot-Diensten arbeitenden Schweizer Technikers Ernest Henry erwies sich von Anfang an als großer Wurf. Sie besaß damals schon wesentliche Merkmale, die auch heute noch einen modernen Vierventiler auszeichnen. Wie in jener Zeit üblich, bildeten Zylinderblock und Zylinderkopf eine Einheit aus Grauguß, der Hubraum betrug zunächst drei

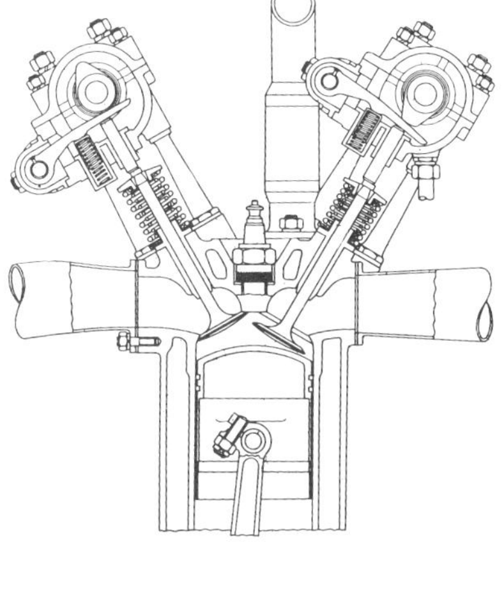

Der Peugeot-Vierventiler von Ernest Henry kann als Vorbild für eine ganze Generation von Rennmotoren gelten. Es wurden zwei obenliegende Nockenwellen zur Steuerung der Ventile verwendet. Sie werden direkt über Schlepphebel betätigt. Auch der Brennraum des Peugeot-Motors entspricht mit seiner mittigen Zündkerzenlage noch heutigen Vorstellungen. Der Ventilwinkel von 55° war für damalige Verhältnisse relativ klein.

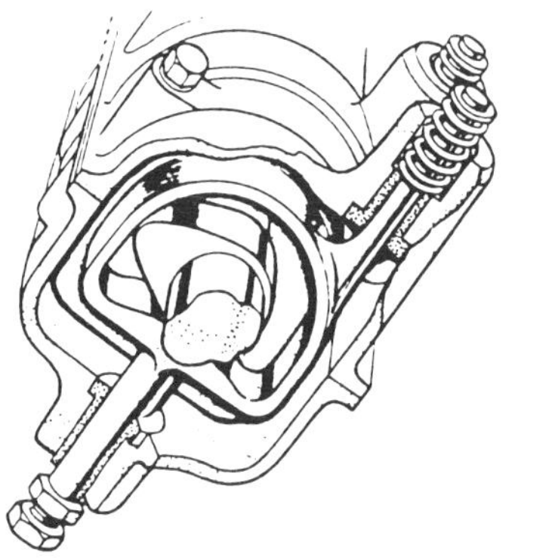

Schon 1912 baute Henry einen 7,6 Liter großen Vierventilmotor mit zwei obenliegenden Nokkenwellen. Diese waren in separaten Steuergehäusen untergebracht. Ein ungewöhnliches Gebilde, an dessen Innenkontur die Nocken entlang liefen, diente zur Ventilbetätigung.

Liter, wurde später auf 4,5 Liter erhöht. Mit 92 mm Bohrung und 169 mm Hub war der Vierzylinder nach heutigen Gesichtspunkten extrem langhubig, was seinerzeit aber nichts besonderes war. Was aber den Peugeot-Motor auszeichnete, war seine Zylinderkopf-Konstruktion und seine Ventilsteuerung. Je zwei parallel angeordnete Ventile in nicht zu weitem Winkel (ca. 55 Grad) wurden erstmals durch zwei obenliegende Nockenwellen über Schlepphebel betätigt. Das ergab einen ziemlich optimalen, auch heute noch angestrebten Dachbrennraum und ermöglichte die Anordnung der Zündkerzen oben, direkt in der Brennraummitte. Der Motor leistete bis zu 130 PS (Anfangs 90 PS) bei 3300/min – das sind schon fast neuzeitliche Kennwerte. Das Ernest Henry einen sicheren Instinkt für richtungsweisende Kontruktionsdetails hatte und nicht nur zufällig auf die jeweiligen Lösungen kam, bewies er auch sieben Jahre später, inzwischen bei der Pariser Firma Ballot tätig: Als erster setzte er zur direkten Betätigung der Ventile Tassenstößel ein – ein Konzept, das heute im Rennmotorenbau unverzichbar geworden ist und zunehmend in der Serie Anwendung findet.

Wie richtig Henry mit seinem Vierventiler lag, ließ sich an den Erfolgen ablesen. Er war der Konkurrenz weit überlegen, die inzwischen größtenteils ebenfalls mit Mehrventilern antrat, aber andere Ventil-Anordnungen oder -Steuerungen verwendeten. So hatte der Alcyon-Grand Prix-Motor von 1912 bereits vier Ventile radial angeordnet, ein immer wieder versuchtes Konstruktionsprinzip, dem auch in der Neuzeit kein nachhaltiger Erfolg beschieden war, und 1913 gab es einen Delage-Vierventiler mit zwei Nockenwellen und waagrecht liegenden Ventilen, der ebenfalls gegen den Peugeot-Motor nichts ausrichten konnte. Nur Mercedes gelang es, mit einem 1913 neuentwickelten Vierventiler ein Jahr darauf (1914), die sonst so erfolgreichen Peugeot zu schlagen, mit einer vom Flugmotorenbau inspirierten Motorkonstruktion.

Wie richtungsweisend Henrys Peugeot-Motor aber wirklich war, wurde in den USA deutlich. Er war Vorbild für den aus Deutschland eingewanderten Fred Offenhauser, der daraus im Jahr 1921 einen der erfolgreichsten und langlebigsten Rennmotoren überhaupt machte. Der Offenhauser-Vierzylin-

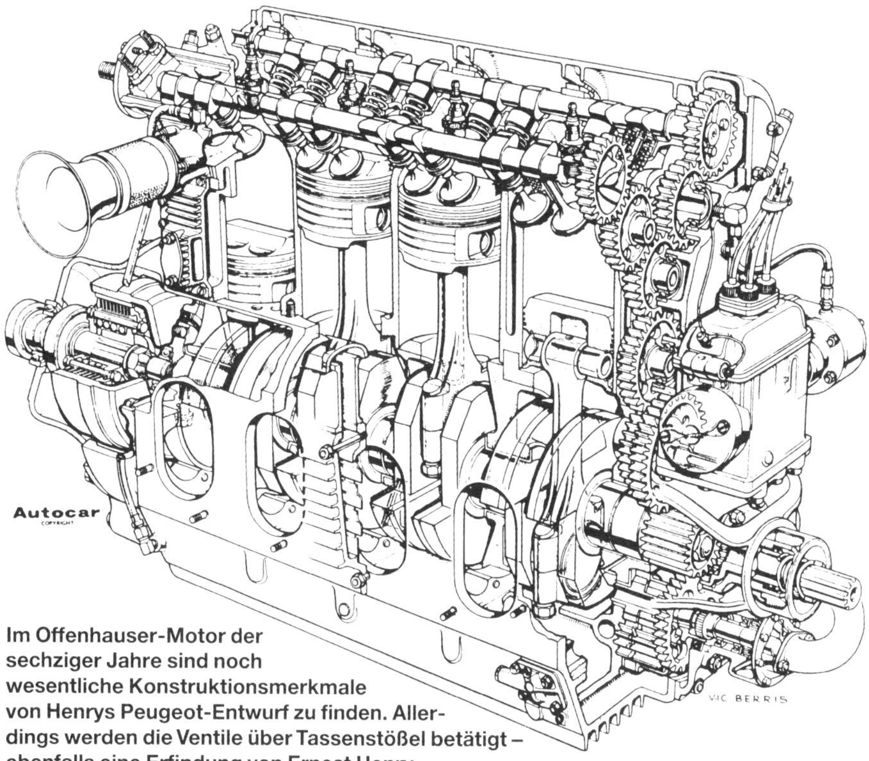

Im Offenhauser-Motor der sechziger Jahre sind noch wesentliche Konstruktionsmerkmale von Henrys Peugeot-Entwurf zu finden. Allerdings werden die Ventile über Tassenstößel betätigt – ebenfalls eine Erfindung von Ernest Henry.

der (Offy) beherrschte fast vier Jahrzehnte die 500 Meilen von Indianapolis. Er wurde später überarbeitet und war auch in seiner aufgeladenen Version ein äußerst erfolgreiches Triebwerk, bis in die jüngste Vergangenheit.

Hier zeigte sich erstmalig, daß die Kombination der Vierventiltechnik mit Abgasturboaufladung die besten Voraussetzungen für höchste Leistungsausbeute bietet. Die strömungsgünstigen Zylinderköpfe erleichtern den Turboladern die Arbeit, und die zentrale Zündkerzenanlage zusammen mit der günstigen Brennraumform sorgen für gute Verbrennung. Wird die Abgasturboaufladung einmal beim Zweiventiler und zum Vergleich beim Vierventiler angewandt, stellt man fest, daß der Leistungszugewinn beim Vierventiler deutlich höher ist.

MERCEDES – MIT VIERVENTILTECHNIK IN DER SILBERPFEILÄRA

Die Vierventiltechnik prägte fast drei Jahrzehnte lang die Rennsportgeschichte von Mercedes-Benz. Den Grundstein für diese konsequente Entwicklung setzte eben jener Motor, der 1914 erstmals, wenn auch mit etwas Glück, die Peugeot-Henry-Konstruktion schlagen konnte. Es lohnt sich

Der Mercedes-Vierventiler von 1914 hatte einzeln stehende Zylinder, die in den Zylinderkopf eingeschraubt wurden. Die Kühlwassermäntel waren verschweißt. Eine zentrale Nockenwelle mit dem damals üblichen Königswellenantrieb betätigt die Ventile über Kipphebel. Die Ventilfedern stehen zur besseren Kühlung frei. Durch die Nockenwelle war der Platz für eine mittige Kerzenlage versperrt. Der Motor hat Doppelzündung, die Zündkerzen wurden schräg von unten in den Brennraum geschraubt.

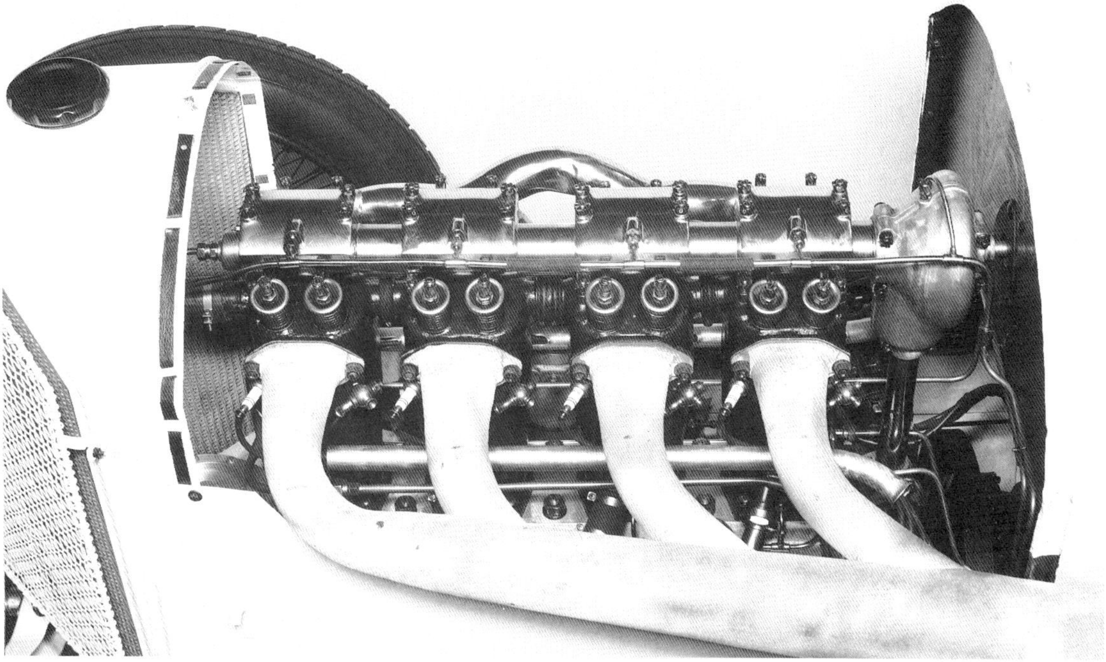

daher, die Details dieses Motors, der sonst keine wesentliche Rolle mehr spielte, etwas genauer zu betrachten.

Zunächst einmal zur Grundkonstruktion. Je zwei Ventile (Einlaß 43 mm, Auslaß 39 mm Durchmesser) waren hängend in relativ engem Winkel zueinander angeordnet. Sie wurden durch ein in über der Mitte des Zylinderkopfes liegende Nockenwelle durch Kipphebel betätigt, die wiederum von einer Königswelle angetrieben wurde. Diese Anordnung versperrt zwar der Zündkerze die günstige Plazierung in der Brennraummitte, was aber damals kein Beinbruch war, da man aus Sicherheitsgründen ohnehin Doppelzündung vorgesehen hatte. Das Besondere an diesem Motor war jedoch die Zylinderkonstruktion. Es handelt sich dabei um gedrehte Stahlrohre, die von unten in den Zylinderkopf geschraubt wurden. Anschließend wurden Kühlmäntel herumgelegt und verschweißt. Der Mercedes-Benz Vierzylinder hatte übrigens schon eine fünffach gelagerte Kurbelwelle und Kolben aus Aluminium. Seine Leistung wurde mit 115 PS bei 2800/min angegeben. Der Mitteldruck betrug erstaunliche 7,2 bar.

Der Erste Weltkrieg stoppte verständlicherweise die Rennmotorenentwicklung, dafür wurde umso mehr in leistungsfähige Flugmotoren investiert, die fast ausnahmslos als Vierventiler ausgeführt waren.

Im Jahre 1922 ließ Daimler einen leichten Vierzylinder-Rennwagen mit Kompressor-Aufladung entwickeln. In seiner ursprünglichen Ausführung mit 1,5 Liter Hubraum leistete der Motor maximal 65 PS bei 4000/min. Im Mercedes Targa Florio-Rennwagen, der 1924 sowohl die Targa als auch die Coppa Florio gewann, war auf gleicher Konstruktionsbasis ein Motor mit zwei Liter Hubraum und Roots-Kompressor eingesetzt, der bereits eine

Während die Automobilentwicklung im Ersten Weltkrieg ruhte, wurde die Vierventiltechnik bei leistungsfähigen Flugmotoren eingesetzt. Im Bild ein Benz-Flugmotor von 1917. Die Ventile wurden paarweise durch Kipphebel und Stoßstangen betätigt. Die Leistung des Zwölfzylinder-V-Motors betrug 575 PS.

Höchstleistung von 120 PS entwickelte. Interessant ist die von Ferdinand Porsche beeinflußte Konstruktion. Die vier Ventile bilden einen Winkel von 45 Grad und werden direkt über Hülsen-Stößel betätigt. Beide obenliegende Nockenwellen sind bereits gekapselt und werden von einer Köngiswelle angetrieben. Die Zündkerze sitzt zentral im Brennraum, der eine Dachform aufweist. Leider bildet er nach unten zu den Kolben ungünstige Zwickel, deren Ursache Ausbuchtungen sind. Letztere waren notwendig für die Bearbeitung der Ventilsitze, da Zylinder und Kopf aus einem Teil hergestellt wurden. Den Kühlwassermantel bildete eine verschweißte Blechkonstruktion.

Spätere Mercedes-Rennmotoren hielten bis gegen Ende der Silberpfeilära (1939) an der geschweißten Konstruktion und an vier Ventilen pro Zylinder fest. Aus der Silberpfeilära, die den Rennruhm der Stuttgarter Marke vor dem Zweiten Weltkrieg begründet hat, bedürfen drei Motoren besonderer Erwähnung. An erster Stelle steht hier jener Achtzylinder, mit dem die Silberpfeile 1936 und 1937 ihre Siege geerntet hatten. Der Achtzylinder-Reihenmotor war natürlich als Vierventiler ausgelegt, Einlaß- und Auslaßventile bildeten einen Winkel von 60 Grad und wurden durch zwei obenliegende Nockenwellen betätigt. In der 750 kg-Formel (1937) leistete dieser Motor bei einem Hubraum von 5660 cm^3 592 PS, wurde dabei

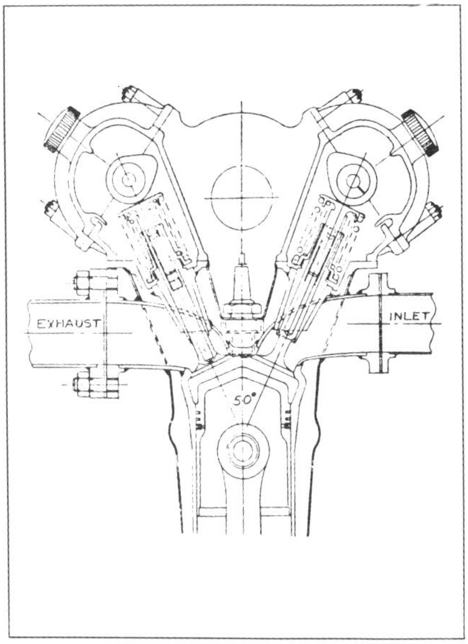

Der Mercedes Targa-Florio-Motor von der Einlaßseite (links). Gut ist der mechanische Kompressor am vorderen Kurbelwellenende zu sehen. Die Leistung stieg durch die Aufladung von 67,5 auf 125 PS. Am hinteren Ende der Kurbelwelle befindet sich der Königswellenantrieb für die beiden obenliegenden Nockenwellen. Die im Winkel von 50° zueinander stehenden Ventile werden über Hülsenstößel direkt betätigt (rechts). Die Auspuffanlage des Targa-Florio-Rennwagens zeigt bereits Ansätze einer Schwingrohrabstimmung vier in eins (unten).

Der Mercedes-Benz W 125 war der letzte Vertreter der 750 kg-Rennformel, die 1937 auslief. Der Achtzylinder-Reihenmotor hatte einen Hubraum von 5,66 Liter und leistete mit Aufladung (Roots-Gebläse) 592 PS, als Kurzleistung wurden sogar 650 PS genannt. Zwei obenliegende Nockenwellen in separaten Steuergehäusen ließen Platz für eine zentrale Kerzenlage.

allerdings von einem Roots-Gebläse einstufig aufgeladen. Schließlich war es die Zeit der Kompressor-Motoren.

Im Jahr darauf (1938) konstruierten die Stuttgarter für die neue Dreiliter-Formel einen völlig neuen Motor, einen V-Zwölfzylinder. Jede Zylinderbank verfügte über zwei obenliegende Nockenwellen, die insgesamt 48 Ventile zu betätigen hatten. Trotz des reduzierten Hubraumes war die Leistung des von zwei parallel geschaltenen Roots-Gebläse aufgeladenen Motors beachtlich: 468 PS wurden bei 7800/min erzielt. Noch höher in der spezifischen Leistung und in der Drehzahl lag jener Rennmotor, der die letzten Rennsiege vor dem Zweiten Weltkrieg für das Stuttgarter Haus einfuhr. Es handelt sich um den nur 1,5 Liter großen Motor für den sogenannten Tripolis-Rennwagen, einen Achtzylinder V-Motor, der über die schon bekannten Baumerkmale (Vierventiler, je zwei obenliegende Nockenwellen, Zylinderkonstruktion geschweißt mit Kühlmantel) verfügte. Aufgeladen mit einem zweistufigen Roots-Gebläse wurde eine Höchstleistung von 278 PS bei 8250/min erzielt. Dieser Motor hat damals schon aufgezeigt, zu welchen Höchstleistungen die Kombination Vierventiler und Aufladung fähig ist.

Doch man vergaß zunächst beides: sowohl die Vierventiler als auch die Aufladung. So kehrte Mercedes nach dem Zweiten Weltkrieg mit einem Zweiventiler in den Motorsport zurück, nicht weniger erfolgreich, wie man

Der für die ab 1938 geltende Dreiliter-Formel konstruierte V-Zwölfzylinder verfügte über insgesamt vier obenliegende Nockenwellen. Der im Mercedes-Benz W 154 eingebaute Vierventiler (insgesamt 48 Ventile) war mittels Roots-Komprssor zweistufig aufgeladen und leistete 450 PS. Gut sind die zentrale Kerzenlage und die ovalen Auslaßkanäle der Vierventilkonstruktion zu erkennen.

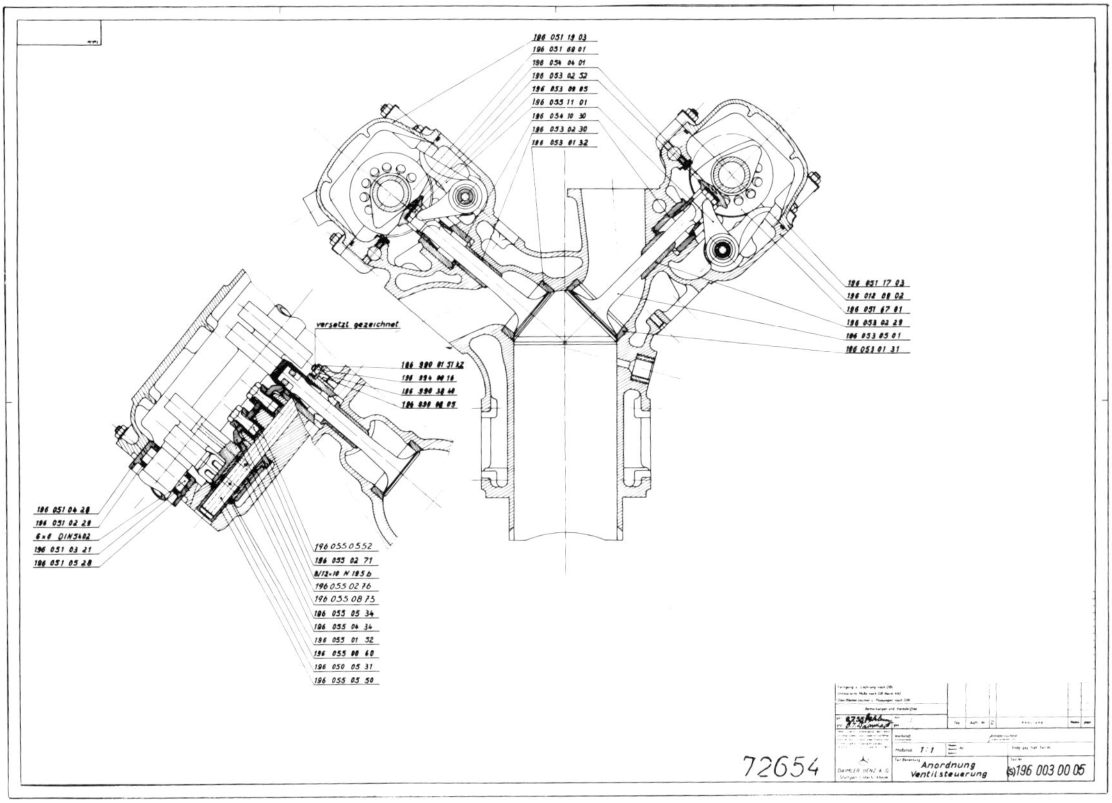

Das Schnittbild zeigt die Ventilanordnung und desmodromische Steuerung des Mercedes Zweiventilers von 1954 (W 196). Die riesigen Ventile, die in einem sehr großen Winkel von 108° zueinander stehen, erforderten wegen ihrer großen Masse eine Zwangssteuerung.

weiß. Typisches Merkmal der damaligen Zweiventil-Rennmotoren waren extrem große Ventilwinkel. Der Mercedes-Rennmotor von 1954 hatte einen solchen von 108 Grad. Die starke Zunahme des Ventilquerschnitts mit dem Ventilwinkel beim Zweiventilkopf wurde hier konsequent genutzt. Die riesigen und entsprechend schweren Ventile wurden bekanntlich durch eine desmodromische Steuerung (Zwangssteuerung) gebändigt. Übliche Ventilfedern wären hier sicher überfordert gewesen.

BUGATTI – EXPERIMENTE OHNE EFFIZIENZ

In dieser frühen Entwicklungsphase der Vierventiler, also von 1920 bis 1940, gab es natürlich noch eine Reihe anderer berühmter Hersteller, die sich mit dieser Form des Gaswechsels beschäftigten. Ettore Bugatti, der legendäre Rennwagenbauer aus dem elsässischen Molsheim, baute schon 1919 in den Typ 22 einen 1,5 Liter-Motor mit vier parallel hängenden Ventilen pro Zylinder. Bei dieser Anordnung werden natürlich wesentliche Vorteile hinsichtlich der Gasströmung verschenkt. Aber Bugatti hatte wohl auf die ersten

Die Rekordmarke in Sachen Literleistung für Rennmotoren vor dem Zweiten Weltkrieg setzte der Mercedes-Motor für den sogenannten Tripolis-Rennwagen 1939. Bei nur 1,5 Liter Hubraum leistete der V-Achtzylinder 254 PS, kurzfristig sogar 278 PS bei 8250/min. Das entspricht einer spezifischen Leistung von 185 PS/Liter, ein Wert, der natürlich nur mit zweistufigem Roots-Kompressor zu erreichen war, der aber schon die phantastischen Möglichkeiten der Kombination Vierventiltechnik und Aufladung aufzeigte.

Vierventil- Dieselmotoren geschielt, als er sich entschloß, Motoren mit vier bzw. drei parallelhängenden Ventilen auszurüsten. Damit entsteht – wie beim Dieselmotor – ein scheibenförmiger, kompakter Brennraum. Durch den Ventilwinkel von Null Grad und eine obenliegende Nockenwelle ist auch in diesen Fällen keine gute Kerzenlage zu erzielen. Die Zündkerzen mußte von seitlich außen eingeschraubt werden. Der Ventilwinkel von Null Grad erlaubte es andererseits, den Zylinderkopfbereich ganz schmal auszubilden und verlieh so den Bugattimotoren dieser Zeit ein ganz charakteristisches Aussehen. Erst deutlich später (1930) klappte Bugatti die Ventile auseinander, zwei Nockenwellen wurden zur Betätigung der Ventile herangezogen.

Beim Bugatti-Dreiventiler gab es zwei Einlaßventile und ein sehr großes Auslaßventil. Ein Blick von unten auf die Ventile zeigte, daß beim Dreiventiler naturgemäß mehr Fläche vom Zylinderkopf übrig bleibt als beim Vier- oder gar Fünfventiler, bei denen dann schon fast der gesamte Brennraum durch Ventile ausgekleidet ist. Dies ist ein Vorteil des Dreiventilers, mit dem man damals aber nichts anzufangen wußte, weil man über den eigent-

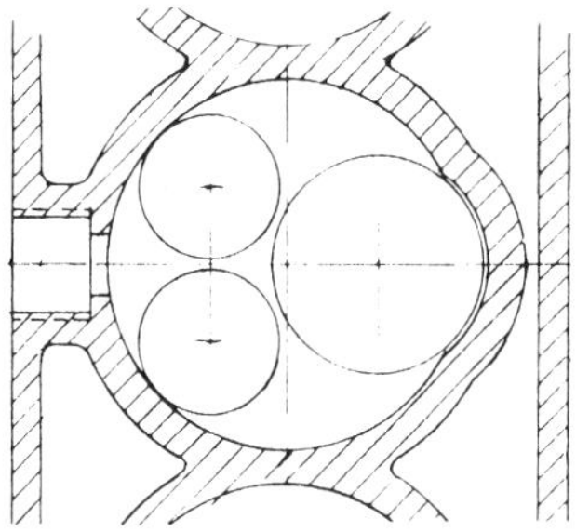

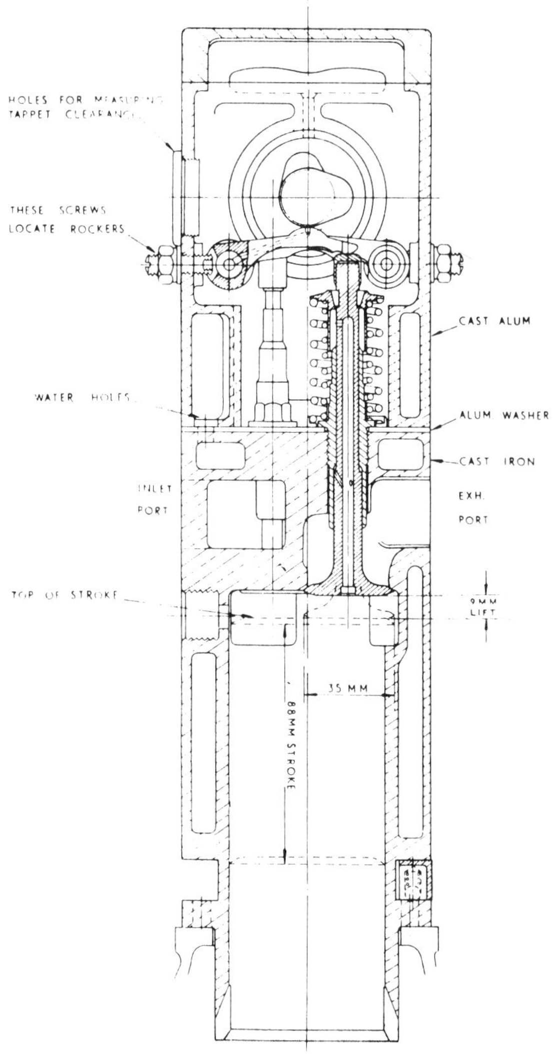

Der berühmte Typ 35 von Bugatti war als Dreiventiler aus geführt. Zwei Einlaßventile lagen einem riesigen Auslaßventil gegenüber. Wegen der sehr schmalen Bauweise blieb wenig Platz für die Ventile. Die parallele Anordnung der Ventile, die von unten in den mit dem Block zusammengegossenen Zylinderkopf gesteckt wurden, ergaben einen sehr schlechten Brennraum mit seitlicher Kerzenlage. Die Betätigung der Ventile erfolgte durch eine obenliegende Nockenwelle über Schlepphebel. Über jedem Zylinder waren drei Nocken angeordnet, so daß jedes Ventil separat beaufschlagt wurde.

lichen Verbrennungsablauf noch sehr wenige Erkenntnisse hatte. Ladungsbewegungen, Turbulenz, Quetschkanten und Zündkerzenlage – heute wichtige Kriterien für vollständige und saubere Verbrennung – waren nicht erforscht. Der Kolben erreichte ca. 20 mm unter den Ventilen seinen oberen Totpunkt und bildete im Falle Bugatti einen scheibenförmigen Brennraum ohne Quetschzone. Zusammen mit der ungünstigen Zündkerzenlage waren das keine optimalen Voraussetzungen für die Verbrennung. Drei Nocken pro Zylinder drückten über wechselseitig angelenkte Schlepphebel auf die Ventilschäfte. Auch bei diesem Motor waren die Zylinder und der Zylinderkopf zusammengegossen, also nicht teilbar. Durch die Parallelanordnung der Ventile ergab sich eine deutliche Vereinfachung in der Bearbeitung der Ventilsitze und in der Montage. Beides konnte hier genau von unten, also in Zylinderrichtung erfolgen. Das sparte Zeit, und die notwendigen Toleranzen konnten besser eingehalten werden. Es dürften auch die Hauptgründe für die Entwicklung des Vierventilmotors gewesen sein. Die

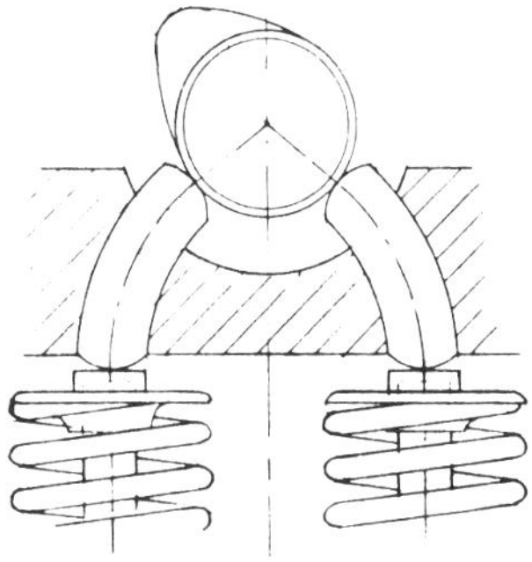

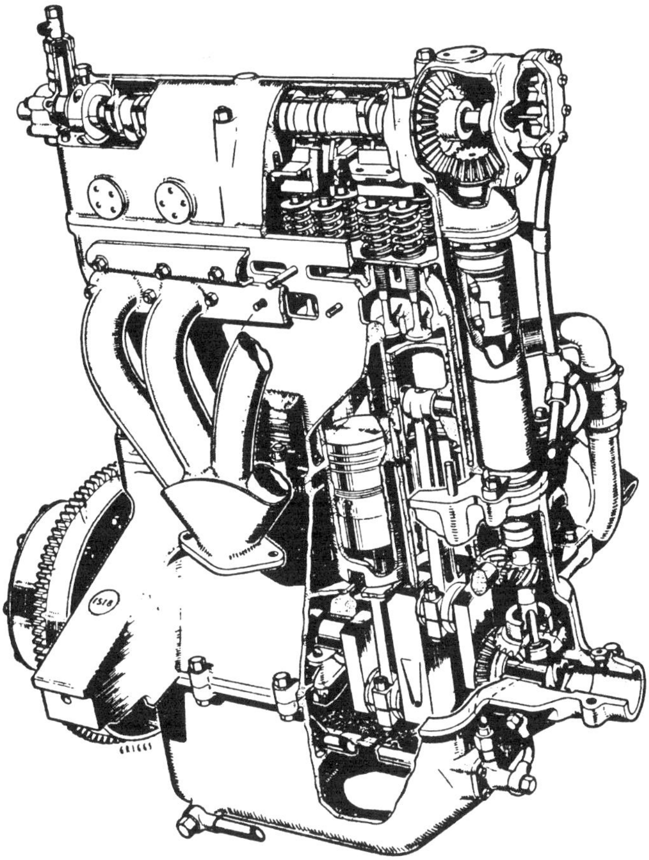

Wegen der sehr schmalen Bauweise kamen auch beim ersten Bugatti-Vierventiler keine zwei obenliegende Nokkenwellen zum Einsatz. Dies führte zu einer der absonderlichsten Konstruktionen: Die vier Ventile wurden über sogenannte Bananenstößel von der obenliegenden Nockenwelle betätigt. Die gesamte Mechanik war in einem separaten Steuergehäuse untergebracht.

vier parallelhängenden Ventile rücken dabei so eng zusammen, daß nur mehr eine Betätigung über kreisbogenförmige Gleitstücke, sogenannte Bananenstößel, möglich war. Sie waren in einem Zwischendeck geführt und oben einseitig ausgenommen, um Platz für den nächsten Nocken der anderen Seite zu schaffen. Ventilstellung und Ventilbetätigung waren zweifellos originell und einzigartig, aber auch ein Irrweg. Er wurde erst im Jahr 1930 von Bugatti zugunsten der üblichen V-Stellung verlassen. Neben Mercedes und Bugatti beschäftigten sich in den zwanziger Jahren noch viele andere berühmte Firmen mit dem Vierventiler. Bentley, Simpson Supra und Vauxhall bauten erfolgreiche Motoren, um nur einige Namen zu nennen. Es war aber auch die Zeit, in der sich vorwiegend die Hersteller von Motorradmotoren überlegten, ob man die vier Ventile eines Brennraumes nicht nur einmal, sondern gar zweimal V-förmig anordnen könnte, um sich der Idealvorstellung des Halbkugelbrennraumes weiter zu nähern. Die vier Ventile stehen dann radial nach außen, wobei sich die verlängert gedachten Mittellinien aller Ventile etwa in Brennraummitte schneiden.

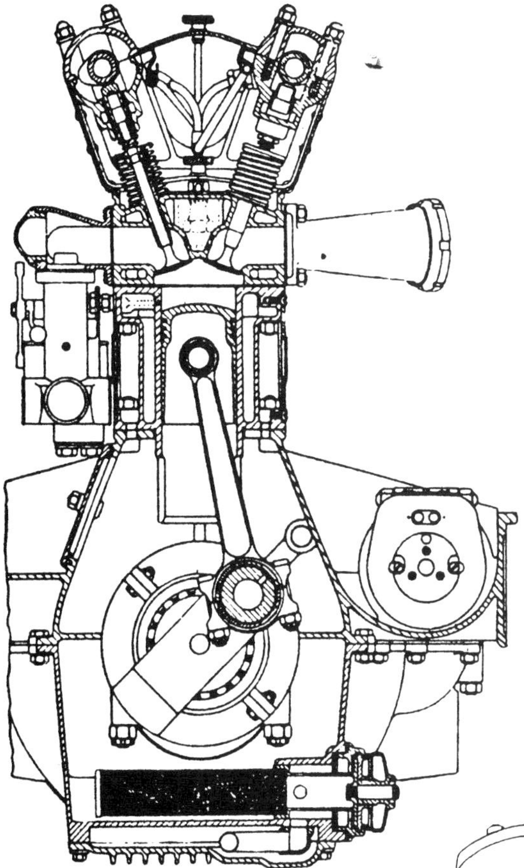

Den klassischen Aufbau des Peugeot/Henry-Vierventilers zeigt der Simson-Supra von 1922. Zylinderkopf und Block waren bereits getrennt, die Zündkerze saß mittig, die Ventile wurden über Stößel direkt betätigt. In dem mit den Zylindern verschraubten Kurbelgehäuse rotierte eine Kurbelwelle in Wälzlagern.

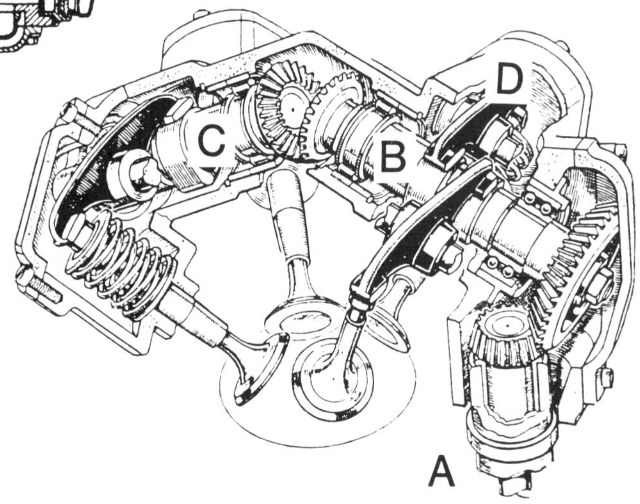

Die Betätigung von vier radial angeordneten Ventilen ist aus kinematischen Gründen nicht einfach. Dies gilt besonders dann, wenn obenliegende Nockenwellen zum Einsatz kommen. Ein gutes Beispiel für den Aufwand gibt der Ventiltrieb des 250 cm^3 großen BSA-Einzylinders von 1954, dessen Nockenwellen (B, C) V- förmig angeordnet waren und einen Winkel von 90° zu den Ventilebenen bildeten. Zusätzlich waren noch vier in verschiedenen Ebenen gelagerte Kipphebel (D) notwendig. Eine Königswelle (A) besorgte den Antrieb beider Nockenwellen.

DER RADIALKOPF – EINE LÖSUNG MIT VIELEN PROBLEMEN

Neben der gewünschten Brennraumform wollte man mit dem Radialkopf vor allem ein Übel beseitigen, das den Vierventilern anhaftete: Durch die eng aneinanderliegenden Kanäle und Ventile kam es immer wieder zu Rissen im Zylinderkopf. Betroffen davon war der schmale Steg zwischen den Auslaßventilsitzen und die daran anschließende Trennwand bis zur Vereinigung der beiden Auslaßkanäle. Diese Wand, so wie es heute üblich ist, durch einen engen Wasserkanal zu kühlen, war beim damaligen Stand der Gußtechnik nicht möglich. Die Ventile weiter auseinanderzurücken und damit den Steg zu verbreitern, ging nicht, weil dann die Montage unmöglich wurde, die Ventile verkleinern wollte man nicht, um die gute Füllung nicht zu verschlechtern.
Das Ei des Kolumbus schien also der Radialkopf, wie von Rudge 1924 erstmalig für das Motorrad angewandt. Durch diese Ventilstellung konnten die Stege zwischen den Ventilen breiter werden. Deutlich breiter und damit voluminöser wird auch der gesamte Zylinderkopf. Es galt ja vier weit auseinanderliegende Ventilschäfte, die noch dazu in vier verschiedenen Richtungen liegen, mechanisch zu betätigen. So wundert es nicht, daß die erste Anwendung am freistehenden Einzylinder erfolgte, der rundherum genügend Platz hatte.

Vorteilhaft ist, daß beim Radialkopf die Ventile etwas größer sein können als bei paralleler Anordnung. Dem steht eine sehr aufwendige und anfällige

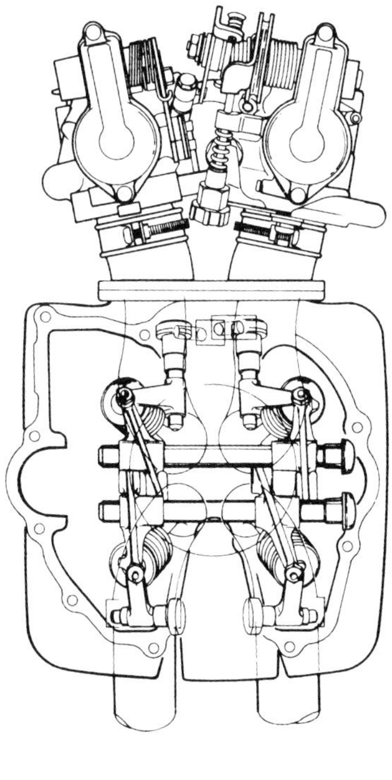

Einfacher als die BSA-Konstruktion ist der Honda-Radial-Vierventiler der Modelle XL 250 und XL 350 aufgebaut. Nur eine obenliegende Nokkenwelle betätigt vier parallel gelagerte Kipphebel, die wiederum auf geschwenkt ausgelagerte Schlepphebel einwirken.

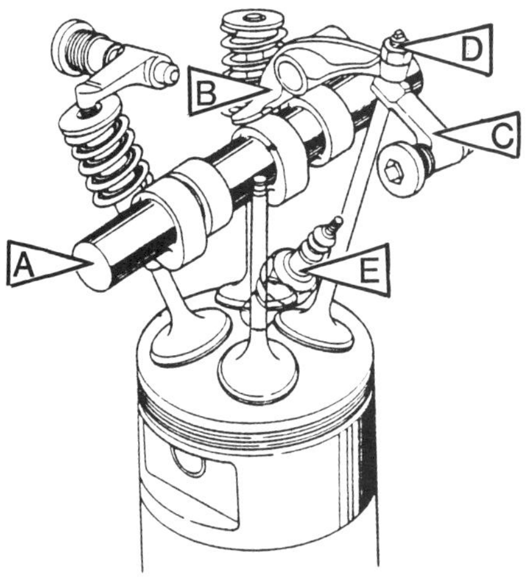

Betätigung von vier radial angeordneten Ventilen mit nur einer Nockenwelle (A) am Beispiel der Honda XR 500. Die Hubbewegung der Nocken wird zunächst über Kipphebel (B) auf Schwinghebel (C) übertragen. Diese stehen geometrisch richtig zum Ventil. Das Ventilspiel wird über Einstellschrauben an den Kipphebeln korrigiert. Die Zündkerze (E) liegt schräg.

Betätigung der Ventile gegenüber, die noch dazu der Drehzahl nach oben enge Grenzen setzt. Voll- und Halbradialköpfe wurden bis zum Zweiten Weltkrieg nur bei Motorradmotoren mit freistehenden Zylindern realisiert. Erst sehr viel später griff der österreichische Motorentüftler Ludwig Apfelbeck das Prinzip wieder auf und setzte es 1966 bei BMW bei einem Vierzylinder-Reihenmotor in die Tat um (siehe Seite 37).

BORGWARD RS – NEUER ANLAUF MITTE DER FÜNFZIGER JAHRE

Nach dem Zweiten Weltkrieg war der Vierventiler zunächst völlig von der Bildfläche verschwunden. Heute dafür einleuchtende Gründe zu finden, fällt schwer. Einmal war es ganz sicher die Tatsache, daß sich mit Zweiventilern und sehr großen Ventilwinkeln hervorragende spezifische Leistungen erzielen ließen, die zudem zuverlässiger zu realisieren waren. Zum anderen zeigte der Mercedes-Erfolg 1954 und 1955, daß im Zweiventiler offenbar noch viel ungenutztes Potential steckte. Und nicht zuletzt kann heute festgehalten werden, daß zu jener Zeit, also Anfang der fünfziger Jahre, hinsichtlich der Strömungsverhältnisse in den Saug- und Abgasleitungen und über die Bedeutung der Brennraumform keine einheitlichen, abgesicherten Erkenntnisse vorlagen. Immer noch galten riesige Kanäle als vorteilhaft. Und bis in die sechziger Jahre wurde der sogenannte halbkugelige Brennraum als erstrebenswert dargestellt. Nur so ist auch die Aussage von Wolf Dieter Bensinger, der seinerzeit die Motorkonstruktion bei Daimler-Benz leitete zu verstehen, der in seinem Standardwerk*) 1955 folgendes formulierte: »Ein Steuerkanal ergibt bessere Füllung als zwei Kanäle, selbst

*) W. D. Bensinger: Die Steuerung des Gaswechsels in schnellaufenden Verbrennungsmotoren.

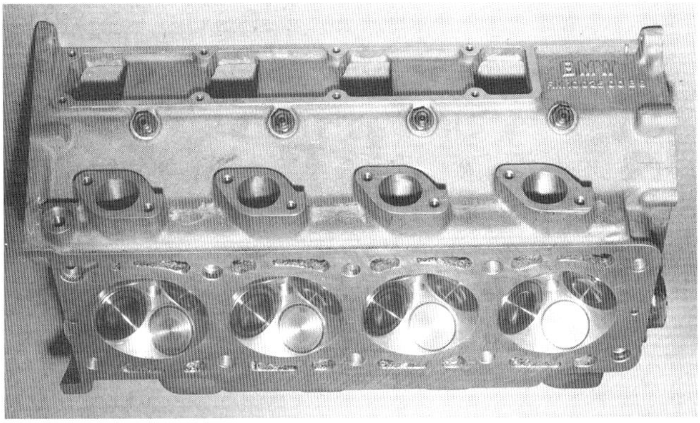

Der BMW-Zylinderkopf mit radialer Anordnung der vier Ventile nach Apfelbeck von 1966. Die Motoransicht zeigt die immense Bauhöhe, die der Steuermechanismus beansprucht. Die acht separaten Einlässe wurden über zwei Drosselschieber gesteuert.

wenn diese einen etwas größeren Gesamtquerschnitt haben, weil Wandreibungsverluste und Erwärmung ungünstiger sind, gegebenenfalls stören sich auch die beiden Ströme nach dem Steuerorgan. Nur wenn sich entscheidend größere Steuerquerschnitte ergeben – ihr Vergleich ist nur bedingt möglich –, oder wenn sich die Massenkräfte und thermischen Beanspruchungen nicht mehr beherrschen lassen, sollte eine Verdoppelung vorgenommen werden«.

Wie wir heute wissen, läßt sich diese Aussage nicht mehr aufrecht erhalten. Doch schon zwei Jahre nach Bensingers Buch, nämlich 1957, ließ sich Karl Ludwig Brandt, Motor-Konstrukteur bei Borgward in Bremen, von Bensingers Credo nicht beeindrucken. Vielleicht kannte er es auch nicht. Wie dem auch sei, ihm gebührt der Verdienst, den ersten modernen Vierventiler der Nachkriegszeit konstruiert zu haben. Im Borgward RS-Sportwagen macht er den Porsches das Leben schwer und buchte so manchen Sieg für die Bremer. Und in der Formel 2 konnte dieser Motor sogar in einem Cooper-Chassis die Weltmeisterschaft der Konstrukteure gewinnen.

Der RS-Motor von Borgward war in mehrfacher Hinsicht bemerkenswert. Als 1,5 Liter-Vierzylinder war der Block aus Aluminium (Silumin) und verfügte über nasse Laufbüchsen. Der Leichtmetall-Zylinderkopf war nach klassischer Manier geteilt, das heißt, die Nockenwellen liefen in getrennten Gehäusen, die nachträglich aufgesetzt und verschraubt wurden. Dadurch gab es keinerlei Einschränkungen mit den eigentlichen Zylinderkopfschrauben, die an ihrem gewohnten Platz bleiben konnten. Je zwei Einlaßventile (Durchmesser 33 mm) und zwei Auslaßventile (Durchmesser 30,5 mm) standen in einem Winkel von 64 Grad zueinander. Das ist nach heutigen Erkenntnissen ziemlich weit, galt aber damals als recht enger Ventilwinkel. In der Mitte des von den vier Ventilen gebildeten Dachbrennraumes befand sich die Einspritzdüse, die direkt auf den Kolbenboden spritzte. Zu jener Zeit

Der Borgward RS ist der erste moderne Vierventiler der Nachkriegszeit, der zu erwähnenswerten Erfolgen kam. Fehler wurden leider im Umfeld begangen. Man glaubte, durch die Direkteinspritzung einen Leistungsvorteil zu gewinnen. Dadurch war der beste Platz in Brennraummitte durch die Einspritzdüse belegt. Doppelzündung sollte dieses Manko wettmachen.

galt die Direkteinspritzung bei Benzinern noch als das non plus ultra – ebenfalls ein technischer Irrglaube, wie man heute weiß. Dadurch war außerdem der beste Platz für die Zündkerze vergeben. Man behalf sich mit Doppelzündung; die beiden Kerzen waren in den Ecken des Brennraumes untergebracht. Diese Anordnung dürfte der Schwachpunkt des gesamten Triebwerks gewesen sein. Denn allzu oft gab es durchgebrannte Kolbenböden – ein Zeichen für örtliche Überhitzung und Klopfen, schließlich war der Borgward RS 10,2:1 verdichtet. Dennoch: Die Leistung war absolut und spezifisch beachtlich. Aus knapp 1500 cm^3 wurden zunächst 150 PS, nach gründlicher Überarbeitung einige Jahre später fast 172 PS erreicht – entsprechend einer Literleistung von 115,6 PS/Liter. Auch der maximale Mitteldruck, 12,5 bar bei 6500/min, konnte sich sehen lassen. Die Nenndrehzahl des Borgward-Vierventilers lag bei 7700/min, die Höchstdrehzahl bei fast 8000/min. Sie wurde aber selten genutzt, da es Schwierigkeiten mit dem Nockenwellenantrieb gab, der durch zwei hintereinanderliegenden Duplex-Ketten besorgt wurde. Noch zwei interessante Konstruktionsdetails machen den Borgward RS beachtenswert: Die Bosch-Einspritzpumpe wurde von der

Einlaßnockenwelle angetrieben, der Verteiler von der Auslaßnockenwelle.

Sicher war der Borgward-RS-Motor ein Meilenstein der Rennmotoren-Entwicklung aus heutiger Sicht. Aber er schaffte es nicht, den Vierventiler im Rennmotorenbau durchzusetzen. Zu gut waren die Ergebnisse mit Zweiventilern, wobei natürlich auch die höhere Zuverlässigkeit eine Rolle spielte. Hinzu kam, daß zu jener Zeit Porsche mit luftgekühlten Motoren sehr erfolgreich operierte – ein Konstruktionsprinzip, bei dem sich vier Ventile pro Zylinder wegen mangelhafter Kühlung nicht realisieren lassen.

1967 – DAS JAHR DES DURCHBRUCHS

Der Vierventiler machte im Automobilrennsport mal wieder eine schöpferische Pause, die allerdings nicht allzu lange währte, denn inzwischen, man schrieb das Jahr 1962, tat sich auf der Motorradszene Bemerkenswertes. Die Japaner, allen voran Honda, schickten sich nämlich an, mit ihren Zweirädern den europäischen und amerikanischen Markt zu erobern. Siege im Rennsport erschienen als Mittel der Wahl, um technische Überlegenheit zu dokumentieren und das gegenüber den europäischen Produkten noch zurückgebliebene Image zu polieren. Die Erfolge, die Honda in fast allen Klassen mit ihren extrem hochdrehenden Vierventilern erzielten, sind inzwischen Legende. Sie öffneten die Augen für die Möglichkeiten des Vierventilers auch beim Automobilmotor, wo selbst in der Formel 1 nach wie vor brav mit zwei Ventilen pro Zylinder und sehr kleinem Hubraum (1,5 Liter) gefahren wurde. Im letzten Jahr der 1,5 Liter-Formel stellte man noch den bis dahin recht erfolgreichen Coventry Climax-Achtzylinder auf vier Ventile um. Auch in Indianapolis gab es einen neuen Saugmotor: den 4,2 Liter großen Ford V8, der über vier Ventile pro Zylinder verfügte. Dieser Motor tauchte später nochmals kurz in der Formel 1 auf, im Hubraum auf drei Liter reduziert, aber leider zu groß und zu schwer für diese Klasse. Im Jahr 1966 wurde bekanntlich der zulässige Hubraum in der Formel 1 für frei saugende Motoren verdoppelt, also auf drei Liter erhöht. Völlig neue Motoren wurden entwickelt, zunächst machten aber die einfach konzipierten Zweiventiler, hier besonders erwähnenswert der Repco-Brabham, das Rennen. Immerhin, Ferrari fuhr schon alternativ zum Zweizylinder einen Zwölfzylinder mit drei Ventilen pro Zylinder.

Erst das darauffolgende Jahr, also 1967, brachte dem Vierventiler im Rennsport den endgültigen Durchbruch. Nicht nur Ferrari brachte einen neuen Vierventiler-Zwölfzylinder, auch Weslake hatte einen V8 mit vier Ventilen. Denkwürdig aber wurde 1967 durch den erstmaligen Auftritt des Ford Cosworth DFV-V8 im Lotus 49B, eine Erfolgs-Kombination, die schon beim ersten Einsatz in Zandvoort mit Jim Clark zum Sieg führte. Was damals noch niemand ahnte: Der Ford-Cosworth sollte noch oft siegen. Er wurde

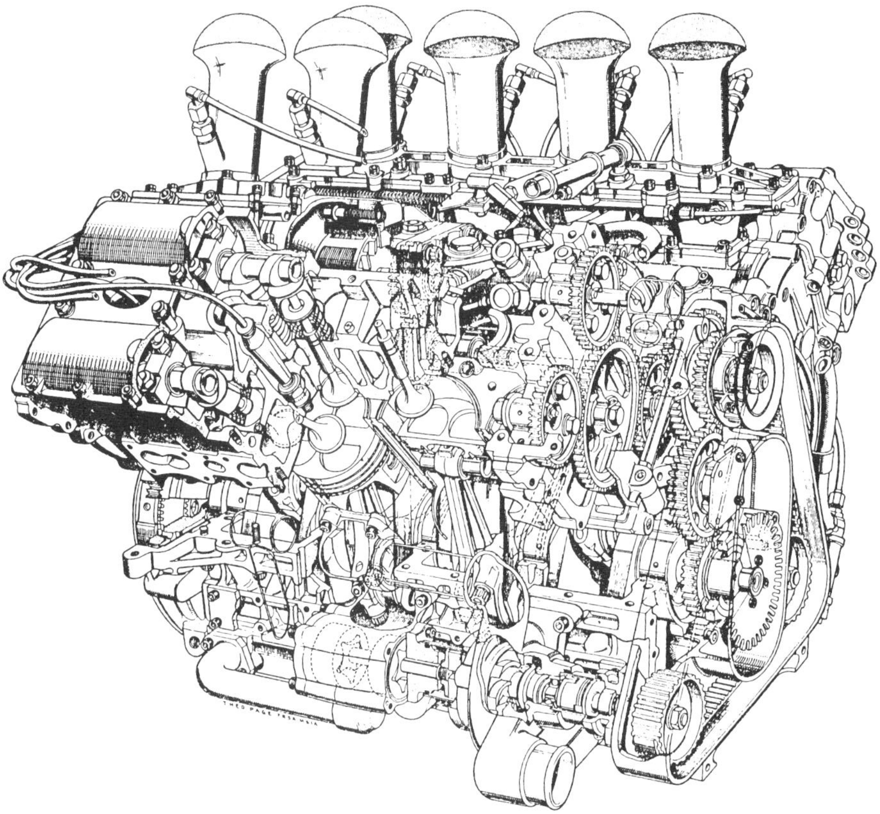

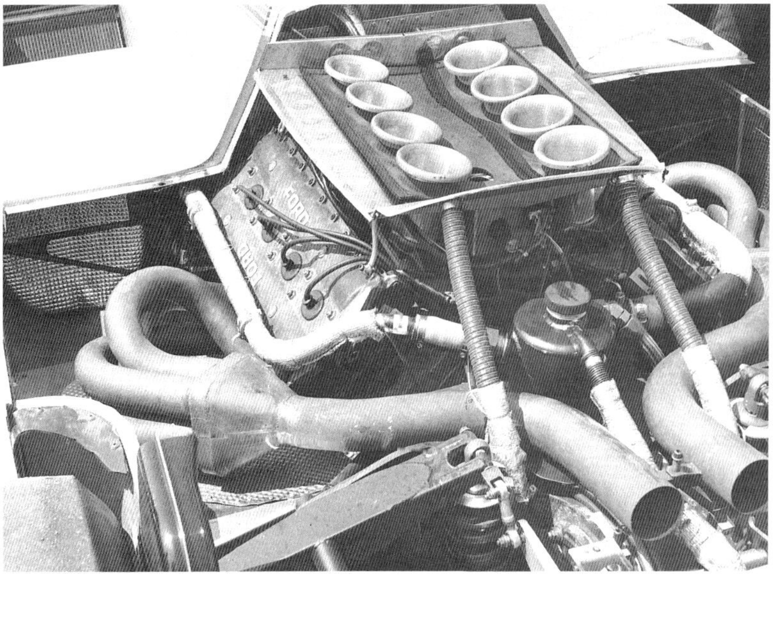

Schon beim ersten Einsatz demonstrierte der Cosworth DFV im Lotus 49 B seine absolute Überlegenheit gegen die Zweiventiler. Der erste konsequent durchkonstruierte Vierventiler der Dreiliter-Formel wurde in der Folge zum erfolgreichsten Grand Prix-Triebwerk überhaupt, mit insgesamt 155 Siegen. Seine Vorzüge waren der einfache Aufbau, das niedrige Gewicht, die kompakten Abmessungen und seine insgesamt sehr hohe Zuverlässigkeit.

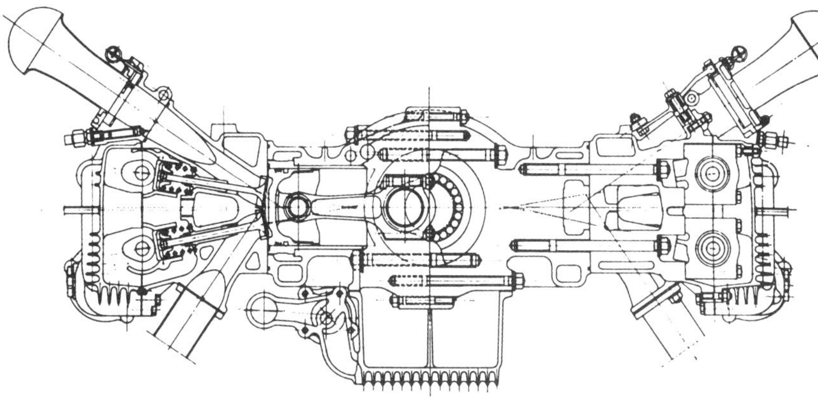

Der Ferrari 312 B war nach dem Cosworth DFV die erfolgreichste Saugmotor- Konstruktion der Dreiliter-Formel. Er wurde 1969 gezeichnet und bestticht vor allem durch seine flache Bauweise. Die Ventile standen in einem sehr engen Winkel von nur 20 Grad. Der Zwölfzylinder war als aufgeklappter 180° V-Motor konzipiert, also kein echter Boxer. Insgesamt 36 Grand-Prix-Siege sammelte dieser Ferrari Formel 1-Motor.

das beherrschende Triebwerk der Formel 1 über viele, viele Jahre und zum erfolgreichsten Rennmotor aller Zeiten. Bis zum Jahre 1983 war der im Auftrag von Ford von Mike Costin und Keith Duckworth entwickelte F 1-Motor das Standard-Triebwerk der Saugmotor-Ära. Erst dann, nach insgesamt 155 Siegen, war er den inzwischen mächtig erstarkten Turbos nicht mehr gewachsen.

1968 schließlich gab es praktisch keine Zweiventiler mehr in der Formel 1. Aber auch in den anderen Klassen gingen die Vierventiler in Front. So in der neu definierten Formel 2 mit zunächst 1,6 später 2,0 Liter Hubraum und, mit Ausnahme von Porsche, bei den Sportwagen. Besonders erwähnenswert ist in diesem Zusammenhang die Entwicklung des BMW Formel 2-Motors. Nicht nur weil es eine deutsche Entwicklung war, sondern weil sie aufzeigt, wie unsicher damals noch die deutschen Ingenieure hinsichtlich der optimalen Gestaltung eines Vierventil-Rennmotors waren.

BMW-VIERVENTILER – VOM MONTI BIS ZUM FORMEL 1

Ein Name ist mit dem BMW-Projekt untrennbar verbunden: Ludwig Apfelbeck. Der österreichische Motorenspezialist, Mitte der sechziger Jahre bei BMW tätig, iniziierte dort die Vierventil-Entwicklung. Ausgehend von der verlockenden Idee, maximale Querschnitte verwirklichen zu können und dabei noch, quasi als Zugabe, einen halbkugelförmigen Brennraum zu erhalten, versprach sich Apfelbeck große Vorteile von einer radialen Anordnung der vier Ventile. Da sehr gute Erfahrungen mit Einzylindern-Aggregaten vorlagen, entschloß sich auch BMW zu Beginn der werkseigenen

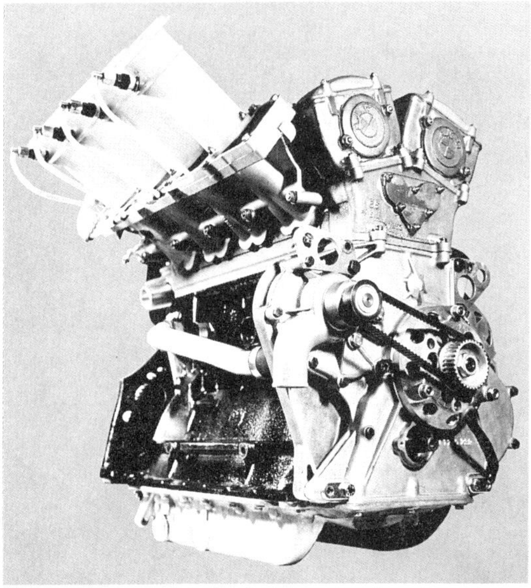

Die Bildfolge zeigt die Entwicklung des BMW-Vierventilers vom Apfelbeck-Experimentiermotor bis zum modernen Formel 1. Dem vollradialen Apfelbeck-Motor war in der Formel 2 kein Erfolg beschieden. Er wurde zum Diametral-Vierventiler umkonstruiert (oben rechts) wobei je ein Einlaß- und Auslaßventil parallel nebeneinander angeordnet waren. Auch dieser Motor verfügte über acht separate Ein- und Auslässe. Da auch diese Ventilanordnung gegenüber dem Cosworth-Vierventiler in der Formel 2 nicht bestehen konnte, kam man zur klassischen Vierventil-Lösung mit paarweise angeordneten Ein- und Auslaßventilen. Dieser Formel 2-Motor (links) errang für BMW sechs Europameisterschaften und leistete maximal 280 PS. Er diente als Basis für das aufgeladene Formel 1-Triebwerk. Der BMW Formel 1 (unten) leistete als 1,5-Liter bis zu 900 PS. Es war der erste Turbomotor, mit dem das Monopol der Sauger gebrochen wurde. Nelson Piquet wurde mit ihm 1983 Weltmeister.

Vierventiler-Entwicklung für diese konstruktiv mit Abstand aufwendigste Lösung. Die besondere Apfelbeck-Idee war aber, Einlaß- und Auslaßventile diametral gegenüberliegend anzuordnen, was bessere Strömungsverhältnisse und einen zusätzlichen Drall des Gemischs erzeugen sollte. In der Tat bewährte sich diese Kontruktion im Zweiliter-Motor sehr gut, und bereits im Jahre 1966 erzielte BMW mit einem solchen Motor 268 PS bei 8500/min, was auch heute noch als respektable Leistung gelten darf. Die Nachteile dieser Lösung mit radial/diametral angeordneten Ein- und Auslaßventilen liegen einerseits in der überaus komplizierten Betätigung der Ventile, andererseits im hohen Bauaufwand. So lassen sich z. B. die Kanäle nicht zusammenfassen, so daß pro Zylinder zwei getrennte Einlaß- und Auslaßkanäle unumgänglich sind. Immerhin: Im Bergspyder »Monti« erzielte die Apfelbeck-Konstruktion einige Achtungserfolge.

Doch ließen sich die guten Ergebnisse nicht ohne weiteres auf den kleineren Formel 2-Motor übertragen. Hier zeigten sich die Grenzen des Apfelbeck-Prinzips recht frühzeitig. So wurde einmal das weitaus höhere Drehzahlniveau von dem komplizierten Ventil-Steuerungsmechanismus nicht mehr verkraftet. Aber noch ein weiterer Nachteil wurde deutlich: Der durch die Radial-Anordnung bedingte halbkugelförmige Brennraum war alles andere als ideal. Hohe Verdichtungsverhältnisse ließen sich nicht realisieren. So kam BMW zum Parallel-Vierventiler, wollte aber von der diametralen Anordnung der Ein- und Auslaßventile nicht lassen. Dieser Motor brachte hervorragende Spitzenleistungen, war jedoch immer noch vom Bauaufwand her enorm kostspielig und kompliziert, denn diagonal versetzte Ventile bedeuten ebenfalls acht Ein- und Auslaßkanäle, zwei Gasschieber mit allem Drum und Dran sowie zwei getrennte Auspuffanlagen. Von der Kompliziertheit und vom Bauaufwand abgesehen setzte sich im Laufe der Entwicklung jedoch noch eine andere wesentliche Erkenntnis durch, daß zwar große Ventilquerschnitte im Spitzendrehzahlbereich hervorragende Leistungswerte zulassen, im unteren Drehzahlbereich jedoch zu Einbrüchen in der Leistungskurve führen. Inspiriert von den englischen Vierventiler-Entwicklungen in der Formel 1 und Formel 2, die mit vergleichsweise kleinen Ventildurchmessern arbeiteten, entschloß man sich nun auch bei BMW zum Parallel-Vierventiler, wie er heute allgemein üblich ist. Zwei obenliegende Nockenwellen betätigen je eine Ventilreihe, wobei sich Einlaß und Auslaß jeweils gegenüberliegen. Diese einfache »Cross-Flow«-Anordnung erlaubt eine wesentlich einfachere Zylinderkopfgestaltung, Gasschieber und Auspuffanlage lassen sich jeweils für Ein- und Auslaß zusammenfassen. Daß die Ventildurchmesser bei dieser Lösung deutlich reduziert werden müssen, erwies sich schon bald als unvermuteter Vorteil. Dank der nun wesentlich höheren Gasgeschwindigkeiten ließen sich bei richtiger Abstimmung zwar keine höheren Spitzenleistungen, aber spürbar fülligere Leistungskurven und ein größerer nutzbarer Drehzahlbereich erzielen.

Diese letzte Ausführung mit zwei Liter Hubraum war dann über zwei Jahre

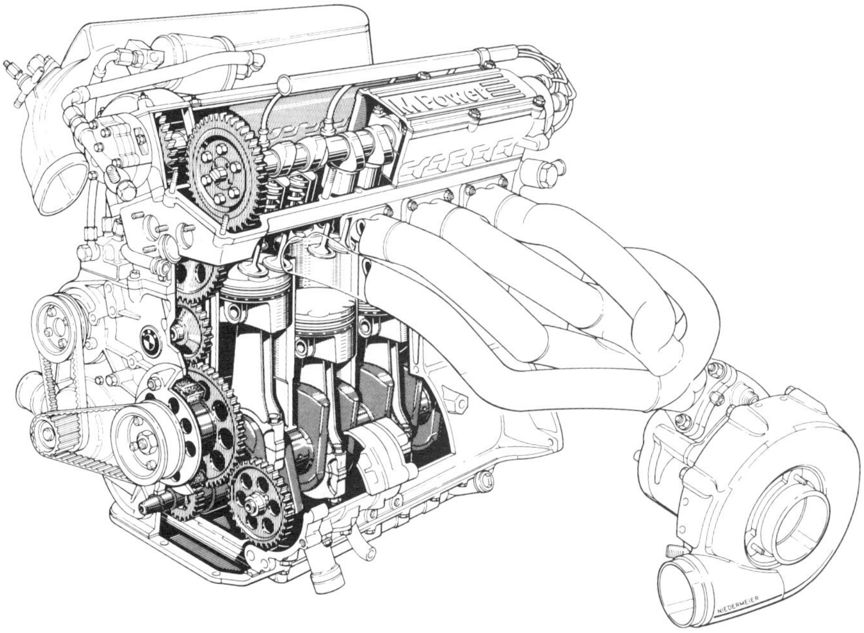

Die Durchsicht-Zeichnung zeigt den relativ einfachen Aufbau des BMW Formel 1-Motors. Die Kurbelwelle läuft übrigens in einem modifizierten Serienblock aus Grauguß. Die beiden Nockenwellen werden mit Stirnrädern angetrieben. Ein einzelner großer Turbolader mit zweiflutiger Einströmung versorgt den Motor mit Verbrennungsluft.

hinweg in der Formel 2 erfolgreich, bescherte BMW sechs Europameistertitel und erreichte Leistungen von über 280 PS. Welches Potential in diesem Vierzylinder mit Grauguß-Block aber wirklich steckte, zeigte sich bei seiner Umwandlung zum Formel 1-Triebwerk mit Abgasturboaufladung. Über 900 PS wurden realisiert. Nelson Piquet gewann damit 1983 erstmals eine Fahrerweltmeisterschaft mit einem Turbomotor.

Der Vierventiler hatte es also im Rennsport geschafft. Es war ein Durchbruch auf der ganzen Linie, nicht nur in der Formel 1, sondern auch im Rallyesport und bei den Renn-Tourenwagen sind Motoren mit Vierventiltechnik der Schlüssel zum Erfolg. Nur wo das Reglement entsprechende Einschränkungen macht, wird noch mit Zweiventiltechnik gefahren. Inzwischen ist die Entwicklung schon weitergegangen. 1989, als die neue 3,5 Liter Formel 1 für Saugmotoren eingeführt wurde, kamen erstmals auch Motoren mit fünf Ventilen pro Zylinder zum Einsatz. Ob diese Anordnung (drei Einlaß-, zwei Auslaßventile) auf Dauer Vorteile bringt und sich durchsetzen wird – auch darauf wird der Rennsport eine Antwort geben.

Der Serien-Anlauf

Vom Exoten-Triebwerk zum Großserienprodukt

Daß Vierventiler im Rennsport sinnvoll sind, bezweifelte Ende der sechziger Jahre niemand mehr ernsthaft. Daß sie auch im Serienauto Vorteile bringen, war damals noch keineswegs klar. Das Vierventiltechnik womöglich Mitte der achtziger Jahre Stand der Motorentechnik sein könnte, daran wagte niemand zu glauben. Doch der Reihe nach. Natürlich bemerkten die Entwicklungs-Ingenieure der Automobilindustrie das Potential, das in der Mehrventil-Technik, speziell im Vierventiler, steckt. Allerdings sah man in erster Linie die Mehrleistung, die unter Inkaufnahme eines höheren Drehzahlniveaus realsiert wurde. Gerade letzteres schien ein Hinderungsgrund für die rasche Einführung des Vierventilers in die Serie gewesen zu sein.

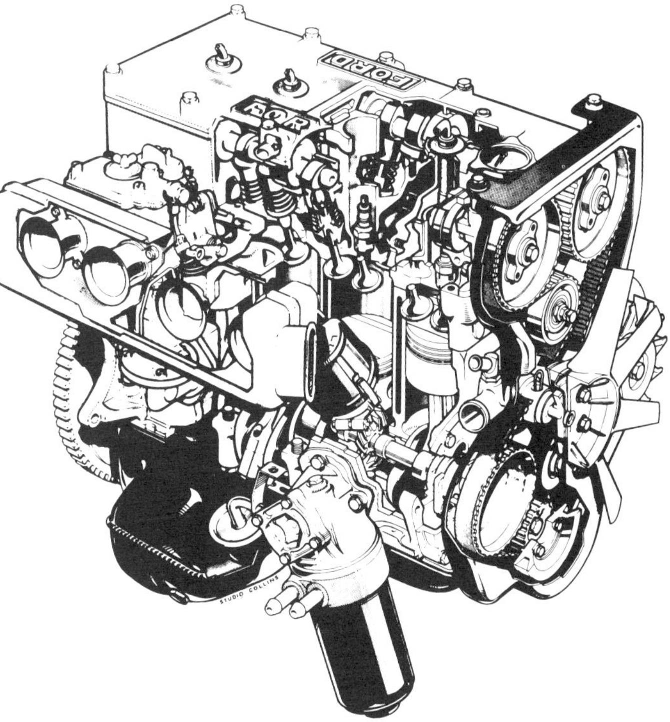

Der sogenannte Ford Escort BDA war eine Homologationsserie (5000 Stück) für den Tourenwagen-Einsatz. Als Antrieb diente ein vom Cosworth Formel 2-Motor abgeleitetes Triebwerk. Die konstruktive Vereinfachung bestand vor allem in der Verwendung eines Zahnriemenantriebs für die beiden Nockenwellen, die beim Formelmotor von Stirnrädern angetrieben wurden. Die Kleinserie wurde mit zwei Doppelvergasern ausgeliefert.

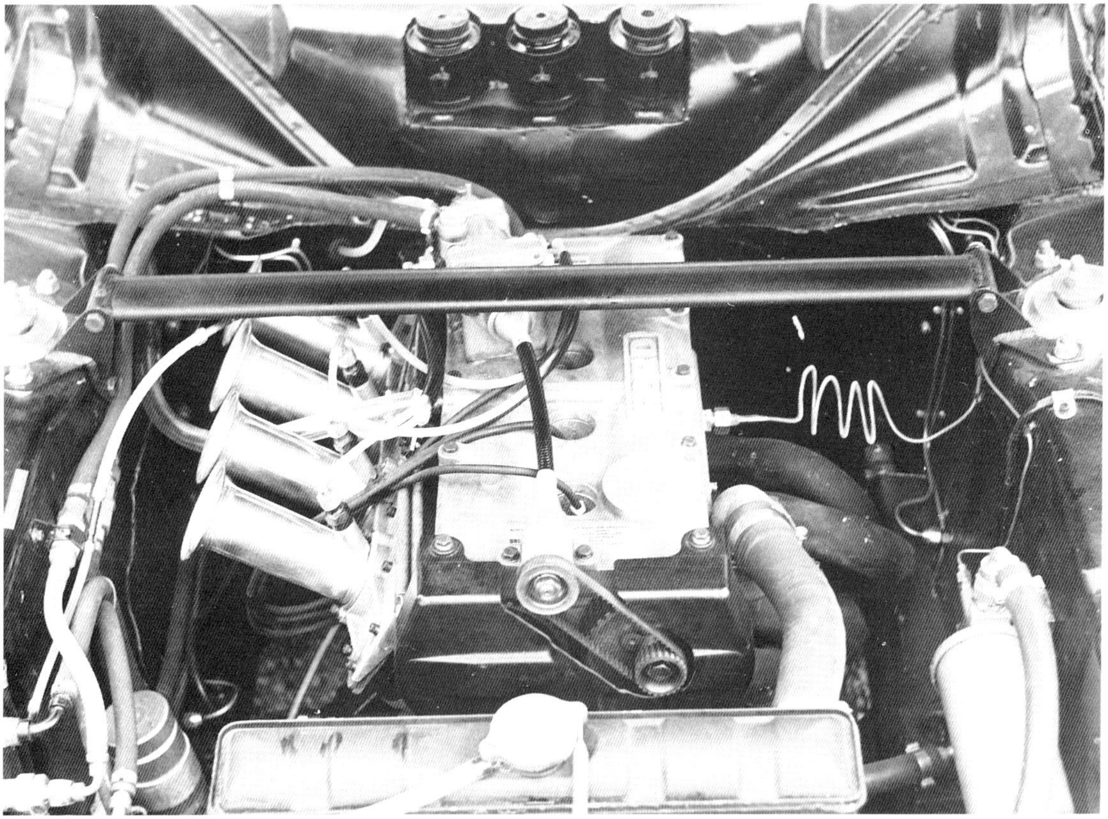

Im Renntourenwagen leistete der Escort BDA mit 1760 cm³ bis zu 240 PS. Noch bis in die achtziger Jahre war der leichte (Kopf und Block aus Aluminium) und kompakte Ford-Vierzylinder im Rallyesport ein konkurrenzfähiges Triebwerk.

Anfang der siebziger Jahre gab es zwei sogenannte Energiekrisen. Sparsame und niedrigtourige Motoren waren gefragt, der Vierventiler schien unter solchen Rahmenbedingungen ungeeignet. Hinzu kam, daß in jenen Jahren bei vielen Herstellern Turbomotoren auf vorhandener Zweiventilbasis entwickelt wurden. Mit ihnen ließ sich hohe Leistung bei moderater Drehzahl einfacher und ohne hohen Investitionsaufwand realisieren. Auch schreckte der hohe Bauaufwand der damals noch recht kompliziert konstruierten Vierventiler die Großserien-Hersteller.

ZEHN EXOTISCHE JAHRE

So fristete der Vierventiler noch ein gutes Jahrzehnt als Antriebsquelle für Exoten und Homologations-Automobile in Kleinserie sein Dasein. Bekanntestes Homologations-Objekt war wohl der Ford Escort RS 1600 mit dem BDA-Motor, der 1971 mit 1,6 Liter Hubraum Furore machte. Auf 1,8 Liter weiterentwickelt war der BDA-Motor (ein Leichtmetall-Vierzylinder) bis in die

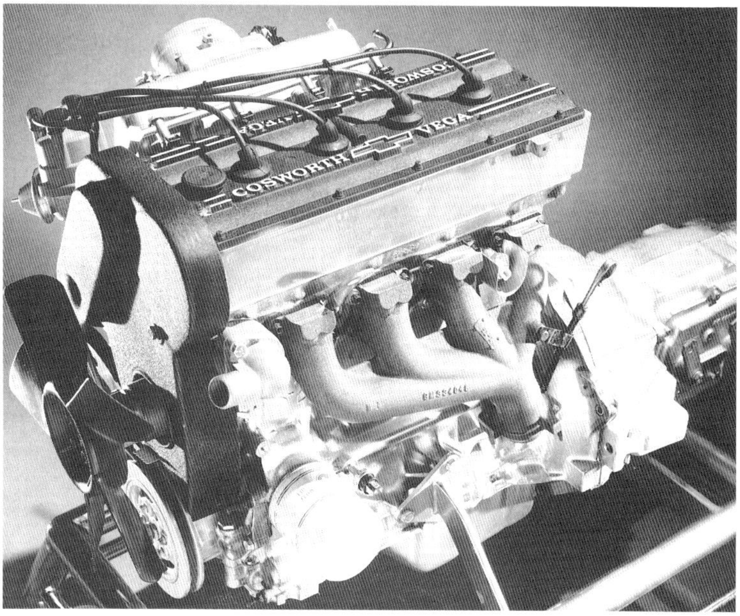

Auch bei der Entwicklung des Chevrolet Cosworth Vega (1973) hatten die Engländer Mike Costin und Keith Duckworth (die Inhaber der Firma Cosworth) die Hände im Spiel. Nicht nur für amerikanische Verhältnisse war der Vierzylinder-Vierventiler ultra-modern. Mit Einspritzung soll er 140 PS bei 7000/min geleistet haben. Die Nockenwellen hatten Zahnriemenantrieb.

frühen achtziger Jahre im Rallye-Sport eine konkurrenzfähige Antriebsquelle. Für den Serien- Fortschritt bei Ford hat er leider nichts gebracht.

Auch General Motors wollte Anfang der siebziger Jahre sein Image mit einer Vierventil-Konstruktion aufpolieren. Für das neuentwickelte Massenvehikel Chevrolet Vega wurde von Cosworth ein interessanter Vierventiler entwickelt. Insgesamt 5000 »Cosworth Vega, 16 Valve«, so die Modellbezeichnung, sollten 1974 gebaut werden. Aber der Vega war insgesamt kein erfolgreiches Auto, ein Urteil, das sich auch auf den Vierventiler ausdehnen läßt.

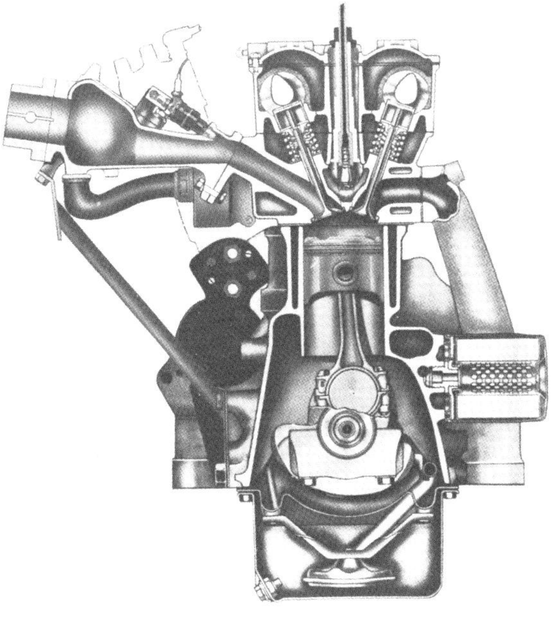

Der Querschnitt des Cosworth-Vega 16V zeigt eine moderne Zylinderkopfkonstruktion mit engem Ventilwinkel aber separatem Steuergehäuse. Die Kerze sitzt genau in der Mitte. Das Kurbelgehäuse ist ganz aus Aluminium gefertigt und als Open-Deck-Konstruktion ausgeführt. Es ist seitlich weit unter die Kurbelwellenmitte heruntergezogen, was Steifigkeit bringt.

Der Lotus-Motor mit der Typnummer 907 wurde erstmals 1972 im Jensen Healey eingesetzt und leistete seinerzeit als Zweiliter mit zwei Doppelvergasern beachtliche 140 PS. Das Besondere an diesem Motor ist, daß er, basierend auf der gleichen Grundkonstruktion, noch heute gebaut wird. Auf 2,2 Liter vergrößert und mit Abgasturbolader beatmet steht heute die Höchstleistung für den Lotus Esprit Turbo SE bei 264 PS, eine der höchsten Literleistungen, die abseits der Rennpiste gefahren werden.

Die englische Firma Lotus, stets gut für progressive Technik, hatte schon 1972 einen Vierventiler fertig. Er wurde zunächst im Jensen Healey in kleiner Stückzahl verbaut. Seit 1974 stellt dieses Triebwerk in verschiedenen Versionen die Antriebsquelle für alle Lotus-Modelle dar.

Eine weitere, höchst interessante Vierventil-Entwicklung kam ebenfalls aus England. Der damals schon vom Siechtum befallenen Hersteller Triumph stellte für den Typ Dolomite Sprint eine Lösung mit einteiligem

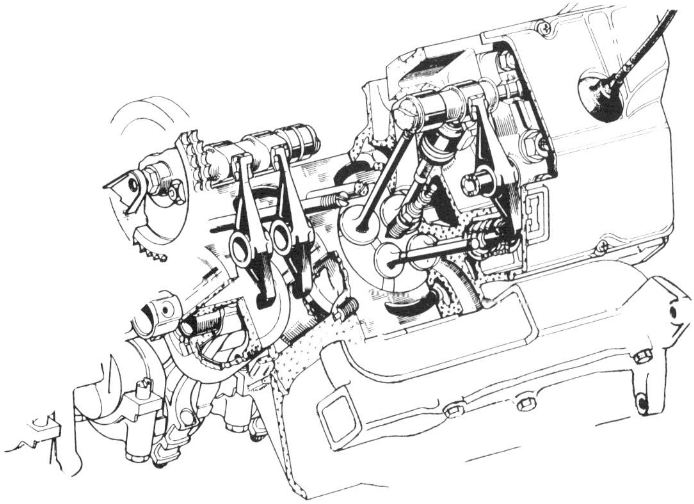

Für den Triumph Dolomite Sprint wurde 1974 ein Vierventiler mit einem höchst interessanten Ventiltrieb vorgestellt. Die Einlaßventile wurden direkt von der obenliegenden Nockenwelle über Tassenstößel betätigt, dieselben Nocken bedienten über Kipphebel die gegenüberliegenden Auslaßventile. Die Kerzenlage ist mittig. Dem verringerten Bauaufwand (nur eine Nockenwelle mit acht Nocken) stehen Einschränkungen in den Ventilsteuerzeiten und der Steifigkeit gegenüber.

Zylinderkopf vor, die auch für größere Serien geeignet erschien. Auch die Ventilsteuerung des Dolomite Sprint war bemerkenswert: Nur eine Nockenwelle mit acht Nocken rotierte im Zylinderkopf. Die Nocken betätigten direkt über Tassenstößel die acht Einlaßventile, über Kipphebel die Auslaßventile.

1976 startete die BMW Motorsport GmbH das M 1-Projekt. Unter diesem Kürzel verbirgt sich ein eigenständiger Sportwagen, der in Anspruch, Leistung und Preis mit italienischen Exoten konkurrierte. Knapp über 400 M 1 wurden gebaut. Als Antriebsquelle diente der bekannte BMW Reihen-Sechszylinder mit 3,5 Liter Hubraum und einem aufwendigen Vierventil-Zylinderkopf. Die Leistung dieses Motors war überzeugend (277 PS bei 6500/min). Noch heute stellt der M 1-Motor in weiterentwickelter Form weltweit eines der leistungsfähigsten Vierventiltriebwerke (315 PS) dar und sorgt in der sportlichen BMW M 5-Limousine für hervorragende Fahrleistungen. Aber auch der M 1- oder M 5-Motor ist weit davon entfernt, ein Großserienprodukt zu werden.

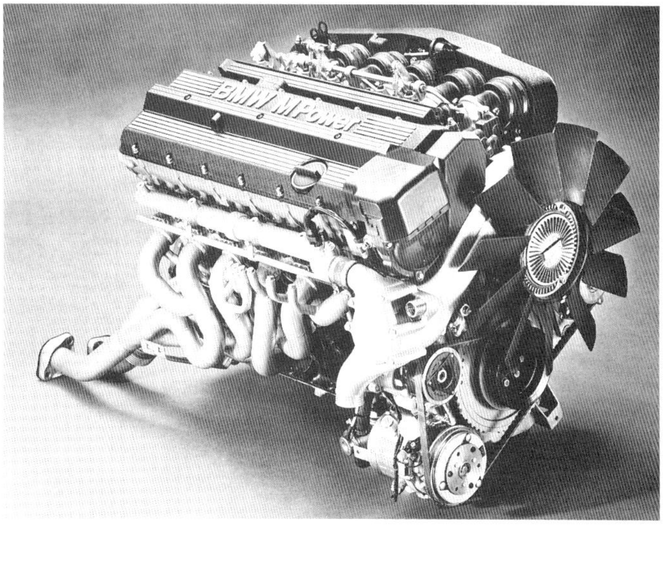

Der erste BMW Sechszylinder-Vierventiler lief Mitte der sechziger Jahre im CSL-Renntourenwagen. Leistung ca. 450 PS. In abgewandelter Form wurde er im M 1 der erste BMW-Vierventiler, der in Serie (ca. 400 Stück) ging. Im M 1-Sportwagen betrug die Leistung 277 PS. Noch heute ist dieser Motor in modifizierter Form im M 5 im Einsatz (unten) und leistet dort 315 PS, ein spezifischer Bestwert für Serien-Limousinen mit Katalysator. Interessant ist die aus Rohrbögen geschweißte Auspuffanlage mit den Stutzen zur Abgasmessung für die Motoreinstellung.

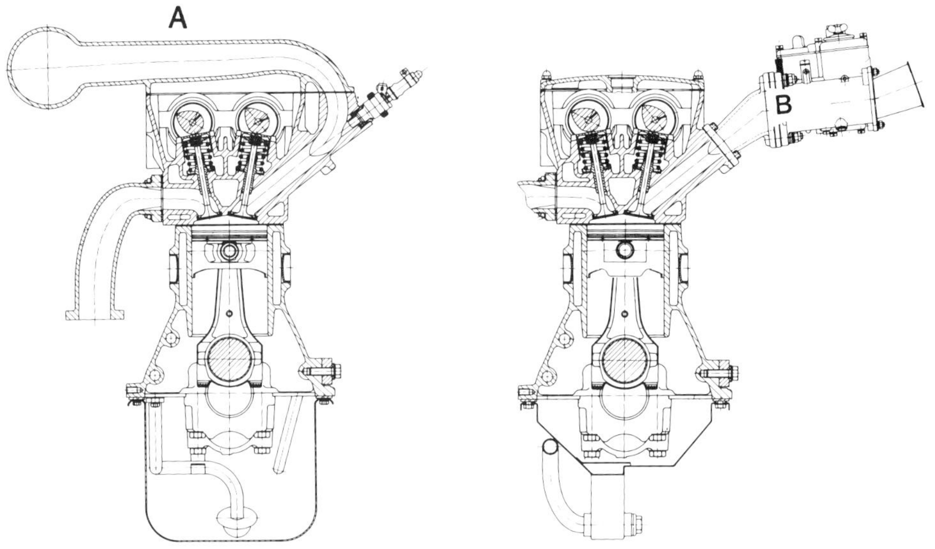

Der Opel Vierventiler für den Manta 400 war als Homologationsserie in erster Linie für den Sporteinsatz entwickelt. Der 2,4 Liter Vierzylinder hatte in der Straßenversion (links) eine elektronische Einspritzung mit besonders langen Saugwegen (A) für gutes Drehmoment. Der Rallyemotor (rechts) atmete durch zwei Doppelvergaser (B) und hatte Trockensumpfschmierung mit separatem Öltank. Die eng beieinanderliegenden Nockenwellen waren rollengelagert, der Ventilwinkel betrug nur 21°.

Von 1975 bis 1982 waren neue Vierventil-Entwicklungen bei Großserienprodukten nur in den Homologationsserien zu finden, wie beispielsweise im Fiat 131 Abarth oder im Opel Manta 400. 1982 stellte auch Ferrari erstmals im 308 GT den bekannten Achtzylinder als Vierventiler vor, der die treffende Bezeichnung »Quattrovalvole« (vier Ventile) erhielt. Im selben Jahr entschied sich Honda im Prelude für eine dreiventilige Zwischenlösung, ein Konstruktionsprinzip, das auch Maserati favorisierte.

DIE JAPANER RÜSTEN FÜR DIE SERIE

Aber die Zeit war reif für einen breiteren Einsatz des Vierventilers. Bei den Motorrädern hatte er bis auf wenige Ausnahmen bereits die Zweiventiler verdrängt und man wußte, daß die Japaner mit Hochdruck an Vierventilaggregaten für Automobile arbeiteten. Einige hatten sogar das Ergebnis schon präsentiert: Toyota einen 1,6 Liter-Vierventiler im Corolla GT und Nissan einen Zweiliter im Silvia. Zwar waren beide Motoren in ihren spezifischen Werten keine Glanzstücke, aber die Japaner hatten gezeigt, daß sie den Vierventiler ernsthaft für die Großserie in Angriff nehmen.

In der Zwischenzeit wurden auch in Europa neue Vierventilmotoren ent-

Der Toyota 4A-GE-Motor war weltweit der erste Vierventiler, der von Haus aus für eine Großserie konzipiert war. Er ging 1982 in Serie und zeigt mit zwei obenliegenden Nockenwellen klassische Konstruktionsmerkmale.

wickelt. Dabei zeigte sich, daß die Vorteile der Vierventilkonstruktion keineswegs nur in hoher Endleistung zum tragen kommen. Auch die Verbrennung ist effizienter, dank dem kompakten Brennraum und der zentralen Kerzenlage. Vierventiler sind weniger klopfempfindlich, gestatten ein höheres Verdichtungsverhältnis und bringen wegen ihrer besseren Rohemission günstigere Voraussetzung für die Schadstoffreduzierung mit. Bei geeigneter Auslegung läßt sich auch ein günstiger Drehmomentverlauf erzielen. Mit höhe-

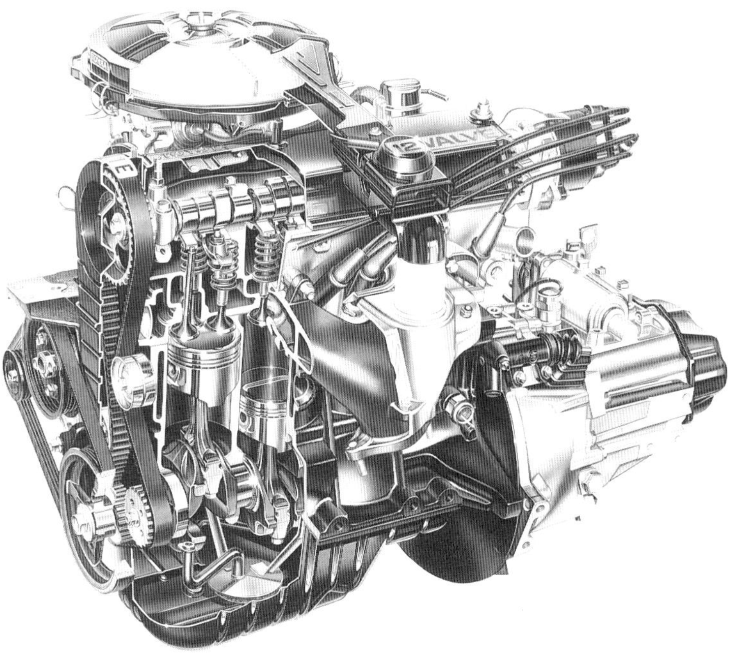

In den kleineren Hubraumklassen favorisierte Toyata den Dreiventiler. Hier das Einliter-Triebwerk des Toyota Starlet von 1984.

rem Konstruktionsaufwand, also mit variablen Saugrohrlängen und/oder verstellbaren Steuerzeiten sogar hohes Drehmoment im unteren Drehzahlbereich, ohne auf hohe Endleistung zu verzichten. Den Konstrukteuren war außerdem bewußt, daß die katalytische Abgasentgiftung früher oder später auch in Europa Standard oder weit verbreitet sein würde. Die damit verbundenen Leistungseinbußen und Verbrauchsnachteile ließen sich mit Vierventilern mehr als wieder gut machen – bei entsprechenden Kosten versteht sich. Hinzu kam die Möglichkeit, vereinfachte Konstruktionen mit einteiligen Zylinderköpfen auf computergesteuerten Maschinen kostengünstiger zu produzieren.

Die ersten europäischen Resultate dieser Überlegungen brachte das Jahr 1983. Zwar handelte es sich durchweg um Spitzenmotorisierungen der jeweiligen Modelle, aber die Tendenz war klar: Der Vierventiler war als Konstruktionsprinzip auch für größere Serien akzeptiert. Daß er zunächst als High-Tech-Merkmal nur in den Spitzenmodellen oder in besonders teuren Autos auftauchte, änderte daran nichts, sondern förderte eher sein Image und auch die Nachfrage in den kleineren Klassen.

Bei dieser Gelegenheit noch ein Wort zur Kennzeichnung bzw. Definition. Aus Imgagegründen schreiben die meisten Hersteller die Gesamtzahl der Ventile in die Modellbezeichnung, also »16V« beim Vierzylinder, »20V« beim Fünfzylinder oder »24V« beim Sechszylinder. Dies ist im Prinzip falsch, da die Gesamtzahl der Ventile die Kenntnis der Zylinderzahl voraussetzt, um die Ventilzahl pro Zylinder zu bestimmen. Spätestens beim Fünfventiler, aber auch schon beim Dreiventiler gibt es hier Verständnispro-

Auch Honda startete das Mehrventil-Programm zunächst im Typ Prelude mit einem Dreiventiler. Das Zweiliter-Triebwerk des Prelude EX zeigte allerdings keine besonderen Leistungswerte (105 PS, 154 Nm) und wurde von vielen Zweiventilern überboten. Inzwischen hat sich Honda in allen Hubraumklassen zum Vierventiler entschieden. Der Zweiliter Vierventiler (rechts) zeigt wesentlich verbesserte Leistungsdaten (137 PS, 175 Nm).

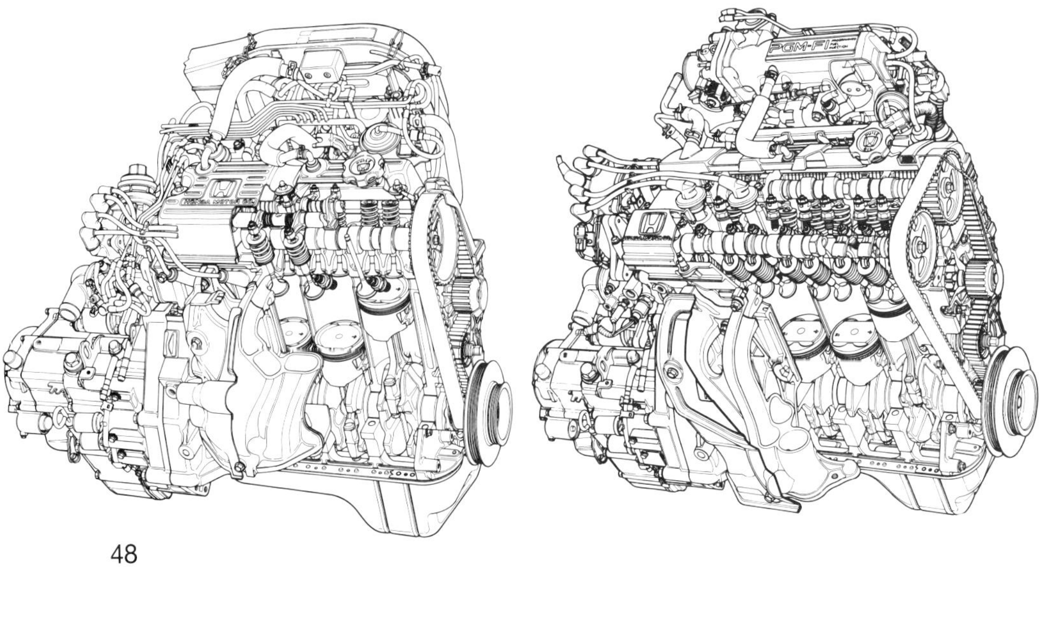

Als erster europäischer Großserienhersteller hatte VW den Schritt zum Vierventiler gewagt. 1983 wurde der auf dem 827-Aggregat basierende Motor auf der IAA vorgestellt, ging aber wegen technischer Schwierigkeiten erst zwei Jahre später in Serie. Die ursprünglichen Leistungsdaten des 1,8 Liter-Motors waren mit 139 PS beachtlich.

bleme. Korrekter ist es, die jeweilige Anzahl der Ventile zu nennen, wodurch Mißverständnisse ausgeschlossen werden.

Zurück zum Jahre 1983. Auf der IAA (Internationale Automobil Ausstellung) in Frankfurt waren allein sechs europäische Hersteller mit Vierventilern vertreten. Audi mit dem Quattro Sport mit Abgasturbolader, BMW mit dem M 635 CSi, mit dem modifizierten M 1-Motor, Mercedes mit dem 190 E 2.3/16, Jaguar mit dem neuen 3,6 Liter-Sechszylinder, Saab mit dem 900 Turbo 16 V. Ganz entscheidend aber war, daß auch VW mit einem 1,8 Liter Vierventiler im Scirocco angetreten war. Auch wenn der VW-Vierventiler wegen Anlaufschwierigkeiten erst zwei Jahre später auf den Markt kam, setzte er doch so etwas wie eine Inititalzündung: Von dieser Zeit an war auch für Großserienhersteller der Vierventiler ein Muß. Die weitere Entwicklung hat gezeigt, daß diese Einschätzung richtig war. Von 1983 an nahm der Marktanteil von Mehrventilmotoren zwar langsam, aber stetig zu. Seit 1988, wo zunehmend die Europäer in größerer Stückzahl auf diese Technologie umstiegen, ist eine noch stärkere Zunahme zu beobachten. Fachleute schätzen, daß gegen Ende dieses Jahrhunderts der Vierventiler oder Mehrventiler eine ähnliche Durchsetzung haben wird, wie vor etwa zwanzig Jahren die Motoren mit obenliegenden Nockenwellen. Stand der Technik ist er heute schon.

MARKTANTEIL VON MEHRVENTILMOTOREN

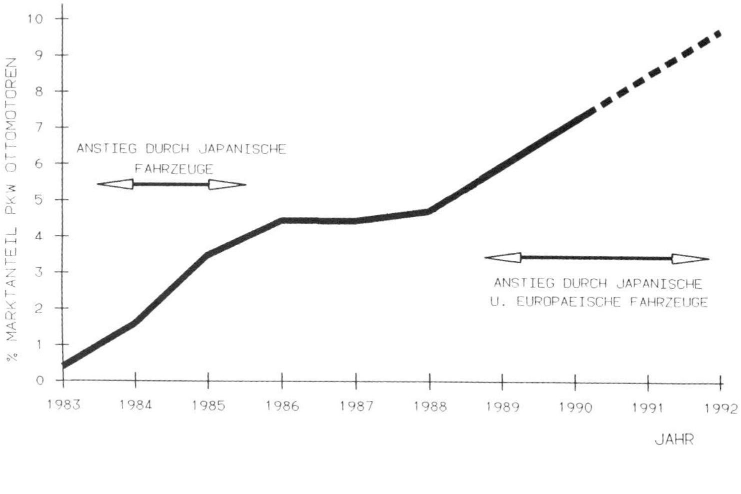

Das technische Rüstzeug

Theoretische und konstruktive Betrachtungen zur Mehrventiltechnik

Im Kraftfahrzeugbau sind die zur Fortbewegung benutzte Wärmekraftmaschine und der zu ihrem Betrieb notwendige Treibstoffvorrat als eine Einheit zu sehen. Daraus ergibt sich auf der einen Seite die Notwendigkeit nach einer Wärmekraftmaschine mit möglichst gutem Wirkungsgrad und hoher Leistungsdichte, auf der anderen Seite die Forderung nach einem Kraftstoff mit möglichst hoher Energiedichte.

Was den Kraftstoff angeht, so entspricht das Erdöl und seine daraus gewonnenen Derivate am besten der Forderung nach einem möglichst effizienten Energieträger. Und was die für das Kraftfahrzeug, speziell für das Automobil bevorzugte Antriebsquelle betrifft, so herrscht unter realistisch denkenden Ingenieuren ebenfalls Klarheit: Mehr als 100 Jahre nach der Erfindung stellt der Hubkolben-Verbrennungsmotor nach wie vor die bestgeeignete Wärmekraftmaschine dar. Mit seinem vergleichsweise guten Wirkungsgrad und der hohen Leistungsdichte hat der Hubkolben-Verbrennungsmotor andere Alternativen entweder verdrängt oder, wie beispielsweise den Wankelmotor, gar nicht erst hochkommen lassen.

Gerade in den letzten Jahren, wo Verbrauch und Umweltschutz im Vordergrund der Diskussion um das Automobil standen, hat der klassische Hubkolbenmotor sein hohes Entwicklungspotential bewiesen. Trotz schlechterer Qualität hinsichtlich der Oktanzahl des bleifreien Kraftstoffs und trotz verbrauchsnegativer Abgasreinigungskonzepte, wie beispielsweise der Katalysatortechnik, gelang es durch Optimierung des Gesamtsystems Fahrzeug Motor den durchschnittlichen Kraftstoffverbrauch um etwa 25 Prozent abzusenken.

Welchen Stellenwert hat nun die Mehrventiltechnik in diesen Überlegungen? Nun, inzwischen einen sehr hohen. Sie erlaubt es einmal, den Wirkungsgrad und die Leistungsdichte zu verbessern, zum anderen lassen sich damit Leistungseinbußen durch schlechtere Kraftstoffqualität oder durch Abgasreinigung mehr als kompensieren. Warum der Mehr- oder Vierventiler dies so viel besser kann als der zweiventilige Hubkolbenmotor, hängt mit der

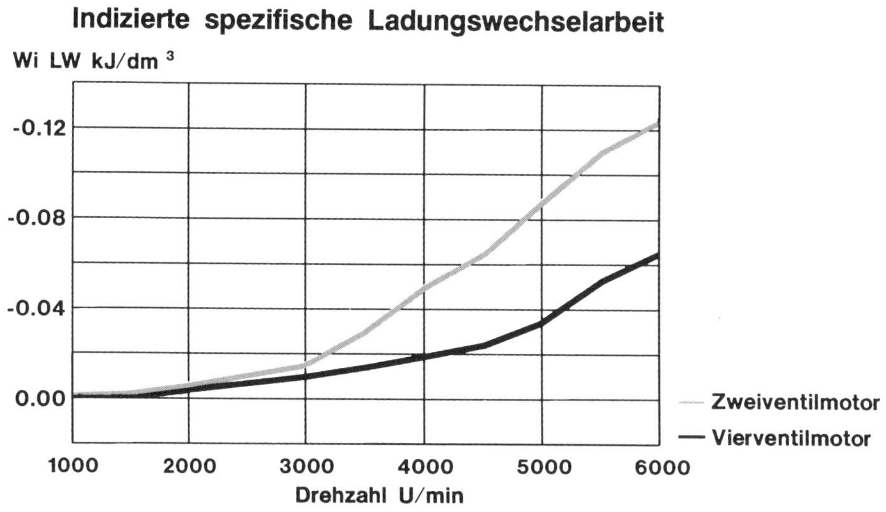

Geringe Verluste beim Ladungswechsel führen beim Vierventiler zu besserem Wirkungsgrad und damit zu höherer Kraftstoffausnutzung. Die Vorteile schlagen sich in der Praxis sowohl im günstigerem Verbrauch als auch in höherer Leistung beziehungsweise höherer Leistungsdichte nieder. Hier ein Vergleich der Ladungswechselarbeit beim BMW-Sechszylinder mit zwei und vier Ventilen pro Zylinder.

besseren Verbrennung und dem wirkungsvolleren Ladungswechsel zusammen. Um die Ansatzpunkte zu Verbrauchseinsparungen bzw. Leistungs- oder Drehmomentsteigerung besser zu verstehen, führt man sich am besten die Wirkungsweise des Verbrennungsmotors vor Augen.

DEFINITION DES VERBRENNUNGSMOTORS

Der Verbrennungsmotor ist eine Wärmekraftmaschine, in welcher durch Wärmezufuhr zu einem Gas, das sich in einem abgeschlossenen Raum (Zylinder) befindet, mechanische Arbeit verrichtet wird, wobei die verbrauchten Gase (Abgase) nach möglichst vollständiger Verbrennung ausgetauscht und durch eine neue Ladung ersetzt werden. Um diesen Vorgang möglichst sauber und korrekt durchzuführen, werden bei Hubkolbenmotoren, wie sie in Automobilen Verwendung finden, in der Regel vier Arbeitstakte benötigt. Die Zufuhr des sauerstoffhaltigen Frischgases (Umgebungsluft) inklusive des Energieträgers Kraftstoff, die Verbrennung und den Ausstoß der Abgase nennt man in der Fachsprache daher Ladungswechsel oder Gaswechsel. Er muß durch präzise und schnell funktionierende Steuerelemente sichergestellt werden. Beim Viertaktmotor hat sich bis heute die Steuerung durch Tellerventile am besten bewährt, weswegen in diesem Zusammenhang die Mehrventiltechnik große Entwicklungsmöglichkeiten bietet.

Der Ventilgesteuerte Viertakt-Verbrennungsmotor, mit dem wir uns hier vorrangig beschäftigen, arbeitet also nach folgendem Verfahren:

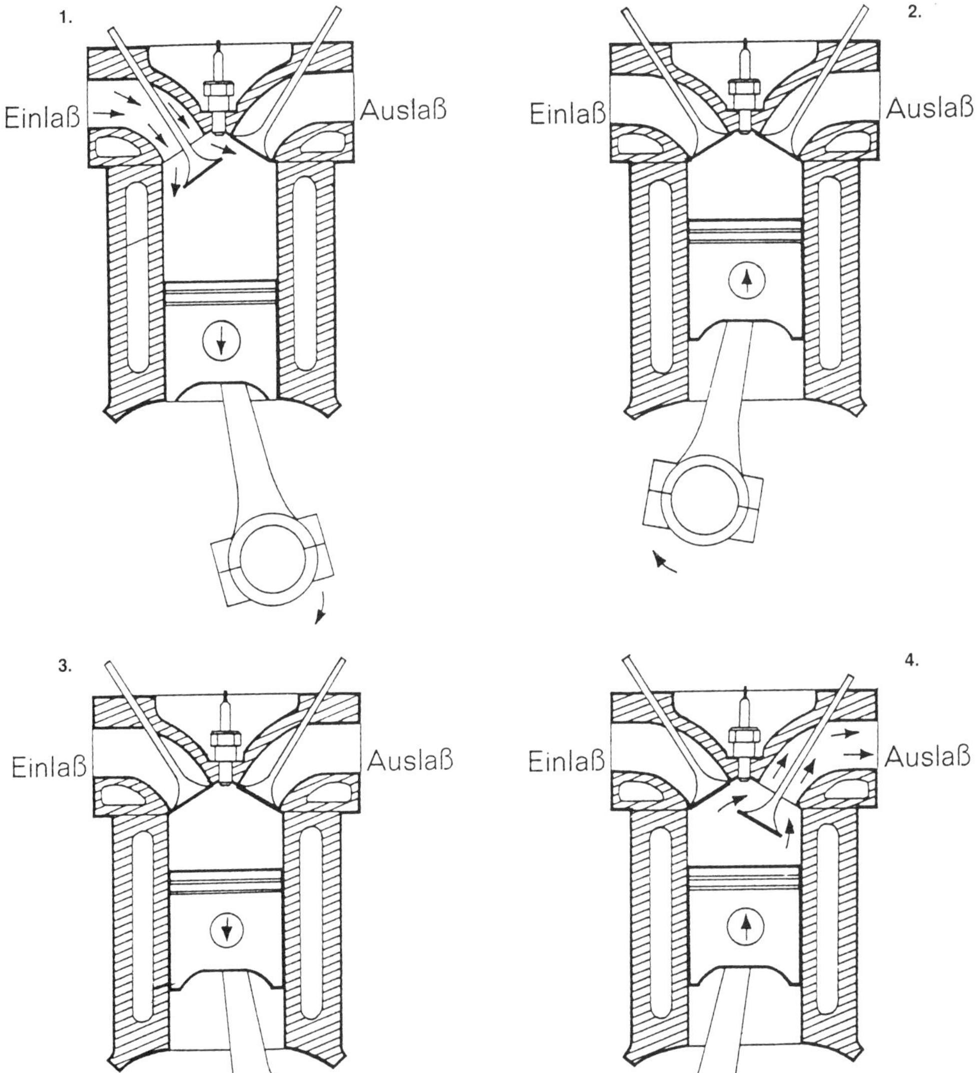

Das Arbeitsprinzip des Verbrennungsmotors wird aus diesen vier Skizzen deutlich:

1.) Ansaugen des Frischgases (Einlaßventile geöffnet);
2.) Verdichtung des Kraftstoff-Luftgemischs (Ventile geschlossen);
3.) Zündung und Verbrennung des Gemischs (Ventile geschlossen);
4.) Ausstoß der verbrannten Gase (Auslaßventile geöffnet).

1. Ansaugtakt:

Das Auslaßventil ist durch den Druck der Ventilfeder geschlossen, während das Einlaßventil durch einen Mechanismus geöffnet wird. Durch die Abwärtsbewegung des Kolbens wird das zündfähige Luft-Kraftstoffgemisch durch das Ansaugsystem in den Zylinder gesaugt.

2. Verdichtungstakt:

Bei geschlossenen Ventilen wird das Luft-Kraftstoffgemisch durch den nach oben gehenden Kolben komprimiert (zusammengedrückt).

3. Arbeitstakt:

Bei weiterhin geschlossenen Ventilen entzündet ein Funken der Zündkerze das Gemisch knapp bevor der Kolben seinen oberen Totpunkt erreicht hat. Beim Dieselmotor mit seiner hohen Verdichtung entzündet sich der Kraftstoff von selber in der durch die Verdichtung sehr heißen Luft. Diese Selbstzündung ist nur mit den speziellen Eigenschaften des Dieselkraftstoffs möglich. Das Gasgemisch verbrennt, und der Druck der entstandenen Verbrennungsgase treibt den Kolben nach unten. Die sich ausdehnenden Gase verrichten dabei Arbeit.

4. Auspufftakt:

Bevor der Kolben seinen unteren Totpunkt erreicht hat, wird nun das Auslaßventil geöffnet. Durch den im Zylinder herrschenden Überdruck und die folgende Aufwärtsbewegung des Kolbens werden die Verbrennungsgase aus dem Zylinder gedrückt. Über den Auslaßkanal, den Auspuffkrümmer sowie die Auspuffanlage gelangen die Abgase ins Freie. Nach dem Schließen des Auslaßventiles wird wieder das Einlaßventil geöffnet, und der gesamte Vorgang beginnt von neuem mit dem Ansaugtakt.

Die Temperatur- und Druckverhältnisse sind während der einzelnen Arbeitstakte sehr unterschiedlich. So wird beim dritten Takt – dem Arbeitstakt – eine Gastemperatur von ca. 2100 Grad Celsius und ein Druck von ca. 50 bis 70 bar erreicht. Beim Ansaugtakt hingegen besteht im Zylinder sogar Unterdruck, da das neue Gemisch in den Zylinder gesaugt werden muß. Die Temperatur der Frischladung liegt etwas über der Temperatur der Umgebung, also sehr viel niedriger als bei der Verbrennung.

Ziel ist es, die Temperatur der Frischladung so niedrig wie möglich zu halten, um möglichst viel Sauerstoff in den Zylinder zu bringen. Auf die vier

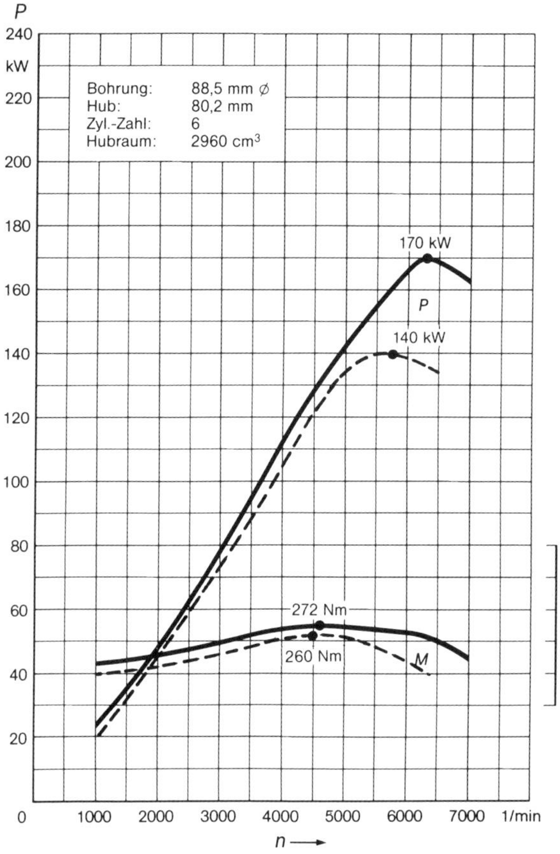

Unterschied von Zwei und Vierventiltechnik am Beispiel des Mercedes 3,0 Liter Sechszylinder-Reihenmotors. Drehmoment und Leistung des Vierventilmotors liegen über dem ganzen Drehzahlbereich oberhalb der Version mit nur zwei Ventilen. Die Drehzahlen, bei denen sich die maximalen Werte einstellen, sind beim Vierventiler höher als beim Zweiventiler.

Takte des beschriebenen Verfahrens kommt also nur ein Takt, bei dem Arbeit verrichtet wird. Die dabei freigesetzte Bewegungsenergie muß mindestens so groß sein, daß die Reibung bei den übrigen drei Takten überwunden wird.

Der Prozeß dauert genau zwei Umdrehungen der Kurbelwelle und läuft, da ja nur während einer halben Kurbelwellendrehung Arbeit erzeugt wird, stoßweise ab. Um die Ungleichmäßigkeiten zu mildern und um den Lauf des Motors aufrecht zu erhalten, ist ein Schwungrad erforderlich. Die Nockenwelle zur Betätigtung der Ventile wird von der Kurbelwelle mit der Untersetzung 1:2 angetrieben – dreht sich also genau mit der halben Kurbelwellendrehzahl.

Der Wirkungsgrad der Ottomotoren beträgt je nach Ausführung und Aufwand 25 bis 37%, der von Dieselmotoren liegt etwa fünf Prozent höher. Zur Erzielung der letzten Prozente konnte die Mehrventiltechnik beim Ottomotor einen erheblichen Beitrag leisten. Obwohl sich das beschriebene Verbrennungsverfahren als aufwendig und mit nicht allzu guten Wirkungsgraden darstellt, sind bisher alle Versuche gescheitert, das Viertakt-Verfahren abzusetzen. Dazu kommen noch die antiquiert anmutenden Teile wie hin- und hergehende Kolben sowie Tellerventile samt ihren komplizierten Betätigungsmechanismen. Unzählige Erfinder innerhalb der letzten 100

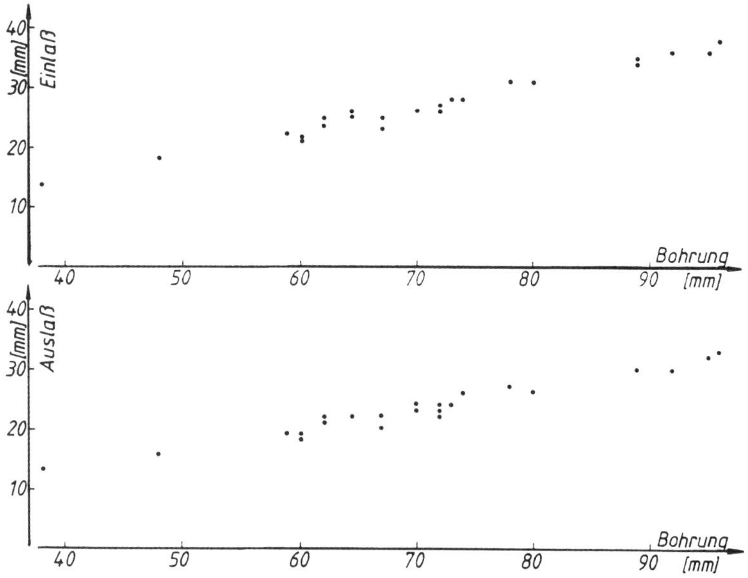

Zusammenhang von Bohrungs- und Ventildurchmesser bei Vierventil-Motorradmotoren. Der ziemlich lineare Zusammenhang zeigt, daß man sich bemüht, immer möglichst große Ventile unterzubringen. Die Einlaßventile sind naturgemäß immer größer als die Auslaßventile.

Jahre fühlten sich daher motiviert, Verbesserungen oder auch ganz neue Konzepte für den Verbrennungsmotor der Kraftfahrzeuge vorzuschlagen.

Weder der Wankelmotor, der ja auch nach dem Viertakt-Prinzip arbeitet, noch der Zweitakt-Motor waren imstande, die dominante Stellung des nach dem Viertakt-Prinzip arbeitenden Hubkolbenmotors – wie er vor über 100 Jahren von Nikolaus August Otto vorgestellt wurde – zu erschüttern. Auch sind sich heute alle Experten einig, daß bei Verwendung von alternativen Kraftstoffen wie Methanol, Äthanol oder auch Wasserstoff dieses Motorkonzept bestens geeignet ist. Das Entwicklungspotential des Viertakt-Ottomotors ist also noch lange nicht am Ende, und die Mehrventiltechnik hat neue Möglichkeiten im Hinblick auf Verbrauch, Leistung und Abgasverhalten aufgezeigt.

DAS TELLERVENTIL ALS STEUERELEMENT

Zur Funktion des Viertakt-Verfahrens werden pro Zylinder mindestens ein Einlaß- und ein Auslaßventil benötigt. Tellerventile bestehen aus dem Ventilschaft sowie dem Ventilteller. Die Form der Ein- bzw. Auslaßventile ist sehr ähnlich. Unterschiede bestehen jedoch im Material und im Durchmesser der Ventilteller. In der Regel ist der Durchmesser des Einlaßventiles etwa 1,14 mal so groß wie der Durchmesser des Auslaßventiles – und zwar unabhängig davon, ob es sich um Zwei- oder Vierventilmotoren handelt.

Der Grund, warum Einlaßventile immer größer ausgelegt werden als die Auslaßventile, läßt sich sehr einfach mit den Druckdifferenzen erklären, die

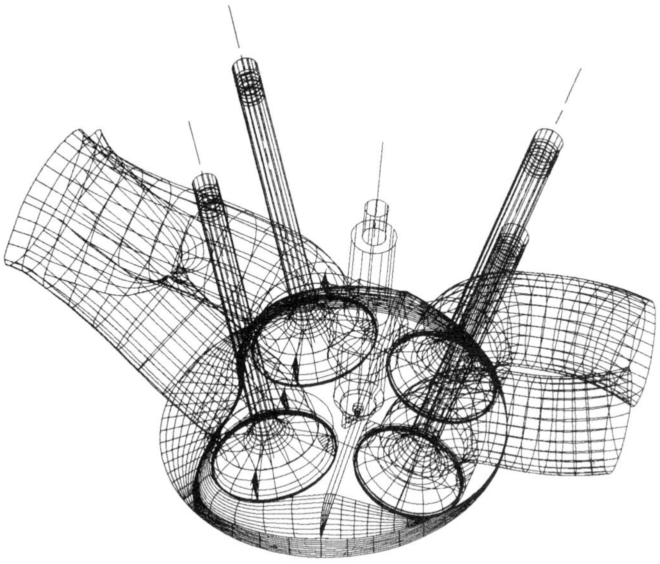

CAD (Computer aided design) ist eine große Hilfe bei der Auslegung von Mehrventil-Zylinderköpfen. Mit Hilfe der modernen Elektronik können so Studien über verschiedene Kanalformen, Ventilwinkel, Ventilgrößen oder auch Zündkerzenlagen schneller und auch genauer durchgeführt werden als am Konstruktionsbrett.

an den entsprechenden Ventilen herrschen. Beim Einsaugen der Frischladung über das mehr oder weniger stark geöffnete Einlaßventil entsteht nur eine relativ kleine Druckdifferenz, die durch den nach unten eilenden Kolben erzeugt wird. Man muß also den Strömungsverhältnissen und Größenverhältnissen rund um das Einlaßventil besonderes Augenmerk schenken, um die gewünschte Frischladung in den Zylinder zu bringen, bevor das Einlaßventil wieder geschlossen ist.

Anders beim Auslaßventil. Beim Öffnen ist zwar schon ein Großteil des hohen Verbrennungsdruckes abgebaut, trotzdem ist die Druckdifferenz für das Ausströmen noch wesentlich höher als beim Einlaßventil. Form und Größe der Auslaßventile bzw. der Ventilsitzringe aber auch der Auslaßkanäle sind zwar auch wichtig – aber nicht ganz so entscheidend für die Güte eines Motors wie die entsprechenden Teile auf der Ansaugseite.

Die geometrischen Abmesseungen der Ventile von Zwei- bzw. Mehrventilmotoren weichen voneinander ab. In der Regel gilt: Je mehr Ventile, je kleiner auch die Abmessungen. Niemals gelingt es zum Beispiel, bei der Verdoppelung der Ventilanzahl die Größe der Ventile beizubehalten. Der geometrisch zur Verfügung stehende Raum erzwingt einfach die Verkleinerung der Ventile. Bei einem aktuellen Zweilitermotor mit 86er Bohrung, den es als Zwei- und Vierventiler gibt, sind die Größenverhältnisse beispielsweise wie folgt:

Ventildurchmesser	Auslaßventil	Einlaßventil
Zweiventiler Vierventiler	36,5 mm 2×29 mm	41,8 mm 2×33 mm

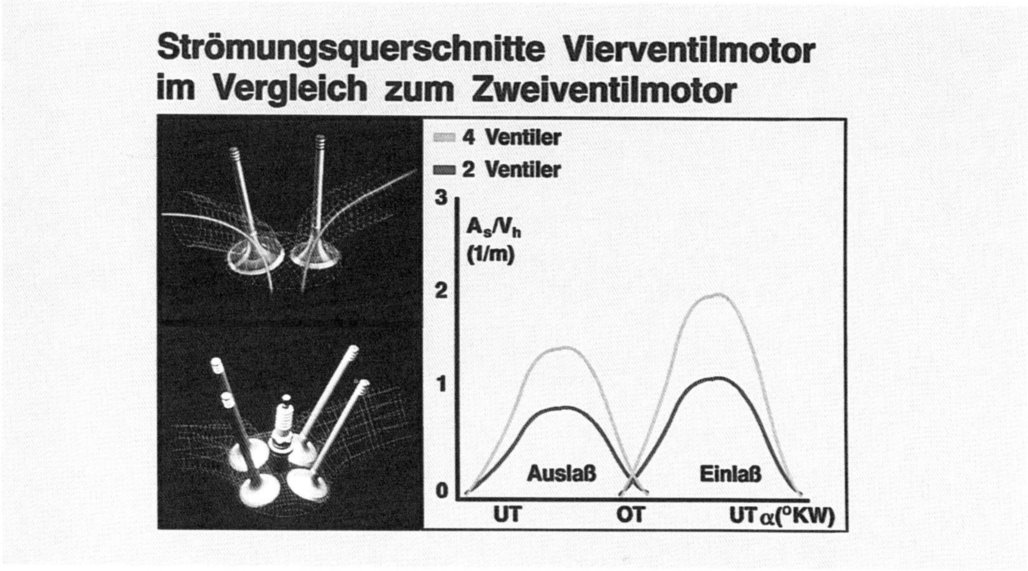

Durch die Mehrventiltechnik lassen sich die Strömungsquerschnitte erheblich verbessern. Das Diagramm zeigt eine vergleichende Untersuchung an BMW-Motoren mit zwei und vier Ventilen pro Zylinder.

Unterschiede gibt es meist auch bei den Ventilschäften. Die kleinen Ventile des Vierventilmotors erlauben Schaftdurchmesser von 6 bis 7 mm, während die Zweiventilversionen Ventilschaftdurchmesser von 7 bis 8 mm aufweisen. Unabhängig von der Anzahl der Ventile gibt es eine klare Tendenz zu immer dünneren Ventilschäften. Sie machen Ventile nicht nur leichter, sondern verbessern auch den Gasdurchfluß. Unterschiede sind auch bei den Ventillängen festzustellen. Die Ventile bei Mehrventilern sind oft kürzer als bei Zweiventilern. Bei gleicher Art der Ventilbetätigung können so die Zylinderköpfe von Mehrventilmotoren sogar etwas niedriger sein als die Zweiventilzylinderköpfe.

Die Abmessungen der einzelnen Bauteile hängt natürlich auch von der Größe bzw. dem Hubraum des Motors ab, in dem sie zum Einsatz kommen. Bestimmende Größe ist dabei die Zylinderbohrung. Bei den kleinen Vierventilmotoren, die man gerade in der japanischen Motorradindustrie finden kann, liegt der Vergleich zu Spielzeugteilen näher als zu Maschinenbauteilen. Ventilschaftdurchmesser von 4 bis 5 mm und Ventiltellerdurchmesser von 20 bis 24 mm sind hier die Regel.

GASDURCHSATZ AM VENTIL

Der Gasdurchsatz durch ein Tellerventil ist im wesentlichen von der Ringfläche abhängig, die bei der Öffnung des Ventils frei wird. Jene läßt sich zunächst einfach durch geometrische Zusammenhänge bestimmen. Die

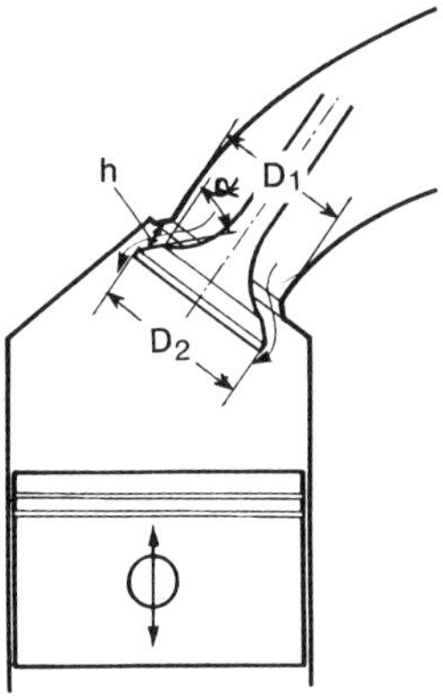

Die Fläche, die bei der Öffnung eines Tellerventils für den Gasdurchtritt freigegeben wird, läßt sich vereinfacht auch durch rein geometrische Zusammenhänge ermitteln. Die beiden Durchmesser D_1 und D_2, der Ventilhub h und der Ventilsitzwinkel bestimmen den freien Ventilquerschnitt.

Fläche für den Gasaustritt, die von einem Ventil freigegeben wird, errechnet sich nach der Formel:

$$F = \frac{D_1 + D_2}{2} h \cdot \sin \alpha$$

F ist dabei die Durchströmfläche in mm^2
D_1 der innere Durchmesser des Ventilsitzringes in mm
D_2 der Ventiltellerdurchmesser in mm
h der Ventilhub in mm
α der Ventilsitzwinkel

Diese Näherungsformel zeigt, daß der Durchfluß durch ein Ventil umso größer ist, je größer das Ventil selber ist. Positiv sind auch ein möglichst großer Kanalquerschnitt, großer Hub und flacher Ventilsitzwinkel. Sind die geometrischen Abmessungen ausgereizt, kann der Durchfluß also noch durch den Ventilsitzwinkel beeinflußt werden. Je flacher der Sitzwinkel umso günstiger. Am besten wäre $\alpha = 90°$, weil dann $\sin \alpha = 1$ wird, also ein reines Plattenventil. In der Praxis funktionieren jedoch Plattenventile nicht richtig, da durch den fehlenden »Kegelsitz« die Ventile schnell undicht werden. Was man aber in der Praxis oft findet, sind Einlaßsitzwinkel von 30°, also relativ flach, sowie Auslaßventilwinkel von 45°. Hier sieht man wieder das Bestreben, die Verhältnisse für die Einlaßseite möglichst günstig zu gestalten.

Sieht man sich die Verhältnisse beim Vierventilmotor im Vergleich zum Zweiventilmotor etwas näher an, stellt man fest, daß die Ventile natürlich kleiner sind, durch die doppelte Anzahl jedoch ein deutlich größerer geometrischer Querschnitt freigegeben wird. Und das, obwohl in der Regel der Ventilhub bei den Zweiventilmotoren größer ist (z. B. 11 mm) als bei Mehrventilmotoren, bei denen Ventilhübe über 9,5 mm in der Regel nicht mehr viel bringen. Hier ein Vergleich freier geometrischer Ventilquerschnitte, bei voll geöffneten Ventilen:

Zweiventiler:	Einlaß	1900 mm^2
	Auslaß	1640 mm^2
Vierventiler:	Einlaß	2840 mm^2
	Auslaß	2440 mm^2

Unterschiedliche Ventilerhebungen werden bei der Zwei- und Vierventiltechnik gewählt. Vierventiler benötigen weniger maximalen Ventilhub (9,50 mm) als Zweiventiler (11,01 mm). Die Spreizung – Abstand der maximalen Nokkenerhebungen – ist beim Vierventiler größer als beim Zweiventiler.

VENTILERHEBUNGSKURVEN

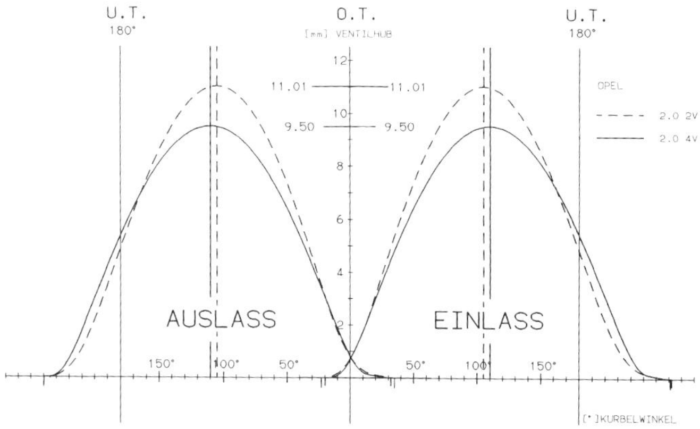

Bildet man die Ventilerhebungsflächen für jedes einzelne Ventil, ist der Zweiventiler im Vorteil, weil er größere Ventile besitzt. Ein- und Auslaßventile haben in diesem speziellen Fall fast die gleichen Flächen.

VENTILERHEBUNGSFLAECHEN

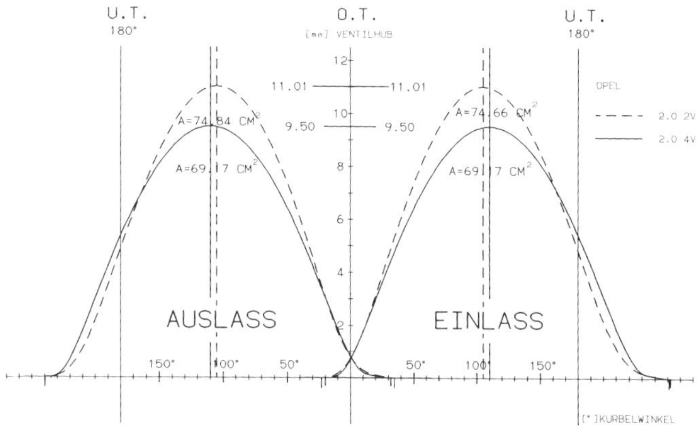

Ausgedrückt in Prozenten hat der Vierventilmotor unter diesen Annahmen fast 50% mehr freien Ventilquerschnitt. Dieser Wert gilt bei richtiger Auslegung sowohl für die Einlaß- als auch für die Auslaßseite. Zieht man nicht nur den Maximalhub zu dieser Bewertung heran, sondern bildet einen Summenwert über alle Ventilhübe, stellt man fest, daß der Vorteil für den Vierventiler allerdings nicht mehr so groß ist. Er ist aber auch dabei sowohl bei der Einlaß- als auch bei der Auslaßseite immer noch um 40% im Vorteil.

Im Vergleich der geometrischen Durchflußquerschnitte zeigt sich, daß Vierventilmotoren den Zweiventilmotoren deutlich überlegen sind. Beim Einlaß ergibt sich für den Vierventiler ein um 44,6% größerer Durchflußquerschnitt. Beim Auslaß sind es 43,6%. In der Praxis sind die Unterschiede allerdings nicht so groß, weil sich die Ventile gegenseitig beeinflussen oder teilweise von Brennraumwänden abgedeckt werden.

GEOMETRISCHER DURCHFLUSSQUERSCHNITT

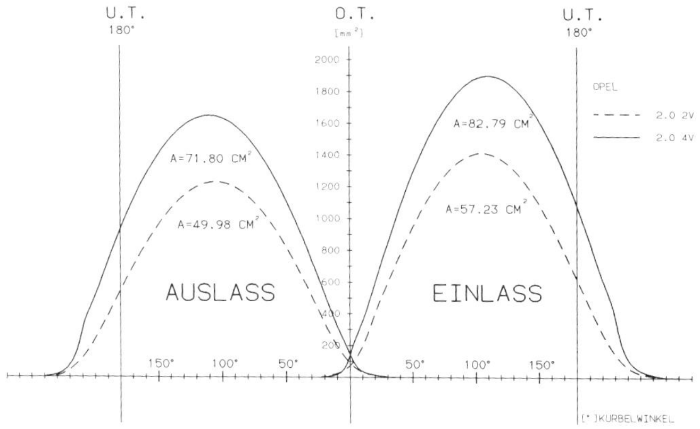

DURCHFLUSSRATE

Diese rein geometrischen Betrachtungen unterliegen in der Praxis weiteren Beeinträchtigungen dadurch, daß die Ventile nicht frei im Raum angeordnet sind, sondern mehr oder weniger stark durch Quetschflächen, Brennraum oder auch Zylinderwände abgedeckt werden. Eine Beeinflussung findet bei Mehrventilmotoren auch durch die eng nebeneinander liegenden Ventile statt. Daher gilt: Je mehr Ventile ein Motor hat, umso stärker wird diese Beeinflussung, da sich die Ventile immer mehr gegenseitig abdecken bzw. stören. Dadurch bleibt für die ungestörte Ein- bzw. Ausströmung immer weniger Raum übrig.

Um diese Verhältnisse genau zu beschreiben und besser diskutieren zu können, führte man den Begriff sogenannte Durchflußrate ein. Die Durchflußrate ist das Verhältnis des geometrisch freien Ventilquerschnittes zum Ventilquerschnitt, der dann tatsächlich von den Gasen genutzt wird. In so einem Diagramm erkennt man zunächst, daß die Durchflußrate bei kleinen Ventilhüben mit ca. 0,7 relativ gut ist und bei vollem Ventilhub auf schlechtere Werte zwischen 0,4 und 0,5 absinkt. Der Grund liegt darin, daß bei kleinen Öffnungen die Gasströmung noch relativ gut am Ventilteller und an den Brennraumwänden anliegt, dieser Zustand bei weiter öffnendem Ventil aber immer schlechter wird.

Vergleicht man nun die Durchflußraten bei Zwei- bzw. Vierventilmotoren zeigt sich, daß die Durchflußrate bei voll geöffnetem Ventil beim Zweiventiler mit ca. 0,5 deutlich besser ist als beim Vierventiler mit ca. 0,42. Der Grund liegt – wie bereits weiter oben besprochen – in der gegenseitigen negativen Beeinflussung der Durchflußverhältnisse bei steigender Anzahl der Ventile. Insgesamt bleibt aber für den Vierventiler immer ein Vorteil, weil sein größerer effektiver freier Ventilquerschnitt den Nachteil der verschlechterten Durchflußrate überkompensiert.

In Zahlen ausgedrückt erkennt man, daß unter Einbeziehung der Durch-

TATSAECHL. DURCHFLUSSQUERSCHNITT UND DURCHFLUSSRATE

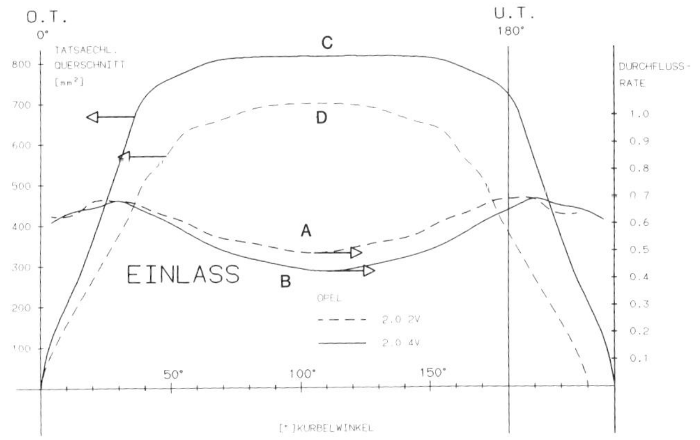

Die rein geometrischen Betrachtungen bei den Ventilen müssen, um der Praxis näher zu kommen, durch die Durchflußrate ergänzt werden. Die Durchflußrate liegt beim Zweiventiler (A) höher als beim Vierventiler (B). Das heißt, daß sich die beiden Einlaßventile zum Teil negativ beeinflussen. Die Strömungsverhältnisse beim einzelnen Einlaßventil des Zweiventilmotors sind günstiger. Die Durchflußraten sind auch abhängig vom Ventilhub. Der günstige Wert von 0,7 wird nur bei relativ kleinen Ventilöffnungen erreicht, weil dabei die Strömung gut am Ventil anliegt. Beim vollen Ventilhub ist die Durchflußrate am schlechtesten und geht dabei auf knapp 0,4 zurück. Der tatsächliche Durchflußquerschnitt ist in den Kurven (C) für den Vierventiler und (D) für den Zweiventiler dargestellt.

flußraten bei maximalem Ventilhub der Vorteil für den Vierventiler auf etwa 24% schrumpft. Gemittelt über alle Ventilhübe verbleibt für den Vierventiler ein Vorteil von 34%.

VENTIL-AUSFÜHRUNGSFORMEN

Bei Monometallventilen gibt es nur einen Werkstoff: Es wird jenes Material ausgewählt, das unter Berücksichtigung aller an das Ventil gestellten Anforderungen am besten entspricht. Verfeinerungen im Hinblick auf Verlängerung der Lebensdauer können durch Panzerungen, Härtungen, Verchromungen oder Verfestigungen am Sitz oder Schaft vorgenommen werden.

Bimetallventile verwendet man, wenn man z. B. die hohe Warmfestigkeit eines austenitischen Stahls am Ventilteller mit der guten Härtbarkeit und den guten Gleiteigenschaften eines martensitischen Stahls am Schaft kombinieren will. Die beiden Teile werden durch Stumpfschweißen nach dem Reibschweißverfahren verbunden.

Hohlventile weisen einen hohlen Schaft auf und können sowohl als Monometallventile als auch als Bimetallventile hergestellt werden. Die Bohrung kann sowohl vom Teller als auch vom Schaftende erfolgen. Nach Einfüllen des Natriums als Kühlmedium wird die Öffnung durch Schweißen verschlossen. Der Hohlraum ist zu etwa 60% des Volumens mit metallischem Natrium gefüllt, das bei 98° C schmilzt und die Wärme vom Teller zum Schaft weiterleitet. Die Temperatur am Teller kann damit um ca. 80 bis 120° C verringert werden.

Hohlventile können ab einem Schaftdurchmesser von 7 mm, neuerdings auch schon mit 6 mm, in Großserie einwandfrei gefertigt weden.

Die beschriebenen verschiedenen Ausführungsformen können sowohl in Zwei- aber auch in Mehrventilmotoren verwendet werden. Die Auswahl richtet sich nach der Temperaturbeanspruchung und dem Drehzahlniveau des Motors.

GEOMETRISCHER UND TATSAECHLICHER QUERSCHNITT

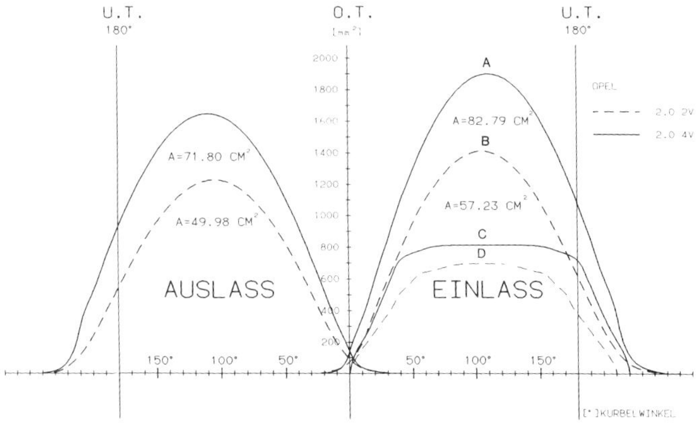

Vergleich von geometrischen und tatsächlichen Durchflußquerschnitten beim Zwei- und Vierventiler. Die großen rein geometrischen Vorteile des Vierventilers (A) gegenüber dem Zweiventiler (B) sind in der Praxis durch gegenseitige Beeinflussung nicht unerheblich reduziert. Dargestellt in den Kurven (C) und (D).

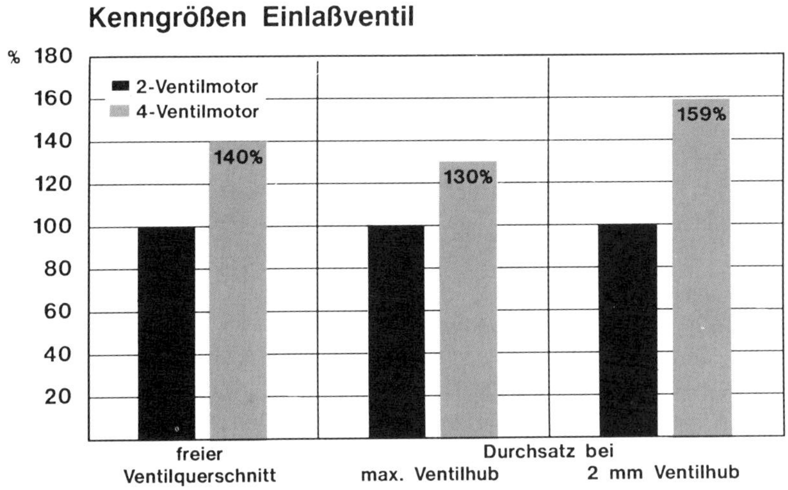

Der Durchsatz am Einlaßventil ist nicht nur von der freien Querschnittsfläche abhängig, sondern auch vom Ventilhub. Hier ein realer Vergleich der BMW-Sechszylinder mit zwei und vier Ventilen. Er zeigt die Überlegenheit des Vierventilers bei geringem Ventilhub.

ALTERNATIVEN

Das Tellerventil ist ein relativ unvollkommenes Bauteil innerhalb des Verbrennungsmotors. Aber bisher sind andere Lösungen wie Platten- oder Kegeldrehschieber, die die Tellerventile ablösen und gleichzeitig Verbesserungen für den Gaswechsel bringen sollten, immer gescheitert. Störend ist

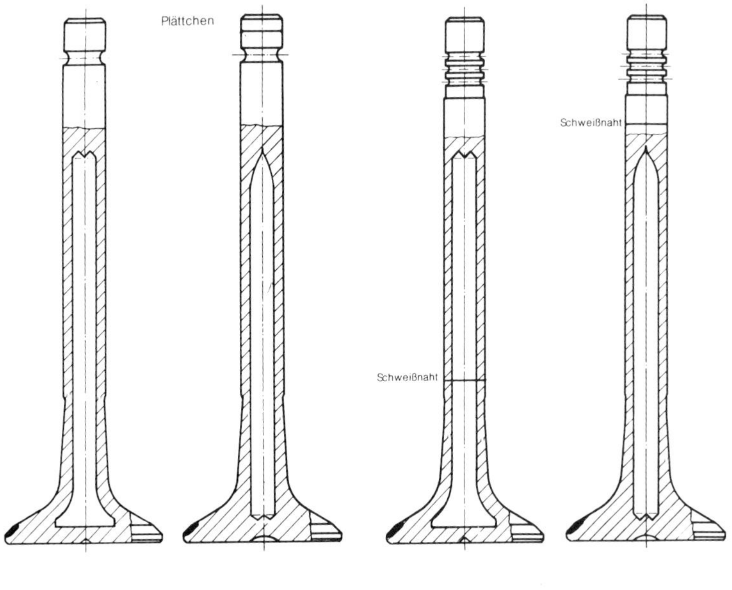

Der Hohlraum von Auslaßventilen ist zum Teil mit Natrium gefüllt. Dadurch erreicht man eine sehr wirkungsvolle Ableitung der Wärme aus dem sehr heißen Ventilteller in den Ventilschaft. Wie bei den Vollschaftventilen, die in der Regel auf der kühleren Einlaßseite zum Einsatz kommen, gibt es auch bei den Hohlschaftventilen Monometall oder geschweißte Bimetallausführungen. Der Ventilsitz selbst ist durch besondere Behandlung gepanzert.

zunächst das relativ hohe Gewicht der Ventile sowie deren Betätigungsmechanismen und die dadurch erforderlichen hohen Kräfte, die zur schnellen Schließung notwendig sind. Die etwa sinusförmig ablaufende Öffnungs- bzw. Schließbewegung deckt sich in keiner Weise mit den Vorstellungen des Motorenentwicklers. Dieser hätte viel lieber eine schlagartige Öffnung bzw. Schließung der Kanäle, weil damit die Füllung der Zylinder bzw. der Ausstoß der verbrauchten Gase schneller und gründlicher erledigt werden kann.

Drehschieber z. B. erlauben solche Öffnungs- bzw. Schließgesetze; sie sind aber leider den hohen Drücken und Temperaturen, wie sie im Brennraum auftreten, nicht gewachsen. Eingesetzt weden sie bei Zweitaktmotoren zur Vorsteuerung des Luftkraftstoffgemisches in den Kurbelraum, also dort, wo niedriges Druck- und Temperaturniveau vorherrscht.

Da man damit rechnen kann, daß auch mit neuen Materialien, wie etwa Keramik, das Problem von Drehschiebern, die den Brennraum direkt abdichten, nicht in den Griff bekommen wird, wird das Konstruktionselement Tellerventil noch lange in den Verbrennungsmotoren zu finden sein. Die einzige Antwort auf die relative Unvollkommenheit der Tellerventile war daher, noch mehr Tellerventile – allerdings kleinere – zu installieren. Tatsächlich können Mehrventilmotoren einen Teil von dem erfüllen, was man sich von Drehschiebern wünscht – nämlich innerhalb derselben oder kürzeren Zeit größere Kanal-Querschnitte freizugeben, um damit die Füllung der Motoren zu verbessern.

WÄRMELEITUNG AM VENTIL

Neben ihrer Hauptfunktion Ein- bzw. Auslaßkanäle zu öffnen oder zu schließen, kommt den Ventilen noch eine weitere wichtige Bedeutung zu. Die bei der Verbrennung freigesetzte Wärme muß nicht nur über die Kolben, die Zylinderwände und die Brennraumwände, sondern auch über die Ventile sowie deren Schäfte an das Kühlwasser abgeleitet werden.

Gerade bei Hochleistungsmotoren ist es besonders wichtig, daß dabei alle mit der Verbrennung direkt in Kontakt stehenden Bauteile möglichst effektiv gekühlt werden. Entgegen dem oft zu hörenden Argument, daß man die

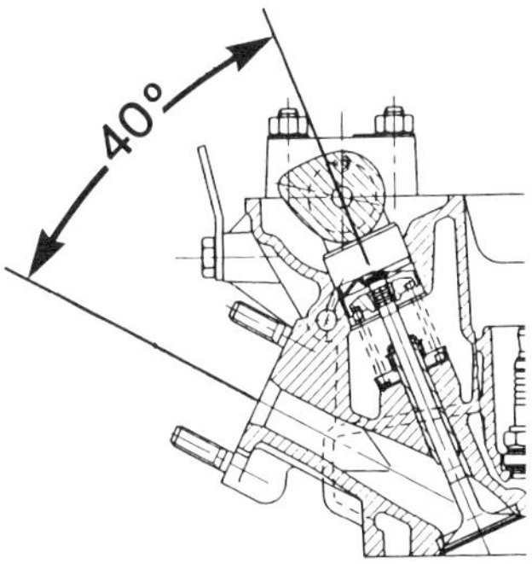

Auch Form und Winkel der Einlaßkanäle spielen für den raschen Gasdurchsatz eine wesentliche Rolle. Gerade Einlaßkanäle, die in einem Winkel von ca. 40° zur Ventilachse stehen, haben sich für maximale Leistung als günstig herausgestellt. Man trifft sie daher oft bei Rennmotoren an.

entstehende Wärme möglichst im Brennraum halten muß – etwa durch Isolierung mit Keramikteilen –, um den Wirkungsgrad und die Leistung der Motoren zu erhöhen, zeigen praktische Versuche und theoretische Überlegungen, daß man genau den umgekehrten Weg gehen sollte.

Bei möglichst guter Kühlung der Teile kann man das Klopfen der Verbrennung weiter hinausschieben und so höhere Verdichtungsverhältnisse realisieren. Auch erhöht sich die Luftmasse, die man in den Zylinder einbringen kann, und diese ist schlußendlich für die Leistung eines Motors mit entscheidend. Gerade bei Renntriebwerken und aufgeladenen Motoren kann man dieses Bestreben immer wieder gut erkennen. Es beginnt beim Ventilsitz über den ja auch – wenn das Ventil geschlossen ist – Wärme abgeführt werden kann. Ventilsitzringe aus besonders gut wärmeleitendem Material oder sogar Ventilsitzringe, die durch einen speziellen Wasserringkanal intensiv gekühlt werden, gehören hier zum Standard.

Es ist kein Vorteil der Mehrventiltechnik, daß durch die größere Anzahl von Ventilen samt deren Sitzringen und Führungen eventuell noch mehr Wärme abgeführt werden kann als beim Zweiventiler. Beim Mehrventiler wird ein größerer Anteil des Brennraumes von den Ventilen selber in Anspruch genommen. Dabei nimmt die aus Aluminium bestehende Fläche des Brennraumes ab. Die Wärmeableitung aus dem Brennraum ist also beim Mehrventiler sogar schlechter, denn so gut wie Aluminium können nicht einmal die besten Ventile Wärme ableiten.

Ein Vorteil der Mehrventiltechnik ist es allerdings, daß zwei Auslaßventile flächenmäßig kleiner sind als ein großes. Damit ist die Aufheizung gerade der Auslaßventile reduziert. Das ist besonders wichtig, weil die heißesten Teile im Brennraum die Auslaßventile sind und diese gilt es möglichst kühl zu halten. Zusätzlich gibt man sich bei Mehrventilmotoren besonders Mühe zur guten Wärmeableitung, indem man auch schon bei Serienmotoren natriumgekühlte Auslaßventile verwendet. Als Beispiele seien hier die Vierventilmotoren vom Opel GSi und VW GTi erwähnt.

Damit ist auch schon auf die zweite Stelle des Tellerventils hingewiesen, über die Wärme abgeleitet werden kann. Der Ventilschaft kann Wärme wirkungsvoll an die Ventilschaftführung abgeben. Hilfreich dafür sind lange Ventile, gut gekühlte, lange Ventilschaftführungen sowie natriumgekühlte Auslaßventile. Alle Rennmotoren weisen diese Merkmale auf. Zusätzlich sind bei diesen die Zylinderköpfe in Kammern unterteilt, so daß das Kühl-

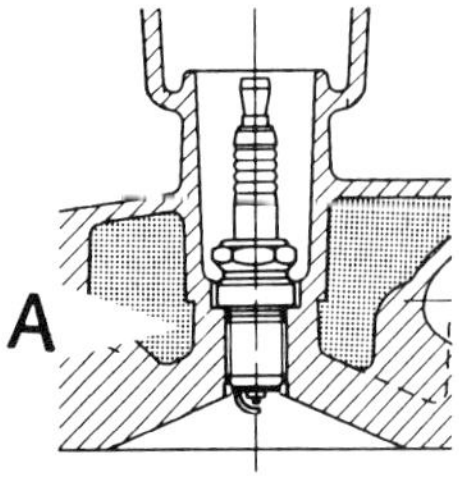

Intensive Kühlung des Zündkerzenbereiches ist für Hochleistungsmotoren genauso wichtig wie die Kühlung des Brennraumes. Man versucht, das Kühlwasser möglichst nahe an das Zündkerzengewinde heranzubringen und für eine intensive Umströmung zu sorgen. Bei Vierventilmotoren gelingt das meist besser als bei Zweiventilmotoren, weil die Zündkerze in der Mitte zwischen den vier Ventilen zu liegen kommt.

wasser gezwungen wird, die Köpfe quer zu durchströmen. So gelingt es auch, alle Zylinder gleich gut zu kühlen.

Bei Mehrventilmotoren mit zwei Auslaßventilen werden die Kanäle meistens schon im Zylinderkopf zusammengeführt. Der Steg, der die beiden Auslaßkanäle bis zur Zusammenführung teilt, ist thermisch sehr hoch belastet, weil er von beiden Seiten vom heißen Abgasstrom aufgeheizt wird. Um Einrisse und Verzüge infolge zu hoher Temperaturen zu vermeiden, wird der Steg oft durch Wasser gekühlt. Der schmale Kanal kann Teil des Wassermantelkerns sein; es gibt aber auch Lösungen, bei denen der Wasserdurchtritt durch Bohren hergestellt wird.

VENTIL-MATERIAL

Unabhängig ob Zwei- oder Mehrventiltechnik richtet sich die Stahlauswahl für die Einlaß- und Auslaßventile nach den maximal auftretenden Betriebstemperaturen. Die Temperaturen für Einlaßventile liegen um 350°C oder darunter; für Auslaßventile kommt der Bereich 700°C bis 900°C in Frage.

Für nicht so hoch belastete Motoren können für die Einlaßventile Stähle mit der Bezeichnung C 45 oder 37 Mn Si 5 verwendet werden. Bei höheren Beanspruchungen werden mit Silizium und Chrom legierte Stähle auch schon auf der Einlaßseite notwendig. Da Auslaßventile nicht nur sehr viel höhere Temperaturen zu ertragen haben und dabei auch ausreichende

An Hand der links gezeigten Konstruktionsmaße kann man zunächst nicht erkennen, wie die Ventile aufgebaut sind. Die einfachsten Ventile sind die Monometallventile. Sie sind aus einem einzigen Stück Metall gefertigt. Bei höheren Beanspruchungen verwendet man die rechts im Bild gezeigten Bimetallventile. Sie sind aus zwei unterschiedlichen Stahlsorten, durch Schweißen zusammengesetzt. Je nach Lage der Schweißnaht unterscheidet man zwischen Schweißnaht zum Kopf oder Schweißnaht am Schaftende. Die Stahlsorten werden entsprechend der Beanspruchung ausgewählt.

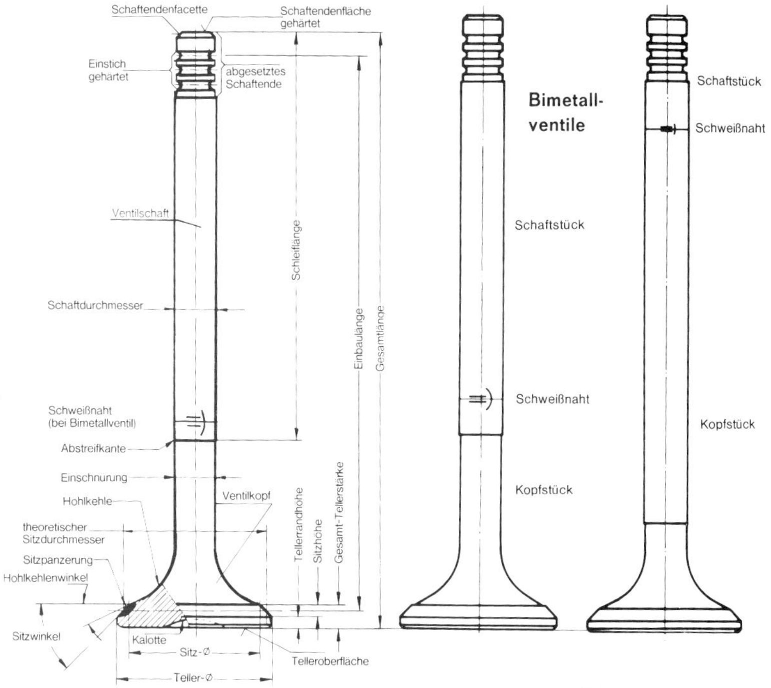

Dauer- und Wechselfestigkeit besitzen müssen, sondern auch Zunder- und Korrosionsbeständigkeit gefragt sind, kommen nur Stähle mit hohen Legierungsbestandteilen wie Silizium, Nickel, Chrom, Wolfram, Molybdän oder auch Vanadium in Frage.

Um den Verschleiß an den Ventilsitzflächen zu vermindern, werden diese Flächen mit Stellit oder anderen ähnlich verschleißfesten Chrom-Nickel-Legierungen durch Auftragsschweißung gepanzert. Für höchste Beanspruchungen werden Auslaßventile innen hohl gebohrt und mit Natrium gefüllt, um die am Ventilteller auftretenden hohen Temperaturen möglichst schnell in den Ventilschaft abzuleiten.

NEUE MATERIALIEN FÜR VENTILE

Es wurde bereits festgestellt, daß es gerade bei Hochleistungsmotoren wichtig ist, die Wärme möglichst gut von den Brennraumoberflächen ab- bzw. weiterzuleiten. Sucht man nach alternativen Materialien für Ventile, kommen nur solche in Frage, die erstens leichter sind als Stahl und zweitens die Wärme besser ableiten als Stahl. Natürlich dürften die anderen Kriterien wie Hochtemperaturbeständigkeit und Dauerfestigkeit etc. nicht übersehen werden. So ist zum Beispiel Titan als Ventilwerkstoff nur bedingt geeignet, obwohl es nur etwa die Hälfte wiegt wie Stahl. Leider ist aber seine Wärmeleitfähigkeit nur etwa ein Drittel so groß wie die von Stahl. Bei einem Vierzylinder-Zweiventilmotor, bei dem sowohl Stahl- als auch Titanventile untersucht wurden, stellten sich bei zwei Drehzahlen in der Vollast folgende Ventiltemperaturen ein:

		3000/min	6000/min
Stahl	Einlaßventil	280° C	350° C
	Auslaßventil	510° C	680° C
Titan	Einlaßventil	350° C	430° C
	Auslaßventil	590° C	780° C

Die Versuchs-Praxis bestätigt also die Ergebnisse, die aufgrund der unterschiedlichen physikalischen Eigenschaften der beiden Metalle zu erwarten waren. Die Temperaturerhöhung der Titan-Ventile beträgt je nach Last und Drehzahl des Motors zwischen 70° C und 100° C.

Für Mehrventilmotoren ist das besonders kritisch, da hier ja ein größerer Teil des Brennraumes von Ventilen belegt ist. Interessanter sind da schon die Vorteile, die sich aufgrund des geringeren Gewichtes der Titanventile einstellen. Darauf wird im Kapitel Tellerventile – Gewicht eingegangen.

Technisch günstiger, aber noch teurer sieht es bei keramischen Werkstoffen aus. Daß Keramik als Isoliermaterial für Brennräume fehl am Platz ist, da seine Wärmeleitfähigkeit gegenüber Aluminium sehr schlecht ist, wurde

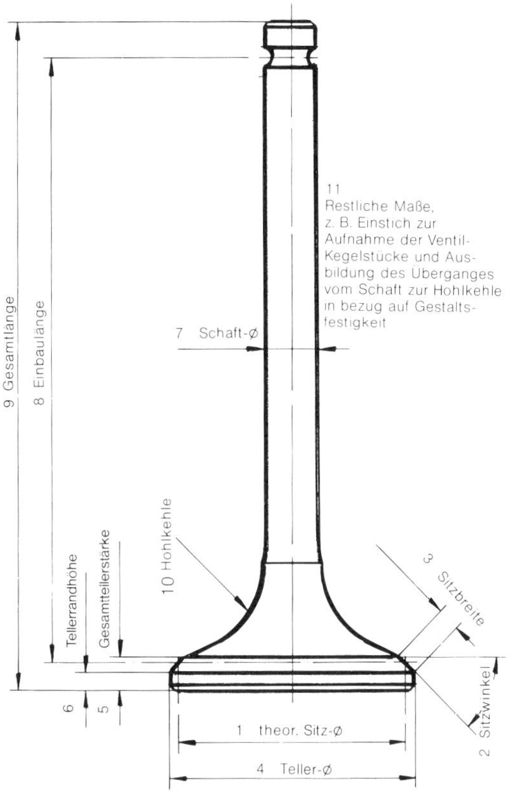

In der Maßskizze links sind nur die wichtigsten Konstruktionsmaße des Tellerventils angegeben. Die eigentliche Konstruktionszeichnung wird noch ergänzt durch andere Ansichten, exakte Angabe der Toleranzen, Art der Bearbeitung, der Wärme- und/oder Oberflächenbehandlung (Abbildung unten). Nur die penible Einhaltung dieser Angaben gewährleisten den einwandfreien Betrieb des Motors und die geforderten langen Laufzeiten.

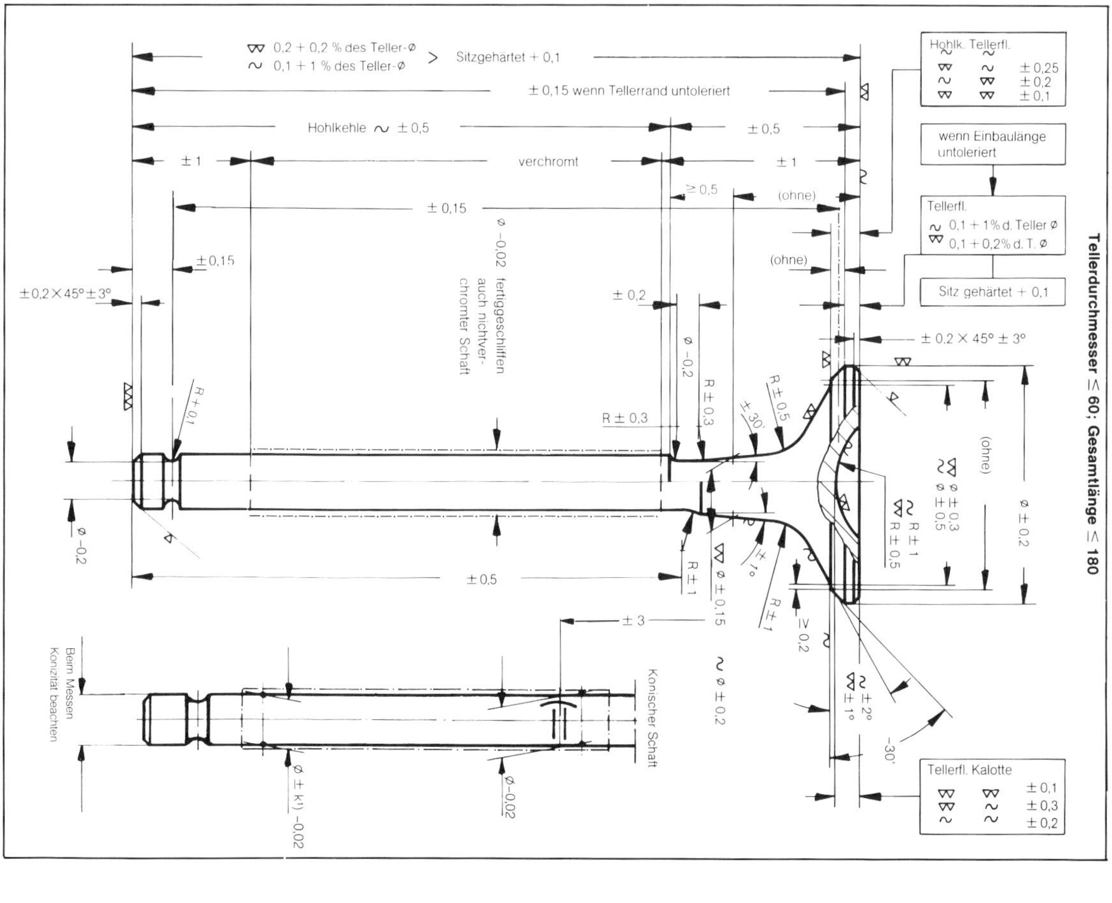

bereits erwähnt. Durch Fortschritte bei der Herstellung keramischer Werkstoffe ist es inzwischen gelungen, heißgepreßte Silizium-Nitride herzustellen, deren Wärmeleitfähigkeit zumindest gegenüber den Ventilstählen besser ist. Damit sind zumindest theoretisch Ventile aus Silizium-Nitrid interessant, da sie bei gewünscht guter Wärmeleitfähigkeit nur etwa halb so schwer sind wie Ventile aus Stahl.

In Zahlen ausgedrückt stellt sich die Situation im Hinblick auf die Wärmeleitfähigkeit wie folgt dar:

	Wärmeleitfähigkeit
Auslaßventil aus austenitischem Stahl	15 W/m °C
Auslaßventil aus Silizium Nitrid	40 W/m °C

Austenitischer Ventilstahl, wie er für Auslaßventile eingesetzt wird, hat also eine 2½fach schlechtere Wärmeleitfähigkeit als das beschriebene Ventil aus dem keramischen Werkstoff. Je mehr Auslaßventile ein Brennraum besitzt, umso größer werden die Vorteile. Zusätzlich ist Keramik nochmals leichter als Titan; also ein weiterer Vorteil, der für Ventile aus Keramik spricht. Ganz abgesehen von den extrem hohen Kosten für Keramikventile sind jedoch andere Faktoren zu beachten, die einen Einsatz von Keramikventilen in breiter Front sehr schwierig machen.

Keramiken sind extrem spröde sowie kerb- und schlagempfindlich. Sie müssen sehr sorgsam behandelt und verbaut werden und eignen sich somit schlecht für die Bedingungen, wie sie bei Großserienfertigung vorherrschen. Schwierigkeiten gibt es auch bei den Fertigungsmethoden sowie der Qualitätskontrolle. Zu beachten ist auch, daß ein einmal beschädigtes Keramikbauteil zur Totalzerstörung des Triebwerks führt. Es kommt zu Zersplitterungen und die extrem harten Teilchen zerstören in rascher Folge den gesamten Motor.

VENTIL-GEWICHT

Das Gewicht von Tellerventilen ist ein weiterer wichtiger Faktor dieses Bauteils. Schon immer war das Bestreben der Motoreningenieure, das Ventilgewicht soweit wie irgend möglich zu reduzieren. Dieses Bestreben erklärt sich aus der Tatsache, daß Ventile in sehr rascher Folge geöffnet und wieder geschlossen werden müssen. Bei einer Drehzahl von 6000/min muß dieser Vorgang in etwa 1/100 Sekunde erledigt sein.

Bei dieser Betrachtung genügt es nicht, nur das Gewicht der Ventile alleine zu sehen. Immer muß auch die Betätigung – beginnend beim Nocken – über Kipp- oder auch Schlepphebel, Stoßstangen oder Tassenstößel mit betrachtet werden. Unabhängig von der Art der Ventilbetätigung darf weder beim Öffnungs- noch beim Schließvorgang der direkte Kontakt zwischen

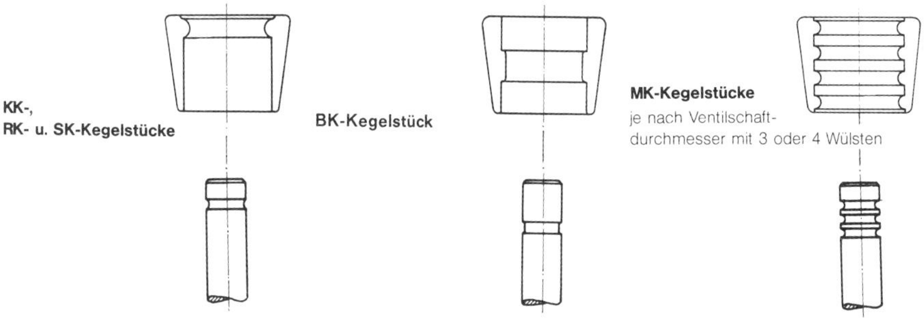

Je nach Einstichtyp im Schaftende des Ventiles werden zur Befestigung des Ventilfedertellers verschiedene Kegelstücke verwendet. Einrillige Ausführungsformen stellen eine verdrehsichere Verbindung des Federtellers mit dem Ventilschaft her. Sie werden hauptsächlich in Verbindung mit den Rotocaps verwendet. Mehrrillige Ausführungsformen mit drei oder vier Wülsten verwendet man zur besseren Ventilrotation meist mit Tassenstößeln.

den Nocken und dem Ventil verloren gehen. Entsprechend höhere Ventilfederkräfte können das zwar verhindern, sie erhöhen aber auf der anderen Seite wieder die Flächenpressungen und den Verschleiß in den einzelnen Kontaktpunkten. Zusätzlich steigt auch die Antriebs- oder Schleppleistung für den Gesamtnockenantrieb.

Die Sache wird umso unproblematischer und einfacher, je leichter oder auch kleiner die Ventile sind. Hier ist ein Ansatzpunkt für die Mehrventiltechnik, denn je mehr Ventile pro Brennraum eingesetzt weden, umso kleiner können auch die einzelnen Ventile sein. Der dabei erzielte Gewinn läßt sich entweder in verringerter Ventilfederspannung bei gleicher Maximaldrehzahl oder in höherer Enddrehzahl bei unveränderter Ventilfederspannung oder auch in geänderte Steuerzeiten umsetzen. Natürlich ist auch jeder Mittelweg denkbar. Klar erkennbar ist die vergrößerte Freiheit der Auslegung, die man beim Übergang zur Mehrventiltechnik gewinnt.

Anhand eines Beispiels können die Gewichtsunterschiede zwischen Zwei- und Vierventiltechnik wie folgt analysiert werden. Für eine faire Beurteilung ist angenommen, daß sowohl beim Zwei- als auch beim Vierventiler die Betätigung der Ventile über Tassenstößel erfolgt. Ferner weist der Zweiventiler einen Schaftdurchmesser von 7 mm, der Vierventiler hingegen einen Schaftdurchmesser von 6 mm auf.

Einzelgewichte des Ventiltriebs	Zweiventiler	Vierventiler
Einlaßventil	70,0 g	47,7 g
Auslaßventil	60,0 g	39,6 g
Ventilfeder	46,0 g	37,2 g
Federteller	20,0 g	14,7 g
Ventilkeile	2,7 g	2,3 g
Betätigung	64,0 g	64,0 g

Für die hin- und hergehenden Massen wird die Ventilfeder in der folgenden Tabelle nur mit dem halben Gewicht berechnet.

Gewichte Ventil samt Betätigung		
Zweiventiler	Einlaß Auslaß	179,7 g 169,7 g
Vierventiler	Einlaß Auslaß	147,3 g 139,2 g

In Summe zeigt diese Aufstellung, daß die Gewichte für die Ventile samt Betätigung bei der Vierventiltechnik gar nicht so viel leichter sind, als man das zunächst annimmt. Sowohl auf der Einlaß- wie auf der Auslaßseite ist der Gewichtsvorteil für die Vierventiltechnik gegenüber der Zweiventiltechnik gerade 18%. Trotzdem ist die für die Öffnung bzw. Schließung notwendige Beanspruchung für die Vierventiltechnik deutlich reduziert, weil die Ventile hier nur einen kleineren maximalen Ventilhub benötigen.

Noch deutlicher werden die Vorteile für die Mehrventiltechnik, wenn man nun Ventile aus anderen – leichteren – Materialien betrachtet.

Einlaßventil-Gewichte	Zweiventiler	Vierventiler
Stahl	70,0 g	47,7 g
Titan	39,3 g	26,8 g
Keramik	28,0 g	19,1 g

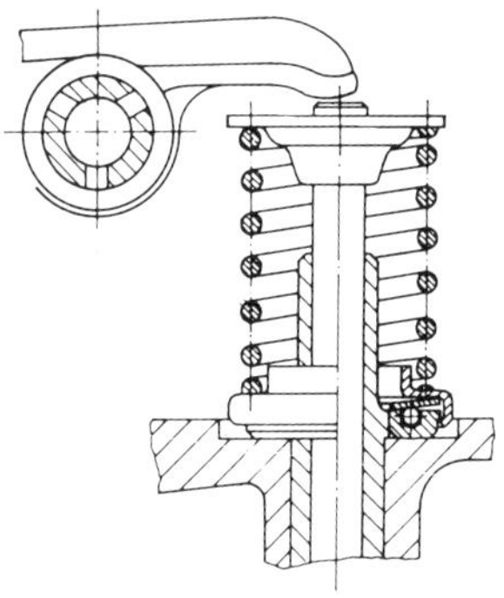

Untenliegendes ROTOCAP

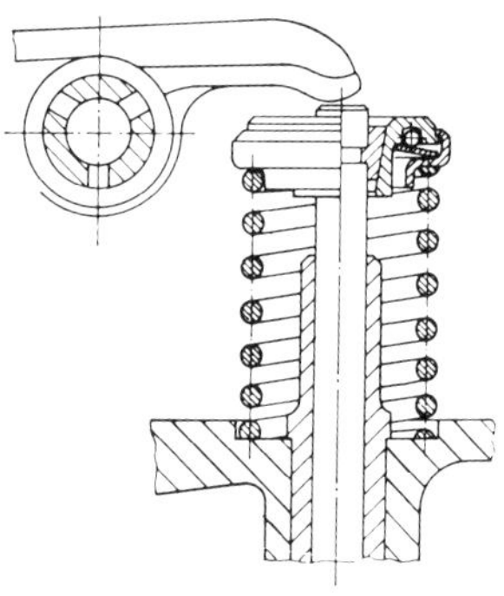

Obenliegendes ROTOCAP

Ventildrehvorrichtungen (sog. Rotocaps) stellen die Rotation der Ventile sicher. Damit kann die Lebensdauer der Ventile und Ventilsitzringe verlängert werden. Sie werden heute nur mehr vereinzelt angewandt, weil man durch bessere Materialien und neue Ventilbetätigungsmechanismen auch ohne sie die geforderten langen Laufzeiten erreichen kann. Die Verdrehbewegung der Vorrichtung wird über die Ventilfeder sowie den Federteller und die Kegelstücke auf das Ventil übertragen. Dieses setzt dann nach jeder Hubbewegung auf einer anderen Stelle des Ventilsitzringes auf, verringert so die Gefahr, daß sich das Ventil in den Sitzring einschlägt.

Bei einem ausgeführten Zweiventilmotor mit Ventilen aus Stahl bzw. Titan ergaben sich folgende Verhältnisse:

Gewichte	Stahl	Titan
Einlaßventil	100 g	60 g
Auslaßventil	90 g	55 g
Federteller	30 g	10 g

In Summe, also für den gesamten Vierzylindermotor, wiegen die Bauteile aus Stahl ca. 1000 g, aus Titan jedoch nur mehr ca. 540 g. Die geringeren Massen würden bei gleicher Beanspruchung ein Anheben der Maximalmotordrehzahl von 6875/min auf 7520/min erlauben. Legt man darauf keinen Wert, kann man bei derselben Enddrehzahl von 6875/min die Ventilfederspannung um ca. 30% reduzieren. Die Folge davon sind abgesenkte Reibleistung und damit auch eine Reduktion des Kraftstoffverbrauches.

Dieses Beispiel zeigt auch, daß die Verwendung von alternativen – leichteren – Ventilmaterialien bei der Mehrventiltechnik mehr bringt als bei der Zweiventiltechnik. Die Erklärung ist dadurch gegeben, daß in Summe die Massen der Ventile umso größer wird, je mehr Ventile bei einem Motor vorhanden sind.

VENTILBETÄTIGUNG

Je nach Lage und Anzahl der Nockenwellen sowie nach der Art wie der Nockenhub auf die Ventile übertragen wird, lassen sich die diversen Ventilbetätigungen in Gruppen aufteilen. Gegenüber früher ist eine Vereinfachung festzustellen, weil typische Merkmale alter Motoren wie Königswellen-Antrieb der Nockenwelle oder auch die zwangsweise Betätigung von Ventilen (desmodromische Ventilbetätigung) heute nicht mehr zu finden sind. Der Königswellenantrieb wurde durch Zahnriemen, Ketten oder bei Rennmotoren auch durch Zahnräder-Antriebe abgelöst. Die Hauptnachteile der Königswellen:

- hohe Kosten
- schwierige Herstellung
- komplizierte Einstellung
- Rasselgeräusche

konnten damit beseitigt werden.

Die zwangsweise desmodromische Betätigung der Ventile durch geeignete Öffnungs- und Schließmechanismen kommt zwar ohne Ventilfedern aus, ist aber trotzdem sehr aufwendig und kompliziert. Nicht zuletzt durch die kleineren Massen der Ventile bei den Mehrventilmotoren können heute, geeignete Materialauswahl vorausgesetzt, sehr hohe Drehzahlen erreicht

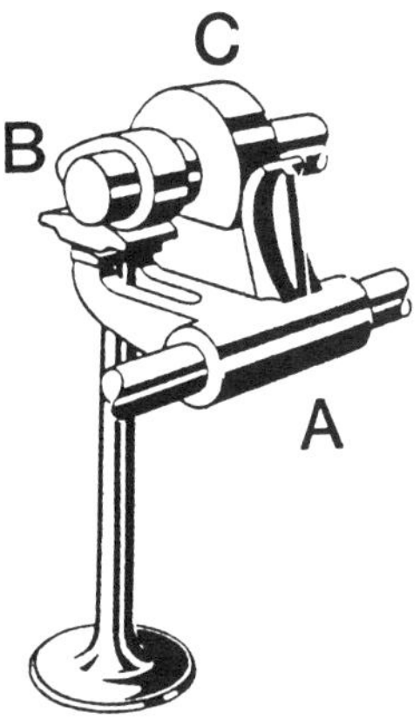

Demosdromische oder auch Zwangsventilsteuerungen werden heute kaum mehr gebaut. Sie stammen aus einer Zeit, als die Ventile noch sehr groß und schwer waren und man Ventilfedern noch nicht so gut beherrschte wie heute. Neben den normalen Öffnungsnocken (B) rotiert ein Komplementär- oder Schließnocken (C), der das Ventil mit dem Winkelhebel (A) zurückholt. Ventilfedern werden nicht benötigt. Neben der Prinzipskizze die Mercedes-Zwangssteuerung für die Rennwagen 1954 und 1955.

werden, ohne daß der Kraftschluß zwischen Nocken und Ventil verloren geht. Da es immer weniger Motoren mit untenliegender Nockenwelle gibt und alle Neukonstruktionen obenliegende Nockenwellen haben, wird die Einteilung vielleicht in absehbarer Zeit noch einfacher. Zu dieser Entwicklung hat die Mehrventil-Technik wesentlich beigetragen.

Die außenliegende Stoßstangensteuerung dieses alten Benz-Motors macht deutlich, welch umständliche Bewegungsabläufe diese Art der Ventilbetätigung erfordert und wie groß die dabei zu bewegenden Massen sind.

EINTEILUNG DER VENTILBETÄTIGUNG

Eine untenliegende Nockenwelle

- Stoßstangensteuerung

Die Nockenwelle befindet sich unterhalb der Trennungsebene Motorblock–Zylinderkopf, ist also im Motorblock gelagert. Die Übertragung der Nocken-Hubbewegung erfolgt zunächst nach oben mit Stoßstanden und dann über Kipphebel auf die Ventile. Diese Bauweise ist sehr einfach, gilt technisch aber als veraltet. Ein- und Auslaß befinden sich in der Regel auf derselben Zylinderkopfseite (side flow).

Die Realisierung der Vierventiltechnik ist aufgrund der engen Platzverhältnisse bei Pkw-Motoren nicht möglich und auch nicht empfehlenswert, weil diese Art der Ventilbetätigung nicht gut für hohe Drehzahlen geeignet ist. Das Gesamtsystem ist nicht sehr steif und daher schwingungsempfindlich. Vierventilmotoren mit dieser Ventilbetätigung findet man allerdings bei Großdieselmotoren. Hier sind hohe Drehzahlen nicht gefragt. Durch gegabelte Kipphebel genügt meist eine Stoßstange für die Betätigung von zwei Ventilen. Honda hatte 1978 erstmals Vierventiltechnik mit Stoßstangen beim Motorradmotor der CX500 realisiert. Die relativ kurzen Stoßstangen des Zweizylinder V-Motors erlaubten Drehzahlen bis über 9000/min.

Verschiedene Arten der Ventilbetätigung:
(A) Untenliegende Nockenwelle, Stoßstangen mit Kipphebel, (OHV = overhead valves), parallele Ventile.
(B) Obenliegende Nockenwelle, Schlepphebel, (OHC = over ead camshaft), parallele Ventile.
(C) Obenliegende Nockenwelle mit Tassenstößeln (OHC), parallele Ventile.
(D) Obenliegende Nockenwelle mit Kipphebeln (OHC), Ventile V-förmig angeordnet.
(E) Zwei obenliegende Nockenwellen mit Tassenstößeln (DOHC = double overhead camshaft), Ventile V-förmig angeordnet. Bevorzugte Ventilbetätigung für die Vierventil-Technik.

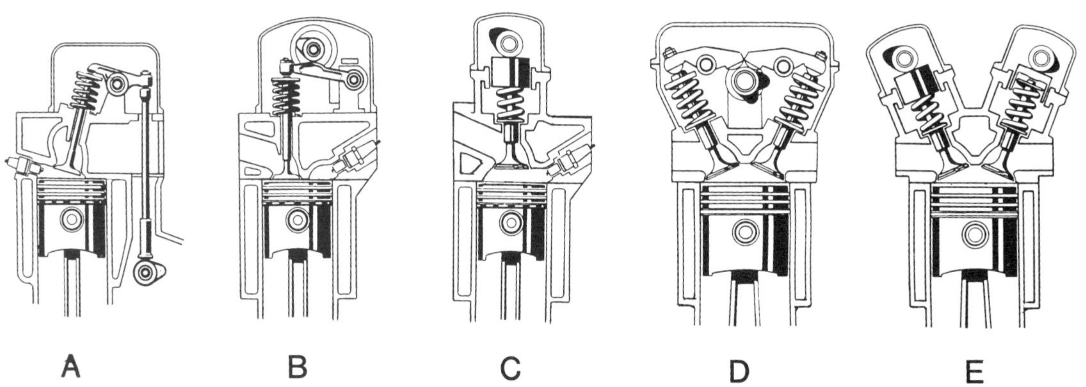

Eine obenliegende Nockenwelle

Bei allen weiteren Ventilsteuerungsbauarten befinden sich die Nockenwelle oder die Nockenwellen im Zylinderkopf oberhalb der Trennungsebene Zylinderblock–Zylinderkopf.

- Schlepphebelsteuerung

  Nockenbewegung und Nockenkräfte werden durch einen zwischen Ventil und Nocken schwingend im Zylinderkopf gelagerten Hebel übertragen bzw. aufgenommen. Der Schwinghebel oder Schlepphebel bewirkt je nach den geometrischen Bedingungen eine Übersetzung des Nockenhubes. Als Abstützpunkt für den Schwinghebel kann auf sehr einfache Weise ein hydraulisches Ventilspielausgleichselement verwendet werden. Es können hohe Kräfte übertragen werden, da der Steuerungsmechanismus sehr steif ist. Aufgrund der engen Platzverhältnisse ist diese Art der Ventilbetätigung nicht gut für Mehrventiltechnik geeignet. Die Ventile sind meist exakt parallel angeordnet, es ist jedoch eine Lösung mit leicht V-förmig angeordneten Ventilen möglich. Ein- und Auslaß könne sowohl auf derselben Zylinderkopfseite (side flow) als auch auf beiden Seiten des Kopfes (cross flow) angeordnet sein.

Schlepphebeltechnik bei einem Toyota Dreiventiler. Die Ventileinstellschrauben befinden sich in der Schlepphebel-Lagerung. Die obenliegende Nockenwelle (ohc) wird durch Zahnriemen angetrieben.

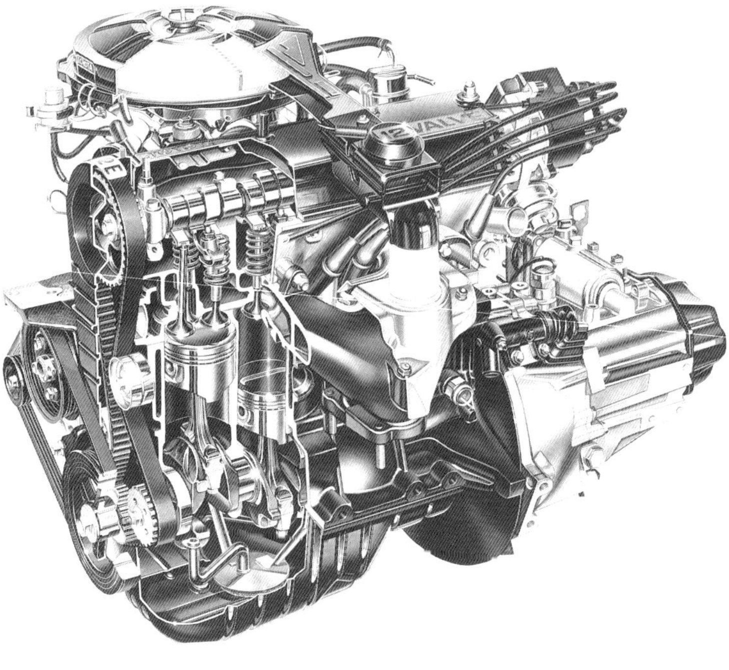

Eine sehr einfache, steife und auch drehzahlfeste Ventilbetätigung mit einer obenliegenden Nockenwelle und Tassenstößeln für parallel hängende Ventile (VW G 60-Motor). Bei Vierventilern ist diese Form nicht anwendbar.

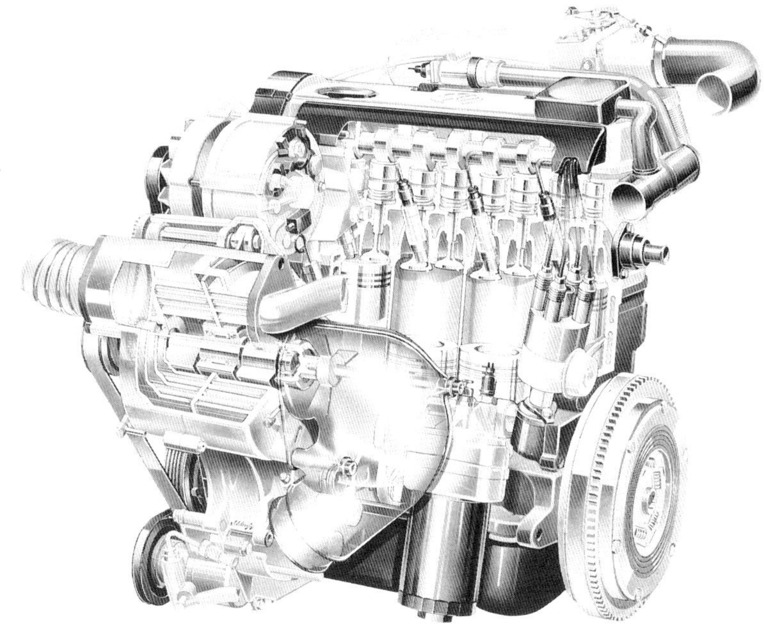

● Tassenstößelsteuerung für Zweiventiltechnik

Die Ventile sind im Zylinderkopf in einer Reihe parallel hängend ziemlich genau über der Zylindermitte angeordnet. Die exakt darüber liegende Nockenwelle betätigt die Ventile direkt über Tassenstößel. Die Tassenstößel sind im Zylinderkopf zur Aufnahme der Seitenkräfte geführt und übertragen die Nockenkraft mit ihrem Boden auf die Ventile. Das Ventilspiel kann mechanische durch Einstellplättchen oder Hütchen eingestellt oder durch hydraulische Tassenstößel automatisch ausgeglichen werden. Es ist die exakteste und steifste Form der Ventilbetätigung und sie erlaubt die höchsten Motordrehzahlen. Sie ist für Otto- und Dieselmotoren mit Zweiventiltechnik gleichermaßen gut geeignet. Side- und cross flow-Konstruktionen des Zylinderkopfes sind möglich. Diese Konstruktion hat, nicht zuletzt wegen ihrer Einfachheit und ihrer geringen Anzahl von Bauteilen, gegenüber Lösungen mit Schlepp- oder Kipphebeln an Bedeutung gewonnen.

● Kipphebelsteuerung

Die Nockenwelle ist im Zylinderkopf etwas tiefer angeordnet als bei der Tassenstößelsteuerung. Das Übertragungsglied Kipphebel schwingt um eine zwischen Nockenwelle und Ventil angeordnete Kipphebelachse. So wie bei der Schlepphebelsteuerung kann auch hier eine Übersetzung des Nockenhubes stattfinden. Gegenüber der Tassenstößelsteuerung kann hier Bauhöhe eingespart werden.

Die Ventile sind V-förmig angeordnet, wodurch sich schon automatisch die cross flow-Bauweise anbietet. Sowohl Ein- als auch Auslaßkanal

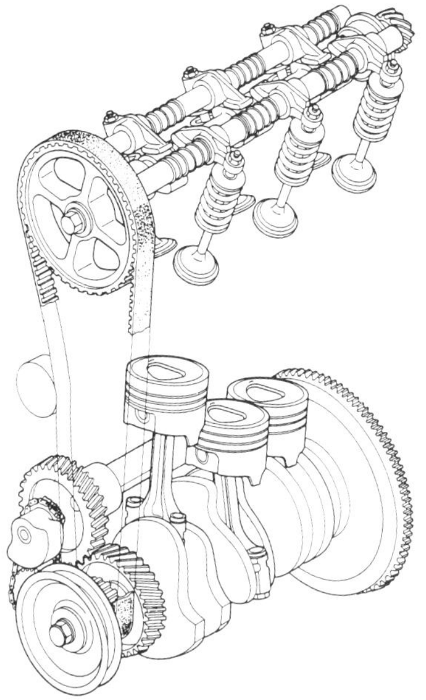

Eine obenliegende Nockenwelle, über Kipphebel betätigte hängende Ventile (Daihatsu CB 36). Die Kerze ist schwer in den Brennraum einzubringen, da Nockenwelle und Kipphebelachsen im Wege sind.

können im Zylinderkopf kurz gehalten werden. Mit dieser Steuerung läßt sich neben der Zweiventiltechnik auch die Dreiventiltechnik einfach realisieren. An der Stelle des nicht vorhandenen vierten Ventils ist dann beim Dreiventiler die Zündkerze angeordnet. Schwierig wird es bei der Vierventiltechnik. Zwar lassen sich die vier Ventile einfach betätigen – Platzprobleme gibt es jedoch bei der Zündkerze, weil die Nockenwelle den bevorzugten Weg für den Zündkerzenschacht von oben versperrt. Bekannt ist die Lösung eines japanischen Herstellers (Honda), bei dem durch extrem enges Konstruieren der Zündkerzenschacht zwischen

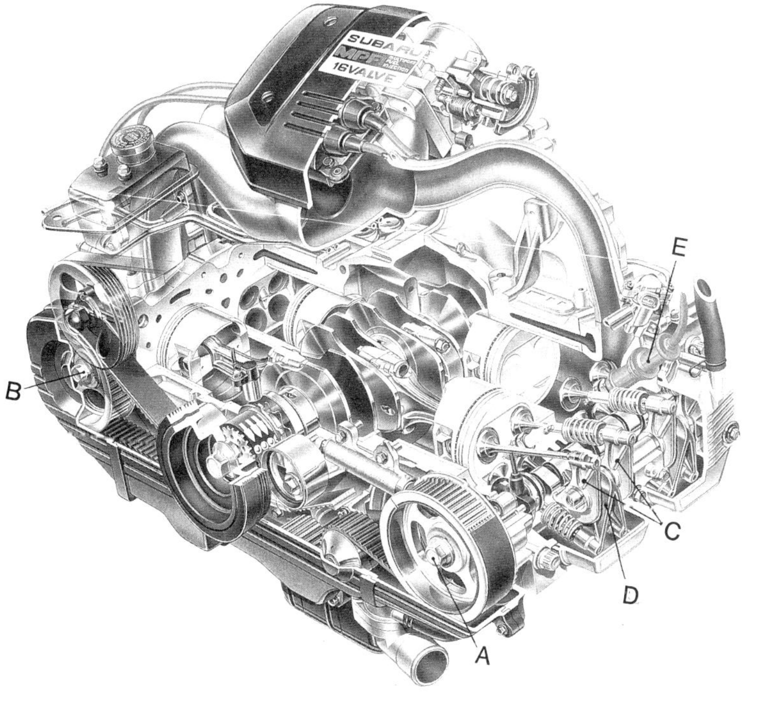

Aufwendig ist die Vierventiltechnik beim Boxermotor (Subaru). Pro Zylinderkopf gibt es eine Nockenwelle (A, B). Die Einlaßventile werden durch je einen Kipphebel (C) betätigt, die Auslaßventile durch einen gemeinsamen, Y- förmigen Kipphebel (D). Die Einlaßventile sind weit auseinander, damit dazwischen die Zündkerze mit Stecker (E) Platz findet.

Honda-Lösung für die Betätigung von vier Ventilen durch eine obenliegende Nockenwelle mit vier Kipphebeln. Die Nockenwelle liegt seitlich versetzt, die Zündkerze wird schräg eingeführt.

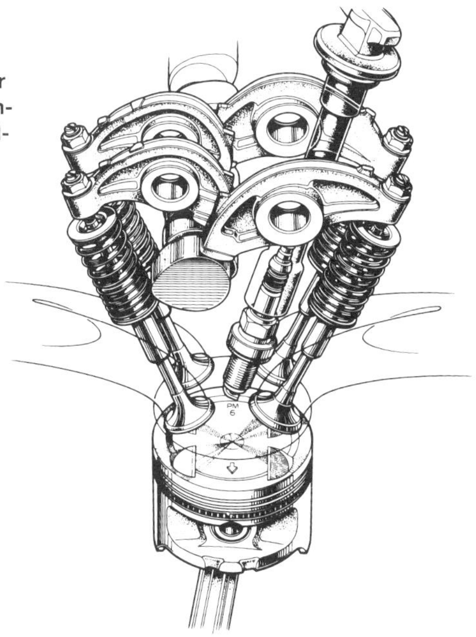

Nocken und Ventilebene durchgeführt wird. Die Einstellung des Ventilspiels erfolgt meist durch Einstellschrauben am Ende des Kipphebels. Diese Einstellschrauben drücken direkt auf das obere Ende des Ventilschaftes und werden mit einer Kontermutter gesichert. Die Steifigkeit der Kipphebelsteuerung ist nicht so gut wie die der Schlepphebelsteuerung oder gar der Steuerung mit Tassenstößeln. Für sehr hohe Drehzahlen ist sie daher nicht geeignet. Beim hydraulischen Ventilspielausgleich ist anstelle der Einstellschraube das hydraulische Ventilspielausgleichselement angeordnet. Die Zuleitung des Öldruckes erfolgt über Bohrungen im Kipphebel.

Zwei obenliegende Nockenwellen

Während Zweiventilmotoren mit zwei obenliegenden Nockenwellen (DOHC) an Bedeutung verlieren, setzt sich immer mehr die Erkenntnis durch, daß es beim ohnehin schon großen Aufwand für zwei obenliegende Nockenwellen sinnvoll ist, gleich eine Kombination mit der Vierventil- oder auch Fünfventiltechnik einzugehen. Die imageträchtige Bezeichnung DOHC 4V oder DOHC 5V, die eindeutig Zusammenhänge zum Rennsport herstellt, spielt dabei eine nicht unbedeutende Rolle. Cross flow-Konstruktion des Zylinderkopfes versteht sich von selbst. Ein weiterer Vorteil der DOHC-Bauweise ist durch die Möglichkeit der variablen Einlaßventil-Steuerung gegeben. Durch geeignete Mechanismen wird dabei die Einlaßnockenwelle relativ zur Auslaßnockenwelle verdreht. Die geänderten Einlaßsteuerzeiten können in mehr Drehmoment bei niedrigen Drehzahlen aber auch in mehr Leistung bei hohen Drehzahlen umgesetzt werden.

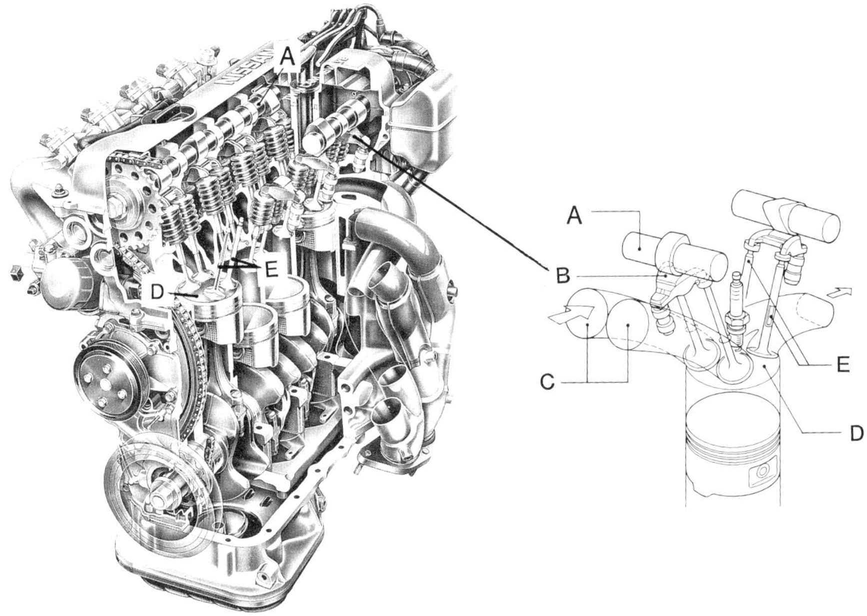

Vereinfachte Betätigung der vier Ventile beim Nissan-Vierzylinder SR2ODE: Die Nockenwellen (A) besitzen pro Zylinder nur einen Nocken, der über gegabelte Schwinghebel (B) jeweils zwei Ventile betätigt. Die Schwinghebel stützen sich auf einem hydraulischen Ausgleichselement ab. Die Einlaßkanäle (C) liegen steil im Zylinderkopf, die Auslaßventile (E) sind natriumgekühlt. Durch den kleinen Ventilwinkel von 29° und die mittige Zündkerzenlage ergibt sich ein kompakter Brennraum (D).

- Schlepphebelsteuerung für Vierventiltechnik

Vier Schlepphebel (auch Schwinghebel genannt) pro Zylinder stützen sich innen nahe der Zylindermitte dicht neben dem Zündkerzenschacht ab und liegen außen auf den Ventilen auf. Ähnlich der Schlepphebel-Steuerung für die Zweiventiltechnik drücken die Nocken zwischen diesen beiden Punkten auf die Schlepphebel. Diese Bauweise ist recht aufwendig und erfordert viele Einzelteile. Vorteilhaft ist, daß die beiden Nockenwellen nicht ganz außen liegen und so die Breite des Zylinderkopfes nicht allzu groß ausfällt. Außerdem ist diese Art der Ventilbetätigung sehr steif. Diese Lösung wurde zuerst von Honda an einem Vierzylinder-Reihenmotor angewandt.

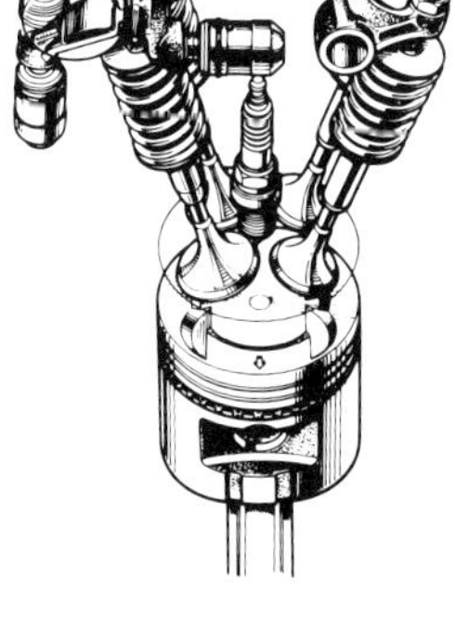

Eine sehr umständliche Art der Ventilbetätigung wählte Honda beim Legend-Sechszylinder. Eine obenliegende Nockenwelle pro Zylinderreihe mit je vier Nocken pro Zylinder betätigt einmal die Einlaßventile (links) über Schlepphebel, die Auslaßventile (rechts) über Schlepphebel, Stoßstangen und Kipphebel. Sämtliche Schlepphebel stützen sich auf hydraulische Ausgleichselemente.

Schlepphebelsteuerung bei einem Vierventilzylinderkopf. Bolzen (A) mit halbkugelförmigen Pfannen tragen die Schlepphebel. Die Bolzen sind hohl, so daß über die Ölkanäle (B) Schmieröl an die Gelenke herangeführt werden kann. Das Ventilspiel muß durch Verdrehen der Justierschrauben (C) mit Sicherungsmutter (D) eingestellt werden.

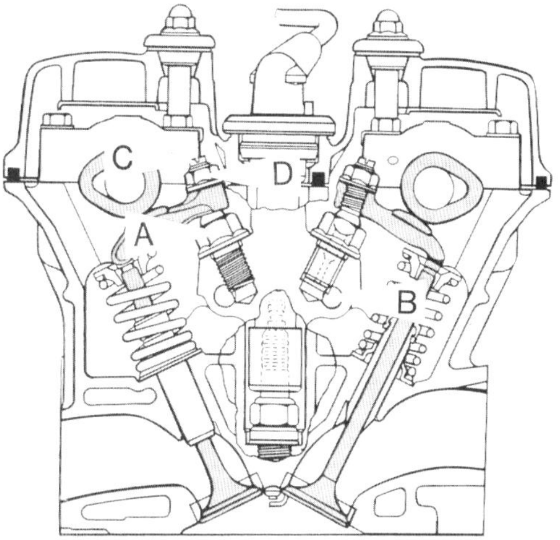

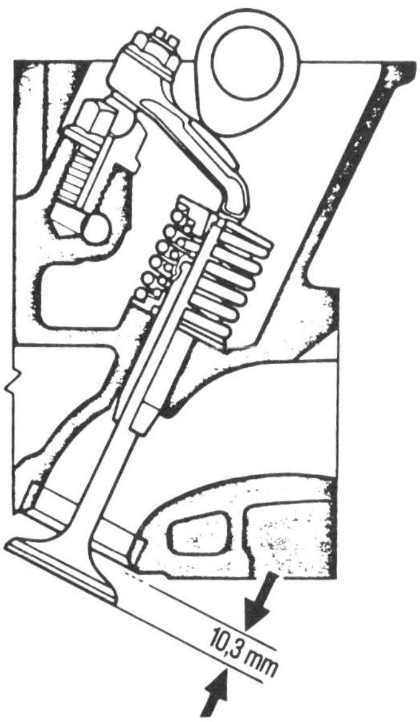

Die Schlepphebelsteuerung ermöglicht mit zwei obenliegende, Nockenwellen eine sehr steife und drehzehlfeste Art der Ventilbetätigung. Innengelagerte Schlepphebel (hier eine Honda-Lösung) sparen Baubreite. Durch das Übersetzungsverhältnis kann ein großer Ventilhub bei geringstmöglicher Nockenhöhe erzielt werden. Im Verhältnis zum Tassenstößel spart dies Bauhöhe.

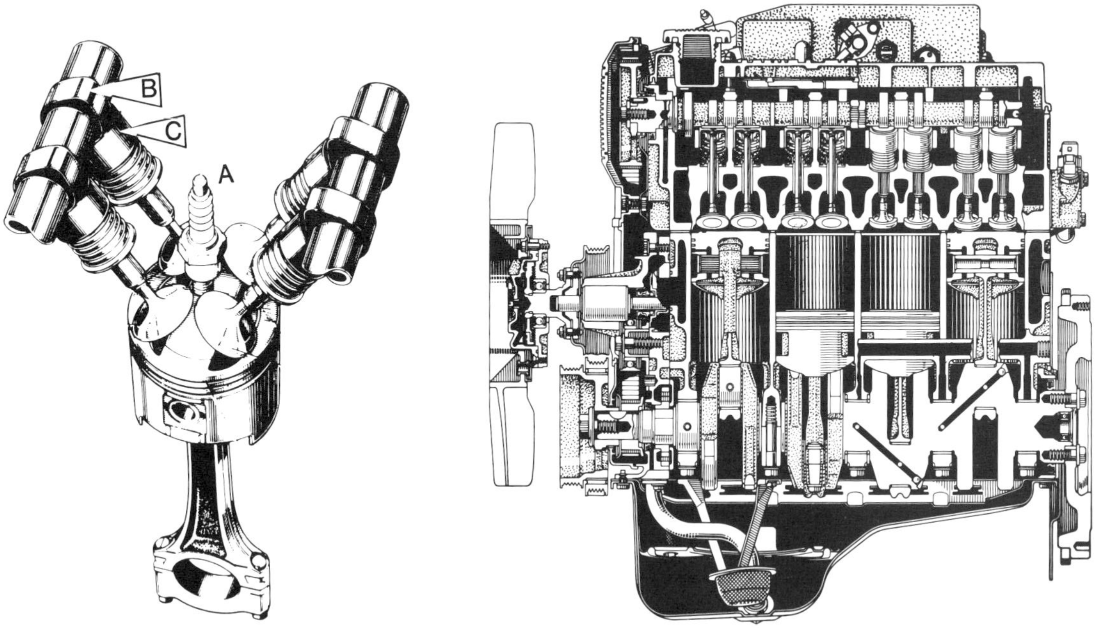

Einfach, steif und drehzahlfest ist die Ventilbetätigung durch zwei obenliegende Nockenwellen direkt über Tassenstößel (C). Ventilstellung und Zündkerzenlage ergeben einen optimalen Brennraum. Pro Zylinder sind vier Nocken (B) notwendig. Der Längsschnitt verdeutlicht die Anordnung (Toyota 4A-GE- Motor).

- Tassenstößelsteuerung für Vierventiltechnik

Es ist die klassische Bauweise sowohl für Rennmotoren als auch für Serienmotoren. Wie bei der Zweiventil-Tassenstößelsteuerung liegen die Nockenwellen genau über den Ventilen. Diese Steuerung ist äußerst steif und exakt und erlaubt hohe Ventilbeschleunigungen und hohe Drehzahlen. Die Verwendung sowohl von Tassenstößeln mit mechanischer Ventilspieleinstellung als auch mit hydraulischem Ventilspielausgleich ist möglich. Auch bei kleinen Ventilwinkeln bleibt zwischen den beiden Nockenwellen Platz, um den Zündkerzenschacht genau in der Mitte unterzubringen.

- Tassenstößelsteuerung für Fünfventiltechnik

Mit noch vertretbarem Aufwand lassen sich mit dieser Steuerung auch fünf Ventile pro Zylinder betätigen. Das mittlere der insgesamt drei Einlaßventile wird dabei genau um die Mitte der Nockenwelle aus der Ebene der beiden restlichen Einlaßventile etwas nach außen geschwenkt, so daß im Brennraum die fünf Ventile in etwa auf einem Kreis angeordnet sind. Um die insgesamt fünf Tassenstößel auch unterbringen zu können, muß bei konstantem Zylinderabstand der Durchmesser der Tassenstößel verkleinert werden.

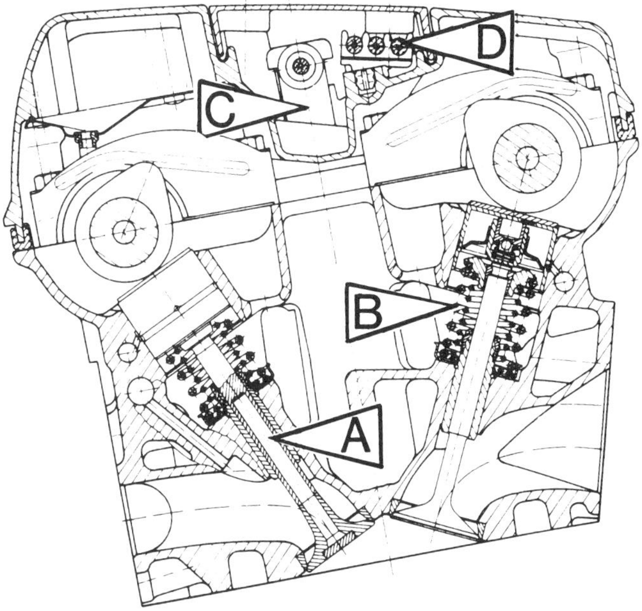

Mercedes benutzt bei seinen Vierventilern die beste Form der Ventilbetätigung, hier beim Sechszylinder mit im Tassenstößel integriertem, hydraulischen Ventilspielausgleich. Weitere Merkmale der Mercedes-Konstruktion sind natriumgekühlte Auslaßventile (A), doppelte Ventilfedern (B), sowie im Zylinderdeckel eingelassene Zündkerzenstecker (C) und Zündkabel (D).

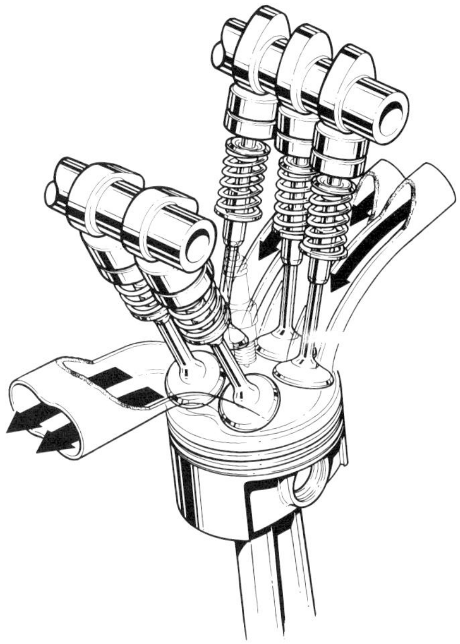

Die Tassenstößelsteuerung läßt sich mit zwei obenliegenden Nokkenwellen auch bei der Fünfventiltechnik anwenden. Bei der Lösung von Audi steht das mittlere Einlaßventil in einem anderen Winkel und ist nach außen gerückt. Das erfordert auch eine andere Nockenstellung.

Der Ventilwinkel

Der Ventilwinkel ist jener Winkel, den die Schäfte von Ein- und Auslaßventil einschließen. Im Laufe der Zeit wurde der Ventilwinkel vor allem beim Vierventiler immer kleiner. Heute wird bei steigenden Verdichtungsverhältnissen und sehr guten Kenntnissen über den Verbrennungsablauf auf einen kompakten Brennraum (kleiner Ventilwinkel) besonderer Wert gelegt.

Je nach Hubraum und Hub-Bohrungsverhältnis hat sich der Ventilwinkel bei den Formel 1-Turbomotoren auf 22° (Renault Turbo) bis 40° (BMW Turbo) eingependelt. Es gilt die Regel: Je kleiner die Zylindereinheit – oder je größer bei gegebenem Hubraum die Zylinderanzahl – umso kleiner der Ventilwinkel. Auch bei den freisaugenden Motoren der Formel 1 kann man die Tendenz zu kleineren Ventilwinkeln beobachten. Abgesehen von den verbrennungstechnischen Vorteilen bauen Zylinderköpfe mit kleinen Ventilwinkeln schmaler und sind damit auch leichter.

So extrem groß wie bei den Zweiventilmotoren aus früheren Zeiten waren die Ventilwinkel bei den Mehrventilzylinderköpfen ohnehin nie. Der Grund dafür sind einfache, geometrische Zusammenhänge. Während man beim Zweiventilmotor mit größer werdendem Ventilwinkel auch die Ventile selber immer größer machen kann, ist dies z. B. beim Vierventilmotor nicht möglich. Trägt man in einem Diagramm die für einen bestimmten Ventilwinkel maxi-

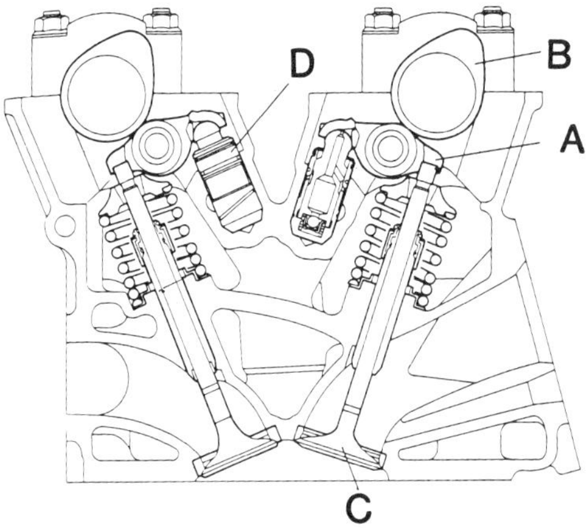

Um die Reibleistung von Mehrventilmotoren zu reduzieren, wird vereinzelt diese Form der Ventilbetätigung angewandt. Schwinghebel (A) mit rollengelagerten Walzen betätigen über die Nockenwelle (B) die Ventile (C). Auf der anderen Seite stützen sich die Schwinghebel auf hydraulischen Ventilspielausgleichselementen (D) ab. In den drei Bildern darauf ist gezeigt, wie sich die rollengelagerten Walzen unter den Nocken drehen. Öl wird dem System durch den Kanal (E) zugeführt.

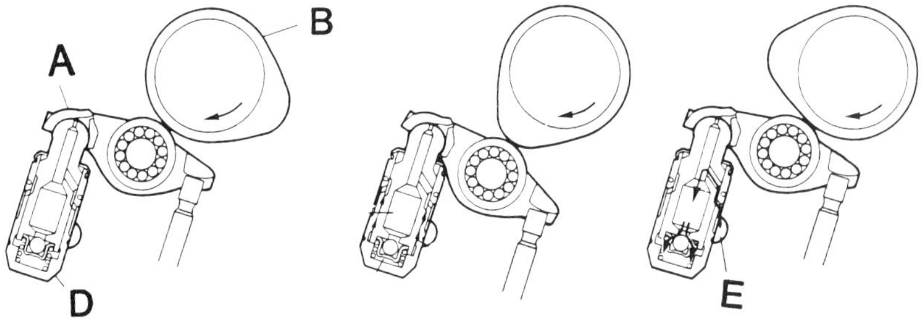

mal möglichen Ventilgrößen auf, was sich aufgrund geometrischer Zusammenhänge einfach machen läßt, zeigt sich, daß der Anstieg für die Ventilvergrößerung über dem Ventilwinkel beim Vierventiler flacher verläuft als beim Zweiventiler.

Schon ab Ventilwinkeln von ca. 40° kann ein weiter vergrößerter Ventilwinkel praktisch nicht mehr in größere Ventile umgesetzt werden, weil aus Platzgründen die Ventile bzw. deren Sitzringe aneinanderstoßen würden. Diese Überlegungen gelten natürlich immer nur für ein- und denselben

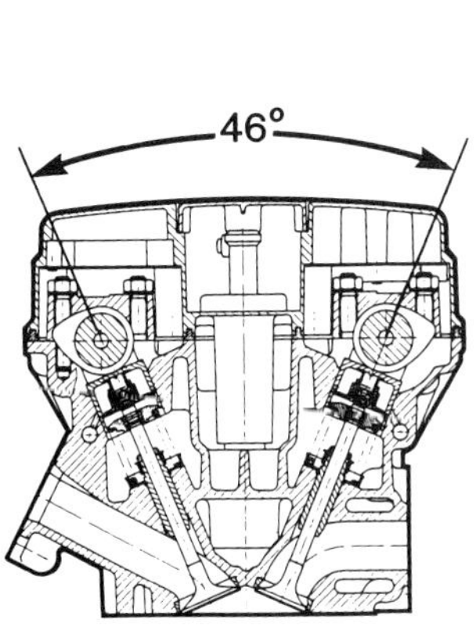

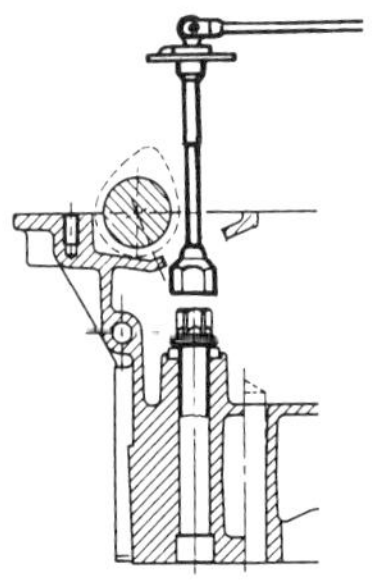

Bei Großserien-Vierventilmotoren wird oft ein Ventilwinkel um 45° gewählt, damit die Zylinderkopfschrauben auch bei eingelegten Nockenwellen, wie im Bild rechts gezeigt, erreicht werden können. So können Zylinderköpfe komplett fertig zusammengesetzt und dann erst auf den Motorblock montiert werden.

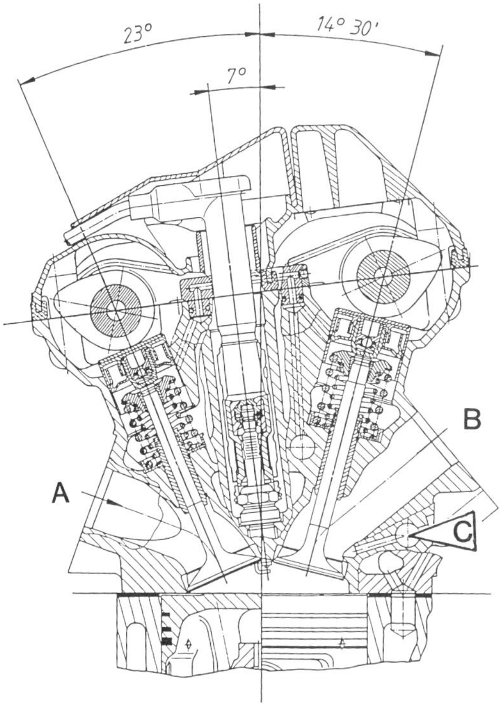

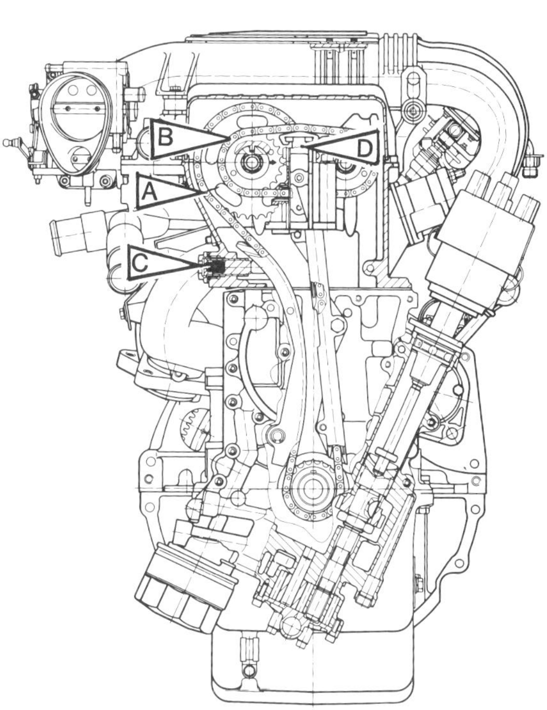

Vierventilzylinderköpfe mit unsymmetrischem Ventilwinkel bringen Raumvorteile und erleichtern damit den Einsatz in vorhandene Motorräume. Bei diesem Zylinderkopf für einen V-Achtzylindermotor von Mercedes sind die Ventile samt Zündkerze nach innen zur Einlaßseite (A) gekippt, damit der Motor auf der Auslaßseite (B) nicht zu breit wird. Über das Luftsystem (C) wird zur Verbesserung der Abgase Luft eingeblasen.

Die wegen der kleinen Ventilwinkel eng zusammenliegenden Nockenwellen werden beim Opel 3,0 Liter Sechszylinder-Vierventiler mit zwei Ketten angetrieben. Die Hauptsteuerkette (A) treibt von der Kurbelwelle die Auslaßnockenwelle an, von dort läuft eine Zwischenkette (B) zur Einlaßnockenwelle. Ölgedämpfte Federelemente (C und D) sorgen für gleichmäßige Spannung der beiden Ketten.

Bohrungsdurchmesser. Bei Vergrößerungen der Bohrung kann man bei Bedarf naturgemäß auch die Ventile vergrößern.

Bei den Mehrventil-Serienmotoren wird der Ventilwinkel oft von der Zugängigkeit der Zylinderkopfschrauben bestimmt. Die Lage der Nockenwellen muß dabei so weit außen (oder innen) sein, daß die Zylinderkopfschrauben mit einem geeigneten Werkzeug erreichbar sind. Ein weiterer vielleicht sogar der wichtigste Vorteil des kleinen Ventilwinkels ist, daß der Abstand des Zündfunkens von der Quetschebene, die durch den Kolbenboden sowie die Zylinderkopfunterseite gebildet wird, mit kleiner werdendem Ventilwinkel ebenfalls immer kleiner wird.

Ein wichtiger Zusammenhang tut sich für den Ventilwinkel auch mit der Größe des Verdichtungsverhältnisses auf. Je höher das Verdichtungsverhältnis umso wichtiger der kleinere Ventilwinkel, weil damit automatisch das Brennraumvolumen kleiner wird. So können Kolben mit Erhebungen am Kolbenboden, die für die Verbrennung ungünstig sind, vermieden werden. Günstiger ist es, den Winkel so klein zu machen, daß ein Teil des Brennraumes sogar im Kolben unterzubringen ist. Damit rückt die Zone der Entflammung immer mehr in den Schwerpunkt des Verbrennungsvolumens.

Einen weiteren Vorteil des kleineren Ventilwinkels kann man auch feststellen, wenn man die Freigängigkeit der Ventile zum Kolbenboden betrachtet. Je größer der Ventilwinkel und je größer die Überschneidung der Ventile, umso mehr besteht die Gefahr, daß es zu einer Kollision zwischen den Ventilen und dem Kolben kommt. Um diese zu vermeiden, müssen in den Kolbenboden sogenannte Ventiltaschen untergebracht werden. Diese schwächen den Kolben und führen zu ungleichmäßiger Temperaturverteilung am Kolbenboden. Beides sollte man vermeiden.

Der beste Mehrventiler nützt nichts, wenn Brennraumbewegung der Frischladung und der Ort der Entflammung nicht aufeinander abgestimmt sind. Es ist daher vorteilhaft, die Zündkerze so anzuordnen, daß sie möglichst früh von der Brennraumströmung erfaßt wird. Ist das der Fall, kann früher und damit leistungsoptimaler gezündet werden, weil man dem gefürchteten Klopfen, das die Leistung begrenzt, zuvorkommt. Liegt die Zündkerze zu tief im steilen Dach des Vierventilbrennraumes, hilft auch die von oben oder unten gesehen zentrale Lage der Zündkerze wenig.

Die beste Lage der Zündkerze wäre genau auf der Mitte des Kolbenbodens. Von dieser Stelle aus sind alle Flammwege ähnlich kurz, was einer gleichmäßigen und schnelleren Verbrennung entgegen kommt. Genau denselben verbrennungstechnischen Effekt erreicht man, wenn der Boden des Zylinderkopfes flach ist, die Zündkerze genau in Brennraummitte sitzt und das Brennraumvolumen halbkugelförmig oder wannenförmig im Kolben angeordnet ist.

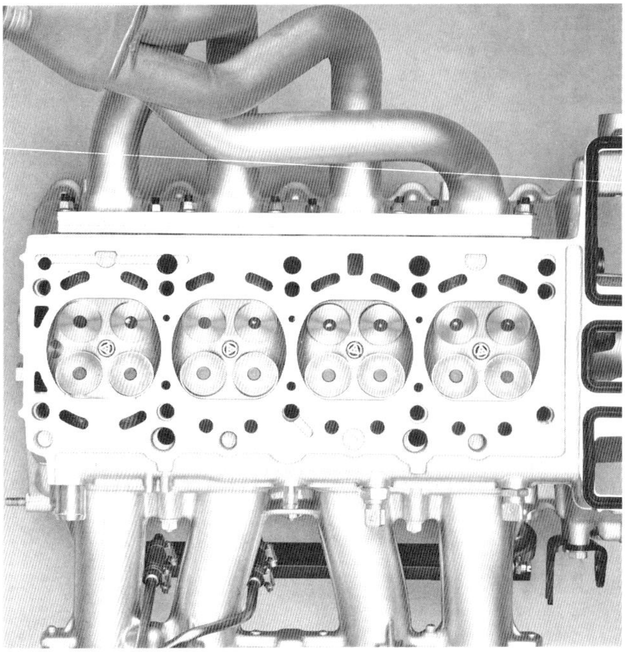

Die zentrale Lage der Zündkerzen und die sich dadurch ergebenden gleichlangen Flammwege sind bei diesem BMW-Zylinderkopf gut zu erkennen. Weitere Merkmale: Lange Saugrohre und abgestimmter Fächer-Auspuffkrümmer aus geschweißtem Rohr.

Überträgt man die Drehbewegung von einer Nockenwelle auf die andere mit Hilfe von Zahnrädern, kann man, um Rasselgeräusche zu vermeiden, diese Lösung anwenden: Das breite Zahnrad (A) sitzt auf einer Nockenwelle, die beiden schmaleren (B) und (B') auf der anderen Nockenwelle. Die beiden Räder (B) und (B') sind durch den Federring (C) gegeneinander verspannt. Der Wellring (D) preßt die beiden Räder zusammen und bewirkt so eine Dämpfung. Der Sicherungsring (E) hält das ganze zusammen. Das untere Bild zeigt, daß die Zahnflanken bei diesem System immer aneinander liegen.

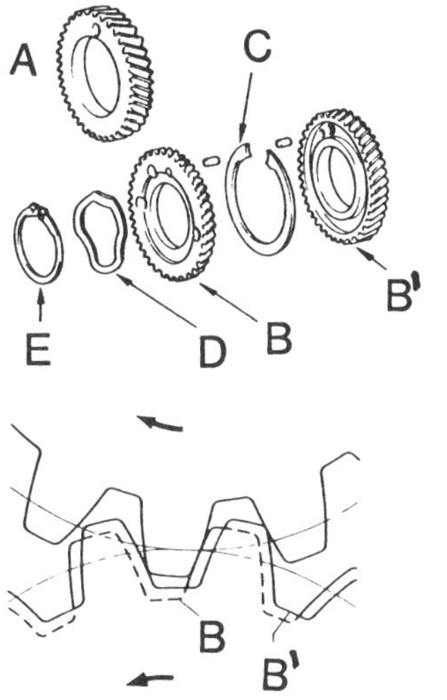

Im Prinzip ist man dann beim Vierventil-Dieselmotor mit vier parallel hängenden Ventilen. Bei den Motoren, wo es auf höchste Leistungen überhaupt ankommt, nämlich bei den Rennmotoren mit und ohne Aufladung, findet man bei fast allen Konstruktionen einen Mittelweg der beiden erwähnten Extremlösungen: Der Ventilwinkel ist so klein, daß die Zündkerze gerade noch mittig von oben angeordnet werden kann. Etwa zwei Drittel des Brennraumvolumens befinden sich im Zylinderkopf, das letzte Drittel im Kolben. Bei den großen Überschneidungen in der Ventilerhebung, die bei Rennmotoren notwendig sind, gibt es bei diesen Auslegungen keine Probleme mit der Freigängigkeit der Ventile zum Kolbenboden.

ZYLINDERKÖPFE-SCHLEPPLEISTUNG

Für den Motorenentwickler ist es sehr wichtig zu wissen, wie sich die Schleppleistungen von verschiedenen Ventilbetätigungsmechanismen unterscheiden. Möglichst geringe Schleppleistung ist erstrebenswert, weil

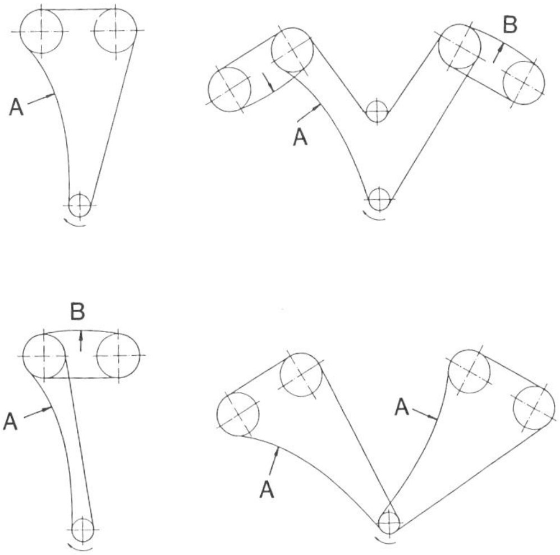

Der Antrieb der Nockenwellen ist beim Vierventiler in der Regel aufwendiger als beim Zweiventiler und führt so zu erhöhtem Leistungsverlust. Die Prinzipskizze zeigt mögliche Kettentriebe von DOHC-Zylinderköpfen, wobei jeweils Kettenspanner (A, B) für Haupt- und Nebenkette notwendig sind.

damit sowohl die Leistung, der Verschleiß und auch der Verbrauch eines Motors positiv beeinflußt werden können. Naturgemäß liegt die Schleppleistung der Vierventilzylinderköpfe über der Schleppleistung von Zweiventilzylinderköpfen. Schließlich hat man ja die doppelte Anzahl von Ventilen zu betätigen und in den meisten Fällen auch zwei statt nur einer Nockenwelle. Das gilt allerdings nur, wenn man moderne Konstruktionen miteinander vergleicht. Hier gilt die Regel, daß das Zylinderkopfschleppmoment ab einer Drehzahl von ca. 4000/min konstant bleibt. Die Größe des Schleppmomentes liegt dann bei einem Vierzylinder Zweiventilmotor von zwei Liter Hubraum etwa bei 1 Nm. Bei 6000/min errechnet sich damit eine Schleppleistung von ca. 0,6 kW (ca. 0,8 PS), die für den Antrieb des Zylinderkopfes benötigt werden. Bei einem modernen DOHC 4V-Zylinderkopf wird etwa die doppelte Leistung, also 1,2 kW (ca. 1,6 PS) für den Antrieb benötigt.

Trotz Zweiventiltechnik kann bei älteren Motoren die Sache auch erheblich ungünstiger aussehen. Sogenannte OHV-Steuerungen, also im Zylinderkopf hängende Ventile, die über Stoßstangen betätigt werden, weisen oft Schleppleistungen auf, die doppelt so hoch liegen können wie bei modernen Vierventilzylinderköpfen.

Bei allen Ventilsteuerungsbauarten nimmt das Schleppmoment zu niedrigeren Drehzahlen hin zu, während die Schleppleistung abnimmt. Während bei hohen Drehzahlen und Lasten des Motors die Schleppleistung der Zylinderköpfe keine wesentliche Rolle spielt, hat sie bei niedrigen Drehzahlen und Lasten einen gewissen Einfluß auf den Verbrauch.

Der neue BMW-Vierventiler des 318 iS zeigt einen klassischen Antrieb der beiden obenliegenden Nockenwellen durch eine Doppel-Rollenkette. Die Gleitschiene (im Bild links) wird vom Spannelement gegen die lose Seite der Kette gedrückt.

Die richtige Ventilzahl

Sind Vierventiler die Idealkombination oder gibt es bessere Alternativen?

Die Frage nach der richtigen Ventilzahl stellt sich nicht erst heute. Schon Anfang der vierziger Jahre ging Professor Eberan von Eberhorst, ehemaliger Konstrukteur der erfolgreichen Auto Union-Rennwagen, anläßlich einer wissenschaftlichen Untersuchung an der Technischen Hochschule Dresden dieser Frage nach. Sein Fazit damals: Bei theoretischer geometrischer Betrachtung nutzen vier Einlaß und drei Auslaßventile den vorhandenen Raum eines Halbkugelbrennraumes (heute nicht mehr aktuell, wie wir wissen) otimal aus. Bei Praxis-Versuchen auf dem Prüfstand brachten allerdings drei Einlaßventile und zwei Auslaßventile die besten Ergebnisse – womit wir von heutigen Erkenntnissen nicht weit entfernt wären, zumal Bauaufwand bei der Beurteilung keine Rolle spielte, es ging nur um optimale Füllung.

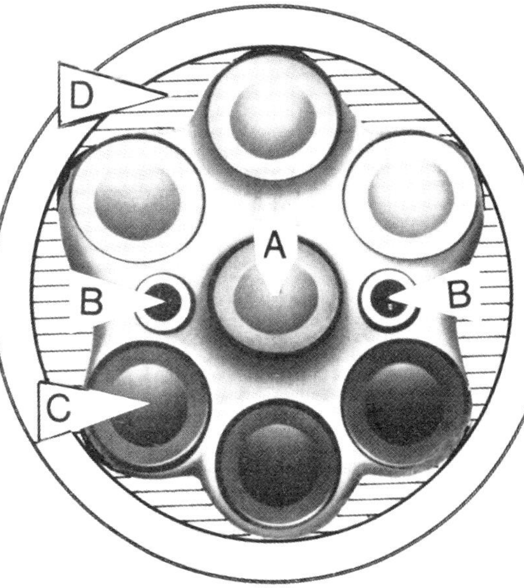

Um bei sieben Ventilen den Platz im Brennraum optimal zu nutzen, muß das vierte Einlaßventil (A) genau in der Mitte angeordnet sein. Je eine Zündkerze (B) befindet sich links und rechts davon. Drei Auslaßventile (C) und die restlichen drei Einlaßventile (D) liegen sich gegenüber. Der schraffierte Raum kann als Quetschzone genutzt werden.

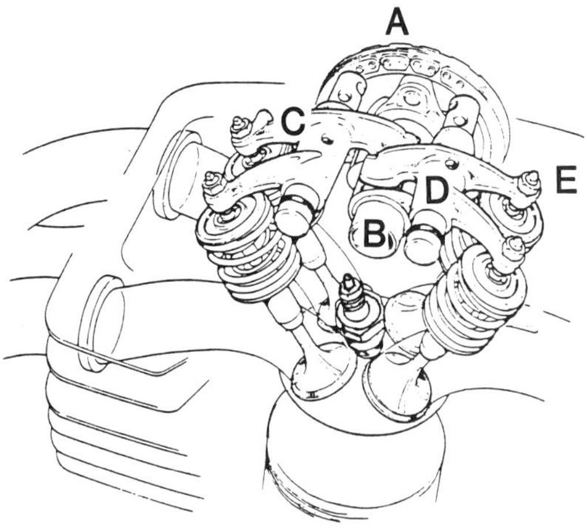

Eine einfache Ventilbetätigung bei der Honda XL 500 S. Nur eine Nockenwelle mit zwei Nocken (B), durch Kette angetrieben (A), steuert über gegabelte Kipphebel die vier Ventile. Die Zündkerze ist aus Platzgründen schräg eingeschraubt.

MOTORRADMOTOREN ALS VORREITER

Um optimale Füllung geht es auch bei Motorradtriebwerken, die in der Mehrventilentwicklung eine gewisse Pilotrolle spielten. Hier, wo es noch mehr auf hohe Leistungsdichte, also auf viel Leistung bei wenig Gewicht ankommt, hatte sich der Wandel zum Vierventilzylinderkopf vor allem bei Straßenmaschinen schon viel früher vollzogen als bei den Personenwagen. Abgesehen von einigen wenigen Einzylindern mit Radialanordnung sind die Ventile bei Motorrad- Vierventilern immer paarweise parallel angeordnet. Die

Querschnitt und untere Ansicht des Zylinderkopfes der Yamaha XS 500. Die Zündkerze liegt in der Mitte, da zwei obenliegende Nockenwellen für die Ventilbetätigung vorgesehen sind. Wegen der Luftkühlung muß zwischen den Ventilen und ihren Führungen ausreichend Platz bleiben.

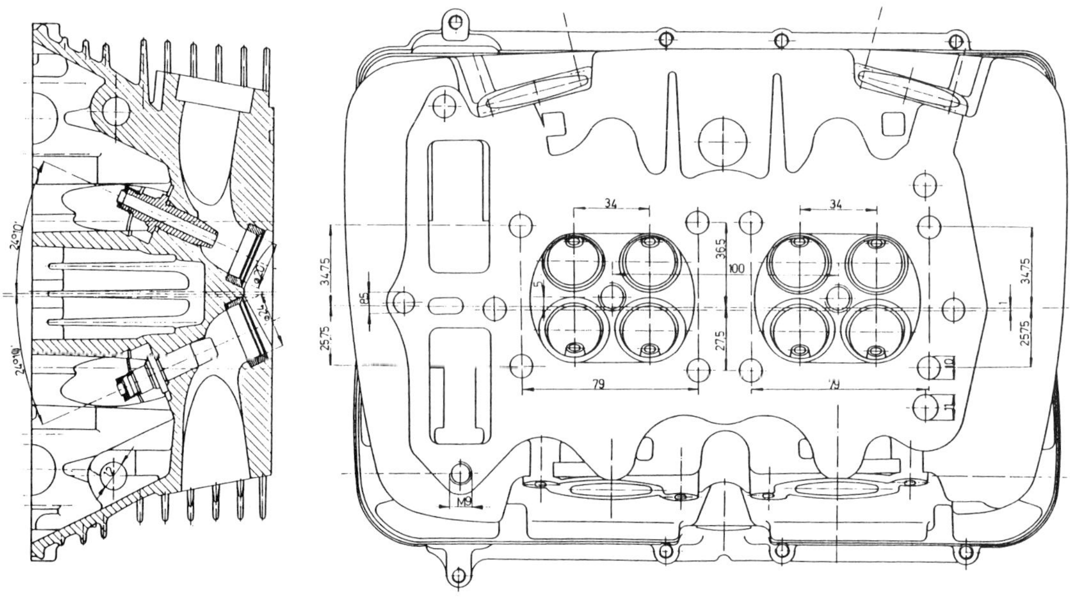

Der erste Serien-Fünfventiler wurde 1984 im Motorrad realisiert. Der Zylinderkopf der Yamaha FZ 750 hat zwei verschiedene Ventilwinkel. Je zwei Einlaßventile (A) bilden mit den Auslaßventilen (B) einen Winkel von 31°, das dritte Einlaßventil (C) steht steiler und bildet einen Winkel von 25,25°. Im Mittelschacht (D) läuft die Kette für den Nockenwellenantrieb.

Zylinderköpfe haben Dachbrennraum mit mittiger Lage der Zündkerze und in der Regel zwei obenliegende Nockenwellen. Eine Konstruktion also, wie sie heute alle Hersteller von Vierventilmotoren, egal ob fürs Motorrad oder Auto, für die Rennstrecke oder für öffentliche Straßen bevorzugen. Bei vertretbarem Aufwand ergibt diese Anordnung sehr gute Ergebnisse. Schon bei den Motorradmotoren für den täglichen Gebrauch wird eine spezielle Eigenheit der Vierventiltechnik konsequent ausgenützt, über hohe Drehzahlen möglichst viel Leistung herauszuholen. Aufgrund der kleinen Massen sind Drehzahlen von 10000/min und Literleistungen von 74 kW (100 PS) durchaus üblich. Man bewegt sich bei den Motorradstraßenmotoren also in einem Drehzahlbereich, der schon an die Rennmotoren der Formel 1 heranreicht.

Kaum hatte sich die Vierventiltechnik bei den Motorrädern fast lückenlos durchgesetzt, gab es Ende 1984 bei Yamaha schon den ersten Fünfventilmotor. Durch eine sehr geschickte Anordnung gelang es mit vertretbarem Mehraufwand drei Einlaß- und zwei Auslaßventile unterzubringen. Dem interessanten Fünfventil-Vierzylindermotor fürs Motorrad folgte alsbald der Yamaha-Entwurf für einen Fünfventil-Sechszylinder V-Motor für Formel-Autos nach. Mit einem V- Winkel von 75° und 1,5 bzw. 2 Liter Hubraum hätte der mit 105 kg sehr leichte Motor ein gutes Basistriebwerk sowohl für die Formel 1 als auch für die Formel 2 abgeben können.

Gelingt es aber, auf der Einlaßseite drei Ventile unterzubringen, wobei das mittlere gegenüber den beiden anderen etwas steiler steht und von einem dritten Nocken auf der Einlaßnockenwelle betätigt wird, liegt der Schluß nahe, dieses Konzept auch auf der Auslaßseite anzuwenden. Damit ist man

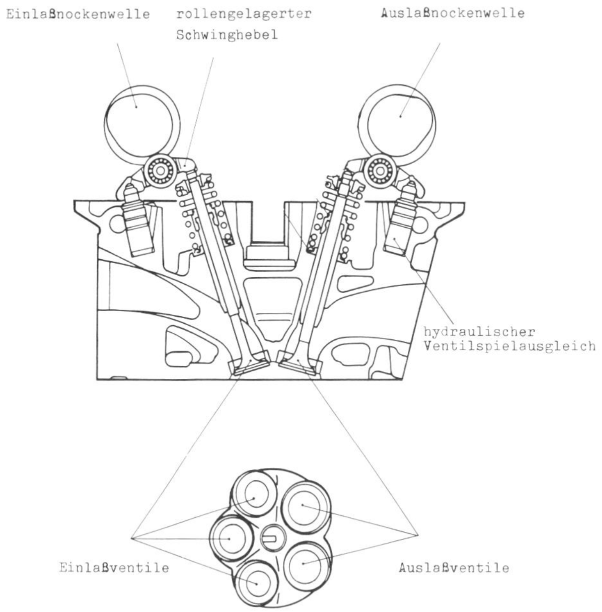

Der kleine Mitsubishi-Dreizylinder 3 G81-DOHC 5 steuert seine fünf Ventile mit zwei obenliegenden Nockenwellen, deren Nocken auf rollengelagerte Schwinghebel einwirken. Da der Motor nur 550 cm³ Hubraum hat, fallen die Ventile entsprechend klein aus. Die drei Einlaßventile messen 19,5 mm ∅ und haben einen Hub von 5 mm, die zwei Auslaßventile sind etwas größer (21,5 mm) und werden um 5,5 mm angehoben.

schon beim Sechsventiler. Nun ist auch dem technisch nicht ganz so Versierten bald klar, daß bei einer größeren Ventilzahl als vier die Mitte der Ventile auf einem Kreis zu liegen kommen, der immer größer wird. In der Mitte des Brennraumes, also um die Zündkerze herum, wird die ungenützte Fläche immer größer. Durch einfache Steigerung der Ventilanzahl über vier gelingt es zunächst einmal nicht, die durch den Brennraumdurchmesser vorgegebene Fläche für mehr freien Ventilquerschnitt zu nutzen.

Honda hat daraus die Konsequenzen gezogen und entwickelte für den Rennsport als letzte Waffe gegen die vom Reglement bevorzugten Zweitakter einen Vierzylinder Viertaktmotor mit nicht weniger als acht Ventilen pro Zylinder. Im Sinne der oben erwähnten rein geometrischen Zusammenhänge hätte es wenig Sinn gemacht, die acht Ventile kreisbogenförmig um

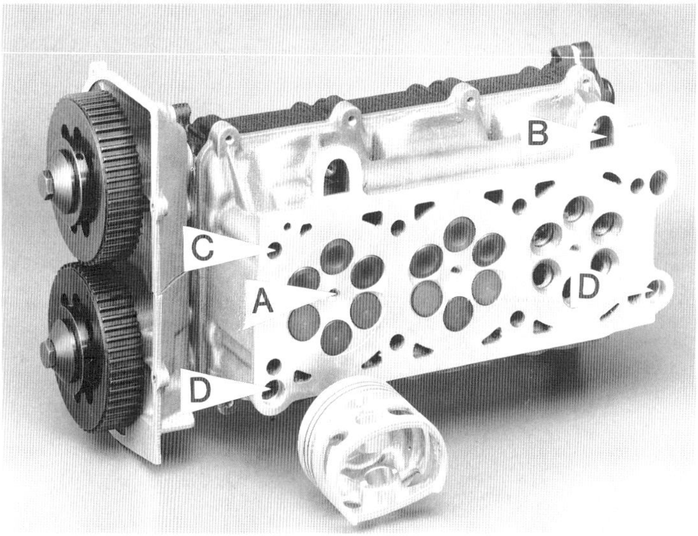

Am Maserati-Entwurf für einen Sechsventil-Zylinderkopf erkennt man sehr gut, daß rund um die Zündkerzenbohrung (A) eine größere ungenutzte Brennraumoberfläche verbleibt als beim Vierventilzylinderkopf. Die Schächte (B) dienen zur Kurbelgehäuseentlüftung, die Bohrungen (C) für die Zylinderkopfschrauben und die Bohrungen (D) für den Ölrücklauf.

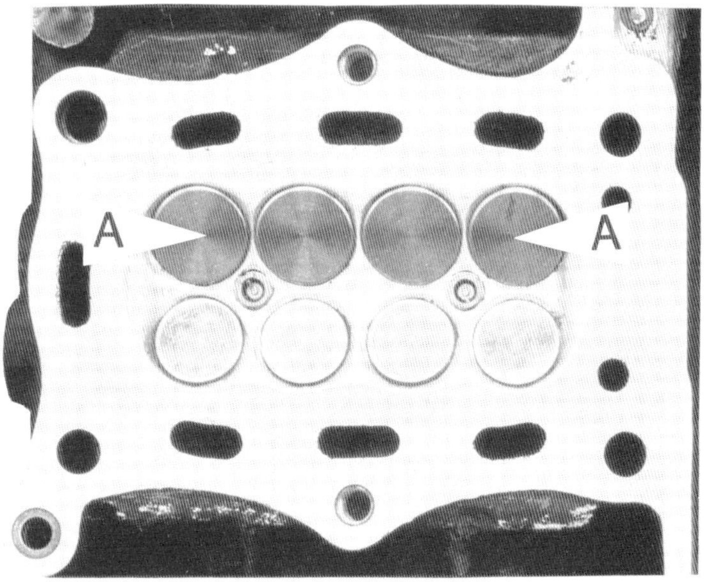

Als letzten Versuch, um im Motorrad-Rennsport mit Viertaktmotoren erfolgreich zu sein, entwickelte Honda einen Vierzylinder V 100°-Motor mit acht Ventilen pro Zylinder. Zwar wurden mit 200 kW (270 PS) pro Liter Hubraum bei Drehzahlen um 20 000/min neue Rekordwerte erreicht, das war aber zu wenig, um gegen die vom Reglement bevorzugten Zweitaktmotoren erfolgreich ankämpfen zu können. Zwei Zündkerzen befinden sich jeweils im Karo von vier Ventilen. Die vier Einlaßventile (A) erkennt man am größeren Durchmesser. Sorgen bereitet die Abdichtung der Ovalkolben.

die Brennraummitte anzuordnen. Als beste Lösung erschien den Technikern eine rechteckige, in die Länge gezogene Brennraumform, die außen von zwei Halbkreisen begrenzt wird. Anders beschrieben setzt sich der Brennraum aus zwei Vierventilbrennräumen zusammen, wobei die beiden Halbkreise durch Tangenten verbunden sind. Damit die Brennwege nicht allzu groß werden, besitzt der Brennraum zwei Zündkerzen, die jeweils im Karo der äußeren vier Ventile angeordnet sind. Denkbar wäre auch das Hinzufügen einer dritten Zündkerze im Karo der mittleren vier Ventile. Durch die gewählte Form war es also möglich, die zur Verfügung stehende Brennraumoberfläche besser mit Ventilen auszufüllen als bei einer konventionellen Brennraumform.

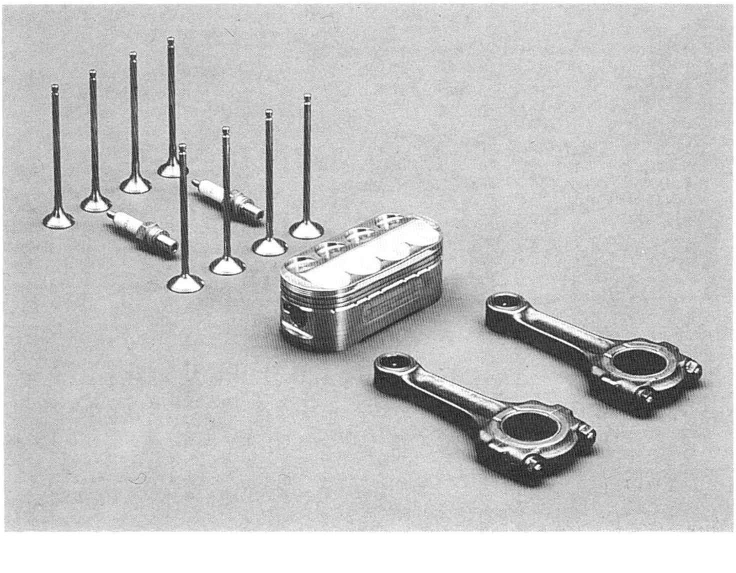

Beim Honda Achtventil-Motor (NR 750) besitzt jeder der ovalen Kolben zwei Pleuelstangen. Zwischen jeweils vier Ventilen sind pro Brennraum zwei Zündkerzen angeordnet. Als Straßenmotor mit 750 cm^3 leistet der Achtventiler über 150 PS.

Die Betätigung der vielen Ventile ist bei der gewählten Konstruktion kein Problem, die beiden obenliegenden Nockenwellen besitzen entsprechend der Ventilanzahl eine erhöhte Zahl von Nocken, die auf bekannte Weise über Tassenstößel die Ventile betätigen. Schwieriger ist es da schon, den ovalförmigen Kolben und die Kolbenringe samt deren zwei Pleuel, die pro Kolben vorgesehen sind, in den Griff zu bekommen.

Obwohl für diesen Vierzylinder-Rennmotor ein Rekordwert für die Literleistung von freisaugenden Hubkolbenmotoren von 198 kW/l (270 PS/l) angegeben wurden, reichte es nicht, um die sieggewohnten Zweitaktmotoren von der Spitze zu verdrängen. Der Vorteil der doppelten Anzahl von Zündungen und Verbrennungsvorgängen des Zweitaktmotors, konnte also auch durch einen noch so intensiven Ladungswechsel des Viertaktverfahrens nicht wettgemacht werden.

VIER VENTILE ALS BESTER KOMPROMISS

Nun lassen sich die Erkenntnisse von Motorradmotoren, zumal von solchen aus dem Rennbereich, nicht ohne weiteres für den Großserien-Automotor nutzen. Schließlich muß dieser, nicht zuletzt aus Komfort- und Verbrauchsgründen, mit einem deutlich geringeren Drehzahlniveau zurechtkommen, was den nachweisbaren Vorteil größerer Ventilanzahl in Form von geringeren Massen bedeutungslos werden läßt. So mag es durchaus Sinn machen, daß einige Hersteller sogar weniger als vier Ventilen pro Zylinder den Vorzug geben. Die so entstandenen Dreiventiler sind ein durchaus akzeptabler Kompromiß, der kostengünstig darstellbar ist und bei konsequenter Nutzung im Ergebnis zwischen Zwei- und Vierventiler zuliegen kommt.

Aber auch die Fünfventil-Lösung von Yamaha fand Eingang in die Automobilentwicklung. Bei Audi stellte man in Versuchen fest, daß der Fünfventi-

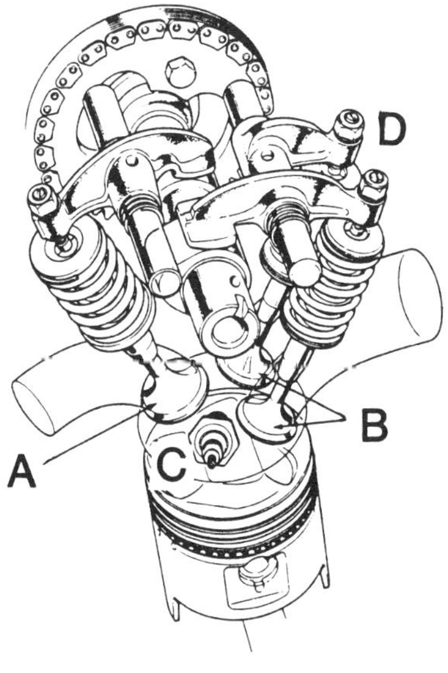

Dieser Einzylinder-Dreiventilmotor besitzt zwei Einlaßventile (B) sowie ein Auslaßventil (A). Die günstige Zündkerzenanlage (C) ist nur möglich, weil es sich um einen Einzylindermotor handelt. Die beiden Einlaßventile werden mit nur einer Nocke über einen gegabelten Kipphebel (D) betätigt.

Auch bei der Audi-Lösung steht das mittlere Einlaßventil in einem steileren Winkel als die beiden anderen Einlaßventile. Die Zündkerzenlage ist optimal in der Mitte. Ein aufgeladener Audi-Wettbewerbsmotor mit Fünfventiltechnik (2,2 Liter Fünfzylinder) erzielte die beachtliche Leistung von 478 kW bzw. 650 PS bei 6200/min.

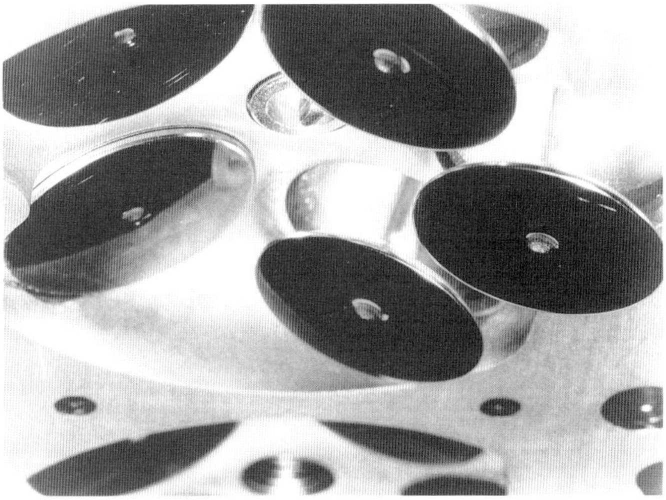

ler gegenüber dem hauseigenen Vierventiler (diese Einschränkung ist nicht unbedeutend) deutliche Vorteile hinsichtlich der Querschnittsfläche bringt. Auf der Einlaßseite wurden 13 Prozent mehr Querschnitt, auf der Auslaßseite nur knapp sechs Prozent Querschnittszuwachs ermittelt. Der Audi-Fünfventiler wurde erfolgreich im Rennsport eingesetzt und dürfte auch als Serien-Entwicklung in Frage kommen. Allerdings läßt er bereits die Grenzen erkennen: Speziell auf der Auslaßseite, wo nur zwei Ventile vorgesehen sind, ist die Verbesserung des Ventilquerschnitts gering und womöglich auf andere Parameter als die Ventilzahl zurückzuführen – beispielsweise auf größeren Ventilhub, kleineren Ventilschaftdurchmesser oder günstigere Anordnung.

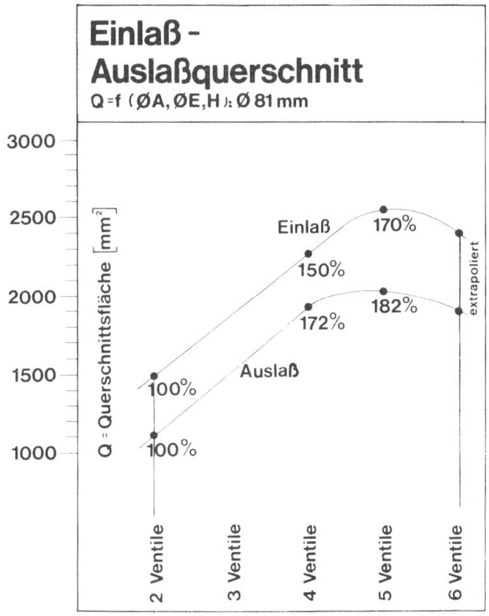

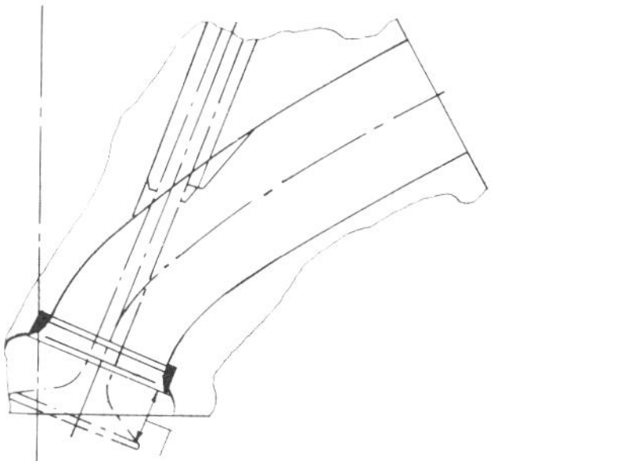

In einer Grundsatzuntersuchung von Audi kommt der Fünfventiler als beste Lösung in Bezug auf die Ventilquerschnittsfläche (Q) weg. Besonders auf der Einlaßseite ist der Zugewinn groß.

Bei der Fünfventiltechnik von Audi ist das mittlere der drei Einlaßventile (A) unten etws nach außen geschwenkt. Oben trifft jedoch die Ventilschaftmitte exakt auf die Nockenwellenmitte, so daß eine Betätigung von derselben Nockenwelle möglich ist, die auch die beiden anderen Einlaßventile betätigt. Die Tassenstößel-Durchmesser müssen aus Platzgründen kleiner gemacht werden als bei der Vierventilanordnung. Die Ventilfedern (B) liegen unterhalb der Tassenstößel (C).

Ja, sogar ein Sechsventiler wurde im Automobilbau schon vorgestellt. Der Maserati 6.36-Motor hatte bereits 1985 sechs Ventile pro Zylinder. Die jeweils drei Einlaß- und Auslaßventile des V6-Motors weisen untereinander verschiedene Neigungswinkel auf. Betätigt werden sie von jeweils zwei im Zylinderkopf liegenden Nockenwellen über eine dreiarmige Kipphebelplatte. Der Motor ist bisher noch nicht in Serie gegangen, was gewisse Rückschlüsse auf Funktionsfähigkeit und Effektivität zuläßt.

Wenn man also Lösungen mit sechs Ventilen und mehr als exotische Außenseiter- Konstruktionen vernachlässigt, bleibt schlußendlich die Frage nach drei, vier oder fünf Ventilen pro Zylinder offen. Für eine nüchterne Bewertung müssen viele Gesichtspunkte herangezogen werden:

- Ventilquerschnitt
- Zündkerzenanlage
- Quetschflächenanteil
- Anzahl der Nockenwellen
- Ventilbetätigung samt Reibung
- Variable Steuerzeiten
- Kosten

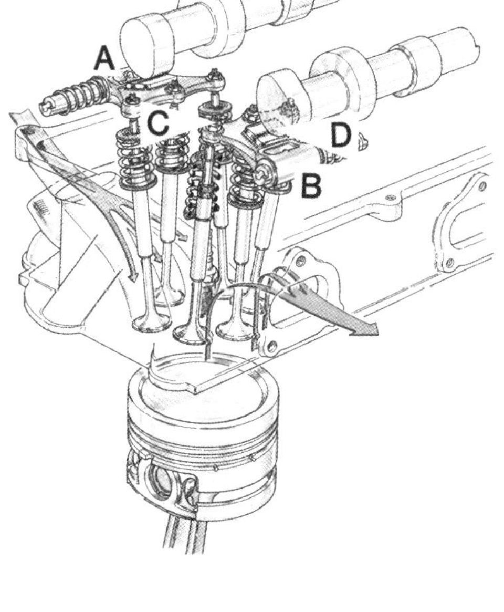

Beim Maserati-Sechsventiler werden je drei Ventile von Schwinghebeln betätigt. Schwinghebel (A) drückt auf die drei Einlaßventile, Hebel (B) auf die drei Auslaßventile. Das Ventilspiel muß mechanisch mit Hilfe von sechs Schrauben (C) eingestellt werden. An den Kontaktflächen der Nokken (D) entstehen sehr hohe Flächenpressungen.

Nimmt man die Berechnung zur Hilfe, zeigt sich, daß bis ca. 4000/min Motoren mit zwei, drei, vier und fünf Ventilen sehr eng zusammenliegen. Der Zweiventiler hat leichte Drehmomentvorteile, Erst ab ca. 4000/min zeigen sich deutliche Unterschiede. Je mehr Ventile – so sagt zumindest die Rechnung – umso höher das erreichbare Drehmoment bzw. die Leistung bei hohen Drehzahlen.

Rückt man der Problemstellung durch ein Punktschema zu Leibe, wobei eins die Bestnote und drei die schlechteste Bewertung ist, kommt man zu einer groben, generellen Bewertung:

Anzahl der Ventile	drei	vier	fünf
Ventilquerschnitt/spez. Leistung	3	2	1
Kerzenlage	3	1	1
Quetschflächen-Anteil	1	2	3
Zahl der Nockenwellen	1	2	2
Ventilbetätigung/Steifigkeit	3	1	1
Anzahl der Bauteile	1	2	3
Mögl. variable Steuerzeiten	3	1	1
Mögl. variable Saugrohre	1	1	2
Abgasverhalten	1	1	1
Kosten	1	2	3
Summe	18	15	18

Man sieht, daß im Endresultat vier Ventile pro Zylinder der beste Kompromiß sind.

In einem späteren Kapitel wird auch auf die variablen Saugrohre und deren großen Einfluß auf Leistung und Drehmoment eingegangen. Pulsationen der Luft innerhalb des Ansaugsystems spielen dabei eine wichtige Rolle

Am Beispiel des BMW M3-Vierventilzylinderkopfes erkennt man, daß vier Ventile pro Zylinder die zur Verfügung stehende Fläche des Brennraumes schon weitgehend ausfüllen. Die Bohrung (A) im letzten Zylinder wird bei Versuchsmotoren zur Bestimmung des Druckverlaufes im Brennraum (indizieren) benötigt.

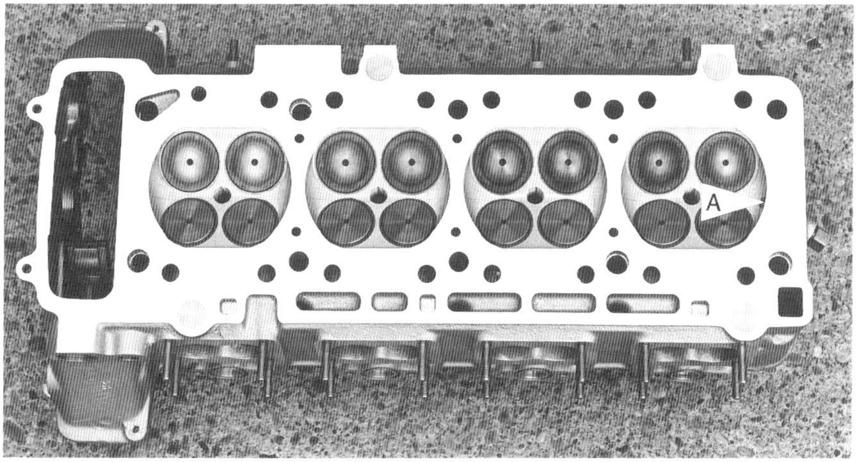

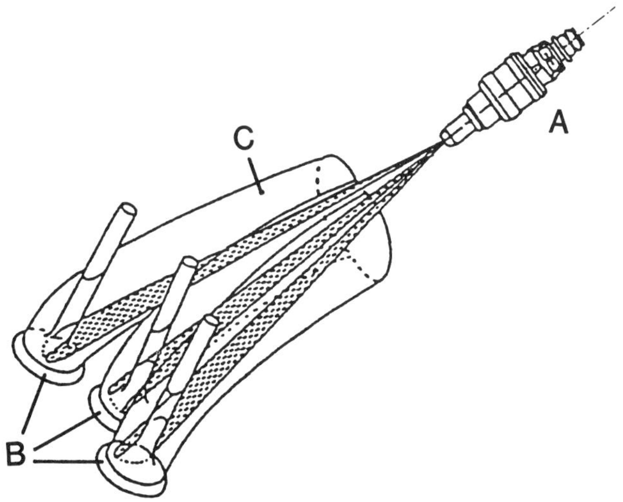

Je größer die Anzahl der Einlaßventile (B), umso größer auch die Anzahl und die Oberfläche der Gaskanäle (C). Um übermäßiges Benetzen der Einlaßkanaloberfläche durch Kraftstoff zu vermeiden, werden verstärkt Mehrstrahl-Einspritzdüsen (A) eingesetzt.

und damit auch die Form der einzelnen Schwingrohre bis hin zu den Ventilen. Es wird gezeigt, daß es hilfreich sein kann, die einzelnen Schwingrohre getrennt bis zu den Ventiltellern zu führen. Auch für diese Anwendung ist die Ventilzahl vier optimal, weil die Vierventiltechnik automatisch zwei Einlaßventile beinhaltet. Es bereitet hier keine Probleme, die beiden Einlaßkanäle getrennt aus dem Zylinderkopf herauszuführen und so auch das Ansaugrohr zweiflutig zu gestalten. Beim Fünfventiler ist die Trennung der Einlaßwege nicht so ohne weiteres möglich, und dreiflutige Saugrohre sowie ihr Steuerung durch Drosselklappen geraten zur Miniaturarbeit.

So läßt sich letztlich die Frage nach der richtigen Ventilzahl in Summe auch heute noch nicht eindeutig und endgültig beantworten. Je nach bevorzugten Kriterien können drei, vier oder fünf Ventile die richtige Wahl sein. Der Dreiventiler muß Einbußen bei der Leistung hinnehmen, der Fünfventiler ist in Bezug auf seinen Aufwand und der dadurch hinzukommenden Kosten wohl eher als Spitzentriebwerk im Rennsport geeignet. Darauf wird sicher die Formel 1 in Zukunft eine Antwort geben, wo Ferrari und Yamaha bei ihren 3,5 Liter- Saugmotoren bereits Fünfventiler einsetzen. Was den Vierventiler angeht, so ist es wohl kein Zufall, daß er von allen Mehrventllösungen am meisten bevorzugt wird. Er ist in Sachen Bauaufwand, Leistungs- und Drehmomentverhalten der im Moment wohl beste Kompromiß und speziell für Serienfahrzeuge das Mittel der Wahl. Wenn auch dort Fünfventiler zum Einsatz kommen, so spielen dabei sicher nicht nur technische Argumente eine Rolle, sondern womöglich auch Marktzwänge infolge harten Konkurrenzkampfes.

Untersuchung 3-Ventiler mit 1 Nockenwelle

Querschnitt	Ansicht von oben	Ansicht von unten	Anmerkungen
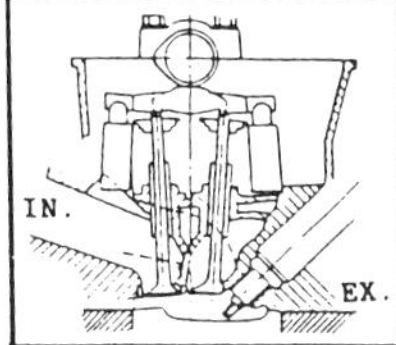	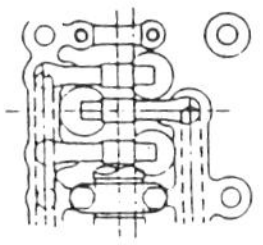	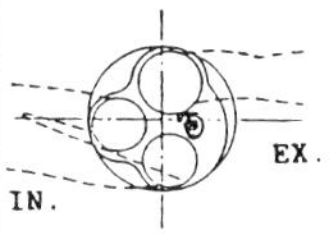	hydraulischer Ventilspielausgleich Zündkerze außermittig und schlecht gekühlt
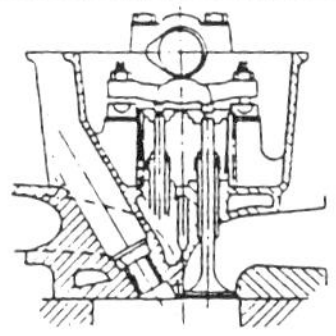	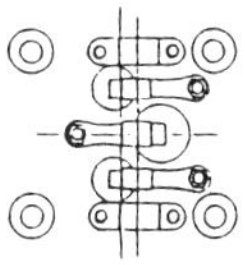	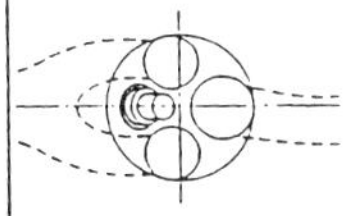	Zündkerze mittig Zündkerze begrenzt Einlaßventile
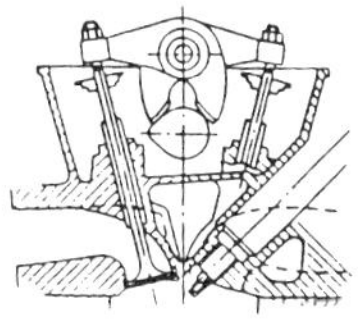	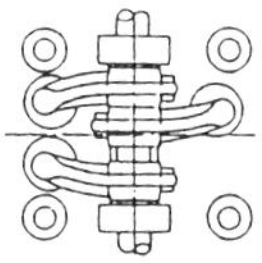	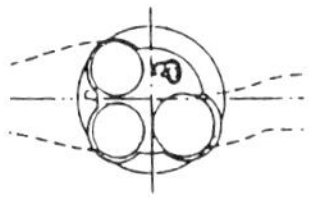	Kipphebelkonstruktion niedrige Bauhöhe Zündkerze außermittig große Ventile

Untersuchung 4-Ventiler mit 1 Nockenwelle

Querschnitt	Ansicht von oben	Ansicht von unten	Anmerkungen
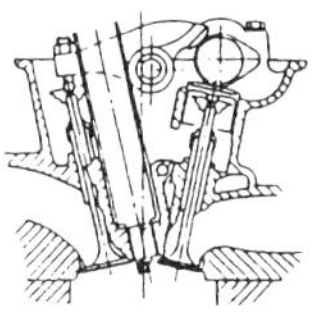	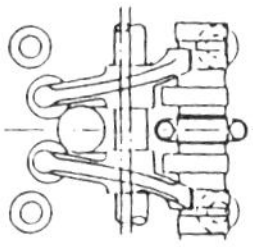	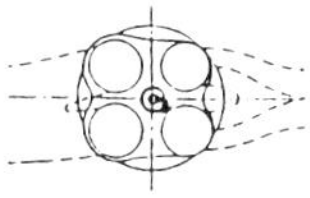	Wenig Platz für Ventilfedern schmale Nockenwellen-lagerung
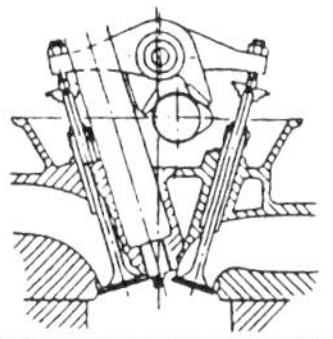	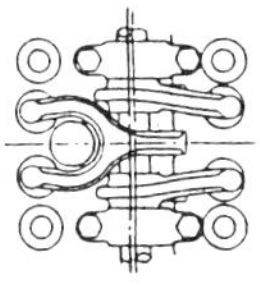	↑	drei schwere Kipphebel schlechte Zündkerzenkühlung
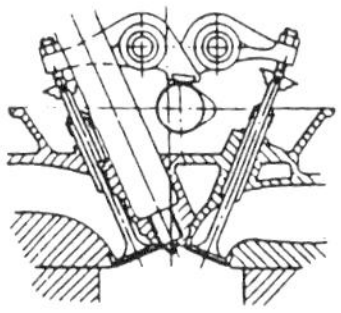	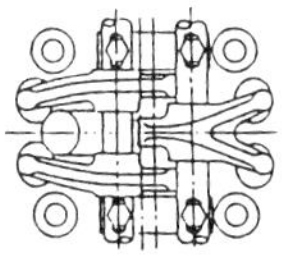	↑	zwei Kipphebelachsen größerer Ventilwinkel

Untersuchung 4-Ventiler mit 2 Nockenwellen

Querschnitt	Ansicht von oben	Ansicht von unten	Anmerkungen
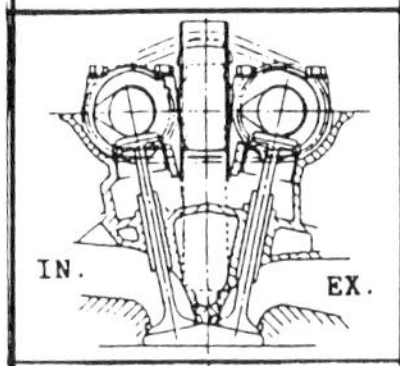	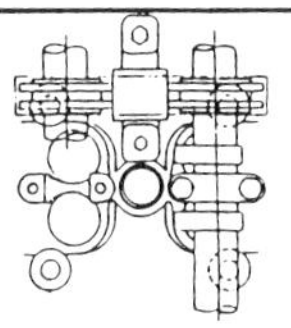	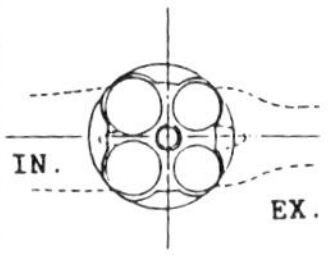	wenig Platz für den Kettenspanner direkte Ventilbetätigung
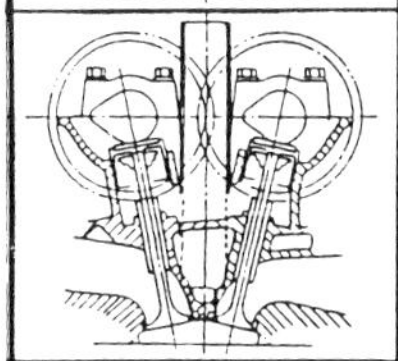	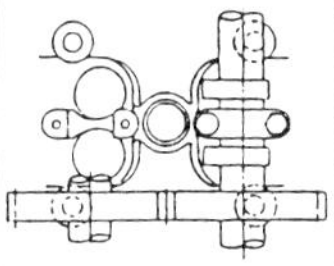	↑	Zahnradantrieb
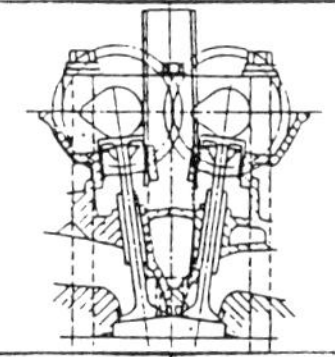	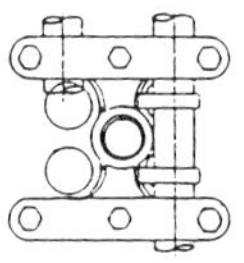	↑	kleiner Ventilwinkel schlechte Zündkerzenkühlung schwieriger Zusammenbau
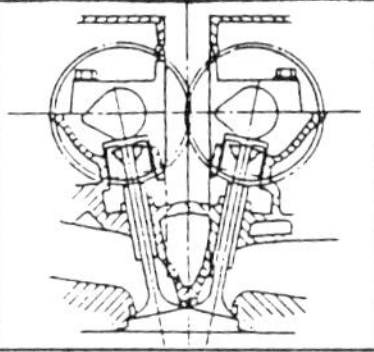	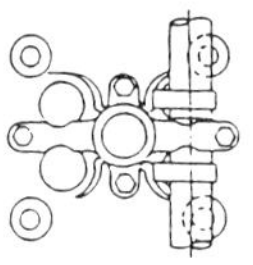	↑	Nur eine Nockenwellen-lagerbrücke
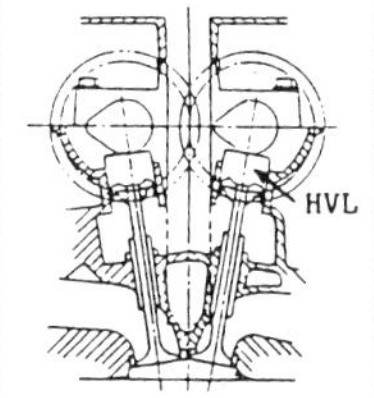	↑	↑	direkte Ventilbetätigung hydraulische Tassenstößel große Bauhöhe

System-Vergleich

Zwei- und Vierventiltechnik im Vergleich bei Serienmotoren

Die modernen Zweiliter-Reihenvierzylinder von Opel eignen sich gut für einen Konstruktionsvergleich. Sie wurden nicht nur unter gleichen Rahmenbedingungen entwickelt, sondern liegen auch in ihren spezifischen Werten im Spitzenfeld ihrer jeweiligen Klasse. Ein exakter Vergleich der beiden Konstruktionen zeigt aber nicht nur die technischen Fakten, er zeigt auch, daß man bereit ist, im Umfeld der Motoren für die Vierventilversionen mehr zu tun und zu investieren als bei den Zweiventilmotoren. Beide Motoren besitzen einen geregelten Dreiwegekatalysator, sind für unverbleiten Kraftstoff ROZ 95 ausgelegt und erfüllen die strengen US-Abgasgesetzgebungen. Die 2,0 Liter- Zweiventilmotoren wurden erstmalig zusammen mit dem Opel Omega im Jahr 1986 auf dem Markt eingeführt. Die Vierventilversion folgte im März 1988 und wurde zunächst ausschließlich im Kadett GSi angeboten.

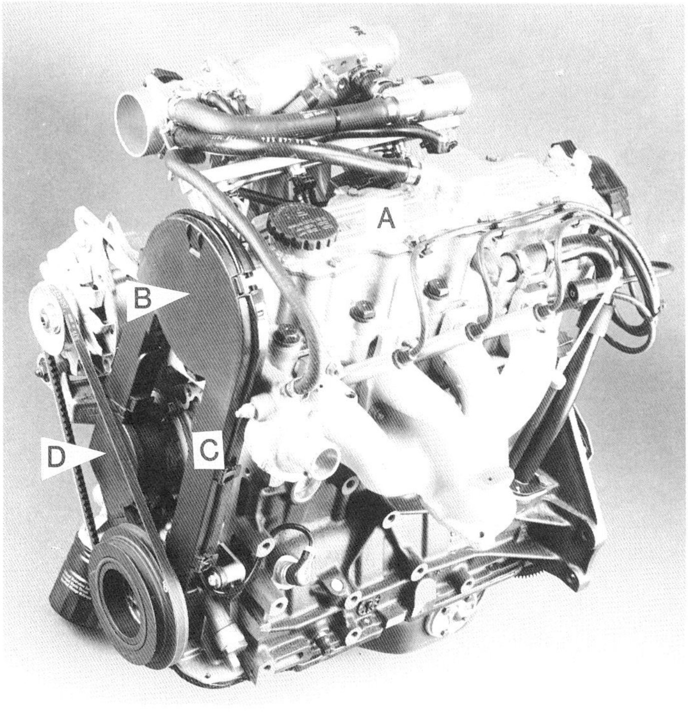

Zwei- und Vierventilmotoren entstammen bei fast allen Automobilfirmen der selben Motorenfamilie. Den Zweiventilmotor erkennt man meist schon am schmalen Zylinderkopf (A), der bis auf wenige Ausnahmen nur eine Nokkenwelle (B) besitzt. Der Zahnriemen hinter der Abdeckung (C) treibt die Wasserpumpe (D) und die Nockenwelle (B) an.

Der Zylinderkopf von Vierventilmotoren ist deutlich breiter. Im Falle dieses Motors werden die zwei Nockenwellen (A) und (B) ebenso wie die Wasserpumpe (C) vom Zahnriemen angetrieben. Das Auspuffsystem (D) aus geschweißten Rohren ist sehr aufwendig, sorgt aber für zusätzliche Leistung und Drehmoment. Auch rein optisch ist man bemüht, die teureren Mehrventilmotoren attraktiv zu gestalten.

ZYLINDERBLOCK/GEWICHT

Erwartungsgemäß zeigte sich der von den Zweiventilmotoren übernommene Graugußzylinderblock den erhöhten Anforderungen bezüglich Gestaltfestigkeit, Steifigkeit und Eigenschwingverhalten voll gewachsen. Geringe Modifikationen waren lediglich für die Anbringung von Zusatzkomponenten, wie z. B. dem Klopfsensor, erforderlich. Im Hinblick auf die höhere spezifische Leistung wurde jedoch auf eine Zylinderwandhonung mit Keramikwerkzeugen umgestellt. Dadurch wird ein gleich gutes Einlaufverhalten der Motoren wie beim Zweiventiler erreicht.

In Verbindung mit dem Leichtmetallzylinderkopf und der Leichtmetallölwanne wiegt der komplette Vierventilmotor ca. 130 kg. Der Zweiventilmotor ist um 14 Kilogramm leichter.

KURBELTRIEB

Die Sphärogußkurbelwelle ist in beiden Varianten 5fach gelagert, wobei das dritte Lager als Führungslager dient. Der Schwingungsdämpfer auf dem vorderen Kurbelwellonstumpf wurde bezüglich der Torsionsdämpfung für den Vierventiler neu abgestimmt. Die Schwungräder bestehen ebenfalls aus Sphäroguß. Gegenüber dem Zweiventilmotor wurde beim Vierventilmotor die Befestigung des Schwungrades den höheren Belastungen angepaßt,

An den Kolben erkennt man meist schon, ob es sich um einen Zwei- oder Vierventilmotor handelt. Der Kolben des Opel Vierzylinder-Vierventilmotors besitzt je zwei Ventiltaschen für die Einlaßventile (A) und die Auslaßventile (B). Der Kolben des Zweiventilmotors ist eben und besitzt eine flache Mulde (C), um die gewünschte Verdichtung und Brennraumform zu erzielen.

indem die Anzahl der Befestigungsschrauben von sechs auf acht erhöht wurde.

Vom Zweiventilmotor wurden die Pleuel mit 143 mm Länge und dem Lagerdurchmesser von 49 mm übernommen. Das kleine Auge wurde jedoch für die Vierventilversion mit Gleitbuchsen zur schwimmenden Lagerung des Kolbenbolzens versehen. Die im Zweiventiler bewährte Ölspritzbohrung zur zusätzlichen Kühlung der Kolbenbodenunterseit sowie zur sicheren Benetzung der druckseitigen Zylinderlaufbahn mit Öl wurde beibehalten.

Die Kolben für die Vierventiler stellen eine Neuentwicklung dar. Sie sind geschmiedet und haben – den erhöhten Belastungen Rechnung tragend – schwimmende Kolbenbolzen mit 21 mm Durchmesser. Der Kolbenboden weist eine 0,8 mm tiefe Mulde und kleine Taschen für die Freigängigkeit der Ein- und Auslaßventile auf. Die Kolben für die Zweiventilversion sind Regelkolben, der Boden ist, abgesehen von einer kleinen Mulde, eben – er benötigt keine Taschen für Ventilfreigängigkeit, weil die Ventile parallel hängend angeordnet sind und ausreichend Abstand zum Kolbenboden gegeben ist.

Der obere Verdichtungsring beim Vierventilmotor ist ein 1,5 mm starker molybdänbeschichteter Rechteckring, der zweite – ebenfalls 1,5 mm stark – ist als Nasenminutenring ausgebildet. Der dreiteilige Ölabstreifring mißt 3 mm, er besteht aus zwei Stahlbandringen und einer Abstandsfeder. Beim Zweiventilmotor sind sowohl die Kompressionshöhe der Kolben mit 30,4 mm als auch die Abmessungen der Kolbenringe identisch zum Vierventilmotor.

ÖLVERSORGUNG

Beim Zweiventilmotor ist die Ölwanne aus Stahlblech gepreßt, beim Vierventiler ist sie aus Leichtmetall gegossen, wodurch die Wärmeführung etwas verbessert werden konnte. Beide Motorversionen besitzen einen Ölkühler. Das vom Zweiventilmotor bekannte separate Ölschwallblech wurde auch für

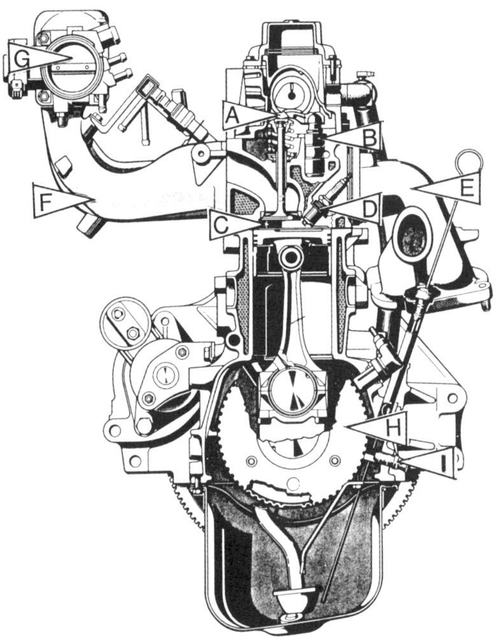

Querschnitt des Opel 2,0 Liter Zweiventil-Vierzylinderreihenmotors. Die parallel hängenden Ventile werden über Schlepphebel (A) von der obenliegenden Nockenwelle betätigt. Den Ventilspielausgleich besorgen hydraulische Elemente (B). Der Brennraum (C) ist flach, die Zünkerze (D) ist seitlich angeordnet. Der Auspuffkrümmer (E) ist gegossen. Das Ansaugsystem (F) ist S-förmig ausgebildet. Der Durchmesser der einzelnen Drosselklappe (G) beträgt 55 mm. Der Sensor (I) nimmt die Drehzahlsignale der Scheibe (H) auf.

den Vierventiler übernommen. Es schirmt den Ölspiegel gegen die Luftpulsationen, die unterhalb der Kolben entstehen ab und verhindert so Verschäumen des Motoröles. Zusätzlich werden allzu starke Verlagerungen des Ölspiegels bei Kurvenfahrt und beim Bremsen und Beschleunigungen unterdrückt.

Um eine sichere Versorgung der hydraulischen Ventilspielausgleichselemente mit Öl zu gewährleisten, ist der Ölkanal in Motormitte hochgeführt. In der Steigleitung befindet sich bei beiden Versionen eine Rücklaufsperre, die ein Leerlaufen der Ölleitungen verhindert.

Die Kurbelgehäuseentlüftung führt über ein extern angeordnetes Rohr die Blow-by-Gase in die Zylinderköpffe, wo ein Ölabscheider mitgerissenes Öl bzw. Ölnebel abscheidet und dem Ölkreislauf wieder zuführt.

ZYLINDERKOPF

Der Zylinderkopf des Zweiventilmotors ist zweiteilig ausgeführt, wobei die Ventile parallel hängend angeordnet sind. Die Ventiltellerdurchmesser betragen 41,8 mm für das Einlaßventil bzw. 36,5 mm für das Auslaßventil. Die Ventilschaftdurchmesser betragen jeweils 7 mm. Im Unterteil des Zylinderkopfes befinden sich auch die ruhenden hydraulischen Ventilspielausgleichselemente. Die Verbindung von diesen Elementen zu den Ventilen erfolgt durch Schlepphebel. Zur sicheren Drehung der Auslaßventile wurden hier Roto-caps eingesetzt. Im zweiten Teil des Zylinderkopfes – dem sogenann-

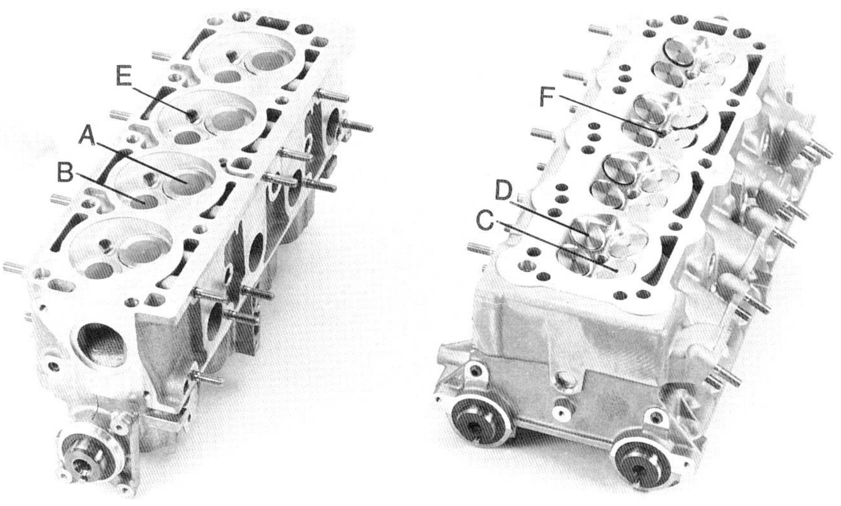

Vergleich von Zwei- und Vierventil Zylinderkopftechnik. Der Opel Zweiventilzylinderkopf besitzt parallel hängende Ein- (A) und Auslaßventile (B), also Ventilwinkel 0°. Beim Vierventilmotor beträgt der Ventilwinkel 46°, wodurch ein dachförmiger Brennraum entsteht. Auch hier sind die Einlaßventile (C) größer als die Auslaßventile (D). Die Bohrung für die Zündkerzen (E) ist beim flachen Brennraum des Zweiventilmotors seitlich, beim Vierventilmotor (F) hingegen genau in der Mitte des Brennraums.

ten Nockenwellenträger – ist die Nockenwelle in Tunnelbauweise eingeschoben. Die kontruktionsbedingt großen Nockenwellenlager weisen einen Durchmesser von 43 mm auf. Die Nockenwelle wird über Zahnriemen angetrieben, der Zündverteiler befindet sich am rückwärtigen Ende der Nockenwelle.

Wesentliches Merkmal des Vierventilmotors ist ein einteiliger DOHC-Zylinderkopf. Die beiden Nockenwellen werden ebenfalls über einen Zahnriemen angetrieben. Die Nockenwelle werden von oben eingelegt und mit kleinen Lagerdeckeln gehalten. Der Durchmesser der Nockenwellenlager ist mit 28 mm deutlich kleiner als beim Zweiventilmotor.

Die Ventile befinden sich auf einer zur Brennraumachse symmetrischen V-förmigen Anordnung. Der Ventilwinkel beträgt 46° und stellt sicher, daß die Zylinderkopfschrauben auch bei fertig montiertem Zylinderkopf mit Werkzeugen erreichbar sind. Es werden Ventiltellerdurchmesser von 33 mm für die Einlaßventile verwendet. Zur besseren Wärmeabführung sind die Auslaßventile natriumgekühlt. Wie beim Zweiventilmotor beträgt der Durchmesser der Ventilschäfte 7 mm. Die Zündkerze wird beim Vierventiler genau zentral von oben – beim Zweiventiler hingegen von schräg außen – eingeschraubt.

Der ausgeführte Winkel zwischen Zylinderachse und Einlaßkanalachse sichert eine günstige Umströmung der Ventile und sorgt zusammen mit der Quetschflächenanordnung für eine gute Restgasausspülung. Die Kontur des Einlaßkanals weist bemerkenswert wenig Krümmungen auf, nur unmittelbar vor dem Einlaßventil wird der Kanal in einem leichten Bogen zum Brennraum geführt. Um optimale Strömungsverhältnisse zu gewährleisten,

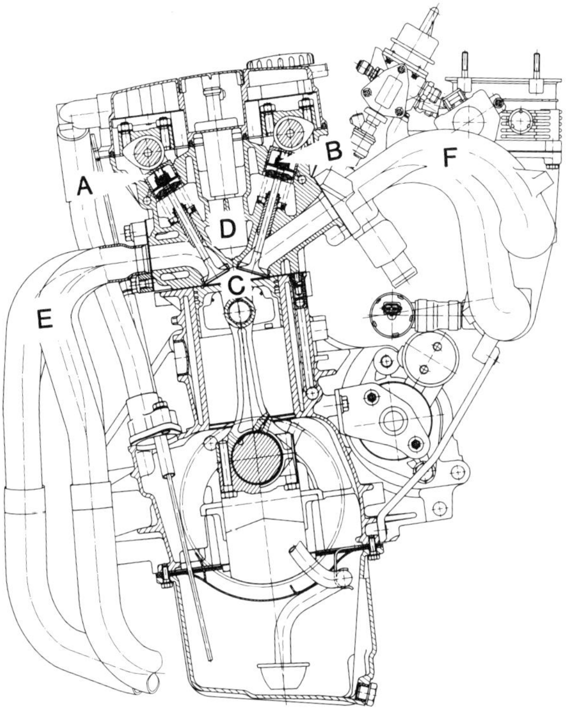

Querschnitt des Opel 2,0 Liter Vierventil-Vierzylinderreihenmotors. Die in einem Winkel von 46° angeordneten Ventile werden von zwei obenliegenden Nockenwellen über Tassenstößel (A) betätigt. Den Ventilspielausgleich besorgen hydraulische Elemente (B) in den Tassenstößeln. Der Brennraum (C) ist dachförmig, die Zündkerze (D) ist genau in Brennraummitte. Die Auspuffanlage (E) besteht aus geschweißten Stahlrohren. Das Ansaugsystem (F) ist strömungsgünstig ausgebildet. Die Durchmesser des flachgelegten zweiflutigen Drosselklappenstutzen betragen 25 und 64 mm.

werden die Einlaßkanäle im Bereich des Übergangs zum Sitzring mechanisch bearbeitet.

Bei der Auslegung der Ladungswechselorgane wurde großer Wert auf gute Füllung gelegt, was sich u. a. in der Anordnung und Form der Ein- und Auslaßkanäle widerspiegelt. Die Kanäle sind jeweils paarweise im Kopf zusammengeführt. Für die Einlaßseite bedeutet dies, daß das Einspritzventil beide Kanäle versorgen kann.

Zur Einengung der Toleranzen der Brennraum-Volumina wird beim Vierventilmotor jeder Brennraum einzeln durch Kopierfräsen bearbeitet. Hier-

Der Drosselklappenstutzen muß dem höheren Luftdurchsatz der Mehrventilmotoren angepaßt sein. Opel verwendet beim Zweiventilmotor einen Klappenstutzen mit nur einer Drosselklappe (A). Der Vierventilmotor besitzt einen zweiflutigen Registerdrosselklappenstutzen. Die erste Stufe besitzt eine sehr kleine Drosselklappe (B), um die Fahrbarkeit zu verbessern. Die zweite Klappe (C) öffnet erst, nachdem die kleine Klappe schon fast offen ist.

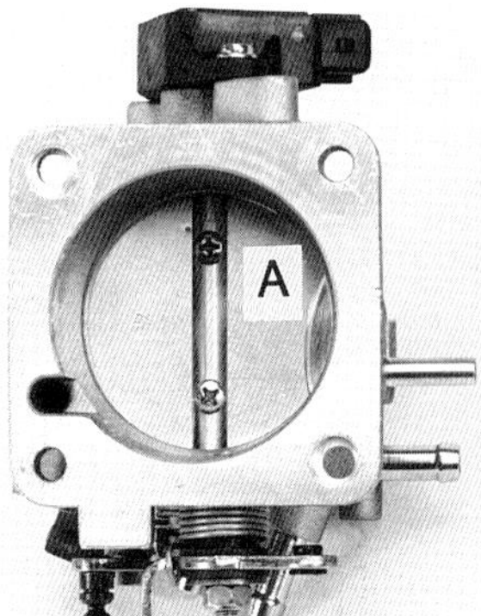

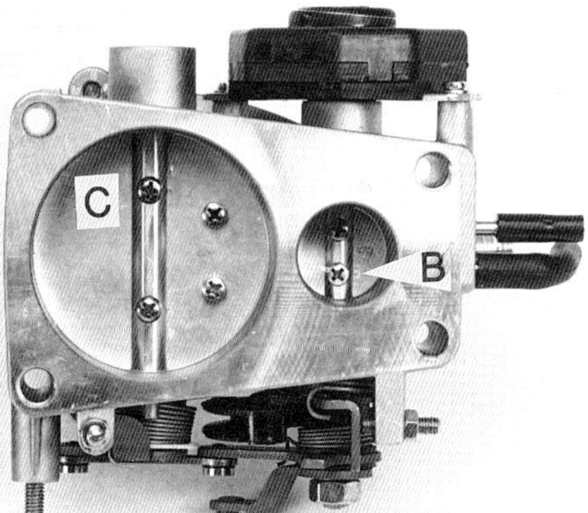

durch wird die Exemplarstreuung bezüglich der Verdichtung minimiert und für eine größere Gleichmäßigkeit der Arbeitsspiele unter den Zylindern gesorgt.

Für die spielfreie Übertragung der Kräfte auf die Ventile wurden beim Vierventilmotor hydraulische Tassenstößel mit einem Durchmesser von 32 mm gewählt, die ohne Gleitbuchsen im Zylinderkopf angeordnet sind. Roto-caps – wie beim Zweiventilmotor – sind nicht vorhanden. Als Abregeldrehzahl des Vierventilmotors wurden 6800/min festgelegt, obwohl die Grenzdrehzahl des Ventiltriebs über 7000/min liegt.

Die Abregeldrehzahl des Zweiventilers liegt bei 6400/min, die Grenzdrehzahl bei 6800/min.

VERDICHTUNGSVERHÄLTNIS

Mit 10,5 weist der Opel Vierventilmotor ein extrem hohes Verdichtungsverhältnis auf, während die Zweiventilversion mit 9,2 im Mittelfeld liegt. Beide Versionen sind für die Kraftstoffqualität bleifrei Super mit 95 ROZ ausgelegt.

Daten- und Leistungsvergleich

Fahrzeug: Opel Kadett		2,0i DOHC Vierventiler	2,0i OHC Zweiventiler
Hubraum	cm^3	1998	
Bohrung	mm	86,0	
Hub	mm	86,0	
Hub-Bohrungs-Verhältnis		1,0	
Zylinderabstand	mm	93,0	
Pleuellänge	mm	143,0	
Schubstangenverhältnis		0,3	
Verdichtungsverhältnis		10,5	9,2
Einlaßventil-Ø	mm	2×33	41,8
Auslaßventil-Ø	mm	2×29	36,5
Ventilhub E/A	mm	9,5	11,0
Einlaß öffnet	°KW v. OT	20	23
Einlaß schließt	°KW n. UT	72	71
Auslaß öffnet	°KW v. UT	60	60
Auslaß schließt	°KW n. OT	32	35
Gemischaufbereitung und Zündung		Motronic M 2.5	Motronic ML 4.1
Kraftstoff		ROZ 95 unverbleit	
Abgasnachbehandlung		geregelter 3-Wege-Katalysator	
Grenzwerte		Anlage XXIII § 47 StVZO	
Nennleistung	kW	110	85
bei Drehzahl	min^{-1}	6000	5400
max. Drehmoment	Nm	196	170
bei Drehzahl	min^{-1}	4800	3000
Höchstgeschwindigkeit	km/h	215	200
Beschleunigungszeiten			
0–100 km/h	s	8,0	9,0
40–100 km/h 4. Gang	s	12,0	12,5
80–120 km/h 5. Gang	s	11,5	12,0
Kraftstoffverbrauch			
City-Verbrauch	l/100 km	10,1	10,7
90 km/h	l/100 km	5,7	5,9
120 km/h	l/100 km	7,2	7,6
Euromix	l/100 km	7,7	8,1
Achsübersetzung		3,55	
Getriebeübersetzung			
1. Gang		3,55	
2. Gang		2,16	
3. Gang		1,48	
4. Gang		1,13	
5. Gang		0,89	

Die Gründe für die gebenüber dem Zweiventiler höhere Verdichtung setzen sich aus mehreren Einzelkomponenten zusammen:

- Zündanlage mit Klopfregelung
- Sequentielle Einspritzanlage
- Bearbeitete Brennräume
- Günstigere Zündkerzenlage
- Natriumgekühlte Auslaßventile
- Fächerauspuffkrümmer

STEUERZEITEN – VENTILHÜBE

Während die Ventilhübe mit 9,5 mm für den Vierventilmotor stark vom Zweiventiler mit 11,0 mm abweichen, zeigt ein Blick auf das Steuerzeitendiagramm, daß die Steuerzeiten eng beisammen liegen.

Steuerzeiten		Zweiventiler	Vierventiler
Einlaß öffnet	°KW v. OT	23	20
Einlaß schließt	°KW n. UT	71	72
Auslaß öffnet	°KW v. UT	60	60
Auslaß schließt	°KW n. OT	35	32

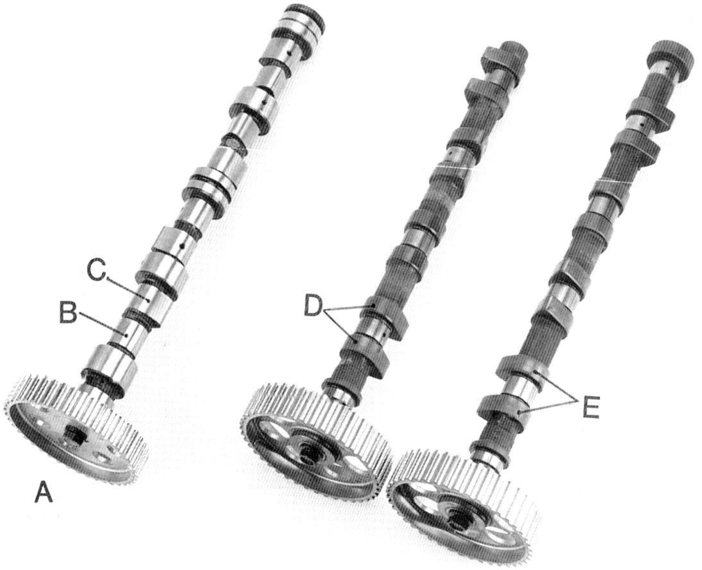

Nockenwellen von Zwei- und Vierventilmotoren besitzen je zwei Nocken pro Zylinder. Beim Zweiventilmotor (A) sind die Nocken (B) für das Einlaßventil und der Nocken (C) für das Auslaßventil jedoch versetzt angeordnet um den Gaswechsel richtig zu gestalten. Die Nocken der Vierventilmotoren sind sowohl für die Einlaßseiten (D) als auch für die Auslaßseite (E) immer paarweise angeordnet.

Leichtere Ventile erlauben beim Vierventiler weichere Ventilfedern. Das Diagramm zeigt die Federkennlinien des Opel Zweiventilers (C 20 NE) und des hubraumgleichen Vierventilers (C 20 XE).

FEDERKENNLINIEN C 20 NE / C 20 XE

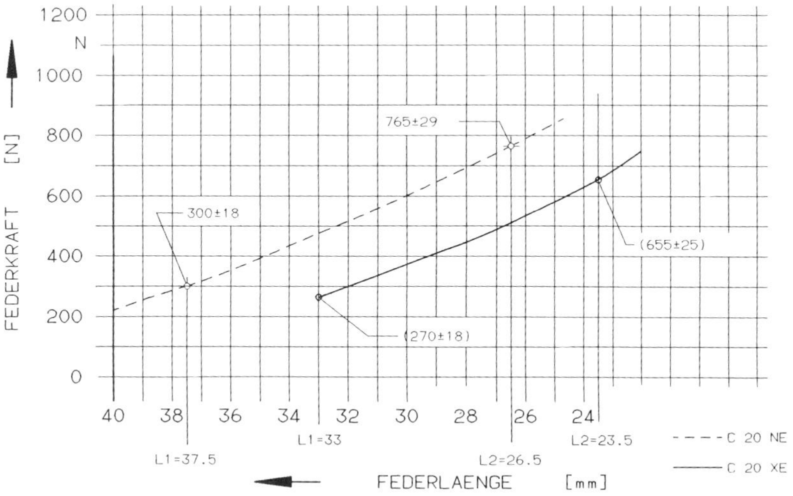

VENTILFEDERN

Entsprechend den unterschiedlichen Ventilbetätigungen und Massen der bewegten Teile sind auch die Ventilfedern bei der Zwei- und Vierventilversion unterschiedlich ausgelegt. Wie die folgende Tabelle zeigt, sind die Ventilfederkräfte beim Zweiventiler höher als beim Vierventiler.

Ventilfederkräfte	Zweiventiler	Vierventiler
Ventil geschlossen	30,0 kp	27,0 kp
Ventil offen	76,5 kp	65,5 kp

Die Federwege sind beim Vierventilmotor entsprechend den kleineren Ventilhüben ebenfalls kleiner.

VERGLEICH VENTILE

	EINLASSVENTIL		AUSLASSVENTIL	
	C 20 NE	C 20 XE	C 20 NE	C 20 XE
GEWICHT	70 g	55.7 g	60 g	47.6 g
LAENGE	104.2 mm	104.94 mm	104.0 mm	104.95 mm
SCHAFT-Ø	7.0 mm	7.0 mm	7.0 mm	7.0 mm
VENTILSITZ-WINKEL	92 °	90 °	92 °	90 °

Ein Vergleich der Ventile zeigt, daß der Vorteil des Vierventilers (C 20 XE) vor allem im niedrigeren Ventilgewicht liegt. Die Grundabmessungen (Länge und Schaft) sind bei den Opelmotoren gleich.

ZYLINDERKÖPFE-SCHLEPPLEISTUNG

Im Rahmen dieses Kapitels interessieren besonders auch die unterschiedlichen Schleppleistungen der Zwei- und Vierventil-Zylinderköpfe.

Das Schleppmoment ist bei den niedrigsten Drehzahlen am höchsten, während die Schleppleistung bis 4000/min ansteigt, um dann bis zu den höchsten Drehzahlen praktisch konstant zu bleiben.

Im untersten Drehzahlbereich liegen die beiden Opel-Zylinderköpfe mit einem Schleppmoment von 3,45 Nm für die Zweiventilversion bzw. 4,0 Nm für die Vierventilversion erstaunlich nahe beisammen. Ab ca. 4000/min ist das Schleppmoment oder auch die Schleppleistung der Vierventilversion etwa doppelt so groß wie die der Zweiventilversion.

Vergleich Schleppleistung				
Drehzahl	**Schleppmoment**		**Schleppleistung**	
	2 V	**4 V**	**2 V**	**4 V**
800/min	**3,45 Nm**	**4,00 Nm**	**0,29 kW**	**0,34 kW**
1000/min	**3,0 Nm**	**3,75 Nm**	**0,31 kW**	**0,39 kW**
2000/min	**1,29 Nm**	**2,80 Nm**	**0,40 kW**	**0,59 kW**
3000/min	**1,32 Nm**	**2,45 Nm**	**0,41 kW**	**0,77 kW**
4000/min	**0,94 Nm**	**2,05 Nm**	**0,39 kW**	**0,86 kW**

Als Faustregel kann gelten, daß gute Vierzylinder-Vierventilköpfe zum Antrieb bei hohen Drehzahlen ca. 1,2 kW oder auch 1,6 PS benötigen. Im Nennleistungspunkt ist das weniger als ein Prozent der gesamten Motorleistung.

DAS ANSAUGSYSTEM

Die Zweiventilversion besitzt ein für Einspritzmotoren konventionelles Ansaugrohr, wobei vier 360 mm lange in der Länge abgestimmte Schwingrohre in einen Sammler münden. Die Füllung des Motors wird durch einer einflutigen Drosselklappe mit 55 mm Durchmesser geregelt.

Beim Vierventilmotor reduziert ein unterhalb des Ansaugstutzens angeordneter Nebenschlußresonator das Ansauggeräusch. Über den im Vergleich zum Zweiventiler vergrößerten Luftfilter gelangt die Luft zum Luftmassenmesser und über das Vorvolumen zum Registerdrosselklappenstutzen. Dieser ist mit zwei Drosselklappen bestückt, wobei die erste Stufe mit einem Durchmesser von 25 mm klein ausgeführt wurde, um beim Anfahren und beim Lastwechsel aus der Schubphase eine bessere Dosierung mit dem Gaspedal zu ermöglichen. Die zweite, größere Drosselklappe weist einen Durchmesser von 64 mm auf und beginnt erst dann zu öffnen, wenn die

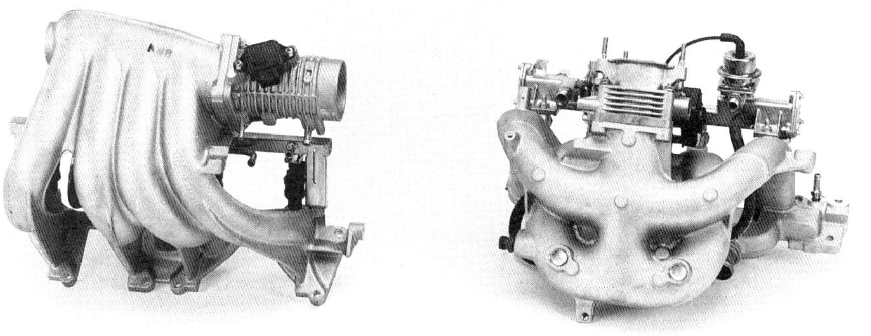

Um dem höheren Luftdurchsatz von Mehrventilmotoren Rechnung zu tragen, müssen die Ansaugrohre strömungsgünstig gestaltet werden. Am Beispiel der Opel 2,0 Liter Vierzylinder Zwei- und Vierventilmotoren erkennt man im Bild rechts das aufwendige und damit auch teurere Ansaugsystem des Vierventilmotors.

kleine Klappe bereits voll offen ist. Für das Vorvolumen, das oberhalb des Drosselklappenstutzens angeordnet ist, sprach in Verbindung mit dem Nebenschlußresonator außer dem harmonischen Momentenverlauf auch die zusätzliche Außengeräuschreduktion in der Vorbeifahrt von ca. 1 db(A).

Das Ansaugrohr des Vierventilmotors ist sehr aufwendig und weist gleiche Schwingrohrlängen von 320 mm Länge auf. Der Querschnittsverlauf ist konisch und verringert sich von 47 mm am Luftverteiler auf 33 mm am Eintritt in den Zylinderkopf. Diese Form ermöglicht ein hohes Drehmoment auch schon bei niedrigen Drehzahlen.

ABGASANLAGE

Der Zweiventilmotor besitzt einen kompakt gegossenen Auspuffkrümmer, bei dem in kurzen Längen die Zylinder eins und vier sowie zwei und drei zusammengefaßt werden. Anschließend an den Auspuffkrümmer gibt es zwei Hosenrohre, die vor dem Katalysator mit einer Länge von 780 mm zusammengefaßt werden. Die Abgasanlage wird komplettiert durch einen Katalysator mit einem Gesamtvolumen von 2,4 Liter, dem sich ein Mittelschalldämpfer (5,0 Liter) und ein Nachschalldämpfer (8,5 Liter) mit einem Endrohr anschließt.

Beim Vierventiler wurde von der Verwendung eines Gußkrümmers abgesehen und stattdessen ein Fächerkrümmer aus Edelstahl gewählt. Diese Rohrkonstruktion, die ebenfalls zunächst die Auslaßkanäle von Zylindern eins und vier sowie zwei und drei – allerdings mit viel längeren Rohrlängen – zusammenfaßt, wurde auf optimale Gasströmung ausgelegt. Die möglichen Parameter wie Rohrlänge, Rohrdurchmesser, Wanddicke und Einlaufwinkel

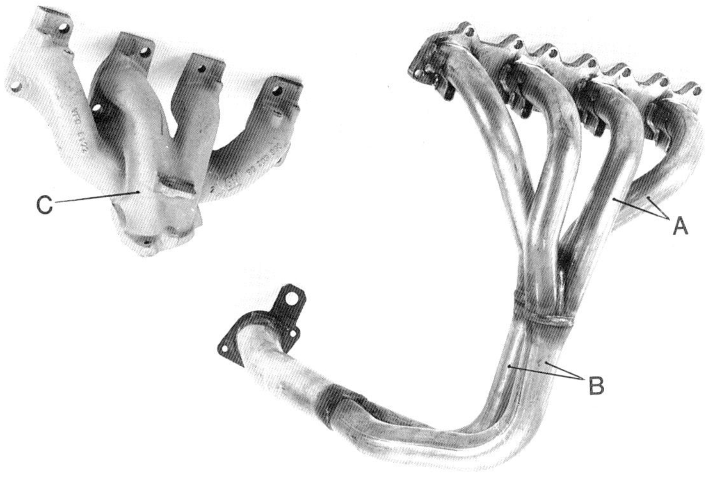

Um die Leistungsfähigkeit der Mehrventiltechnik voll auszuspielen, sind hier meist auch die Auspuffsysteme aufwendig gestaltet. Der Opel Vierzylinder-Vierventilmotor besitzt ein aufwendiges, geschweißtes Auspuffsystem und genau bestimmte Rohrlängen (A) und (B). Der Zweiventilmotor hat hingegen einen kurzen gegossenen Auspuffkrümmer (C).

konnten optimal kombiniert werden, um den besten Kompromiß zwischen Leistung, Drehmoment, Akustik und Anwärmverhalten des Katalysators zu erreichen. Im ersten Teil wurden die Zylinder eins und vier sowie zwei und drei mit einer Rohrlänge von 325 mm zusammengeführt. Zwei jetzt nur mehr 368 mm lange Hosenrohre führen die Auspuffanlage vor dem Katalysator auf ein Rohr zusammen.

Die Vierventilabgasanlage wird komplettiert durch einen Katalysator, bestehend aus zwei Monolithen mit einem Gesamtvolumen von 2,4 Liter, dem sich ein Mittelschalldämpfer (6 Liter) und ein Nachschalldämpfer (10 Liter) mit doppeltem Endrohr anschließt.

LIEFERGRAD

Das Bemühen, einen möglichst guten Gaswechsel zu erzielen, drückt sich letztendlich im Verlauf und in der absolugen Größe des Liefergrades aus. Unter Liefergrad versteht man das Verhältnis der tatsächlich in den Zylindern vorhandenen Luftmenge zum Hubvolumen. Der Liefergrad des Opel-Zweiventilmotors liegt im Drehzahlbereich bis 3000/min über dem des Vierventilmotors und erreicht mit Liefergrad knapp 0,9 bei 2600/min eine erste Spitze. Liefergrade um 0,9 werden dann noch einmal im Drehzahlbereich 4700/min erreicht. Der Liefergrad des Zweiventilmotors liegt in dem breiten Drehzahlband 2200/min bis 5400/min über dem sehr guten Wert von 0,85.

Die Praxis bestätigt hier die Theorie, daß es bei konventioneller Motorauslegung mit Hilfe der Vierventiltechnik nicht gelingt, die sehr guten Liefergrade der Zweiventilmotoren im unteren Drehzahlbereich zu erreichen. Die Liefergradvorteile des Opel-Vierventilmotor zeigen sich klar oberhalb von 3000/min. Zwischen 4600/min und 4900/min steigt der Liefergrad sogar über

Der Liefergrad von Vierventilmotoren (A) ist im unteren Drehzahlbereich meist etwas schlechter als der von Zweiventilmotoren (B), im Drehzahlbereich ab ca. 3000/min hingegen deutlich besser. Bei dem hier gezeigten Motor übersteigt der Liefergrad der Vierventilversion sogar die theoretisch mögliche Zahl 1. Es bedeutet, daß in die Zylinder des Motors mehr Frischluft gelangt, als auf Grund des Hubvolumens theoretisch hineingeht. Während das bei aufgeladenen Motoren selbstvertsändlich ist, ist es bei freisaugenden Motoren nur durch das Ausnützen von Schwingungen im Ansaug- und Auspuffsystem möglich.

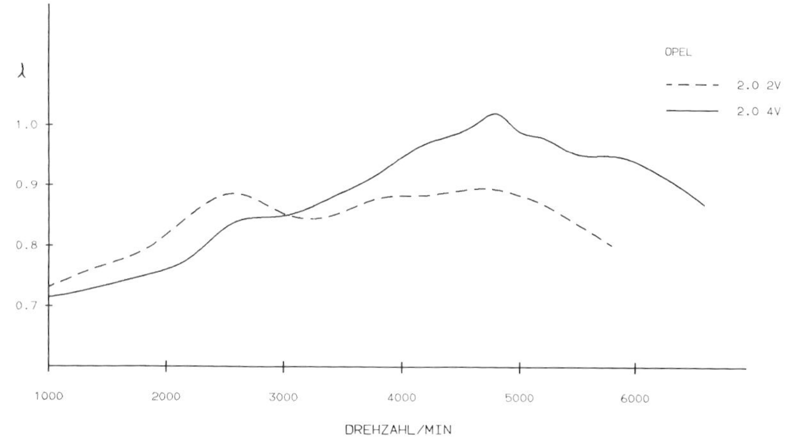

1,0 an. Dieser »Aufladeeffekt« ist auf die besonders sorgfältige Abstimmung aller Parameter zurückzuführen. Zwischen 3600/min und 6400/min übersteigt der Liefergrad die Grenze von 0,9. Der Verlauf der Liefergradkurve für den Vierventilmotor zeigt, wo die dominierenden Stärken der Mehrventiltechnik liegen – nämlich im Drehzahlbereich oberhalb von 3000/min bis ca. 7000/min.

VERBRENNEN

Das möglich hohe Verdichtungsverhältnis sowie die Auslegung des Brennraumes mit mittig angeordneter Zündkerze des Vierventilmotors resultieren in einem im Vergleich zum Zweiventiler erhöhten thermodynamischen Wirkungsgrad. Die Eigenschaften der beiden unterschiedlichen Brennräume werden verdeutlicht durch den Verlauf der Wärmefreisetzung und dem damit verbundenen reduzierten Vorzündungsbedarf für den Vierventiler. Durch die höhere Brenngeschwindigkeit des Vierventilmotors ist eine 10° KW (Kurbel-

Die höhere Brenngeschwindigkeit des Vierventilmotors ist deutlich am Verlauf der Wärmefreisetzung zu erkennen. Im Vergleich zum Zweiventilmotor reduziert sich der Vorzündungsbedarf um 10° KW (Kurbel-Winkel).

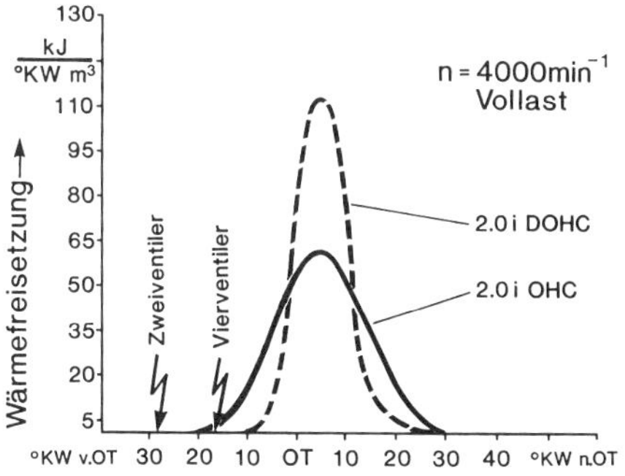

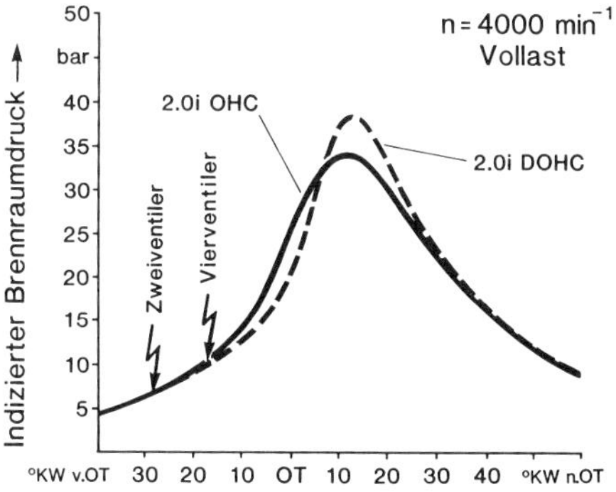

Winkel) spätere Zündung des Gemisches möglich. Trotzdem ist der maximale indizierte Brennraumdruck bei 4000/min Vollast beim Vierventiler mit 38 bar höher als beim Zweiventiler mit 33 bar.

Einziger Nachteil der hohen Brenngeschwindigkeit und damit raschen Druckanstieges ist das harte Verbrennungsgeräusch bei Vollast. Unter gleichen Bedingungen läuft der Zweiventilmotor weicher. Durch die hohe Verdichtung weist der Vierventilmotor auch in der Teillast Verbrauchsvorteile auf. Hier ist der Zündbedarf des Vierventilers durchweg um 15° KW geringer, während der Kraftstoffverbrauch um zwei bis vier Prozent günstiger ausfällt.

GEMISCHBILDUNG UND ZÜNDSYSTEM

Für die Steuerung von Gemisch und Zündung wurde für den Vierventilmotor in Zusammenarbeit mit Bosch die Motronic M 2.5 entwickelt. Sie weist gegenüber der ML 4.1 des Zweiventilmotors Erweiterungen auf, wie z. B. die Funktionsbereiche für sequentielle Ansteuerung der Einspritzventile und die Zündauslösung für die einzelnen Zylinder nach Maßgabe der individuellen Klopferkennung.

Die eingesetzte sequentielle Einspritzung unterscheidet sich von der beim Zweiventilmotor verwendeten simultanen Einspritzung im wesentlichen dadurch, daß die Einspritzzeitpunkte für alle Zylinder – bezogen auf ihre Arbeitstakte – identisch sind. Das bedeutet, daß die Elektronik mit vier Leistungsendstufen ausgerüstet sein muß.

Während es beim parallelen Einspritzmodus pro volle Kurbelwellenumdrehung beim Zweiventilmotor zu einem Mischbetrieb von Einspritzungen sowohl ins geöffnete Einlaßventil als auch zu solchen mit verschieden langen Vorlagerungszeiten kommt, wird das Einspritzventil bei der sequentiellen Einspritzung pro Zylinder nur alle zwei volle Kurbelwellenumdrehungen betätigt. Der Zeitpunkt ist dabei frei wählbar, so daß der Kraftstoff

Die Gegenüberstellung beider Katalysatormotoren anhand eines Teillastpunkts zeigt den Kraftstoffverbrauch in Abhängigkeit des Luftverhältnisses bei jeweils optimaler Zündung. Der Vorzündungsbedarf des Vierventilmotors ist durchweg 15° geringer, der Kraftstoffverbrauch ist um zwei bis vier Prozent günstiger.

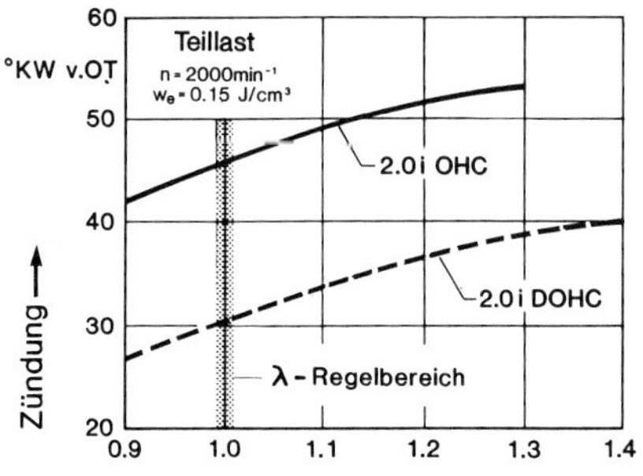

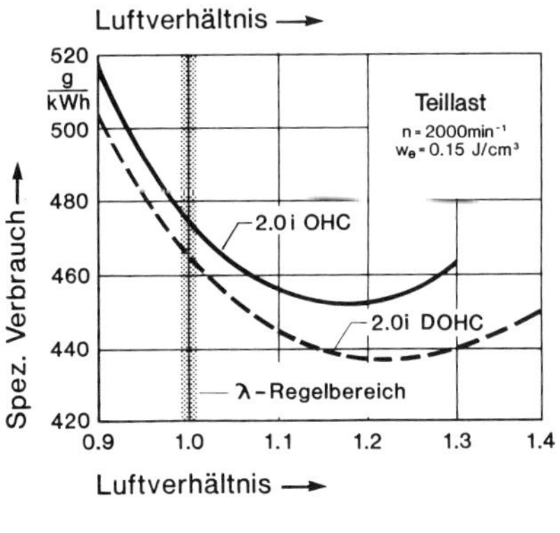

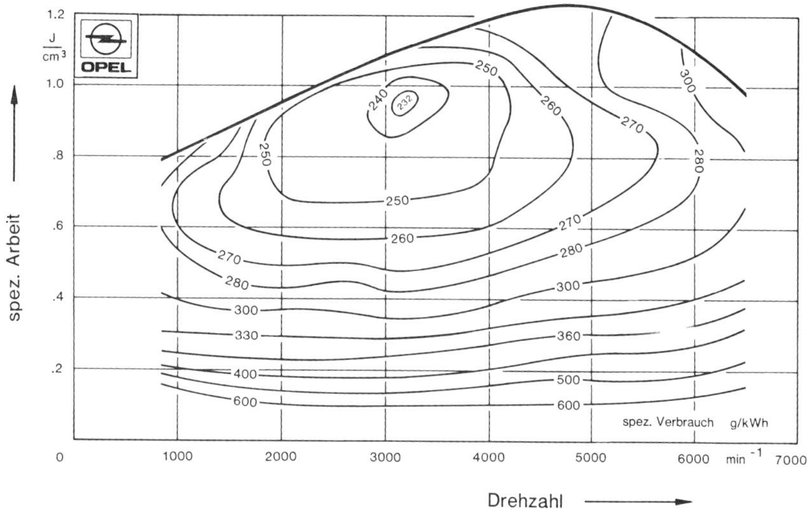

Die Abbildung zeigt das Kraftstoffverbrauchskennfeld des Opel Zweiliter-Vierventilmotors, ein sogenanntes Muschelkurvendiagramm. Der Bestwert für den Vierventiler beträgt 232 g/kWh. Der Bestwert des entsprechenden Zweiventilers liegt bei 240 g/kWh.

entweder während der Öffnungsphase des Einlaßventils oder zu einem früheren Zeitpunkt eingespritzt werden kann.

Umfangreiche Untersuchungen zur Ausnutzung dieses freien Parameters haben gezeigt, daß es von Vorteil ist, bei Vollastbetrieb während der Öffnungsphase einzuspritzen, um einen etwa einprozentigen Füllungsgewinn zu nutzen, bei Teillastbetrieb aber generell vorzulagern, da dies zu einer Verminderung der HC-Emission und zu einem Gewinn an Laufruhe führt.

Eine weitere Neuerung stellt die Erfassung der Ansaugluft durch Luftmassenmessung beim Vierventilmotor anstatt durch Luftmengenmessung des Zweiventilmotors dar. Funktionell bietet das System für den Vierventilmotor folgende Vorteile:

- Direkte Erfassung der Luftmasse als Basis für die Bestimmung der Kraftstoffzumessung
- Schnelles Ansprechen
- Einfacher Aufbau, keine bewegten Teile
- Geringer Strömungswiderstand

Zur vollen Ausschöpfung des Vierventilpotentials wurde hier das Zündsystem durch eine Klopfregelung erweitert. Es handelt sich dabei um eine zylinderseitige Klopfregelung, die in erster Linie jeden der vier Zylinder vor Klopfschäden bewahrt. Das System beinhaltet ferner eine automatische Anpassung an verminderte Kraftstoffqualitäten, es ist also lernfähig. Bei längerem Betrieb mit zurückgenommener Zündung schaltet das System auf ein anderes Zündkennfeld um, bis sich die Kraftstoffqualität wieder verbessert hat.

Durch den Wegfall des üblicherweise benötigten Zündungssicherheitsabstandes für Seriensteuerungen, Brennraumablagerungen oder geänderte Umweltbedingungen (Druck, Temperatur) wird beim Opel-Vierventilmotor zu keinem Zeitpunkt Leistung verschenkt. Verbunden mit dem gewählten Verdichtungsverhältnis von 10,5 bedeutet dies, daß in jedem Betriebspunkt mit bestmöglichem Kraftstoffverbrauch gefahren wird. Im Kraftstoffverbrauchskennfeld ergibt sich so ein Bestverbrauch von 232 g/kWh.

WIRKUNGSGRADE

Mit dem für einen Katalysatormotor und der Kraftstoffqualität 95 ROZ hervorragende Verbrauch von 232 g/kWh, weist der Opel-Vierventilmotor einen Wirkungsgrad von 37% auf. Noch etwas besser, nämlich 38%, ist der Wirkungsgrad dieses Motors in der Version ohne Katalysator und mit der Kraftstoffqualität von 98 ROZ.

Diese Spitzenwerte sind aber nicht nur auf die Vierventiltechnik alleine zurückzuführen, sondern auch auf die aufwendige Technik rund um den eigentlichen Motor. Natürlich ließe sich auch der 5% schlechtere Wirkungsgrad des Zweiventilmotors weiter verbessern, wenn man ihm die aufwendigen und teuren Umfeldtechnologien des Vierventilers angedeihen ließe.

LEISTUNGSAUSGLEICH

Die Motorleistung des Vierventilmotors beträgt 110 kW (150 PS) im Vergleich zu 85 kW (115 PS) des Zweiventilmotors. Auch im Drehmoment übertrifft der Vierventilmotor mit 196 Nm den Zweiventiler mit 170 Nm klar. Im unteren Drehzahlbereich hat der Zweiventiler aufgrund seines Liefergradvorteiles aber auch Drehmomentvorteile.

Die wichtigsten technischen Daten der Opel-Zwei- und Vierventilmotoren sind auf Seite 105 zusammengestellt. Noch mehr als die höheren Fahrleistungen sind die um ca. 5% niedrigeren Verbrauchswerte der Vierventilversion bemerkenswert.

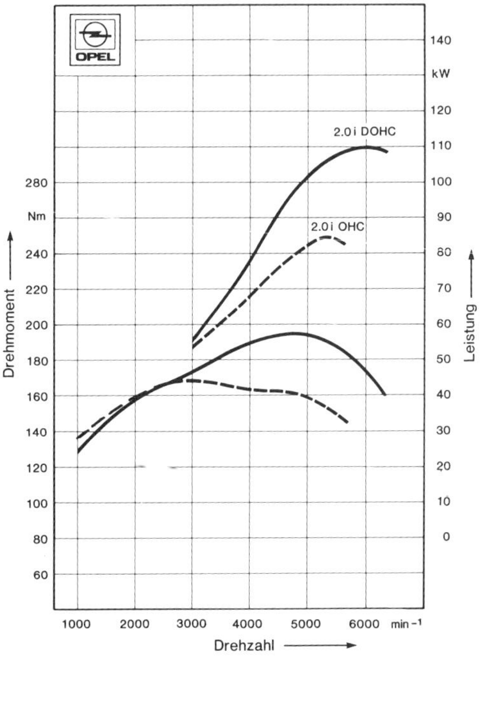

Drehmoment und Leistung des Opel-Vierventilmotors im Vergleich zum hubraumgleichen (2 Liter) Zweiventiler. Beide Motoren haben geregelten Katalysator. Im Drehmoment ist der Vierventiler ab etwa 3000/min dem Zweiventiler deutlich überlegen, der in diesem Drehzahlbereich schon abfällt. Allerdings erreicht der Vierventiler sein Drehmomentmaximum erst knapp unter 5000/min, auch seine Höchstleistungsdrehzahl liegt mit 6000/min wesentlich höher als beim Zweiventiler.

Theorie und Praxis

Konstruktionsaufwand und Mitteldruck als Bewertungsgrundlagen

Da die Mehrventiltechnik mittlerweile von der Automobilindustrie auf breiter Ebene entwickelt und eingesetzt wird, gibt es natürlich eine ganze Reihe unterschiedlichster Konstruktionen und eine Fülle interessanter Detaillösungen. Abgesehen von der Motorgröße und dessen Bauform ist dabei die Konstruktion des Zylinderkopfes das wichtigste Unterscheidungsmerkmal. Auch spielt es eine wesentliche Rolle, ob der Motor ausschließlich für den Renneinsatz oder für den Serieneinsatz entwickelt wurde. Für die Bewertung der Zylinderkopf-Konstruktion sind die folgenden Kriterien von Bedeutung:

- Anzahl der Ventile
- Ventilwinkel/Brennraumform
- Anzahl der Nockenwellen
- Nockenwellenantrieb
- Zündkerzenlage/ Zündkerzendimension
- Quetschflächen
- Verdichtungsverhältnis
- Äußere Abmessungen/Gewicht
- Ventilbetätigung
- Ventilgrößen
- Zylinderkopfsteifigkeit/ Anzahl der Bauteile

Der Achtzylinder des Lancia-Thema ist vom Ferrari 308 Quattrovalvole abgeleitet. Daß er im Lancia relativ schlechte spezifische Leistung bringt und keinen sehr hohen Mitteldruck, hängt auch mit den beengten Platzverhältnissen zusammen, die kein optimales Ansaugsystem gestatten.

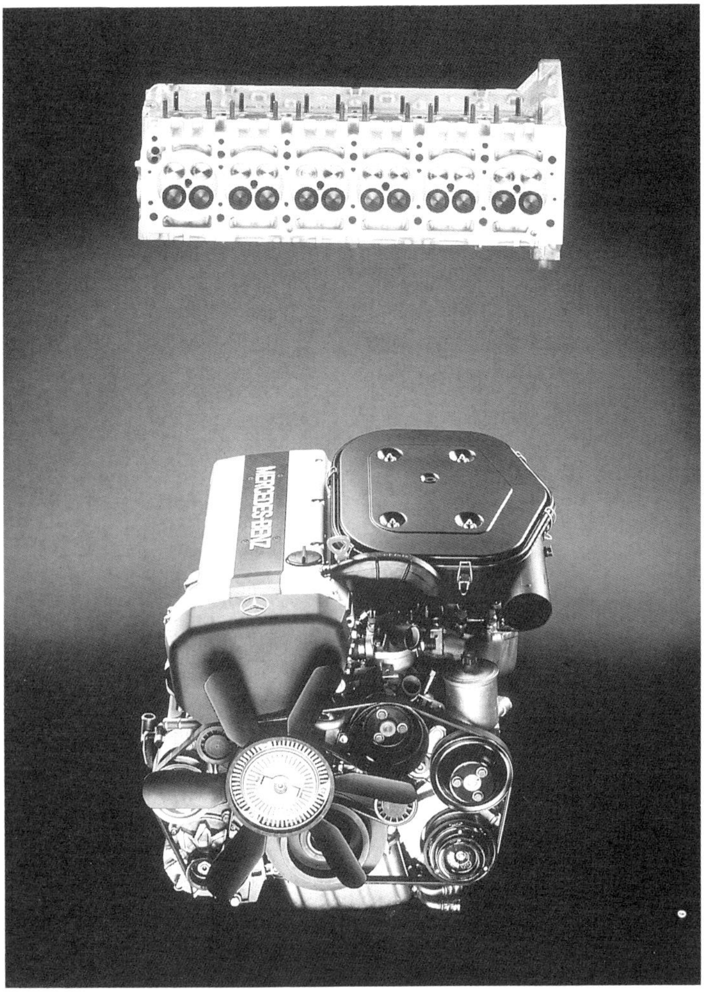

Der Dreiliter Mercedes-Sechszylinder liegt bei den Serien-Vierventilern hinsichtlich Leistung und Mitteldruck im Spitzenfeld. Mit variablen Steuerzeiten (verdrehbare Einlaßnockenwelle) wurde eine Hochleistungscharakteristik erreicht, ohne Drehmomenteinbußen im unteren Drehzahlbereich hinnehmen zu müssen.

Bei der Gesamtbeurteilung, ob nun ein bestimmtes Zylinderkopfkonzept im Endeffekt ein gutes oder ein schlechtes Ergebnis liefert, müssen allerdings weitergehende Maßstäbe angelegt werden. Dazu gehört beispielsweise das Hub/Bohrungsverhältnis, das, wie schon von den Zweiventilmotoren her bekannt, besonders günstig oder auch ungünstig ausfallen kann. Aber auch die Zylinderzahl und das Volumen der Einzelzylinder spielen vor allem für den Leistungs- und Drehmomentverlauf eine wesentliche Rolle. Welchen prinzipiellen Einfluß die Grundmaße Bohrung und Hub haben, zeigt ein Vergleich von drei sehr unterschiedlichen Dreiliter-Motoren mit vier, sechs und acht Zylindern, sämtliche mit vier Ventilen pro Zylinder.

Motorbauart/Zylinderzahl		Lancia V/8	Mercedes R/6	Porsche R/4
Hubraum	cm^3	2927	2980	2990
Bohrung × Hub	mm	81,0 × 71,0	88,5 × 80,2	104,0 × 88,0
Leistung	kW (PS)/min	151 (205)/6750	170 (231)/6300	155 (210)/5800
Drehmoment	Nm/min	263/5050	272/4600	280/4000

Beim Porsche sind drei Liter Hubraum auf nur vier Zylinder verteilt. Die ungewöhnliche Lösung erfordert zwar Ausgleichswellen zur besseren Laufruhe, bringt aber einen sehr guten Drehmomentverlauf. Auch die spezifischen Werte des Porsche Leichtmetall-Vierzylinders sind beachtlich.

Der Vergleich zeigt, daß sich mit kleineren Zylinderabmessungen sowohl die Nennleistungsdrehzahl als auch die Drehzahl für das maximale Drehmoment nach oben verschieben. Typisch ist auch, daß der Motor mit den größten Einzeltöpfen, der Vierzylinder des Porsche 944 S2, das absolut höchste Drehmoment und somit den besten Mitteldruck erreicht. Untypisch ist, daß der Achtzylinder des Lancia Thema 8.32 in der Höchstleistung und damit in der spezifischen Leistung hinter dem Mercedes 300–24 V, aber auch hinter dem Porsche zurückbleibt, wofür aber sicher nicht nur motorspezifische Gründe vorliegen.

Vorsicht ist aber nicht nur bei der Beurteilung des Motors selbst angebracht, sondern auch in dessen Umfeld. Die besten konstruktiven Vorraussetzungen nützen wenig, wenn z. B. Luftfilter oder Auspuffanlagen zu klein dimensioniert sind oder auch Zünd- und Einspritzanlagen verwendet werden, die nicht imstande sind, die vollen Möglichkeiten der Mehrventiltechnologie auszuschöpfen. Was die einzelnen Bewertungskriterien selbst angeht, so geben diese in der Regel nur dem Fachmann Hinweise auf die Qualitäten oder auch Zwänge einer Motorkonstruktion. Kompromisse müssen immer gemacht werden, und die Kunst liegt darin, trotz aller konstruktiven Zwänge zu einer optimalen Kombination zu kommen.

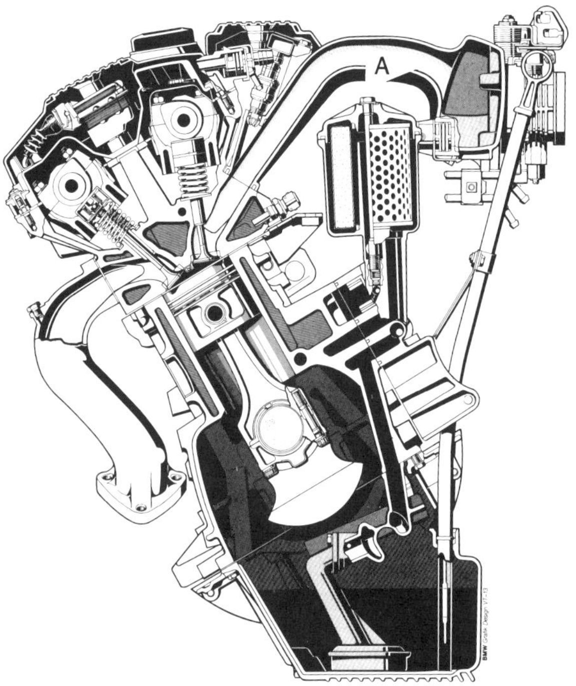

Die neuen BMW-Vierventiler haben einen einheitlichen, relativ engen Ventilwinkel von 39,5°. Die Ventile stehen dabei leicht asymmetrisch zur Mittelachse (Einlaß 20,25°, Auslaß 19,25°). Sehr gut ist die große Schwingrohrlänge des Sechszylinders und deren strömungsgünstige Ausgestaltung bis zum Luftsammler zu erkennen (A).

Anzahl der Ventile

Vier Ventile pro Zylinder sind wohl der beste Kompromiß für fast alle Motorenhersteller. Der Anteil der Vierventilmotoren nimmt ständig zu. Drei- oder auch Fünfventilmotoren sind im Moment nur Randlösungen. Allerdings scheint die Fünfventillösung noch Entwicklungspotential zu besitzen. Renn- und Serienmotoren mit fünf Ventilen pro Zylinder sind in Arbeit und im Einsatz.

Ventilwinkel – Brennraumform

Der gewählte Ventilwinkel und damit meist auch schon die Brennraumform scheint bei ausgeführten Serienmotoren mehr von äußeren Parametern bestimmt zu sein als von der Vorstellung, einen bestimmten Winkel wegen der Verbrennung unbedingt realisieren zu müssen. So sind Zugänglichkeit zu den Kopfschrauben, Platzverhältnisse im Motorraum, Art des Nockenwellenantriebes, oder auch die Einfachheit der Zylinderkopfkonstruktion häufig die einschränkenden Parameter für den Ventilwinkel. Bei Rennmotoren, wo man von den meisten Zwängen, die durch Großserien auferlegt werden, frei ist, zeigt sich ein Trend zum kleinen Ventilwinkel, wodurch die Brennraumform kompakter und die Zündkerzenlage günstiger werden.

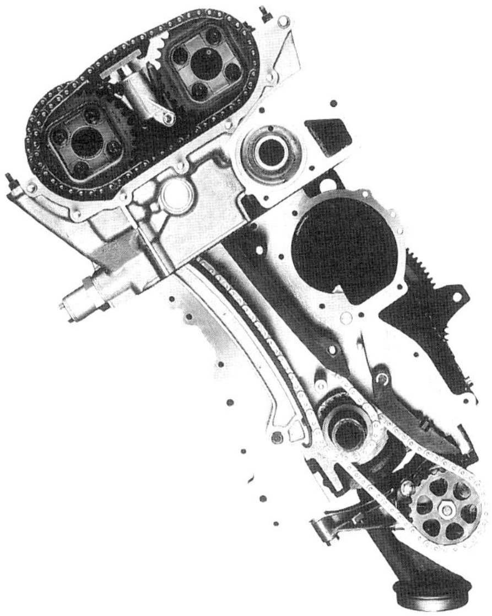

Den klassischen Nockenwellenantrieb zeigt der BMW-Vierzylinder mit einer Duplexkette. Beim BMW-Sechszylinder (rechts) treibt eine Einfachkette die Auslaßnockenwelle an, von dort eine Zwischenkette die Einlaßnockenwelle. Diese Anordnung spart Einbauhöhe beim geneigt eingebauten Motor.

Anzahl der Nockenwellen

Zwei obenliegende Nockenwellen (DOHC = double over head cam) sind pro Zylinderreihe bei Rennmotoren Standard und auch bei Serienmotoren die mit Abstand meistverbreitete Konstruktion. Vorteile sind der einfache Zylinderkopfaufbau sowie die steife und exakte Ventilbetätigung. Mehrventilmotoren mit nur einer obenliegenden Nockenwelle pro Zylinderreihe sind eher die Ausnahme von der Regel, werden aber zunehmend aus Kostengründen produziert.

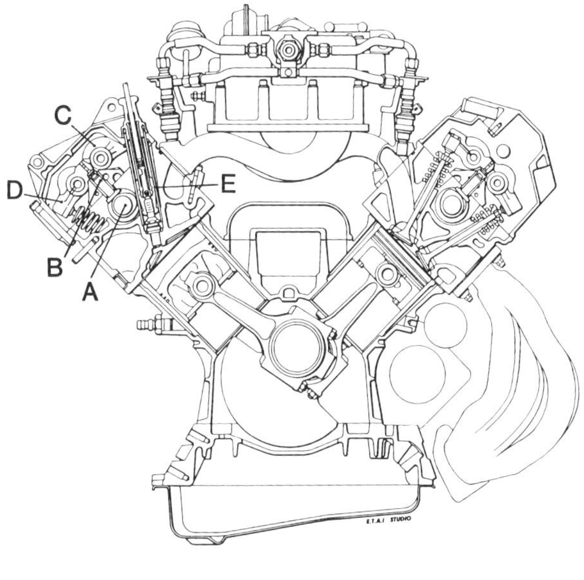

Der Sechszylinder-Vierventiler der PSA-Gruppe, der im Peugeot 605 und im Citroen XM zum Einbau kommt, zeigt interessante konstruktive Details, die in erster Linie dazu dienen, den Bauaufwand zu reduzieren: Eine obenliegende Nockenwelle (A) betätigt über Stößel (B) mit hydraulischem Spielausgleich die Kipphebel (C und D), die Auslaßkipphebel sind gabelförmig, so daß nur je ein Stößel und ein Nocken zur Betätigung von zwei Ventilen nötig sind. Die Zündkerze (E) ist schräg zwischen den Einlaßkanälen plaziert und mit einem dünnen Blechmantelrohr (E) abgeschirmt.

Nockenwellenantrieb

Alle für die Serie vorgesehenen Mehrventilmotoren sind von Zweiventilmotoren abgeleitet bzw. Weiterentwicklungen davon. Dabei wird die Art des Nockenwellenantriebes häufig mit übernommen, um an der Grundkonstruktion des Motors nicht weitere Änderungen durchführen zu müssen. Entsprechend der Zweiventiltechnik überwiegt daher auch bei der Vierventiltechnik der Zahnriemenantrieb vor dem Kettenantrieb. Vom Zahnriemen angetrieben wird dabei – je nach dem Abstand der beiden Nockenwellen – entweder nur eine Nockenwelle oder auch beide. Lösungen mit Zahnriemenantrieb einer Nockenwelle benötigen für den Antrieb der zweiten Nockenwelle entweder eine kurze Kette (z. B. VW) oder auch zwei Zahnräder. Als bessere Lösung gilt der Kettenantrieb beider Nockenwellen, am besten mittels Duplex-Kette. Komplett- Antriebe der Nockenwellen über Zahnräder von der Kurbelwelle aus findet man nur bei Rennmotoren.

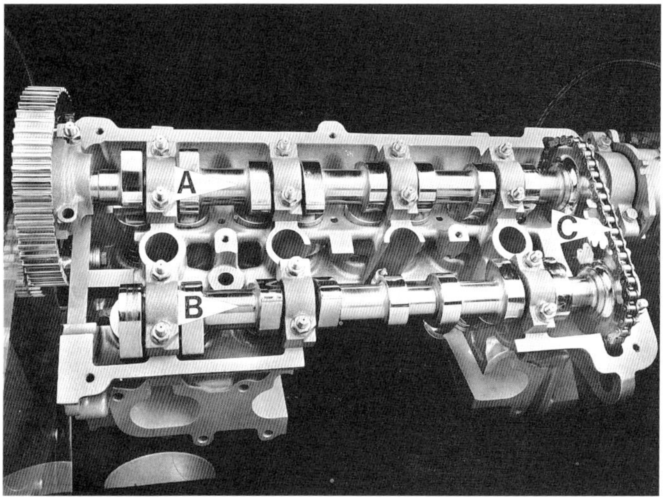

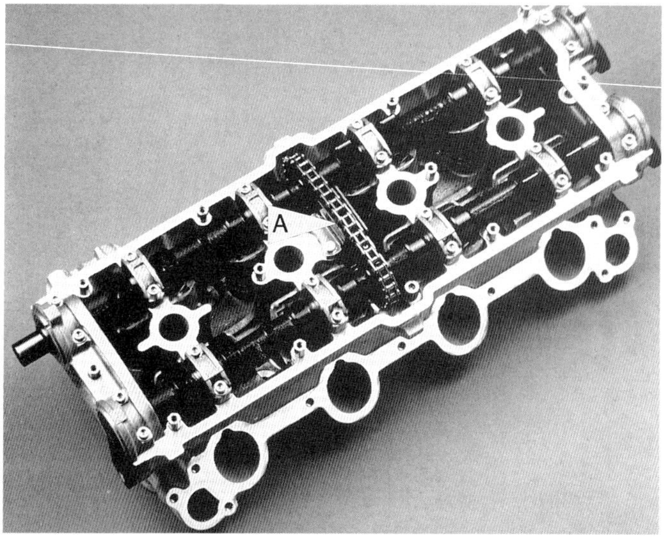

Bei kleinen Ventilwinkeln ist es wegen der notwendigen Durchmesser des Zahnriemenrades nicht möglich, beide Nockenwellen mit einem überlaufenden Zahnriemen anzutreiben. VW benutzt hier beim Vierzylinder einen hintenliegenden Kettenzwischentrieb (C), der die angetriebene Auslaßnockenwelle (A) mit der Einlaßnockenwelle (B) verbindet. Beim Porsche-Vierzylinder (unten) ist die Zwischenkette (A) in der Mitte angeordnet, was wegen des großen Zylinderabstandes möglich ist.

Honda benutzt bei seinen Vierventilern sowohl eine als auch zwei obenliegende Nockenwellen. Beim DOHC-Motor des Prelude (oben) betätigen die beiden Nockenwellen innengelagerte Schlepphebel, was Baubreite spart. Gut sichtbar ist auch das mit einer Drosselklappe zweistufig geschaltete Saugrohr. Der Vierventiler des Civic (unten) benutzt zur Steuerung der Ventile nur eine obenliegende Nockenwelle, die über Kipphebel wirkt. Aus diesem Grund muß die Zündkerze schräg eingeschraubt werden und liegt nicht optimal.

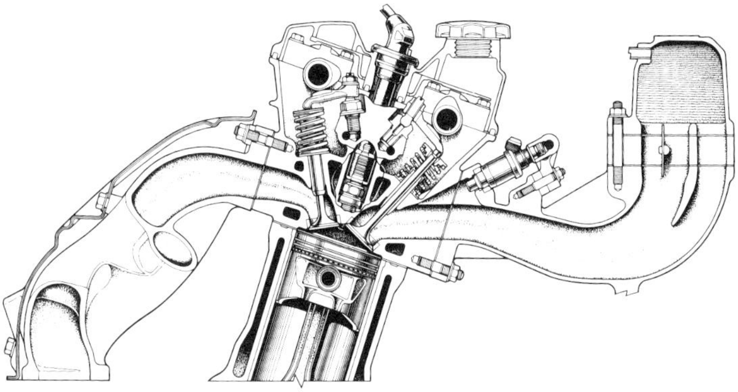

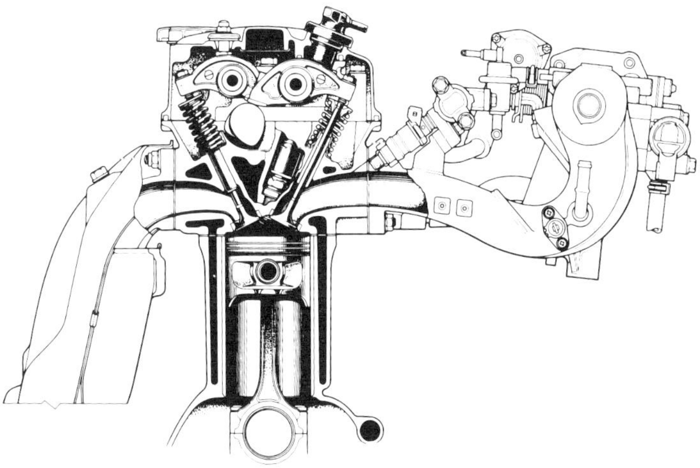

Zündkerzenlage – Zündkerzendimension

Bei Dreiventilmotoren ist eine zentrale Lage der Zündkerze nicht möglich. Bei Vier- oder auch Mehrventilmotoren ergibt sich automatisch die zentrale Lage der Zündkerze. Zumindest von oben oder unten gesehen ist damit die Kerzenposition optimal. Bei Motoren, die in größeren Stückzahlen produziert weden, sollten nur Zündkerzen mit 14 mm Gewinde verwendet werden. Zündkerzen mit 12 mm oder gar 10 mm-Gewinden sind reinen Sport- oder Rennmotoren vorbehalten. Sie genügen nicht den Anforderungen, die in Bezug auf Qualität, Wärmewert und Lebensdauer von Fahrzeugen des täglichen Gebrauches vorgegeben sind.

Vier Ventile pro Zylinder ergeben eine optimale Brennraumform mit zentraler Zündkerzenlage und guter Raumausnutzung des Kreisquerschnittes. Sehr gut sind die Quetschflächen bei diesem Toyota-Zylinderkopf (3S-GE DOHC 2,0 Liter) zu erkennen.

Quetschflächen

Anzahl, Form und Größe der Quetschflächen ist meist schon durch die Zahl und Anordnung der Ventile vorgegeben. Der Quetschflächenanteil ist bei Mehrventilmotoren schon aufgrund der zahlreichen Ventile, die einen großen Teil des Brennraumes belegen, kleiner als bei Zweiventilmotoren. Aus Leistungsgründen kann auf Quetschflächen, die eine möglichst rasche Verbrennung fördern, oft nicht verzichtet werden.

Ventilgrößen

Die meisten ausgeführten Hochleistungsmotoren nutzen den durch die Zylinderbohrung vorgegebenen Querschnitt aus, um möglichst große Ventile unterzubringen. Je größer und je höher die Anzahl der Ventile ist, umso weniger Platz bleibt für Quetschflächen. Bei Mehrventilmotoren, die nicht auf hohe Endleistung, sondern vielmehr auf Komfort ausgelegt sind, wird der maximal zur Verfügung stehende Platz nicht ausgenutzt – also mit kleineren Ventilen operiert.

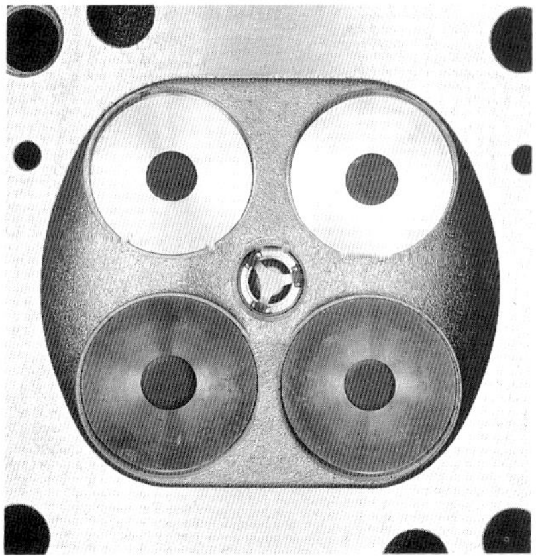

Sehr gut ist die zentrale Zündkerzenlage beim BMW-Vierventiler zu erkennen. Die in den Brennraum ragende Zündkerze ist eine Neuentwicklung mit einer sogenannten Dreieck-Masseelektrode, die eine sichere Entflammung, gleichmäßigen Brennverlauf und lange Lebensdauer (50000 km) sicherstellen soll.

Der Aufwand der Ventilbetätigung ist bei V-Motoren deutlich größer als bei Reihenmotoren. Bei diesem V6-Vierventilmotor werden zwei Einlaßnockenwellen (A), zwei Auslaßnockenwellen (B) sowie 24 Schlepphebel (C) benötigt. Die vier Nockenwellen werden durch einen Zahnriemen (D) angetrieben. Zwei Umlenkrollen (E) sowie eine federbelastete Spannrolle (F) sorgen für die erforderlichen Umschlingungswinkel.

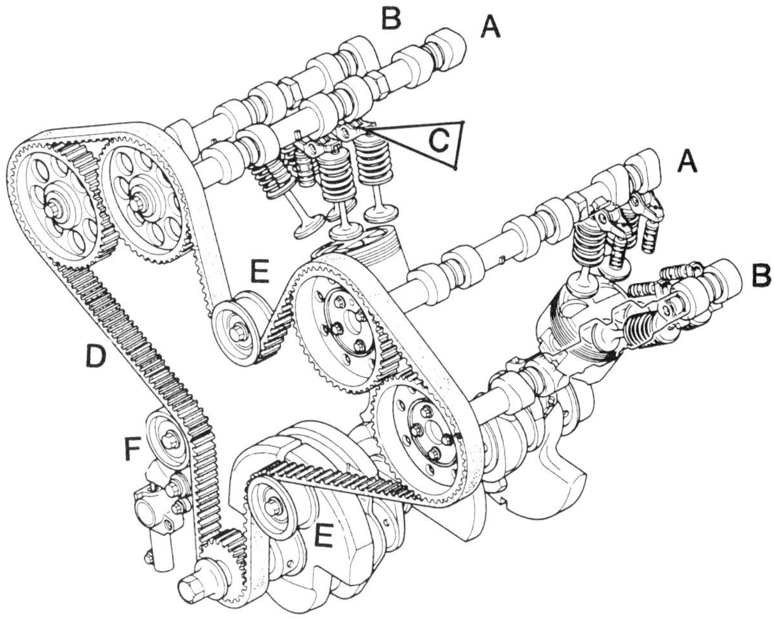

Verdichtung

In der Regel ist die Verdichtung bei ausgeführten Mehrventilmotoren nicht wesentlich höher als bei Zweiventilmotoren. Der Vorteil, der durch die günstigere Brennraumform gegeben ist, wird durch die höheren Mitteldrücke wieder aufgezehrt. Hochleistungsmehrventilmotoren für Verdichtungsverhältnisse über 10:1 benötigen die aufwendigsten Einspritz- und Zündanlagen mit Klopfregelung sowie bearbeitete Brennräume und exakt ausgeliterte Brennräume.

Äußere Abmessungen – Gewicht

Je kleiner der Ventilwinkel, umso kleiner (schmaler) und auch leichter wird der Zylinderkopf. Für günstige Ansaugrohre oder auch Auspuffanlagen bleibt mehr Raum übrig. Besonders kritisch ist die Situation bei V-Motoren. Diese ohnehin schon breiten Motoren werden durch den Anbau von breiten Mehrventilzylinderköpfen noch voluminöser. Kompakte V-Motoren setzen Zylinderköpfe mit kleinem Ventilwinkel oder auch besondere Zylinderkopfkonstruktionen voraus.

Ventilbetätigung – Ventilspielausgleich

Schon durch die große Anzahl von Ventilen ist es bei Mehrventilmotoren sinnvoll, einen automatischen Ventilspielausgleich vorzunehmen. Die Ventile der meisten ausgeführten Mehrventilmotoren werden direkt über Tassenstößel betätigt. Bis auf wenige Ausnahmen gehören Tassenstößel mit integriertem hydraulischem Ventilspielausgleich zum Stand der Technik. Tassenstö-

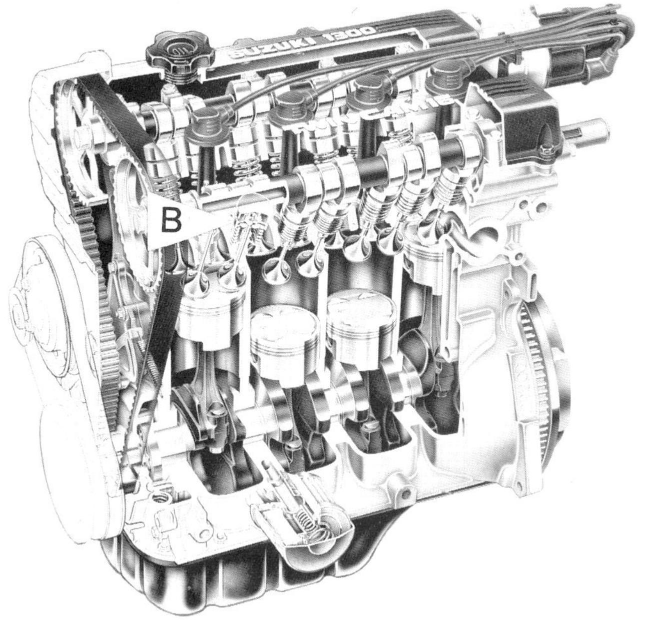

Tassenstößel mit integriertem, hydraulischen Ventilspielausgleich (B) sind heute kein technisches Problem mehr. Trotz kleinster Abmessungen erhöhen sie allerdings das Gewicht des Tassenstößels, so daß bei Wettbewerbsmotoren darauf verzichtet wird.

ßel mit mechanischen Einstellmöglichkeiten (Plättchen, Hütchen oder auch unterschiedlich hohe Tassenstößel) sind fast ausschließlich Rennmotoren vorbehalten.

Zylinderkopfsteifigkeit – Anzahl der Bauteile

Auch bei Rennmotoren bemüht man sich verstärkt um einteilige Zylinderkopfkonstruktionen, um die Steifigkeit zu erhöhen bzw. die Anzahl der

Der neue Rover-Motor der K 14-Serie besteht aus einem wahren Teile- Sandwich: Zylinderdeckel, Steuergehäuse, Zylinderkopf, Zylinderblock, unteres Kurbelgehäuse und Ölwanne teilen ihn horizontal. Dies kann weder hinsichtlich der Steifigkeit noch der Kosten eine optimale Lösung sein.

Bauaufwand bei Wettbewerbsmotoren: Beim alten BMW-Formel 2-Motor laufen die Nockenwellen in zwei völlig separaten Steuergehäusen (oben), beim Sechszylinder-Vierventil-Rennmotor waren Tassenstößel und Nockenwellen in gesonderten Trägern untergebracht (Mitte), die unter einer gemeinsamen Abdekkung lagen. Unten der Zylinderkopf ohne Nockenwellenträger.

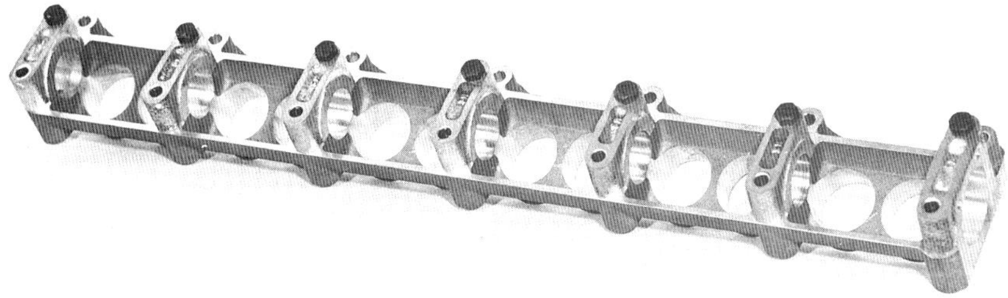

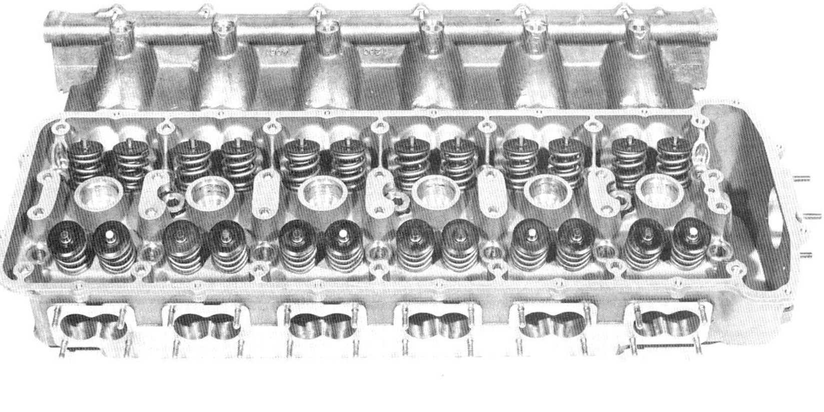

Bauteile zu reduzieren. Flache Zylinderköpfe mit aufgesetzten Nockenwellenträgern sind sehr aufwendig, erfordern viel Bearbeitung, sind teuer und erreichen nicht die Steifigkeit von einteiligen Lösungen. Gerade bei Rennmotoren sind steife Zylinderköpfe von Vorteil, weil speziell bei Formel-Rennwagen der Motor oft als mittragendes Element eingesetzt wird, an dem Fahrwerks- und andere Bauteile angeschraubt werden.

MITTELDRUCK ALS MASSTAB

Hoher konstruktiver Aufwand muß nicht immer zu einem optimalen Ergebnis führen. Die Beurteilung eines Motors ausschließlich an seiner Konstruktion vorzunehmen, ist also ein ungeeignetes Verfahren. Letztlich wird nicht der Bauaufwand bewertet, sondern die Leistungsfähigkeit eines Triebwerkes, wobei natürlich bei Serienmotoren noch andere Kriterien, wie beispielsweise Laufruhe, eine wichtige Rolle spielen. Als Maß für die Leistungsfähigkeit eines Motors schlechthin gilt der sogenannte Mitteldruck, an Hand dessen sich die unterschiedlichsten Motorkonstruktionen miteinander vergleichen lassen. Es ist der mittlere Druck, mit dem die Verbrennung über den gesamten Kolbenhub auf den Kolben wirkt und somit Leistung auf die Kurbelwelle abgegeben wird. Je größer der Mitteldruck, umso effektiver arbeitet der Motor. Zur Beurteilung bzw. zum Vergleich mit Erfahrungswerten ist nur der Mitteldruck, der sich entlang der Vollastkurve (also bei voll geöffneter Drosselklappe) einstellt, interessant.

Zur Bestimmung ist ein Motorprüfstand notwendig, an dem für verschiedene Drehzahlen die Leistung bzw. das Drehmoment gemessen wird. Die Leistung läßt sich aus dem Drehmoment wie folgt errechnen:

$$\textbf{Leistung} = \frac{\textbf{Drehmoment} \times \textbf{Drehzahl}}{\textbf{9550}}$$

Dabei gelten folgende Dimensionen:
Leistung in kW
Drehmoment in Nm
Drehzahl in min^{-1}
Hubraum in dm^3
ebenso kann man das Drehmoment aus der Leistung errechnen:

$$\textbf{Drehmoment} = \frac{\textbf{Leistung} \times \textbf{9550}}{\textbf{Drehzahl}}$$

Liegt nun die Leistung oder das Drehmoment eines Motors vor, kann man den Mitteldruck in bar wie folgt berechnen:

$$\textbf{Mitteldruck} = \textbf{1200} \, \frac{\textbf{Leistung}}{\textbf{Hubraum} \cdot \textbf{Drehzahl}}$$

oder

$$\textbf{Mitteldruck} = 0{,}1257\ \frac{\textbf{Drehmoment}}{\textbf{Hubraum}}$$

Die Formeln gelten für Viertaktmotoren, bei Zweitaktern halbieren sich die Konstantfaktoren. Der Mitteldruck wird auch als die spezifische Arbeit bezeichnet (spez. Arbeit in $KJ/dm^3 \triangleq 0{,}1$ Mitteldruck in bar).

Unter den zahlreichen Mitteldrücken entlang der Vollastkurve sind die Mitteldrücke bei zwei Drehzahlen besonders interessant. Jener, bei der der Mitteldruck oder auch das Drehmoment seinen maximalen Wert erreicht und jener bei der Drehzahl, bei der der Motor seine Maximalleistung erreicht. Da bei der Errechnung des Mitteldruckes der Hubraum schon berücksichtigt wurde, können anhand des Mitteldruckes auch Motoren mit unterschiedlichem Hubvolumen verglichen werden.

Nachfolgend eine Tabelle mit Erfahrungswerten für verschiedene Verbrennungsmotoren:

		Mitteldruck in bar		
		maximales Drehmoment	maximale Leistung	Mittelwert
Pkw Saugmotor	2 V	10,0–11,8	9,0–10,7	9,5–11,3
ROZ 95 mit Katalysator				
Turbomotor	2 V	12,8–15,5	11,0–13,0	11,9–14,3
Pkw Saugmotor	4 V	10,5–12,8	9,2–11,4	9,9–12,1
ROZ 95 mit Katalysator				
Turbomotor	4 V	13,5–17,0	12,0–14,5	12,8–15,7
Pkw Saugmotor	4 V	10,5–13,2	9,3–12,3	10,1–12,8
ROZ 98 ohne Katalysator				
Turbomotor	4 V	14,0–20,3	12,5–18,9	13,3–19,8
Formel 1				
Saugmotor	4 V	14,0–14,7	13,5–14,0	13,8–14,4
ROZ 102 ohne Katalysator				
Turbomotor	4 V	50,0–52,0	43,0–46,0	46,5–49,0
Dieselmotor				
Pkw Saugmotor	2 V	7,5- 7,8	6,3- 6,7	6,9- 7,3
Turbomotor	2 V	10,4–12,8	8,5–10,8	9,5–11,8

Bildet man aus den beiden Mitteldrücken durch Addition und Division durch zwei einen Mittelwert, erhält man einen sehr guten Bewertungsmaßstab für ausgeführte Motoren.

Zunächst sollte man annehmen, daß Vierventilmotoren immer höhere Mitteldrücke haben als Zweiventilmotoren. Die aus der Praxis entnommenen Werte der Tabelle zeigen jedoch, daß es durchaus auch Zweiventilmotoren gibt, die sowohl beim maximalen Drehmoment als auch bei der maximalen

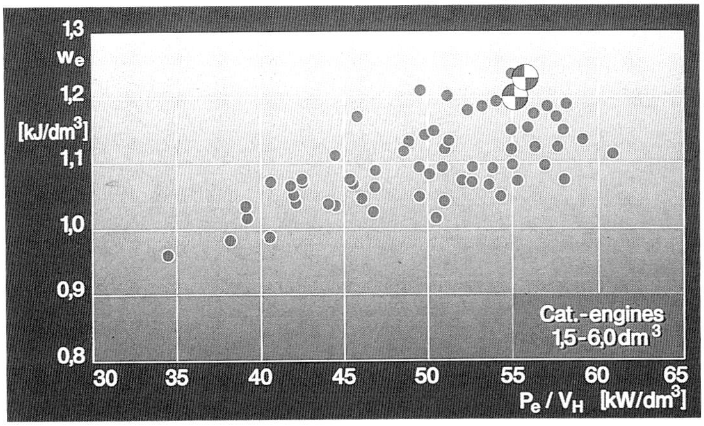

Die Grafik zeigt die beiden wichtigen spezifischen Motorwerte von verschiedenen Vierventilmotoren und darin den Standort der BMW-Sechszylinder. Die spezifische Leistung (Literleistung) ist in kW/dm³ angegeben, die spezifische Arbeit w_e in kJ/dm³ entspricht dem Mitteldruck (Mitteldruck = spez. Arbeit × 10).

Leistung höhere Mitteldrücke haben als Vierventiler. Hier spielt auch die Philosophie der verschiedenen Automobilfirmen eine große Rolle. Vor allem die japanischen Firmen nützen oft die Möglichkeiten der Mehrventil-Technik nicht aus, um hohe Leistungs- und Drehmoment-Werte zu erreichen. Statt dessen wird auf gutes Verhalten im Leerlauf und niedrigen Geräuschpegel viel Wert gelegt. Auch der High-Tech- Anspruch spielt hier eine große Rolle. Die europäischen Firmen hingegen wollen zeigen, daß man mit der Mehrventil-Technik die wesentlichen Eigenschaften von Verbrennungsmotoren wie Leistung, Drehmoment, Verbrauch und Abgasverhalten positiv beeinflussen kann. Bei maximalem Aufwand auch im Umfeld der Motoren sind die Mitteldrücke der europäischen Motoren deshalb fast immer höher als die der vergleichbaren fernöstlichen Konkurrenten.

Die Tabelle zeigt auch, daß die Mitteldrücke jener Motoren, die für verbleiten Kraftstoff mit ROZ 98 ausgelegt sind und deshalb auch keinen Katalysator verwenden, höher sind als bei Motoren mit ROZ 95 und Katalysator. Das gilt ganz besonders für Motoren mit Aufladung. Hier kann die höhere Klopffestigkeit des Kraftstoffes in höhere Ladedrücke umgesetzt werden und die nicht vorhandenen Katalysatoren erlauben Auspuffanlagen mit besonders wenig Gegendruck. Beides zusammen ergibt Mitteldrücke, die deutlich höher sind als die von nicht aufgeladenen Rennmotoren. Daß die Leistungs- und Drehmomentwerte der Rennmotoren trotzdem wesentlich höher sind, dafür ist das sehr viel höhere Drehzahlniveau verantwortlich. Je höher die Drehzahl, bei der ein bestimmter Mitteldruck anfällt, umso höher ist auch die Leistung.

Die mit Abstand höchsten Mitteldrücke weisen Rennmotoren mit Vierventil- Technik und Aufladung auf. Die höchsten Mitteldrücke überhaupt hatten die 1,5 Liter Formel 1-Motoren aus der Turboära. Mit Hilfe der ausgefeiltesten Technik war es gelungen, Mitteldrücke von über 50 bar im Bereich des maximalen Drehmomentes bzw. von ca. 45 bar bei maximaler Leistung zu erreichen. Die Mitteldrücke der freisaugenden Formel 1-Motoren liegen wesentlich niedriger. Die Mitteldrücke von Serienmotoren sind über die Jahre angestiegen und die Mehrventiltechnik hat dazu einen erheblichen

Der Mitteldruck oder, was im Grunde das gleiche ist, die spezifische Arbeit gibt Aufschluß über die Qualität eines Motors. Das Diagramm zeigt den Mitteldruckverlauf des VW 1,8 und 2,0 Liter-Vierventilers und des Opel 2,0 Liter-Vierventilers. Dabei zeigt der Opel den höchsten Mitteldruckwert (12,3 bar = 1,23 kJ/dm^3). Der Zweiliter-VW-Motor fällt dagegen ab. Den harmonischsten Mitteldruckverlauf hat allerdings der 1,8 Liter-Vierventiler von VW, der im unteren Drehzahlbereich die beiden Zweiliter deutlich übertrifft.

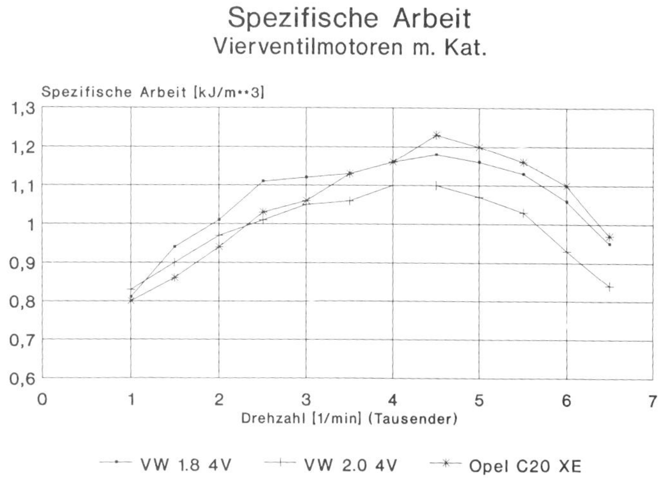

Beitrag geleistet. So erreichen heute sehr gute Serien-Motoren in Vierventil-Technik Mitteldrücke, die vor wenigen Jahren noch Rennmotoren in Zweiventiltechnik vorbehalten waren. In der folgenden Tabelle sind die Mitteldrücke interessanter Mehrventilmotoren aufgeführt. Dabei ergibt der Mittelwert der Mitteldrücke bei maximalem Drehmoment und bei maximaler Leistung einen besonders gut geeigneten Vergleichswert, obwohl üblicherweise nur der maximale Mitteldruck, der mit dem maximalen Drehmoment zusammenfällt, dazu herangezogen wird. Beim Vergleich ist auch zu berücksichtigen, daß Katalysator-Motoren wegen der schlechteren Kraftstoffquali-

Der BMW M5-Motor ist aus dem Wettbewerbsbereich zur Serie hinentwickelt worden. Das Foto zeigt einen erheblichen Teileaufwand, aber auch interessante Details, wie die Einzeldrosselklappenstutzen, den doppelten Fächerkrümmer und den geteilten Zylinderkopf. Der M5-Motor liegt in der spezifischen Leistung und im Mitteldruck an der Spitze von Serientriebwerken mit Katalysator und unter Einhaltung der geltenden Geräuschvorschriften.

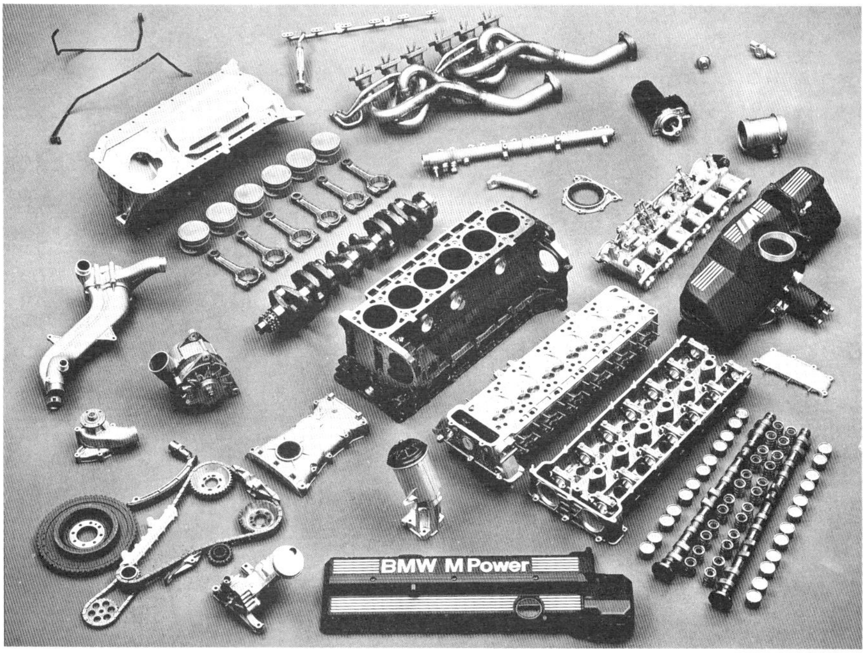

tät (Bleifrei Super 95 ROZ) gegenüber Motoren die auf höhere Oktanzahl ausgelegt sind (98 ROZ, bei Formel 1-Motoren 102 ROZ) im Nachteil sind.

Mitteldrücke von ausgewählten Mehrventilmotoren						
Serien-Reihenmotoren freisaugend	Ventil-winkel	Bauform Zylinder	Hub-raum	max. Dreh-moment	max. Leistung	Mittel-wert
Triumph Dolomite	36°	R4	2,0	10,4	10,0	10,2
Ford Escort RS	40°	R4	1,6	12,2	10,4	11,3
Honda EO 5A	54°	R3	0,55	10,4	8,9	9,65
VW GTi	25°	R4 Kat.	1,8	11,7	11,0	11,35
Opel GSi	46°	R4 Kat.	2,0	12,3	11,0	11,65
BMW M3	38°	R4 Kat.	2,3	12,6	11,0	11,8
General Motors Quad 4	42°	R4 Kat.	2,3	12,1	11,4	11,75
Opel Manta 400	21°	R4	2,4	11,0	10,2	10,6
Mercedes 190 2,5	45°	R4 Kat.	2,5	11,8	10,2	11,0
Porsche 944 S2	27°	R4 Kat.	3,0	11,7	10,7	11,2
Audi 90 20V	25°	R5 Kat.	2,3	12,0	10,8	11,4
Mercedes Coupe 24V	50°	R6 Kat.	3,0	11,4	10,6	11,0
Opel Omega 3000 24V	29°	R6 Kat.	3,0	11,3	10,0	10,7
BMW M5	40°	R6 Kat.	3,6	12,8	11,4	12,1
Jaguar	46°	R6 Kat.	3,6	11,7	10,8	11,25
Opel Irmscher 4,0	29°	R6 Kat.	4,0	12,4	10,3	11,35
Serien V-Motoren freisaugend						
Toyota Camry	22°	V6 Kat.	2,5	10,4	9,8	10,1
Mazda	41°	V6 Kat.	3,0	10,9	9,9	10,4
Audi V8	25°	V8 Kat.	3,6	12,0	10,6	11,3
Mercedes V8	38°	V8 Kat.	5,0	11,3	10,5	10,9
Serien-Motoren aufgeladen						
Mitsubishi Dangan ZZ	30°	R3	0,55	–	17,1	–
Daihatsu Charade GTti	65°	R3	1,0	18,3	13,7	15,0
Saab 9000 Turbo	44°	R4 Kat.	2,0	17,3	12,9	15,9
Toyota Celica	22,5°	R4 Kat.	2,0	15,7	13,6	14,6
Audi Quattro S1	25°	R5	2,13	19,5	19,5	19,5
Toyota Supra	50°	R6 Kat.	3,0	14,4	12,4	13,4
Opel Lotus Biturbo	29°	R6 Kat.	3,6	19,6	17,0	18,3
Rennmotoren freisaugend						
Ford Cosworth Formel 1	22°	V8	3,0	13,8	13,0	13,4
Ferrari 312B	25°	V12	3,0	13,8	13,5	13,65
Rennmotoren aufgeladen						
Chevrolet 265A Indy	24°	V8	2,65	23,7	20,4	22,05
Porsche Tag P 01	30°	V6	1,5	52,0	45,0	48,5

Vierventil-Technik im Detail

Konstruktiver und spezifischer Vergleich von vier Serienmotoren

Der Ventilwinkel, der Ventiltrieb und die Zylinderkopfkonstruktion haben einen erheblichen Einfluß auf die spezifischen Leistungswerte eines Motors. Vier verschiedene Vierzylindermotoren von BMW, Mercedes, Opel und VW mit vier Ventilen pro Zylinder werden analysiert und miteinander verglichen. Alle vier Motoren basieren auf Großserien-Motoren mit zunächst nur zwei Ventilen pro Zylinder und haben katalytische Abgasreinigung.

Bei Betrachtung der Zylinderkopf-Querschnitte fällt am ehesten der VW aus dem Rahmen. Während die Einlaßventile eine durchaus übliche Neigung zur Zylinderachse aufweisen, stehen die Auslaßventile entgegen den sonst üblichen Ausführungen fast genau parallel zur Zylinderachse. Durch den insgesamt sehr engen Ventilwinkel ist dafür aber dieser Zylinderkopf sehr schmal und leicht und läßt mehr Platz im Umfeld des Motors.

Zylinderkopfkonstruktion				
Motorhersteller	BMW	Mercedes	Opel	VW
Vorstellung Jahr	1985	1984	1987	1983
Ventilwinkel Grad	38	45	46	25
Aufbau/Teile	zweiteilig	einteilig	einteilig	einteilig
Ventilspielausgleich	mechanisch	mechanisch	hydraulisch	hydraulisch
Nockenwellen/Antrieb	2/Kette	2/Kette	2/Zahnriemen	2/Zahnriemen

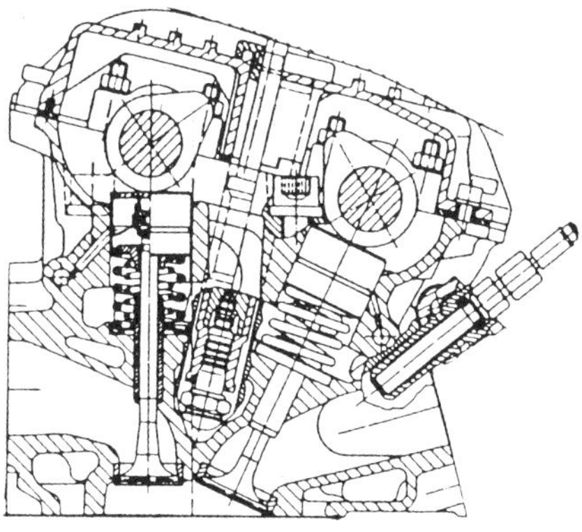

Beim VW-Vierventiler ist die asymmetrische Neigung der Ventile auffallend. Nur die Einlaßventile bilden einen Winkel von 25 Grad zur Zylinderachse, die Auslaßventile stehen senkrecht. Dies ergibt einen sehr kompakten Zylinderkopf, bietet aber keine optimalen Voraussetzungen für die Gestaltung der Gaskanäle.

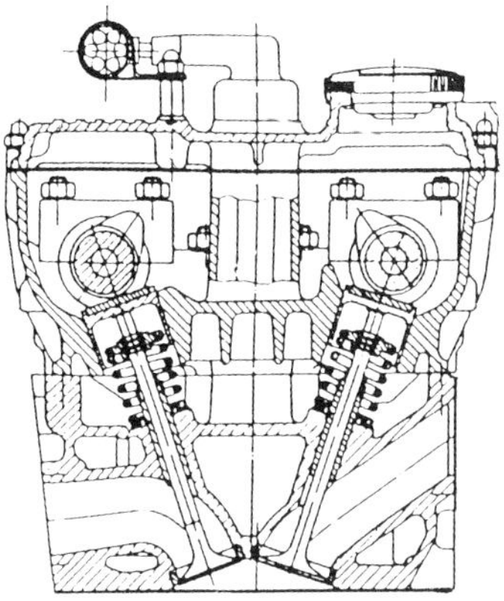

Der BMW-Zylinderkopf ist zweiteilig konstruiert. Dadurch und durch den relativ engen Ventilwinkel sind die Zylinderkopfschrauben schlecht zugänglich. Optimal sind Lage und Form der Einlaßkanäle.

Bei allen Zylinderköpfen, außer dem von BMW, können die Zylinderkopfschrauben auch bei eingelegten Nockenwellen erreicht werden. Dies erlaubt eine großseriengerechte Vormontage des Zylinderkopfes bevor er komplett auf den Motorblock aufgesetzt und festgeschraubt wird. Beim BMW-Motor muß zuerst das Zylinderkopfunterteil verschraubt werden, ehe dann der Nockenwellenträger aufgesetzt werden kann.

Hydraulischer Ventilspielausgleich lohnt sich besonders bei der Mehrventil-Technik, weil es ja viele Ventile einzustellen gilt. Diese Arbeit kann man sich beim Opel- und VW-Motor mit hydraulischen Tassenstößeln sparen. Die in kleinerer Stückzahl gebauten Vierventil-Motoren von BMW und Mercedes verzichten auf diese Annehmlichkeit. Abgesehen vom hydraulischen Ventilspielausgleich sind sich die Zylinderköpfe von Mercedes und Opel sehr ähnlich. Der Unterschied im Ventilwinkel beträgt nur ein Grad.

Der BMW-Zylinderkopf ist von einem Renntriebwerk abgeleitet, dadurch sehr aufwendig und wird nur in kleiner Stückzahl produziert.

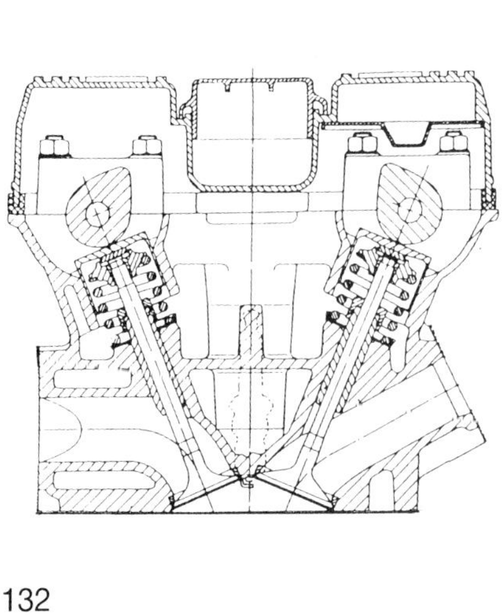

Der Mercedes-Zylinderkopf hat die größten Ventildurchmesser und auch einen relativ großen Ventilwinkel. Die Tassenstößel werden wie beim BMW direkt betätigt, mit kleinen Plättchen für den Ventilspielausgleich.

Der Querschnitt durch den Opel-Zylinderkopf zeigt konstruktive Ähnlichkeiten zum Mercedes. Auch bei ihm ist der Ventilwinkel mit 46 Grad recht groß, allerdings sind die Ventile wesentlich kleiner. Hydraulische Elemente zwischen Ventilschaft und Tassenstößel besorgen den Spielausgleich.

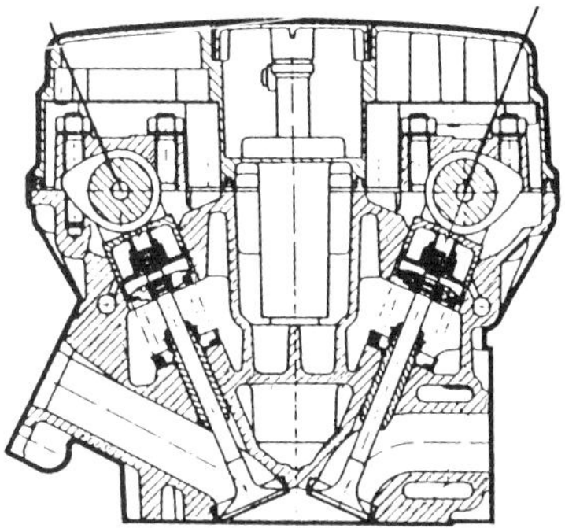

Die Hauptabmessungen sowie die Leistungsdaten der Motoren sind in Tabellenform zusammengestellt. Sie zeigt, daß die Hubraumleistung der vier Motoren nahezu gleich sind, nur der BMW-Motor hat gegenüber dem Opel-Motor einen um 12,8% höheren Wert, den er allerdings auch erst bei einer um 12,5% höheren Nenndrehzahl erreicht. Auch beim maximalen Mitteldruck liegt der BMW- Motor etwas höher, dabei ist der große Abstand zwischen der Nenndrehzahl von 6750/min und der Drehzahl bei maximalem Moment von 4750/min auffallend.

Hauptdaten der Motoren

Motorhersteller		BMW	Mercedes	Opel	VW
Motortyp		2,3/4V	2,3/4V	2,0/4V	1,8/4V
Hubraum	cm^3	2302	2299	1998	1781
Hub	mm	84,0	80,25	86,0	86,4
Bohrung	mm	93,4	95,55	86,0	81,0
Hub/Bohrung		0,899	0,84	1,00	1,067
Verdichtung		10,5	9,7	10,5	10,0
Leistung	PS/kW	194/143	170/125	150/110	129/95
bei Drehzahl	/min	6750	5800	6000	6000
Drehmoment	Nm	230	220	196	168
bei Drehzahl	/min	4750	4750	4800	4250
Literleistung	kW/l	62,12	54,37	55,06	53,34
Literleistung	PS/l	84,48	73,94	74,87	72,54
Mitteldruck	bar	12,6	12,0	12,3	11,9
Kolbengeschwindigkeit	m/s	18,9	15,5	17,2	17,3

Bei der Kolbengeschwindigkeit liegen drei Motoren nahe zusammen. Nur der Mercedes-Motor fällt aufgrund seines kurzen Hubes und seiner niedrigen Nenndrehzahl von 5800/min mit 15,5 m/s aus dem Rahmen.

Moment
Vierventilmotoren mit vier Zylindern

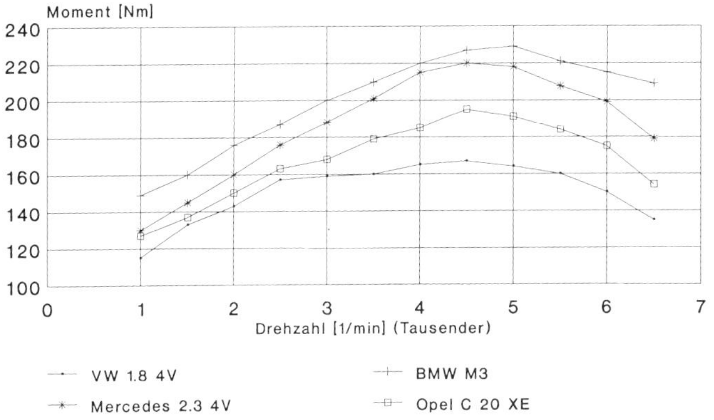

Die vier Kurven zeigen den Drehmomentverlauf der verglichenen Vierzylinder. Die absoluten Werte sind insofern nicht direkt vergleichbar, als unterschiedliche Hubräume vorliegen.

Bei den Nockenwellen mit mechanischer Ventilspieleinstellung von BMW und Mercedes wurde das Ventilspiel wegen der dann besseren Vergleichbarkeit abgezogen. Die effektiven Ventilhubverläufe dieser Motoren sind dann weitgehend vergleichbar mit den Hubverläufen der Nockenwellen mit hydraulischem Ventilspielausgleich von Opel und VW. Lediglich die unbekannte Nachgiebigkeit des hydraulischen Ausgleichselements schränkt die Vergleichbarkeit etwas ein.

Bezüglich der Basislänge des Öffnungswinkels und des Ventilhubes unterscheiden sich die Motoren stärker als die geringen Unterschiede der spezifischen Leistungsdaten erwarten lassen. Die Opel-Nockenwelle hat eine für hohes Moment im unteren Drehzahlbereich günstige kurze Basis, die BMW-Welle hat im Schnitt die längste Basis. Bei den Motoren von BMW, Mercedes und Opel sind diese Werte für die Ein- und Auslaßventilerhebung gleich. VW verwendet für die Auslaßventilerhebung eine deutlich längere Basis, um die stärkere Abschirmung der Auslaßventile zu kompensieren.

Spezifische Arbeit
Vierventilmotoren mit vier Zylindern

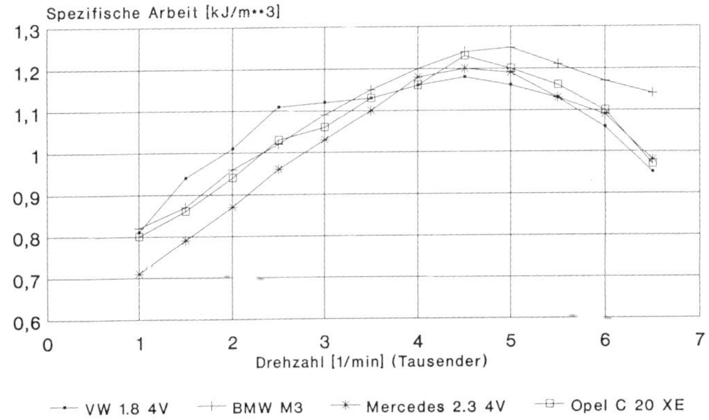

Beim Vergleich der spezifischen Arbeit wird das Drehmoment hubraumbezogen dargestellt. Der Verlauf der vier Kurven entspricht im übrigen exakt dem Mitteldruckverlauf (1 kJ/dm³ spezifischer Arbeit = 10 bar Mitteldruck). Es wird sehr gut deutlich, daß der kleine VW-Vierventiler im unteren Bereich Vorteile hat. Der BMW-Motor hat im oberen Bereich den besten Mitteldruckverlauf.

Ventilerhebungsverlauf					
Motorhersteller		BMW	Mercedes	Opel	VW
Motortyp		2,3/4V	2,3/4V	2,0/4V	1,8/4V
eff. Ventilhub	(A/E) mm	9,99/9,99	8,67/8,82	9,5/9,5	10,2/8,98
Ventilspiel	(A/E) mm	0,3	03,/0,15	–	–
Basis o. Rampe	(A/E) grd kW	272/272	269/269	257/257	274/256
Spreizung	(A/E) grd kW	112/112	112/108	110/110	113/100

Die Spreizung in Grad Kurbelwinkel, bezogen auf die Stellung im oberen Totpunkt, ist beim BMW- und Opel-Motor symmetrisch. Bei Mercedes und VW ist die Spreizung für die Auslaßventilerhebung vergrößert, für die Einlaß-

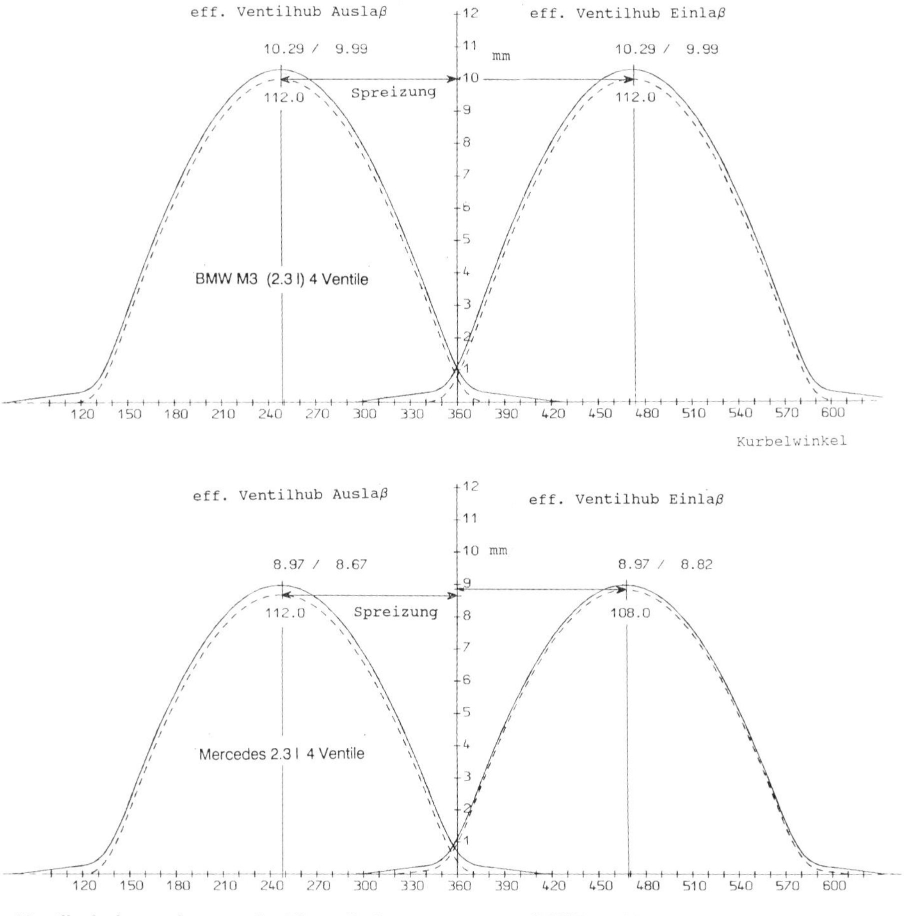

Ventilerhebungskurven der Vierzylindermotoren von BMW und Mercedes mit jeweils vier Ventilen pro Zylinder. Die gestrichelten Linien zeigen die Bewegungsverhältnisse ohne Ventilspiel. Entsprechend seinem sportlichen Charakter hat der BMW-Motor größere Ventilhübe als der Mercedes-Motor. Die Spreizung ist beim BMW-Motor symmetrisch, beim Mercedes-Motor etwas kleiner und unsymmetrisch.

ventilerhebung hingegen verkleinert. Die Gesamtspreizung ist mit 220 Grad Kurbelwinkel bei Mercedes und Opel gleich. Entsprechend seinem sportlichen Charakter ist die Spreizung beim BMW mit 224 Grad am größten, beim VW mit 213 Grad am kleinsten.

Beim effektiven Ventilhub fällt die große Erhebung der VW-Auslaßventile mit 10,2 mm aus dem Rahmen. Vorteilhafterweise führt das bei der speziellen Zylinderkopfkonstruktion von VW nicht zu Ventiltaschen im Kolbenboden, weil die Auslaßventile weit vom Kolbenboden entfernt sind und somit keine Kollosionsgefahr besteht. In Summe weist der BMW-Motor entsprechend seinem sportlichen Charakter die größte Ventilerhebung auf.

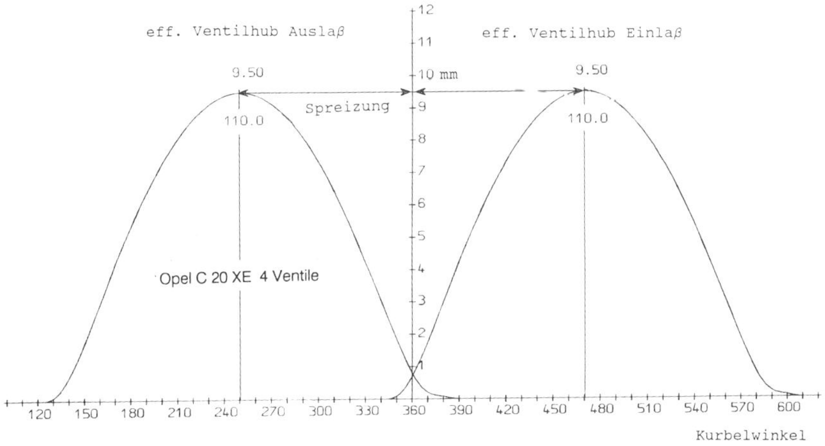

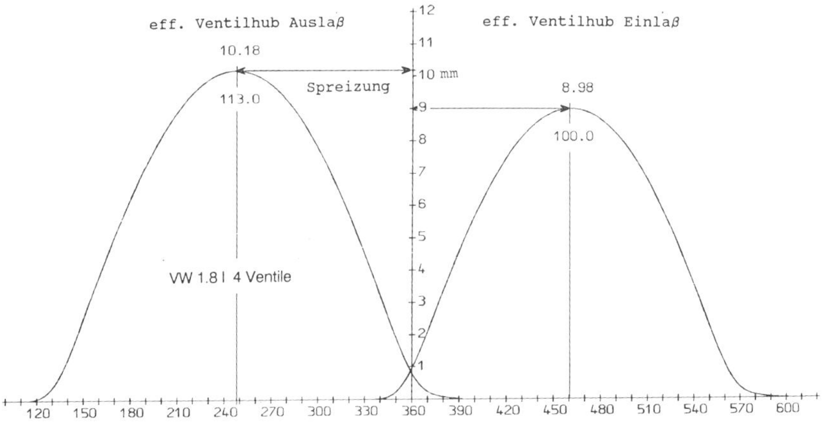

Ventilerhebungskurven der Vierzylindermotoren von Opel und VW mit jeweils vier Ventilen pro Zylinder. Beide Motoren haben hydraulischen Ventilspielausgleich. Beim Opel-Motor ist die Spreizung mit je 110° Kurbelwinkel symmetrisch, Ein- und Auslaßventile haben denselben Ventilhub. Beim VW-Motor ist die Spreizung kleiner und auch unsymmetrisch. Die Auslaßventile weisen mit 10,18 mm sehr großen Hub auf, um die schlechteren Strömungsverhältnisse auf der Auslaßseite zu überspielen.

Der Nockenhub ist das Integral der Geschwindigkeit, mit zunehmendem Nockenhub nimmt die Fläche unter der Geschwindigkeitskurve zu. Eine Vergrößerung dieser Fläche ist möglich durch Erhöhung der maximalen Geschwindigkeit, durch Verlängerung der Basis oder durch Vergrößern der Fülligkeit. Die maximale Geschwindigkeit ist begrenzt durch die Auswanderung des Berührpunktes Nocken/Stößel. Die Verlängerung der Basis verringert den Liefergrad im unteren Drehzahlbereich.

Geschwindigkeit und Beschleunigung der Ventile						
Motorhersteller			BMW	Mercedes	Opel	VW
Motortyp			2,3/4V	2,3/4V	2,0/4V	1,8/4V
max. Geschwindigkeit	(E/A)	mm/grd	0,263	0,251	0,249	,254/,264
max. Beschleunigung	(E/A)	mm/grd²	0,029	0,023	0,025	,024/,024
Länge der Beschleunigung	(E/A)	grd NW	18,0	20,0	20,0	20/20
Lage des Maximums	(E/A)	–	0,5	0,5	0,33	0,5/0,5
max. Verzögerung	(E/A)	mm/grd²	0,0072	0,0062	0,0072	,008/,007
Lage der Verzögerung	(E/A)	grd NW	50,0	47,5	45,0	44/48

Die maximale Geschwindigkeit entspricht der Fläche unter der Beschleunigungskurve. Mit Erhöhung der Geschwindigkeit oder Vergrößerung der Fülligkeit nimmt die Beschleunigung zu, sowohl die positive als auch die negative. Das beeinflußt die Massenkräfte und den Krümmungsradius an der Nockenspitze.

Die maximalen Geschwindigkeiten liegen bei der BMW-Welle und der Auslaßwelle von VW etwas höher als bei den Wellen von Mercedes und Opel. Will man die spezielle Angabe der Geschwindigkeit in (mm/grd) in die allgemeinverständlichere Dimension (mm/sec) umrechnen, muß dabei auf eine bestimmte Drehzahl bezogen werden. Die Umrechnungsformel lautet:

$$\mathbf{v\ (mm/sec) = v\ (mm/grd) \cdot 3 \cdot n_{Mot}\ (1/min)}$$

Entsprechend lautet dann die Umrechnungsformel der Beschleunigung in (mm/grd²) auf (mm/sec²):

$$\mathbf{b\ (mm/sec^2) = b\ (mm/grd^2) \cdot 9 \cdot n_{Mot}\ (1/min)}$$

Bei der maximalen positiven Beschleunigung (mm/grd²) hat der BMW-Motor deutlich höhere Werte als die anderen Motoren. Das ist zum Teil auf die geringe Länge des positiven Beschleunigungsabschnittes zurückzuführen, zum Teil auf die hohe Geschwindigkeit. Bei der Opel-Nockenwelle ist der Anstieg der Beschleunigung nicht in der Mitte des Beschleunigungsabschnittes wie bei den anderen Wellen, sondern bei etwa einem Drittel. Dadurch wird ein schnelles Öffnen des Ventils erreicht, das vor allem für ein hohes Drehmoment im unteren Drehzahlbereich erforderlich ist. Die maximale Verzögerung (mm/grd²) ist bei der Mercedes-Nockenwelle geringer als bei den übrigen. Der Verzögerungsabschnitt ist bei der BMW-Welle am längsten. Außer beim VW-Motor sind bei den anderen Motoren die Werte für die Ein- und Auslaßventile gleich.

Die Ventildurchmesser sind entsprechend den unterschiedlichen Zylinderdurchmessern verschieden. Ein direkter Zusammenhang zwischen dem Ventilwinkel und den Ventilgrößen ist hier nicht zu erkennen. Bezogen auf die kleine Bohrung von 81 mm und den kleinen Ventilwinkel von 25° besitzt der VW-Motor sogar relativ große Ventile. Das Verhältnis zwischen Einlaßventil und Zylinderfläche zeigt genau, inwieweit der zur Verfügung stehende Raum genutzt wurde. Das Verhältnis von 0,294 zeigt für den Opel-Motor einen Wert, der unter den Werten der anderen Motoren liegt. Das heißt, das der Opel-Motor in Anbetracht seiner sehr guten Leistungswerte eher kleine Ventile besitzt.

Ventilfläche

Motorhersteller		BMW	Mercedes	Opel	VW
Motortyp		2,3/4 V	2,3/4 V	2,0/4 V	1,8/4 V
Ventildurchmesser	(E/A) mm	37/32	38/33	33/29	32/28
Neigungswinkel	(E/A) °	18/20	22,5/22,5	23/23	25/0
Ventilflächen	(E/A) mm^2	2150/1608	2268/1711	1711/1321	1608/1231
Fläche Einl./Ausl.	–	1,34	1,33	1,30	1,31
Zylinderdurchmesser	mm	93,4	95,5	86,0	81,0
Fläche Einl.-Vent./Zyl.	–	0,314	0,317	0,294	0,312
Fläche Einl.-Vent./Kugel	–	0,258	0,272	0,225	0,229

Zylinderdurchmesser und Ventilgrößen beim BMW und Mercedes Vierzylinder- Vierventilmotor. Mercedes hat den größeren Zylinderdurchmesser und auch die etwas größeren Ventile. Bei beiden Motoren sind die Ventildurchmesser ziemlich ausgereizt.

BMW M3 (2.3 l) 4 Ventile

Zylinderdurchmesser 93,4 mm

wirklicher Einlaßventildurchmesser 37,0 mm
größtmöglicher Einlaßventildurchmesser 38,0 mm

wirklicher Auslaßventildurchmesser 32,0 mm
größtmöglicher Auslaßventildurchmesser 32,9 mm

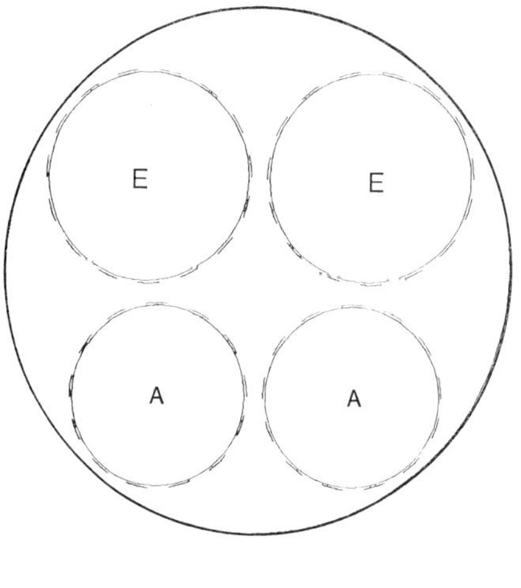

Mercedes 2.3 l 4 Ventile

Zylinderdurchmesser 95,5 mm

wirklicher Einlaßventildurchmesser 38,0 mm
größtmöglicher Einlaßventildurchmesser 38,9 mm

wirklicher Auslaßventildurchmesser 33,0 mm
größtmöglicher Auslaßventildurchmesser 33,7 mm

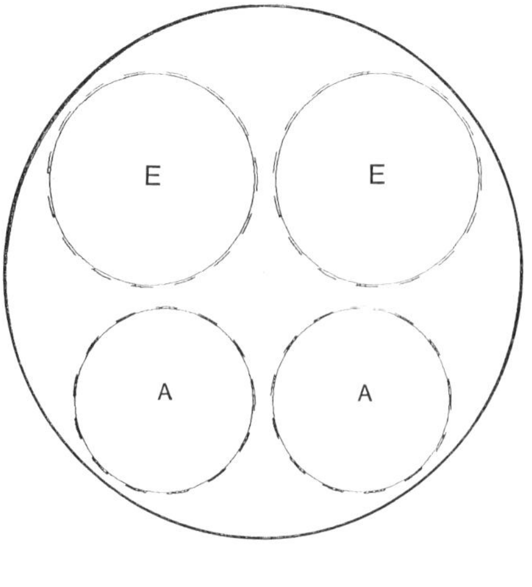

Maßgebend für den Liefergrad und damit auch für die Leistung ist – vor allem bei hohen Drehzahlen – ein Bezug des Ventilquerschnitts zum Zylindervolumen. Als Fläche, die das Zylindervolumen repräsentiert, kann die Querschnittsfläche einer Kugel angesehen werden, die das gleiche Volumen aufweist, wie ein Zylinder des betreffenden Motors. Auf diese Fläche wird dann der Einlaßventilquerschnitt bezogen. Die Zahlenwerte zeigen höhere Werte für die Kurzhubmotoren (größere Ventilflächen) von BMW und Mercedes. Das Verhältnis der aus den Ventildurchmessern gebildeten Flächen für Ein- und Auslaßventil liegt bei allen Motoren in der Gegend von 1,32.

Bei allen Motoren, außer VW, haben Einlaß- und Auslaßnocken das gleiche Profil. Damit ergibt sich bei hydraulischem Ventilspielausgleich der gleiche effektive Ventilhub, bei mechanischer Ventilspieleinstellung und unterschiedlichem Ventilspiel für Ein- und Auslaß ist er bei Mercedes geringfügig verschieden.

Ventilhub					
Motorhersteller		BMW	Mercedes	Opel	VW
Motortyp		2,3/4V	2,3/4V	2,0/4V	1,8/4V
Ventildurchm. Einlaß	mm	37,0	38,0	33,0	32,0
Ventildurchm. Auslaß	mm	32,0	33,0	29,0	28,0
eff. Ventilhub Einlaß	mm	9,99	8,82	9,5	8,98
eff. Ventilhub Auslaß	mm	9,99	8,67	9,5	10,18
Ventilhub/Durchm. E.	–	0,270	0,232	0,288	0,281
Ventilhub/Durchm. A.	–	0,312	0,263	0,328	0,364

Zylinderdurchmesser und Ventilgrößen beim Opel und VW Vierzylinder- Vierventilmotor. Entsprechend dem größeren Hubraum hat der Opel-Motor auch die größere Bohrung. Die Ventile sind hier relativ klein und könnten noch einmal vergrößert werden. Der Motor von VW besitzt in Anbetracht seiner kleinen Bohrung von 81,0 mm große Ventile.

Opel C 20 XE 4 Ventile

Zylinderdurchmesser 86,0 mm

wirklicher Einlaßventildurchmesser 33,0 mm
größtmöglicher Einlaßventildurchmesser 34,6 mm

wirklicher Auslaßventildurchmesser 29,0 mm
größtmöglicher Auslaßventildurchmesser 30,3 mm

VW 1.8 l 4 Ventile

Zylinderdurchmesser 81,0 mm

wirklicher Einlaßventildurchmesser 32,0 mm
größtmöglicher Einlaßventildurchmesser 32,4 mm

wirklicher Auslaßventildurchmesser 28,0 mm
größtmöglicher Auslaßventildurchmesser 28,3 mm

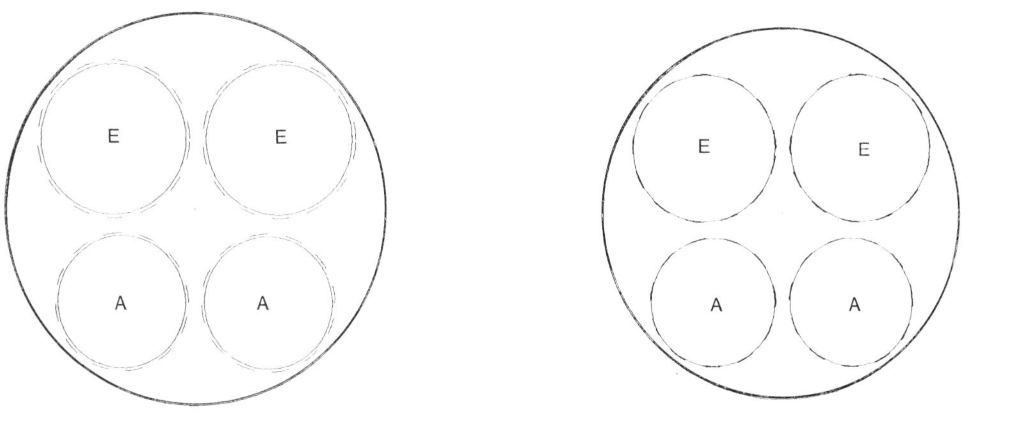

Beim VW-Motor liegt der Hub des Auslaßventils deutlich über dem Einlaßventilhub. Der Grund für das ungewöhnliche Verhältnis zwischen Einlaß-Auslaßventilhub ist die starke Abschirmung der tiefliegenden Auslaßventile durch die Brennraumwand.

Ein üblicher Wert für das Verhältnis aus maximalem Ventilhub zu Ventildurchmesser beträgt 0,25 bis 0,27. Wird dieses Verhältnis größer, so nimmt die effektive Fläche des Ventilkanals und damit der Liefergrad im oberen Drehzahlbereich nur noch wenig zu. Dieses Verhältnis liegt beim Mercedes-Motor ungewöhnlich niedrig, beim VW-Motor ist es beim Auslaßventil sehr hoch.

Die Ventilmassen nehmen mit dem Ventildurchmesser zu. Während der Opel- und der Mercedes-Motor nur eine Ventilfeder haben, haben BMW- und VW-Motor jeweils zwei. Dementsprechend ist vor allem beim BMW-Motor die Ventilfedermasse hoch. Während die Federmasse nur zur Hälfte in die bewegten Massen eingeht, geht die Masse des Stößels voll ein. Diese ist bei hydraulischem Ventilspielausgleich von Opel und VW etwas höher als bei mechanischer Einstellung mit vergleichbarem Durchmesser. Bei beiden

Massen des Ventiltriebs

Motorhersteller		BMW	Mercedes	Opel	VW
Motortyp		2,3/4V	2,3/4V	2,0/4V	1,8/4V
Ventildurchmesser (E/A)	mm	37/32	38/33	33/29	32/28
Stößeldurchmesser	mm	37,4	35,0	32,0	35,0
Masse des Einl.-Vent.	g*	69,0	75,0	55,0	49,0
Anzahl der Federn		2	1	1	2
Masse der Federn	g	60,0	41,0	37,0	46,0
Masse Federt. u. Keile	g	18,0	23,0	17,0	21,0
Masse des Stößels	g	53,0	42,0	54,0	64,0
Masse des Ausgleichspl.	g	25,0	4,0	–	–
gesamte bewegte Masse.	g	195,0	165,0	145,0	159,0

g = Gramm

Ausführungen nimmt die Masse mit dem Durchmesser zu. Die deutich höhere Masse von 64 g des hydraulischen Tassenstößels von VW gegenüber Opel von 54 g ist eine Folge des größeren Tassenstößeldurchmessers von 35 mm gegenüber 32 mm. Bei mechanischer Einstellung wird ein Einstellplättchen benötigt. Dieses liegt bei BMW zwischen Tassenstößel und Nocken und hat wegen des großen Durchmessers von 33 mm eine hohe Masse. Bei Mercedes liegt es zwischen Ventilschaft und Tassenstößel. Wegen des geringeren Durchmessers von 14 mm hat es ein deutlich niedrigeres Gewicht.

Die Ventilfedern müssen verhindern, daß sich der Stößel vom Nocken löst, wenn die Beschleunigung negativ wird. Die dazu erforderliche Kraft ist abhängig von der Höhe der Verzögerung, der höchsten Betriebsdrehzahl

Federkräfte					
Motorhersteller		BMW	Mercedes	Opel	VW
Motortyp		2,3/4V	2,3/4V	2,0/4V	1,8/4V
Nenndrehzahl		6750	5800	6000	6000
bewegte Masse	g	195,0	165,0	145,0	159,0
max. Verzögerung (E/A)	grd^2	0,0072	0,0062	0,0072	0,008/0,007
Anzahl Federn/Ventil		2	1	1	2
Federkraft Vent. offen	N*	850,0	615,0	655,0	630,0/700,0
Federkraft Nenndr. + 500	N	155,0	116,0	220,0	172,0
Federkraft Nenndr. + 1000	N	74,0	71,0	178,0	107,0

N = Newton

des Motors und den bewegten Massen. Die Verzögerung ist beim Mercedes-Motor am niedrigsten, ebenso die Nenndrehzahl. Dementsprechend kann die statische Federkraft bei offenem Ventil relativ niedrig sein. Der BMW-Motor erfordert bei hoher Nenndrehzahl, hoher Verzögerung und hohen Massen eine deutlich höhere Federkraft. Bei Drehzahlen, die über der Nenndrehzahl liegen, verbleibt eine Restfederkraft, die eine Sicherheitsreserve gegen das Springen des Stößels auf dem Nocken darstellt. Diese Reserve ist beim Opel-Motor am höchsten.

Der Berührungspunkt zwischen Nocken und Stößel wandert während einer Nockenwellenumdrehung von der Mitte des Stößels zum Rand, dabei ist die Auswanderung der Ventilgeschwindigkeit proportional. Da die Ventilgeschwindigkeit (mm/grd) einen positiven und einen negativen Extremwert hat, erfolgt die Auswanderung nach beiden Seiten. Die maximale Auswanderung wird direkt aus der Nockenbewegung errechnet. Interessant ist auch der Punkt der am weitesten vom Mittelpunkt des Stößels entfernt ist (Auswanderungsradius). Dabei wird außer der Auswanderung auch die halbe Breite des Nockens und der Versatz zwischen Nockenmitte und Stößelmitte berücksichtigt.

Auswanderung des Berührungspunktes am Stößel					
Motorhersteller		BMW	Mercedes	Opel	VW
Motortyp		2,3/4V	2,3/4V	2,0/4V	1,8/4V
Nenndrehzahl		6750	5800	6000	6000
Spielausgleich		mech.	mech.	hydr.	hydr.
Stößeldurchmesser	mm	37,4	35,0	32,0	35
Durchm. Einstellpl.	mm	33,0	–	–	–
max. Ventilgeschw. (E/A)	mm/grd	0,263	0,251	0,249	0,254/0,264
Auswander. Berühr.P.	mm	15,1	14,3	14,2	14,6/15,1
Versatz Nockenangr.	mm	2,0	0,75	1,5	2,0
Nockenbreite	mm	14,0	10,8	13,0	15,0
Auswanderungsradius	mm	17,6	15,6	16,3	17,4/17,8
Stößelradius	mm	–	17,5	16,0	17,5
Radius Einstellpl.	mm	16,5	–	–	–

Berührungsverhältnisse beim Tassenstößel-Ventiltrieb. Der Tassenstößel (A) wird während der Hub- und Schließbewegung vom Nocken innerhalb des schraffierten Feldes (B) berührt. Die Auswanderung des Nockens, der die Breite (C) hat, erfolgt von der Stößelmitte nach beiden Seiten um den Betrag (D). Der Auswanderungsradius (E) weist auf den Punkt, der am weitesten von Mittelpunkt des Stößels entfernt ist. Eine leichte Auswanderung über den Rand des Stößels hinaus kann in Kauf genommen werden. Die Exzentrizität (F) wird benötigt, um den Stößel zum Rotieren zu bringen und damit den Verschleiß zu reduzieren.

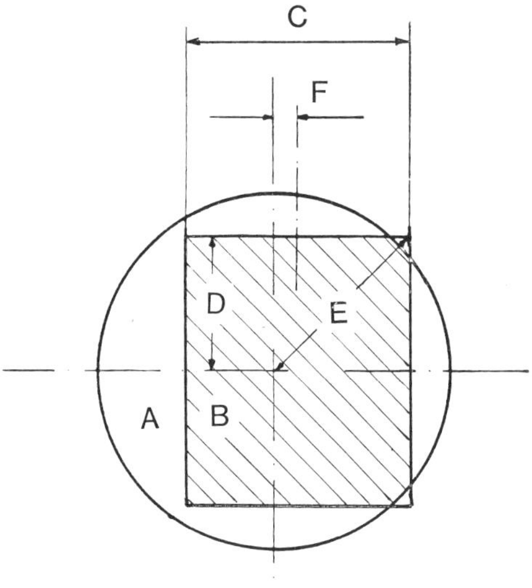

Wandert der Berührungspunkt über den Rand des Stößels hinaus, so nimmt die Beanspruchung der Bauteile zu, weil sich die tragende Fläche verringert. Eine leichte Auswanderung kann hingenommen werden, weil die Kräfte zwischen Nocken und Stößel zu diesem Zeitpunkt noch nicht sehr hoch sind. Insgesamt begrenzt jedoch die Auswanderung die höchstmögliche Geschwindigkeit des Ventils. Die Geschwindigkeit kann umso größer werden, je größer der Stößeldurchmesser ist. Eine hohe Geschwindigkeit ist notwendig für einen guten Liefergrad, vor allem bei niedrigen Drehzahlen.

Der BMW-Motor hat zwar den größten Stößeldurchmesser, der Nocken läuft jedoch über das Einstellplättchen, dessen Durchmesser die Auslenkung begrenzt. Der Auswanderungsradius ist mit 17,6 mm deutlich größer als der Radius des Plättchens mit 16,5 mm. Auch beim Opel-Motor ist der Auswanderungsradius etwas größer als der Stößelradius, beim Mercedes-Motor ist er kleiner.

Die Krümmungsradien an den Nockenwellen bestimmen zusammen mit den Kräften die Höhe der Flächenpressung. Die kleinsten Krümmungsradien liegen bei allen Motoren bei etwa drei Millimeter, die Unterschiede sind sehr gering. Dieser Wert kann aus Gründen der Flächenpressung nicht mehr

Krümmungsradien an den Nockenwellen

Motorhersteller		BMW	Mercedes	Opel	VW
Motortyp		2,3/4V	2,3/4V	2,0/4V	1,8/4V
Basis	E/A grd NW	136,0	134,5	128,5	128/137
max. neg. Beschl.	E mm/grd²	–0,0072	–0,0062	–0,0072	–0,0076
max. neg. Beschl.	A mm/grd²	–0,0072	–0,0062	–0,0072	–0,0072
Grundkreisradius	mm	16,7	15,0	17,0	19,0
ges. Ventilhub	E mm	10,29	8,97	9,5	8,98
Min. Krümmungsrad.	E mm	3,32	3,25	2,88	2,93
ges. Ventilhub	A mm	10,29	8,97	9,5	10,18
Min. Krümmungsrad.	A mm	3,32	3,25	2,88	5,02

wesentlich unterschritten werden. Um diesen Grenzwert einzuhalten, sollte der Nockenwelle-Grundkreis möglichst groß gewählt werden. Den größten Grundkreisradius hat die VW- Nockenwelle. Hier wird auch noch bei einer hohen Verzögerung der Grenzwert für den Krümmungsradius eingehalten. Damit ergibt sich, vor allem auf der Einlaßseite, eine kurze Basis, die für ein hohes Moment im unteren Drehzahlbereich günstig ist. Der niedrige Ventilhub begrenzt jedoch den Liefergrad im oberen Drehzahlbereich. Verglichen mit der Opel-Nockenwelle hebt diese Welle das Moment im untersten Drehzahlbereich an, während sie im oberen Drehzahlbereich unter der Opel-Welle zurückbleibt.

Der BMW-Motor hat den größten Ventilhub und damit günstige Voraussetzungen für einen hohen Liefergrad im oberen Drehzahlbereich. Um die Verzögerung des Ventils zu begrenzen, mußte der Verzögerungsabschnitt sehr lang ausgeführt werden. Obwohl diese Welle den kürzesten positiven Beschleunigungsabschnitt hat, ergibt sich insgesamt die größte Basislänge und ein niedriges Moment im unteren Drehzahlbereich. Im BMW-Motor hebt

Der Mercedes Vierzylinder-Vierventilmotor ist als Hochleistungsmotor konzipiert. Details wie die gegossene Ölwanne mit Ölrücklaufrippen (B) und der Ölhobel beweisen dies ebenso, wie der geschweißte Fächer-Auspuffkrümmer (D). Die Kurbelwelle mit acht Gegengewichten ist gewichtsminimiert (A). Im Wettbewerbseinsatz wird die leistungsmindernde KE-Jetronic durch eine Einspritzung mit Einzeldrosselklappen ersetzt.

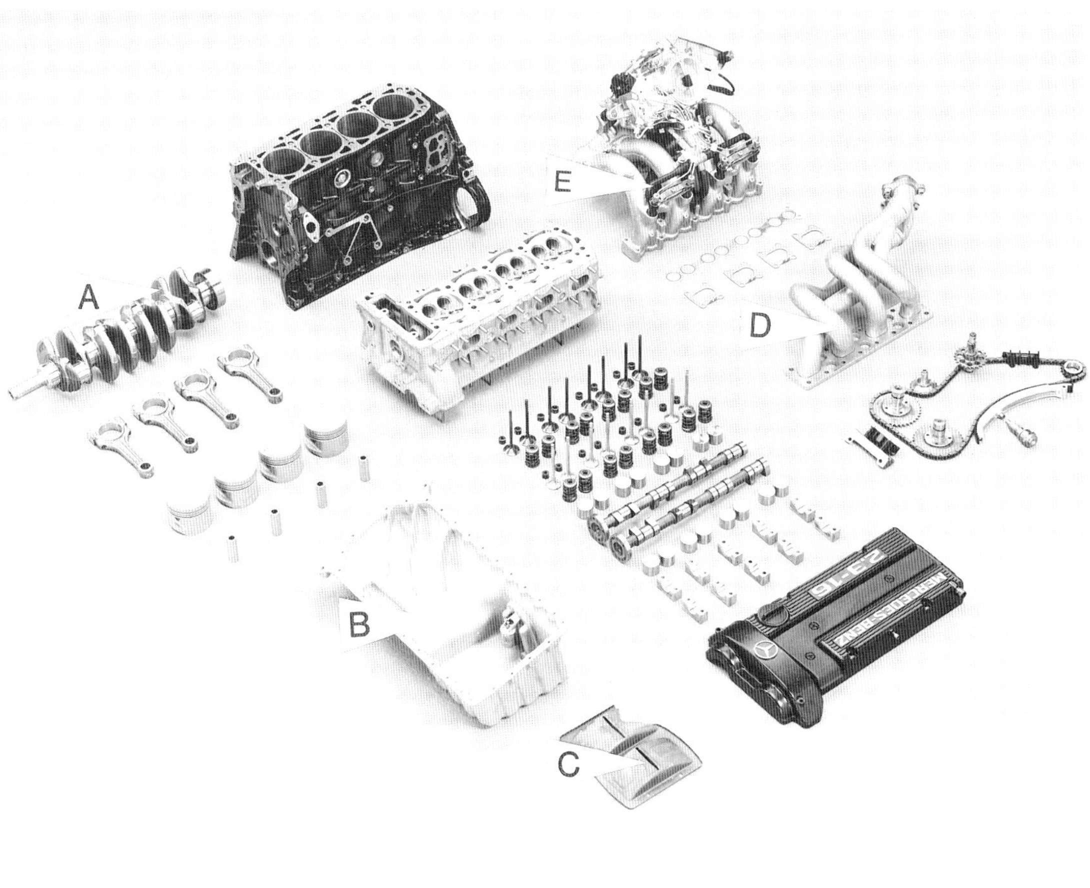

diese Welle das Moment im oberen Drehzahlbereich weiter an, weil die Ventile relativ groß sind.

Den kleinsten Grundkreis hat die Nockenwelle von Mercedes. Die Verzögerung muß daher niedrig sein, das wird mit einem langen Verzögerungsabschnitt erreicht. Damit ergibt sich eine größere Basislänge als bei Opel und VW, das verringert den Liefergrad im unteren Drehzahlbereich. Der kleine Ventilhub begrenzt zudem den Liefergrad im oberen Drehzahlbereich. Entsprechend ist der Momentverlauf, der im unteren und im oberen Drehzahlbereich unter dem der Opel-Welle liegt. Beim Mercedes-Motor wird der Nachteil des geringen Ventilhubes durch die relativ großen Ventile teilweise ausgeglichen.

Die Höhe der Flächenpressung kann als Anhaltswert für die Sicherheit gegen Verschleiß angesehen werden. Sie wird aus dem Krümmungsradius, der Breite des Nockens und der Federkraft errechnet. Der kleinste Krümmungsradius tritt in der Nähe der Nockenspitze auf, dort hat die Federkraft nahezu ihren Höchstwert.

Flächenpressung					
Motorhersteller		BMW	Mercedes	Opel	VW
Motortyp		2,3/4V	2,3/4V	2,0/4V	1,8/4V
Min. Krümmungsrad.	mm	3,32	3,25	2,88	2,93
Federkr. bei min. Rad.	N	847,0	606,0	655,0	620,0
Nockenbreite	mm	14,0	10,8	13,0	15,0
Flächenpressung	N/mm^2	775,0	752,0	758,0	679,0

Die höchste Flächenpressung tritt beim BMW-Motor auf, hier ist auch die Federkraft am höchsten. Beim Mercedes-Motor ist zwar die Federkraft deutlich niedriger, die geringe Nockenbreite führt jedoch ebenfalls zu einer hohen Flächenpressung. Der VW-Motor hat die größte Nockenbreite und eine niedrige Federkraft, daraus folgt eine niedrigere Flächenpressung. Der Opel-Motor liegt mit seiner Flächenpressung wegen des kleinen Krümmungsradius in der Größenordnung von BMW und Mercedes.

In der Berechnung der Flächenpressung geht der Elastizitätsmodul des Werkstoffs ein. Dieser hängt vom Werkstoff, dem Gefügeaufbau und der Nachbehandlung ab.

Die Tabelle zeigt, daß sich die Nockenwellen bezüglich ihrer Werkstoffwerte unterscheiden. Oft spielen auch Patente eine Rolle, für welche Kombination sich die einzelnen Firmen entscheiden. Die Härte an der Nockenspitze und an der Oberfläche liegen mit HRC-Werten von 48 bis 52 wieder eng zusammen. In allen Fällen sorgt der Motorenhersteller mit Hilfe von ausgiebigen Dauerversuchen dafür, daß die geforderten Laufzeiten auch beim Ventiltrieb erreicht werden.

Werkstoffdaten der Nockenwellen			
Motorhersteller	Grundwerkstoff	Gefüge	Härtung Härte Spitze Oberfläche
BMW	Gußeisen mit Kugelgraphit	Hartguß Spitze und Rampe	gasnitriert 48 HRC* geläppt
Mercedes	Gußeisen mit Lamellengraphit	Hartguß Spitze und Rampe	51 HRC verzinnt
Opel	Gußeisen mit Lamellengraphit	Hartguß gesamter Umfang	nitriert 51 HRC
VW	Gußeisen mit Lamellengraphit	WIG umgeschmolzen Spitze und Rampe	nitriert 52 HRC

* HRC = Härte in Rockwell

Die Hochleistungs-Kombination

Mehrventiltechnik und Aufladung als Idealrezept für Höchstleistung

Es ist noch nicht allzu lange her, daß Mehrventiltechnik *oder* Aufladung alternativ zur Leistungssteigerung eines vorhandenen Motors herangezogen wurden. Auf diese Weise haben beide Technologien zunächst getrennt Eingang in den automobilen Alltag gefunden und dort ihren festen Platz. Aber die früher oft gestellte Frage – Turbo oder Vierventiler – stellt sich in dieser Form heute nicht mehr. Denn hinzugekommen ist nun eine neue Erkenntnis, nämlich die, daß sich Mehrventiltechnik und Aufladung ganz vorzüglich ergänzen. Die Leistungsexplosion in der Turbo-Ära der Formel 1 mit ihren unglaublichen spezifischen Weren ist dafür bestes Beispiel. Aber auch in der Serienanwendung zeigt sich zunehmend der Vorteil einer Kombination von Mehrventiltechnik und Aufladung. Immer mehr Firmen

Lange bevor in Europa die Abgasturbo-Aufladung in der Formel 1 Erfolg hatte, wurden in USA (Indianapolis) schon Vierventiler mit Turbo eingesetzt. Im Bild der klassischen Offenhauser-Vierzylinder mit einem Turbolader, der bereits 1972 über 650 PS mobilisierte.

bedienen sich ihrer, und immer weniger Firmen neigen dazu, Zweiventiler mit kostspieliger Ladertechnik auszustatten. Als sinnvolle Leistungsstaffelung gilt demnach, den Zweiventiler als Basistriebwerk vorzusehen, den Vierventiler als anspruchsvolles Hochleistungstriebwerk und als Spitzentriebwerk den aufgeladenen Vier- oder Mehrventiler.

AUFGELADENE MOTOREN HABEN ZUKUNFT

Seit Markteinführung des modernen aufgeladenen Ottomotors, die mit dem Porsche 911 Turbo im Jahre 1974 erfolgte, hat diese interessante Motortechnologie laufend an Bedeutung gewonnen. Zunächst nur bei sehr teuren und sportlichen Fahrzeugen der Luxusklasse angewandt, hat vor allem die Abgasturboaufladung inzwischen auch ihren festen Platz bei Personenwagen der Mittelklasse und vereinzelt auch bei Kleinwagen. Ein Ende dieses Trends ist nicht abzusehen. Auch für die folgenden Jahre werden steigende Zulassungszahlen für Fahrzeuge mit aufgeladenen Ottomotoren vorausgesagt, wofür es gute Gründe gibt.

Einer der wichtigsten ist das Geräusch. Betrachtet man die Hauptanforderungen für zukünftige Motorkonzepte, stellt man fest, daß die Akustik sowohl im Fahrzeuginnenraum, ganz besonders aber auch außerhalb des Fahrzeuges eine noch wichtigere Rolle spielen wird als bisher. Im Sinne einer reduzierten Umweltbelastung werden die maximal zulässigen Vorbeifahrtsgeräusche weiter abgesenkt. Da aber die Leistung der Motoren nach wie vor hohen Stellenwert besitzt und diese ja bekanntlich mit Hilfe der Aufladung wirkungsvoll gesteigert werden kann, sind aufgeladene Motoren nach wie vor interessante Antriebsquellen für Automobile und werden dies wohl auch

Mehrventilmotoren mit Aufladung sind die optimale Basis, um aus einem gegebenen Hubraum ein Maximum an Leistung und Drehmoment herauszuholen. Auch beim Ford Cosworth Vierzylinder-Vierventilmotor wird zur Aufladung ein Abgasturbolader (A) verwendet. Für den Einsatz im Motorsport wird der im Bild gezeigte aufwendige Auspuffkrümmer (B) durch eine einfachere und effektivere Konstruktion ersetzt.

Mechanische Aufladegeräte, sogenannte Kompressoren, gewinnen zunehmend an Bedeutung. Der völlig neu entwickelte G-Lader von VW läuft mit ähnlich gutem Wirkungsgrad wie ein Abgasturbolader, ist aber im Durchsatz begrenzt. VW kombinierte ihn zunächst mit einem Zweiventiler.

noch bleiben. Denn sie verhalten sich akustisch günstiger als frei saugende Hochleistungsmotoren.

Prinzipiell gibt es verschiedene Möglichkeiten, um Hubkolbenmotoren aufzuladen:

- Abgasturboaufladung
- Mechanische Aufladung
- Comprex-Aufladung
- Abgasturboaufladung und mechanische Aufladung kombiniert

Die Comprex-Aufladung ist für Ottomotoren aufgrund der hohen Verdichtungsendtemperaturen weniger gut geeignet. Für Motoren hoher Leistung, und um solche handelt es sich bei Mehrventilmotoren meistens, scheiden auch mechanische Aufladegeräte aufgrund der erforderlichen hohen Antriebsleistungen und der übermäßigen Baugröße in der Regel aus. Dies gilt zumindest für Motoren mit größerem Hubraum als zwei Liter. Als ideal geeignetes Aufladegerät bietet sich der Abgasturbolader an, der auch wegen seines Entwicklungsvorsprunges wesentliche Vorteil hat.
Hier die wichtigsten:

- Kleine Abmessungen
- Beliebige Anordnung am Motor
- Kein mechanischer Antrieb
- Ausnutzung der Abgasenergie
- Erproptes ausgereiftes Bauteil
- Günstiges akustisches Verhalten

Für das vorteilhafte akustische Verhalten sind insgesamt vier Ursachen zu nennen:

Der Querschnitt zeigt einen KKK-Turbolader mit wassergekühltem Lagergehäuse. Die Meßstellen dienten im Versuchsbetrieb zur Ermittlung der Lager- und Dichtringtemperaturen.

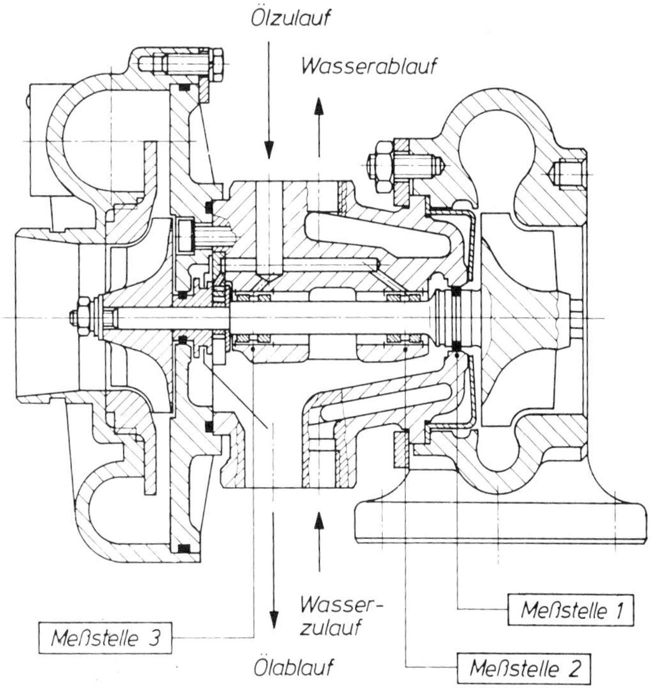

1. Das schnell rotierende Verdichterrad zerhackt die pulsierenden Ansauggeräusche des Hubkolbenmotors, so daß die Ansauggeräusche insgesamt gedämpft werden.
2. Das für die Aufladung erforderlich niedrigere Verdichtungsverhältnis reduziert den steilen Druckanstieg während der Verbrennung, was sich in einem weicheren Motorlauf äußert.
3. Bei Vollast haben aufgeladene Motoren keine negative Ladungswechselschleife (siehe Abbildung auf Seite 158), weil die Frischladung durch den Ladedruck in den Zylinder gedrückt wird. Das reduziert die mechanischen Geräusche des Motors.
4. Das schnell rotierende Turbinenrad zerhackt die pulsierenden Auspuffgeräusche und wirkt wie ein zusätzlicher Schalldämpfer.

Gerade freisaugende Mehrventil-Ottomotoren mit hoher Leistung zeigen die akustischen Grenzen dieser Motorkonzepte auf, bzw. benötigen schon sehr früh umfangreiche Geräuschdämpfungsmaßnahmen im Motorraum. Hier bieten Turbo-Motoren Vorteile, indem sie hohe Leistung mit gutem akustischen Verhalten verbinden.

Für die Entwicklung von aufgeladenen Ottomotoren ist viel mehr know-how erforderlich als für aufgeladene Dieselmotoren. Die Zusammenhänge zwischen den vielfältigen Parametern, die über die Qualitäten von aufgeladenen Ottomotoren entscheiden, sind sehr komplex und erfordern eine eingehende Beschäftigung mit der Gesamtmaterie Motor und Aufladesystem samt Kühlung. Gute Ergebnisse können nur erzielt werden, wenn die Entwicklung der Aufladung parallel läuft mit der Entwicklung bzw. Weiterentwicklung des Motors.

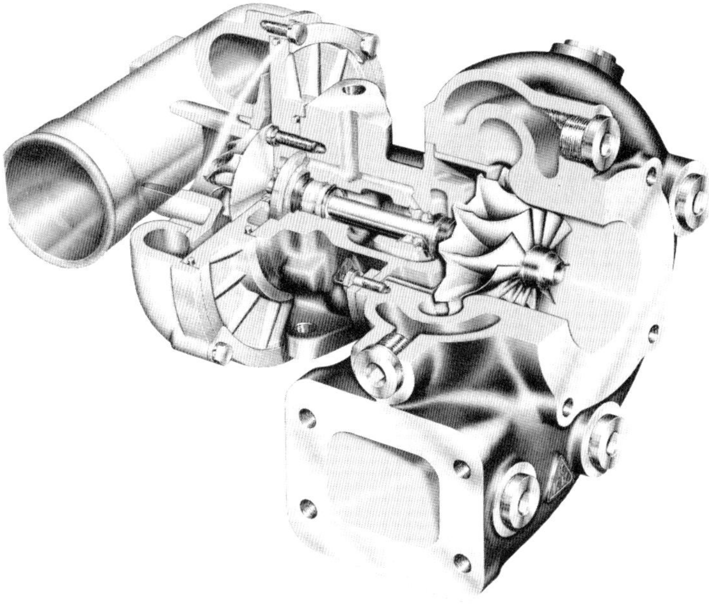

Inzwischen gibt es auch Turbolader mit wassergekühltem Turbinengehäuse (KKK). In diesem Fall reicht als Kühlmaßnahme die Ölkühlung für die Lager.

Wie bereits weiter vorne erläutert, spielte der Rennsport seine Rolle als Wegbereiter gerade bei der Aufladung geradezu in perfekter Art und Weise. Aber es erwies sich zunächst schwieriger als erwartet, die im Rennsport gewonnenen Erkenntnisse in die Serie umzusetzen. Man mußte viel Lehrgeld bezahlen. Was man in der ersten Euphorie der sich sofort einstellenden deutlich höheren Leistung übersehen hatte, waren die im Gegensatz zum Dieselmotor völlig unterschiedlichen Verbrennungsverhältnisse und das deutlich höhere Temperaturniveau auf der Auspuffseite. Verkokte Abgasturbolader, defekte Lager und durch klopfende Verbrennung zerstörte Kolben waren die Folgen. Heute sind die Lagergehäuse von Abgasturboladern für Ottomotoren größtenteils wassergekühlt, und es wurden entsprechend den höheren Temperaturen wärmefestere Materialien entwickelt und eingesetzt. Die Kolbenböden von Turbomotoren werden mit Öl spritzgekühlt. Damit wurden die ursprünglichen Probleme beseitigt und der Abgasturbolader ist heute sowohl im Rennsport als auch bei Serienmotoren zu einem bewährten Konstruktionselement herangereift. Freilich, wenn aus irgendwelchen Gründen die Abgastemperaturen für längere Zeiten die magische Grenze von 1000°C überschreiten, versagt auch der beste Turbolader.

Natürlich unterliegt die Turboladertechnologie stetigen Verbesserungen, und ein Ende der Möglichkeiten, die in dieser Form der Aufladung stecken, ist nicht abzusehen. Ein sehr wichtiger, schon vollzogener Schritt waren die Verkleinerungen der Abgasturbolader zusammen mit verbesserten Strömungsverhältnissen. Sowohl bei Dieselmotoren als auch bei den Ottomotoren konnte dadurch das beanstandete Turboloch, also das verzögerte Ansprechen beim plötzlichen Gas geben, deutlich verkleinert werden. Aber der Turbolader ist mit seinem Entwicklungspotential noch nicht am Ende. Die folgenden Verbesserungen sind in Erprobung oder teilweise schon in Serie:

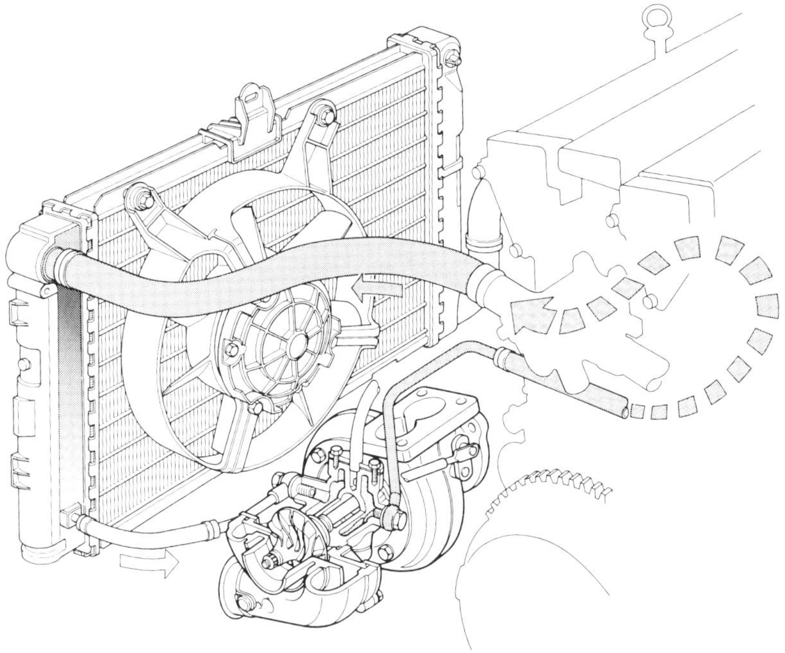

Wassergekühlte Turbos haben längst Einzug in die Serie gehalten. Die Darstellung zeigt den Kühlkreislauf des Lancia Thema 16V Turbo mit wassergekühltem Lagergehäuse.

- Fertigung des Turbinengehäuses und des Auspuffkrümmers aus einem Stück. Damit läßt sich der Flansch samt Dichtung und teuren Schrauben zwischen Turbinengehäuse und Auspuffkrümmer einsparen. Gleichzeitig kann damit auch das Gewicht reduziert werden. Zusätzlich wird das Ansprechverhalten des Turbomotors verbessert, weil weniger Material aufzuheizen ist und sich die Strömungsverhältnisse günstiger gestalten lassen.
- Reduzierung der Wandstärken des Turbinengehäuses. Weniger Gewicht und besseres Ansprechverhalten sind die Folgen.
- Turbinenräder aus Keramik sind leichter als solche aus hochlegierten Stählen. Das begünstigt ebenfalls das Ansprechverhalten des Motors, weil der Turbolader schneller hochläuft.
- Variable Geometrie für das Turbinengehäuse verbessert den Wirkungsgrad eines Turboladers und damit auch des Motors über den gesamten Drehzahlbereich. Das Ladedruckregelventil kann dann gänzlich entfallen.

Turbolader mit variabler Turbinengeometrie, hier ein Versuchsmuster von KKK, bieten noch ein großes Entwicklungspotential. Die verstellbaren Leitschaufeln verbessern den Wirkungsgrad und das Ansprechverhalten, das Ladedruckregelventil kann unter Umständen völlig entfallen.

- Die Anbringung von zwei kleineren statt einem großen Turbolader – wie eindrucksvoll bei Rennmotoren in V-Bauweise demonstriert – hilft ebenfalls den Leistungsverlauf zu verbessern. Der Aufwand nimmt dabei aber nicht unerheblich zu.

Die etwa gleichzeitig abgelaufenen Optimierungsschritte an den Mehrventilmotoren und der Turboladertechnologie hat sowohl bei den Rennmotoren als auch bei den Serienmotoren dazu geführt, daß die Motoren, die Mehrventiltechnik mit Turbotechnik kombiniert haben, die höchsten Literleistungen aufweisen, die überhaupt jemals erreicht wurden. Für die kleinen bis 1988 verwendeten 1,5 Liter Formel 1-Turbomotoren, die bis 735 kW (1000 PS) mobilisieren konnten, errechnet sich eine noch nie dagewesene Literleistung von 490 kW oder 666 PS pro Liter Hubraum. Auch für Straßenmotoren mit Vierventiltechnik und Abgasturboaufladung sind 108 kW oder 146 PS pro Liter Hubraum neue Maßstäbe.

MEHRVENTILER BESONDERS GUT GEEIGNET

Zwar konnten auch die Turbomotoren mit Zweiventiltechnik in den letzten Jahren laufend verbessert werden, aber die Möglichkeiten mit Mehrventilzylinderköpfen sind deutlich besser. Wenn eine Automobilfirma Saugmotoren mit Mehrventiltechnik im Programm hat, sollten in jedem Fall diese als Basis für die Aufladung herangezogen werden. Greift man auf Zweiventilmotoren

Maserati-Entwurf für einen Sechszylinder mit Biturbotechnik. Je ein Abgasturbolader (A) befindet sich auf jeder Seite des Sechszylinder V-Motors. Bei zwei Liter Hubraum wurde für diesen Motor im Jahr 1985 die sehr hohe Leistung von 192 kW (261 PS) bei 7200/min angegeben.

Hohe Motorleistung durch Vierventil-Technik kombiniert mit Abgasturboaufladung. Der Abgasturbolader (A) sitzt vorne am Motor nahe am Ladeluftkühler (B). Zur Reduktion der Massenkräfte besitzt dieser Motor zwei Ausgleichswellen (C) und (D). Statt eines Zündverteilers gibt es zwei doppelte Zündspulen (E). Die Leistung dieses aufwendigen Lancia Zweiliter-Motors beträgt 136 kW (185 PS).

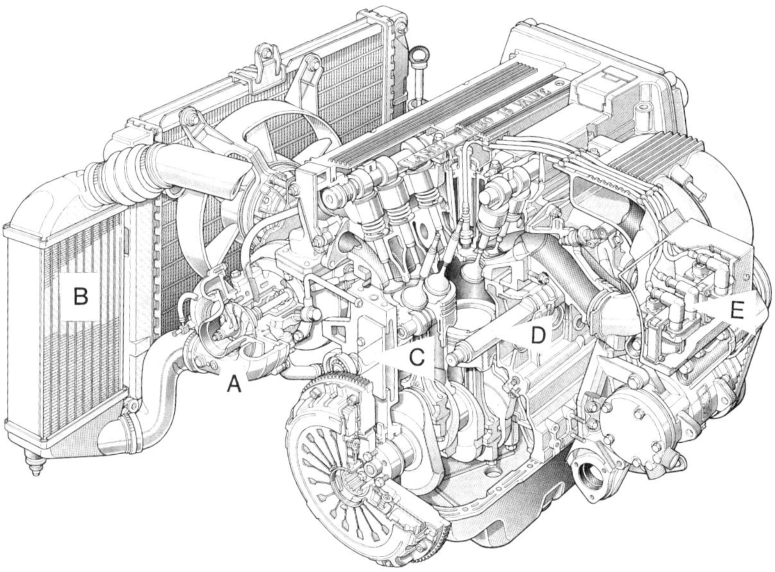

zurück, verschenkt man viele Möglichkeiten im Hinblick auf Leistung, Drehmoment, Verbrauch und auch Ansprechverhalten. Ein wesentlicher Grund dafür ist, daß die Abgasturboaufladung sehr sensitiv auf jede Art von Druckverlusten reagiert egal, ob diese vor dem Motor, im Motor oder nach dem Motor auftreten. Deshalb gilt es bei der Entwicklung auf folgende Dinge besonders zu achten:

– Große Luftfilter mit geringem Druckverlust.

Nissan 2,0 Liter Sechszylinder-Reihenmotor mit Vierventil- und Aufladetechnik. Bei (A) tritt die komprimierte Ladeluft aus dem Verdichter aus und bei (B) in den Ladeluftkühler ein. Die abgekühlte Luft verläßt den Ladeluftkühler bei (C) und wird bei (D) in das Ansaugrohr geleitet. Beim Abgasturbolader ist das Turbinenrad (E) aus Keramik, die Turboladerwelle ist rollengelagert (F), und das Lagergehäuse ist wassergekühlt (G).

– Luftmesser für die Einspritzanlage. Am besten sind Luftmassenmesser, die der durchströmenden Luftmenge kaum Widerstand entgegensetzen. Noch besser für die Aufladung aber ungenauer in der Kraftstoffzumessung sind Einspritzanlagen, die die Information über die durch laufende Ansaugluft ausschließlich über den Unter- oder Überdruck errechnen, der im Ansaugrohr herrscht.
– Kurze strömungsgünstige Ansaugleitung mit wenig Umlenkungen zwischen Luftfilter und Eintritt in den Verdichter des Turboladers.
– Dann geht es weiter vom Verdichteraustritt zum Ladeluftkühler und von hier zum Drosselklappenstutzen. Auch dabei muß überall auf geringst möglichen Druckverlust geachtet werden, insbesondere auch an den Übergangsstellen.
– Ladeluftkühler sollten bei aufgeladenen Mehrventilmotoren Standard sein. In Frage kommen können Ladeluft-Luft-Kühler, die gut vom Fahrtwind angeströmt werden müssen und Ladeluft-Wasser-Kühler, die einen weiteren kleinen Wasserkühler sowie eine Umwälzpumpe benötigen.
  Ladeluft-Wasser-Kühler können in den meist sehr engen Motorräumen heutiger Fahrzeuge besser untergebracht werden. Aufgrund des guten Wärmeüberganges von Wasser auf den eigentlichen Ladeluftkühler kann dieser klein und mit geringem Druckverlust konstruiert werden.
– Der Motor selber und hier im wesentlichen sein Zylinderkopf samt Brennraumform leisten einen deutlichen Beitrag zur Qualität eines Turbomotors. Geringe Druckverluste für den Gaswechsel, wie sie ja Mehrventilmotoren aufweisen, verbessern das Betriebsverhalten. Die früher oft zitierte Mei-

Funktionsschema des Lotus Omega-Vierventilmotors mit Bi-Turbo-Aufladung. Gegenüber dem Basistriebwerk, dem Opel Sechszylinder-Vierventilmotor, ergeben sich folgende Änderungen: Hubraumanhebung von 3,0 auf 3,6 Liter durch Vergrößerung des Hubes. Das Ansaugsystem (A) wurde im Prinzip vom Saugmotor übernommen, jedoch durch zwei wassergekühlte Ladeluftkühler (B) ergänzt. Ein Wasserkreislauf (C) mit separater Pumpe (D) und Wärmetauscher (E) sorgt für gute Abkühlung. Ansaug- und Auspuffsystem mit zwei Turboladern (F) sind bis auf die Verbindung im Ansaugrohr voneinander getrennt. Beide Turbolader saugen die Frischluft über den Luftfilter (G) an.

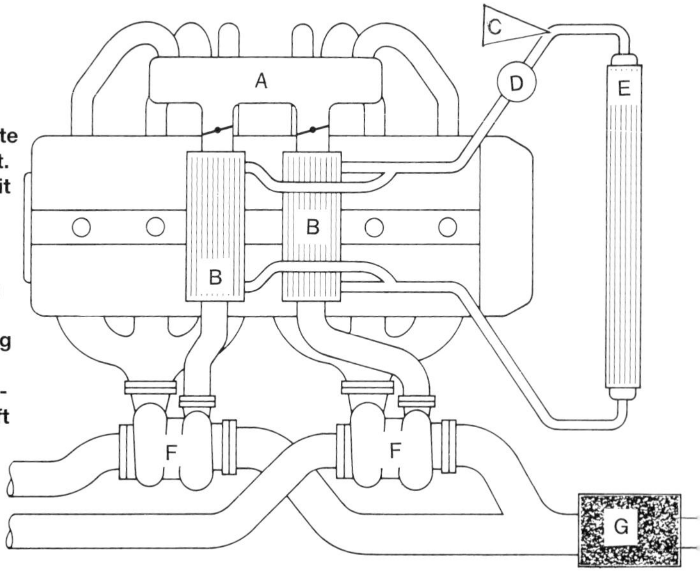

Als eindrucksvolles Beispiel für das Leistungsvermögen der Vierventiltechnik mit Turboaufladung gilt der Motor des Ferrari GTO. Beide Zylinderbänke des 2,8 Liter großen Achtzylinders werden durch je einen IHI-Lader beatmet. Die Leistung betrug beachtliche 400 PS. Wie der Nachfolger des GTO, der F40, beweist, war damit das Leistungspotential noch nicht ausgeschöpft.

nung, daß man bei der Aufladung vorteilhafter auch altmodische Motorkonzepte verwenden kann, weil die verdichtete Luft sowieso alles durchdrückt, ist falsch. Zylinderköpfe mit hohen Durchflußwiderständen erfordern eine höhere Vorverdichtung der Ansaugluft. Für die Leistung eines aufgeladenen Motors zählt zum Schluß nur der Druck, der sich im Brennraum einstellt. Auf dem Wege bis dahin kann vieles falsch gemacht werden.

– Brennraumform
  Spielt schon bei freisaugenden Motoren die Brennraumform und Zündkerzenlage eine wichtige Rolle, ist das bei aufgeladenen Motoren noch wichtiger. Immer ist es die sogenannte Klopfgrenze, die vor allem beim aufgeladenen Motor einer weiteren Leistungssteigerung ein Ende setzt. Auf die Klopfgrenze hat nicht nur die Brennraumform, sondern auch die Kerzenlage Einfluß. Mittige Zündkerzenlage, wie sie sich bei mehr als drei Ventilen pro Zylinder von selber einstellt, sind günstig und mit ein Grund dafür, warum Mehrventilmotoren und Aufladung eine besonders günstige Kombination sind.
– Auspuffkrümmer
  Kleine Auspuffkrümmer mit wenig Totvolumen bis zum Turbinenrad helfen auch die Ansprechzeiten zu reduzieren. Auch bei Rennmotoren ist man von den ursprünglich langen Auspuffleitungen abgekommen und hat den Turbolader immer näher an den Zylinderkopf gerückt.
– Auspuffanlagen
  Große Durchmesser, wenige Umlenkungen sind auch hier das beste Mittel für wenig Gegendruck. Niedriger Gegendruck in der Auspuffanlage erhöht das Gefälle, mit dem das vor dem Turbolader aufgestaute Abgas auf das Turbinenrad wirken kann.

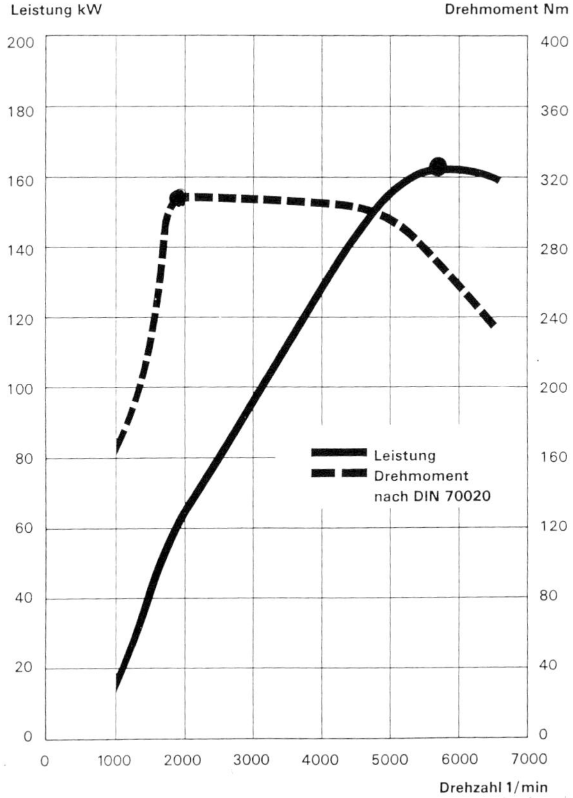

Typischer Drehmoment- und Leistungsverlauf eines hochentwickelten Turbomotors mit Vierventil-Technik. Beim Audi 200 quattro 20V Motor steigt das Drehmoment steil bis auf 309 Nm bei 1950/min an, um dann über einen weiten Drehmomentbereich fast konstant auf hohem Niveau zu bleiben. Die maximale Leistung von 162 kW (220 PS) stellt sich bei 5700/min ein.

Neben dem geringen Druckverlust, der günstigen Brennraumform und Zündkerzenlage haben Mehrventilmotoren weitere Vorteile, wenn man darauf aufgeladene Versionen aufbaut. Mehrventilmotoren weisen aber oft schon viele technische Details auf, die man für die Aufladung ohnehin benötigt. Dazu gehören:

- Kolbenkühlung mit Spritzdüsen
- Ölkühler
- Hochwertige Einspritzanlagen mit günstigen Luftmessern
- Zündanlagen mit Klopfregelung
- Sequentielle Einspritzung
- Bearbeitete, eng tolerierte Brennräume
- Strömungsgünstige Ansaugrohre mit großen Drosselklappen
- Natriumgekühlte Auslaßventile
- Steife, einteilige Zylinderkopfkonstruktion mit guter Wasserführung und gleichmäßiger Pressung auf die Zylinderkopfdichtung

Wegen der günstigen Voraussetzungen, die Mehrventilmotoren für die Aufladung bieten, und weil zunehmend Mehrventilmotoren von verschiedenen Automobilfirmen angeboten werden, ist damit zu rechnen, daß die imageträchtige Bezeichnung »DOHC 4V Turbo« künftig noch häufiger zu sehen sein wird.

Vierventil-Technik kombiniert mit Bi-Turbo-Aufladung erlauben es aus dem Lotus-Omega 3,6 Liter-Motor sehr hohe Leistungs- bzw. Drehmomentwerte zu holen. Das maximale Drehmoment beträgt 510 Nm, die maximale Leistung 265 kW (360 PS).

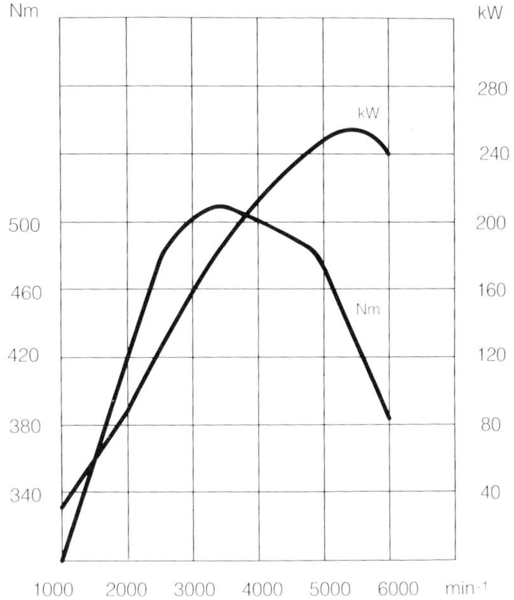

NORDISCHE KOMBINATIONEN

Die schwedische Firma Saab war einer der Wegbereiter der Turbo-Technik im Personenwagen und startete auch frühzeitig Vierventiler in Serie. Anhand von vier Varianten der Zweiliter-Vierzylindermotoren dieser Firma läßt sich sehr gut nachvollziehen, was man mit Hilfe dieser Motorstrategie erreichen kann. Da alle vier Varianten auf demselben Basistriebwerk aufbauen und noch dazu identisches Hub/Bohrungsverhältnis aufweisen, ist dieser Vergleich besonders aussagekräftig. Inzwischen hat Saab den Zweiventiler-Turbo aus dem Programm genommen.

Modell		Saab 900i	Saab 900 Turbo	Saab 900i 16	Saab 900 Turbo 16
Ventilzahl		2 V	2 V	4 V	4 V+Turbo
Hubraum	cm^3	1,985	1,985	1,985	1,985
Bohrung/Hub	mm	90,0/78,0	90,0/78,0	90,0/78,0	90,0/78,0
Höchstleistung	kW/PS	81/110	103/140	93/127	118/160
Drehzahl	1/min	5250	5000	6000	5500
max. Drehmoment	Nm	161	235	170	255
Drehzahl	1/min	3500	3000	3000	3000
Verdichtung		9,5	8,5	10,0	9,0
Literleistung	kW/l	40,5	51,9	46,5	59,0
Literleistung	PS/l	55,1	70,5	63,2	80,2
spez. Drehmoment	Nm/l	80,5	118,3	85,0	127,5
Fahrzeuggewicht	kg	1175	1195	1185	1205
Besch. 0–100	s	13,0	9,8	11,5	9,6
Höchstgeschw.	km/h	170	190	175	205
Verbrauch	l/100 km	10,3	10,3	9,6	9,9

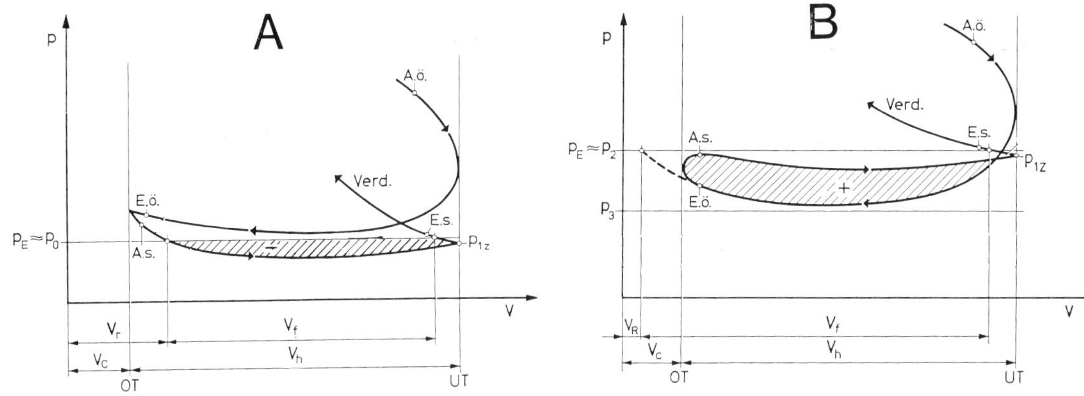

Die Ladungswechselschleifen zeigen den Druckverlauf im Zylinder während der Auf- und Abbewegung des Kolbens. Beim Saugmotor (A) findet der Ladungswechsel auf niedrigem Druckniveau (unter Athmosphärendruck) statt, weil der Motor seine Verbrennungsluft selbst ansaugen muß. Beim aufgeladenen Motor (B) ist das Druckniveau um den Ladedruck höher, weil die vorkomprimierte Verbrennungsluft den Kolben schon beim Ansaugvorgang nach unten drückt.

Beim Vergleich der Daten kann man folgendes feststellen:

- Der Vierventiler-Saugmotor hat mehr Leistung und Drehmoment als der Zweiventiler.
- Der Vierventiler Turbo hat deutlich mehr Leistung und überdeutlich mehr Drehmoment als der Vierventiler-Sauger, aber auch mehr Leistung und Drehmoment als der Turbo-Zweiventiler.
- Die Drehzahlen, bei denen sich die maximalen Leistungen bzw. Drehmomente einstellen, liegen bei den Turbos niedriger und beim Vierventiler Sauger, der sich seine Verbrennungsluft selbst ansaugt, am höchsten.
- Die Verdichtung ist beim Vierventiler-Sauger am höchsten und beim Zweiventiler-Turbo am niedrigsten.
- Da die Hubräume mit rund zwei Liter ja gleich sind, steigt sowohl die Literleistung als auch das spezifische Drehmoment mit der Vierventil-Technik und erst recht mit der Vierventil-Technik plus Aufladung an.
- Die Fahrzeuggewichte steigen mit der höheren Motor-Technologie an, wobei aber die Unterschiede gering sind. So stehen für die Vierventil-Technik nur 10 kg, für die zusätzliche Turbo-Technik weitere 20 Kilogramm in den technischen Daten.
- Trotz der höheren Fahrzeuggewichte sind die Fahrleistungen, sowohl was die Beschleunigung als auch die Endgeschwindigkeit betrifft, mit den höherwertigen Motoren deutlich besser.
- Im Verbrauch nach Drittel-Mix ist das Fahrzeug mit dem freisaugenden Vierventil-Motor am besten. Der Vierventiler Turbo ist jedoch nicht viel schlechter und damit immer noch beser als die Fahrzeuge mit den Zweiventil-Motoren.

Als zusätzliche Kühlmaßnahme ist die sogenannte Kolbenspritzkühlung bei Turbomotoren heute Standard und wird zunehmend auch bei unaufgeladenen Vierventilern angewendet. Dabei werden über Spritzdüsen, die in der Regel vom Hauptölkanal abzweigen, den Kolbenböden von unten ständig eine dosierte Ölmenge zugeführt. In besonderen Fällen sorgt die Innengestaltung der Kolben für eine gleichmäßige Verteilung des Kühlöls am Kolbenumfang.

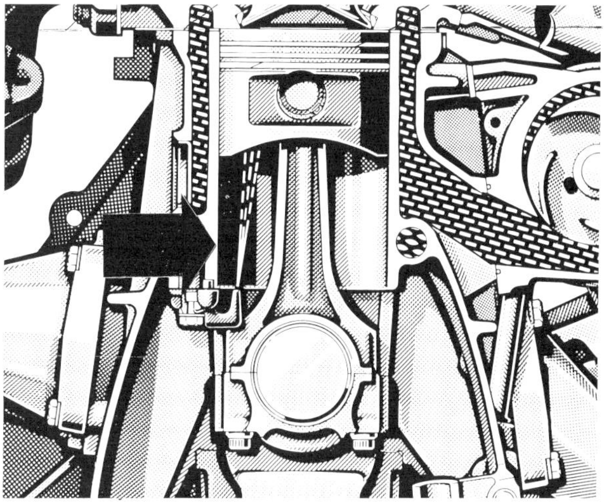

Dieses Beispiel zeigt deutlich, daß nicht etwa die Vierventil-Technik in Konkurrenz zur Zweiventil-Turbotechnik steht, sondern daß sich beide Systeme gut ergänzen. Der Zweiventil-Turbo allerdings wird bei vernünftiger Leistungsstaffelung entbehrlich.

Vierventilmotoren mit Aufladung können ihr volles Potential nur dann entwickeln, wenn auch das Motorumfeld entsprechend aufbereitet ist. Am Beispiel des Audi Quattro Sport erkennt man folgende Details: (A) strömungsgünstiges Ansaugrohr, (B) großer Ladeluftkühler vor dem Motor mit sehr guter Anströmung, (C) fünf in eins Auspuffkrümmer mit zentraler Lage des Ladedruckregelventiles (D), (E) großer Luftfilter mit Frischluftansaugung (F) vor der Windschutzscheibe, (G) Luftmassenmesser für die Einspritzanlage.

Der kleine Unterschied

Wie sich Serienmotoren und Renntriebwerke voneinander unterscheiden

Schon immer konnte man Unterschiede feststellen, wenn man die Konstruktion von Motoren für den täglichen Gebrauch und von solchen für den Rennbetrieb analysierte. Im speziellen gilt das für den Zylinderkopf, denn in diesem Bauteil unterscheiden sich Rennmotoren von Straßenmotoren am meisten. Durch die Einführung der Mehrventiltechnik auch bei Serienmotoren sind sich Rennmotoren und Straßenmotoren allerdings ähnlicher geworden, und bei manchen Exemplaren bedarf es schon genauerer Kenntnisse, um die Konstruktionsunterschiede auch tatsächlich ausfindig zu machen.

Natürlich hat die maximal erreichbare Leistung bei Rennmotoren absolute Priorität. Andere Kriterien wie lange Lebensdauer, niedrige Verbrennungsgeräusche, guter Massenausgleich, ruhiger Motorlauf, kurze Montagezeiten und äußere Abmessungen sind nur von sehr untergeordneter Bedeutung.

Für Rennmotoren sind andere Kriterien wichtig, wobei natürlich neben der Leistung auch niedriges Leistungsgewicht und geringer Verbrauch im Vor-

Die wesentlichen Teile eines BMW-Vierzylinder-Rennmotors sind auf diesem Bild zu sehen. Die Ansaugtrichter und die Abdeckungen des Nockenwellenantriebs sind aus Gewichtsgründen in Magnesiumguß gehalten.

dergrund stehen. Aus diesen Anforderungen resultieren oft ganz spezielle, rennmotorspezifische Konstruktionsdetails. Es zeigt sich aber auch, daß manche früher für Rennmotoren typische Elemente inzwischen auch bei Mehrventilzylinderköpfen für den Serien-Bereich zu finden sind. Für die Aufzählung der Unterschiede lassen sich die einzelnen Folge-Kriterien oft nicht exakt trennen und manche, wie z. B. der Ventilwinkel und die Brennraumform, sind sehr eng miteinander verknüpft.

VENTILDURCHMESSER

Unter allen Umständen gilt es, bei Rennmotoren die Füllung oder den Liefergrad so groß wie irgend möglich zu machen, um ein Maximum an Leistung zu erreichen. Deshalb wird der durch den Bohrungsdurchmesser vorhandene Platz konsequent genutzt, um bei vorgegebenem Ventilwinkel die größtmöglichen Ventiltellerdurchmesser unterzubringen. In den Wanddicken für die Ventilsitzringe oder auch für das Aluminium, das die Ventilsitzringe umgibt, geht man viel eher an die Grenze als beim Serienmotor, wo aufgrund der langen Laufzeiten und der höheren Temperaturwechselbeanspruchungen mit Rißgefahr gerechnet werden muß. Rennveranstaltungen mit Außentemperaturen in der Gegend von 0°C gibt es normalerweise nie, während Motoren für den täglichen Gebrauch auch noch bei −30°C Funktionsfähigkeit und Dauerhaltbarkeit nachweisen müssen. So findet man bei Rennmotoren oft Ventilsitzringe, die fast aneinanderstoßen, während bei Serienmotoren meist eine Restaluminiumwandstärke von 2 mm zwischen den Sitzringen angebracht ist.

Schon bei Serienmotoren (hier VW 827-Vierventiler) können die Wandstärken um die Sitzringe recht schmal ausfallen, wenn trotz kleiner Bohrungsdurchmesser relativ große Ventile untergebracht werden müssen.

Auf nahezu geradem Wege gelangt das Gemisch bei diesem BMW-Rennmotor in die Zylinder. Keine störenden Umlenkungen kosten Füllung, ein Drosselschieber gibt den Querschnitt bei Vollast vollständig frei. Die weit außenliegenden Einspritzventile sorgen für eine zusätzliche Gemischkühlung durch frühere Verdampfung des Kraftstoffs und somit für eine Verbesserung der Füllung.

EIN-/AUSLASSKANAL

Jede Umlenkung, der die einströmende Frischladung bzw. die ausströmenden Auspuffgase folgen müssen, ist im Sinne von maximaler Leistung ungünstig. Die Zylinderköpfe für Rennmotoren weisen deutlich weniger stark gekrümmte Kanäle auf als die von Serienmotoren. Konstruktionsbedingt geht das nur, wenn man zusätzliche Bauhöhe für den Zylinderkopf in Kauf nimmt. Durch das Höherlegen der Ventilfeder samt deren unteren Auflage kann die Kanalkrümmung reduziert weden. Dieser Ansatz ergibt zwangsweise lange Ventile, wobei ein längerer Teil des Ventilschaftes im freien Kanal zu liegen kommt. Lange Ventile sind also ebenso typisch für Rennmotoren wie auch deren dünnen Schäfte.

Trotz der flachen Kanalkrümmungen im Bereich des Zylinderkopfes versucht man bei Rennmotoren die Kanäle im Zylinderkopf so kurz wie möglich zu halten. Auf der Einlaßseite ist dies sinnvoll, weil man ja die Frischladung so kühl wie möglich in den Brennraum bringen will. Lange, vom heißen Kühlwasser des Motors umspülte Einlaßkanäle sind dafür ausgesprochen ungeeignet. Auf der Auslaßseite sollten die Kanäle kurz sein, damit die heißen Auspuffgase das Kühlwasser möglichst wenig aufheizen. Isolierungen sowohl der Einlaß- als auch der Auslaßkanäle mit sogenannten »Portlinern« sind bei Rennmotoren sinnvoll und nützlich.

Der Einblick in den Drosselschieberstutzen dieses Rennmotors zeigt die Verzweigung vom Einfach- zum Doppelkanal außerhalb des Zylinderkopfes. Die Oberflächen sind hochgradig geschlichtet, die Anschlüsse stoßfrei und paßgenau.

Portliner sind vor allem bei Mehrventilzylinderköpfen aufwendig und müssen vor dem Einschütten des heißen Aluminiums in die Gußform exakt eingelegt werden. Nach dem Erkalten der Aluminiumlegierung sind die Portliner fest eingebettet. Schon aus Kostengründen scheiden Portliner für Mehrventilmotoren, die in hoher Stückzahl produziert werden, aus. Betrachtet man die Kanäle selber, sind sie bei Serienmotoren immer stärker gekrümmt als bei den Rennmotoren, weil eine niedrige Bauhöhe des Zylinderkopfes hier einen sehr hohen Stellenwert besitzt. Schließlich will man die Motorhaubenkonturen, und diese werden in erster Linie vom darunterliegenden Motor bestimmt, niedrig halten.

BRENNRAUMFORM UND VENTILWINKEL

Bei Rennmotoren, deren Hauptbetriebsbereich in einem sehr hohen Drehzahlniveau liegt, spielt der von den Ventilen gebildete Winkel und die damit unmittelbar zusammenhängede Brennraumform eine besondere Rolle. Immer kleinere Ventilwinkel sowie möglichst kompakte Brennräume mit einem minimierten Oberflächen-/Volumenverhältnis sind typisch für Rennmotoren höchster Literleistungen. Das Brennraumvolumen wird dabei aufgeteilt zu etwa ⅔ im Zylinderkopf und etwa ⅓ im Kolben. Weitere Gründe, die gerade bei Rennmotoren für den kleinen Ventilwinkel sprechen, sind die hohe Verdichtung und Steuerzeiten mit starker Überschneidung.

Im Schnitt sind daher bei Serien-Mehrventilmotoren die Ventilwinkel größer, es gibt aber auch hier Ansätze in Richtung zu kleineren Ventilwinkeln. Große Ventilwinkel zwischen 43° und 48° wählt man bei Serienmotoren meist nur, um die Freigängigkeit für die Zylinderkopfschrauben zu gewährleisten.

VENTILANZAHL UND ZÜNDKERZENLAGE

Sowohl was die Anzahl der Ventile als auch die Zündkerzenlage betrifft, gibt es kaum Unterschiede zwischen Renn- und Straßenmotoren. Die Lage der Zündkerze genau in der Brennraummitte ist immer anzutreffen und die Ventilzahl vier ist mit wenigen Ausnahmen die Regel. Fünfventiler, die ebenfalls eine zentrale Kerzenlage zulassen, sind bei der Serie im Vorentwicklungs-Stadium, im Rennsport erst vereinzelt anzutreffen.

Zwar sind die Zylinderköpfe nicht die schwersten Bauteile von Verbrennungsmotoren, aber trotzdem ist der Beitrag, den sie am Gesamtgewicht eines Rennmotors haben, nicht unerheblich. Immerhin besitzen V-Motoren zwei Köpfe und insgesamt vier Nockenwellen. Da es vor allem in der Formel 1 äußerst schwierig ist, das Gewichtslimit von 500 kg zu erreichen, muß hier bei allen Bauteilen – also auch bei den Zylinderköpfen – auf niedriges Gewicht geachtet werden.

Zylinderköpfe mit kleinen Ventilwinkeln sind schmal und damit auch leicht.

Auch in der Formel 3 setzt sich die Vierventiltechnik durch. Opel startete 1989 das Projekt eines Formel 3-Motors auf der Basis der serienmäßigen 2,0 Liter DOHC 16V-Motors (Kadett, Vectra). Trotz des engen, in Formel 3-Reglement vorgeschriebenen Air-Restrictors von nur 24 mm ∅ (A), der die angesaugte Luftmenge begrenzt, bringt die Vierventiltechnik auch hier Vorteile. der Grund: Die Brennraumform ist günstiger, das Verdichtungsverhältnis kann geringfügig höher gewählt werden, und die Gaswechselarbeit ist geringer. Trockensumpfschmierung und die offene Auspuffanlage mit abgestimmtem Fächerkrümmer (C) sind selbstverständlich für einen Rennmotor.

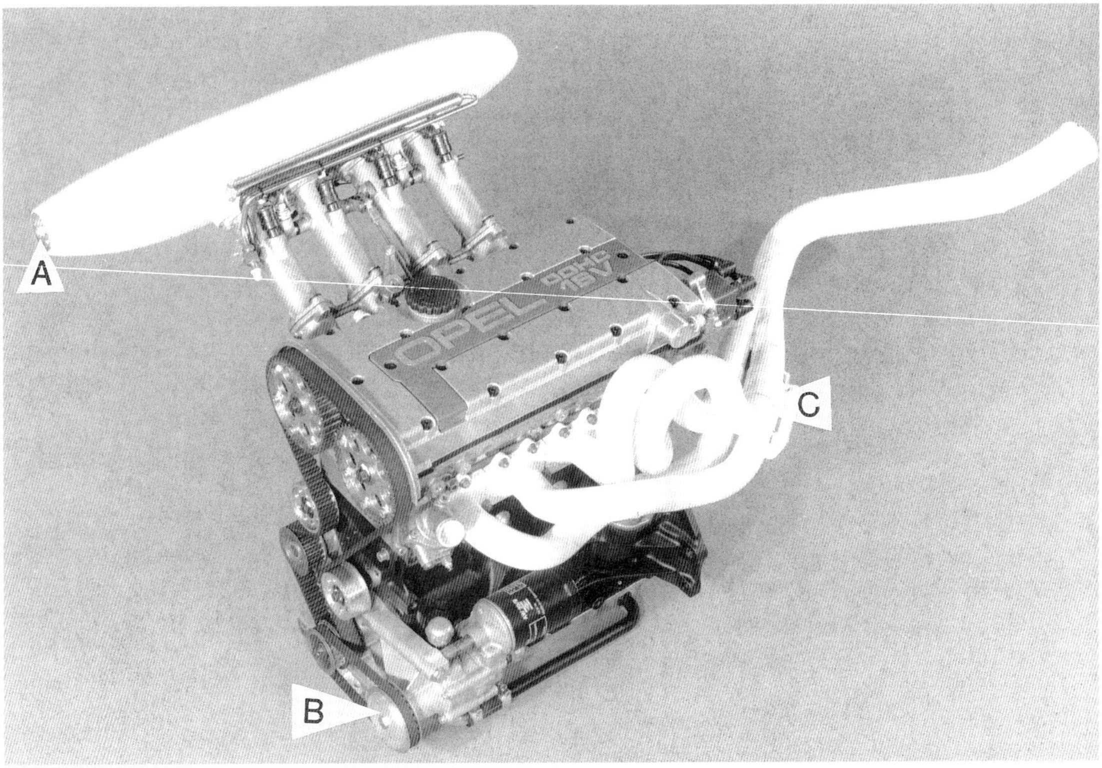

Bei dieser Vierventil-Zylinderkopfkonstruktion müssen zur Einstellung des Ventilspieles die Nockenwellen (A) ausgebaut werden. Nach dem Herausziehen der Tassenstößel (B) kann das Ventilspiel durch unterschiedlich dicke Einstellplättchen (C) variiert werden. Ein ausreichendes Sortiment von unterschiedlich dicken Plättchen ist notwendig. Die Arbeit erfordert Sorgfalt und ist zeitaufwendig. Die Nockenwellen sind hohl.

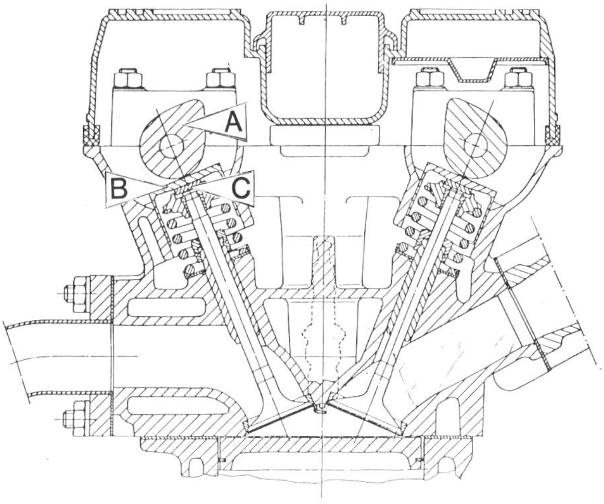

Das Bestreben nach niedrigem Gewicht erkennt man auch daran, daß die Nockenwellen hohl gebohrt werden. Bei Mehrventil-Serienmotoren findet man hohle Nockenwellen nur dort, wo man diese Bohrung auch als Transportweg für das Motoröl zur Schmierung der Nockenwellenlagerstellen unbedingt braucht.

ROTIERENDE MASSEN

Spontanes Hochdrehen ist eine wichtige Forderung bei Rennmotoren, deshalb wird hier an Gewicht gespart, wo immer sich Teile bewegen. Das beginnt bei der Kurbelwelle samt Schwungrad und Schwingungsdämpfer, geht über die Pleuel und die Kolben bis hin zum Antrieb der Nockenwellen. Ob es dabei rasselt oder zu unangenehmen mechanischen Geräuschen kommt, spielt keine Rolle.

Zur Reduzierung der rotierenden Massen ist das Schwungrad dieses BMW-Rennmotors stark erleichtert. Seine Funktion besteht im wesentlichen noch als Träger für Kupplung und Anlasserverzahnung.

Schon wegen der erforderlichen Laufruhe geht man bei Serienmotoren mit Material sehr viel großzügiger um. Mehrventilmotoren genießen hier nicht etwa eine Ausnahmerolle. Von ihnen wird genauso gute Laufruhe und Komfort verlangt wie von Zweiventilmotoren für die Basismotorisierung.

NOCKENWELLENANTRIEB

Um möglichst exakte Steuerzeiten zu erreichen, werden bei Rennmotoren zur Überbrückung des Abstandes von der Kurbelwelle bis zu den Nockenwellen oft Zahnräder verwendet. Das ist sehr teuer, im Betrieb laut und kommt für Serienmotoren nicht in Frage. Will man es besonders gut machen, legt man bei Rennmotoren solche Antriebe nicht vorne an das Kurbelwellenende, sondern nach hinten, dicht vor das Schwungrad. Hier sind die Drehschwingungen geringer als am anderen Kurbelwellenende. Diese Lösung kommt wegen des enormen Aufwandes für Serienmotoren schon gar nicht in Frage.

Bei Rennmotoren gibt es jedoch auch Kettenantriebe und in jüngster Zeit sogar Zahnriemenantriebe. Zahnriemenantriebe sind zwar nicht ganz so exakt wie Zahnräder, bieten aber den Vorteil des geringen Gewichtes und

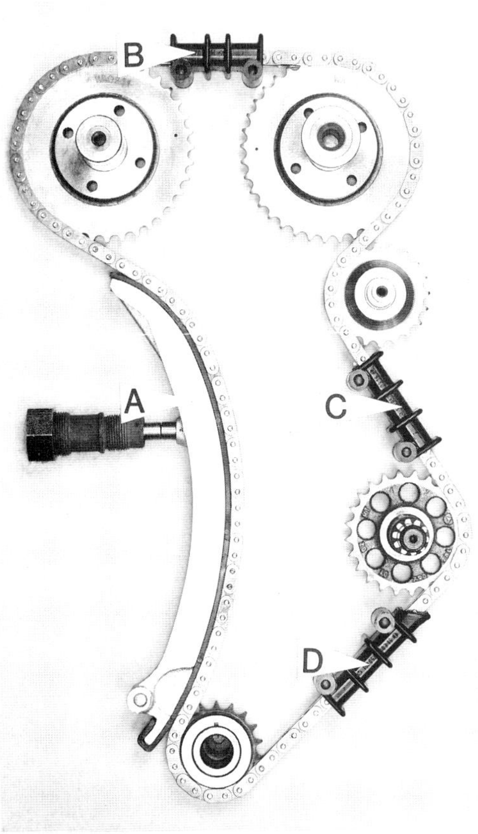

Nockenwellenantrieb eines Vierventilmotors mit Hilfe einer Einfach- Rollenkette. Eine vorgespannte und ölgedämpfte Spannschiene (A) sorgt für gleichbleibende Kettenspannung. Zwischen den Kettenrädern befinden sich Kunststoff-Führungsschienen (B), (C), (D), die Schwingungen der Kette verhindern.

Nockenwellenantrieb des Opel DOHC 4V-Motors. Über einen gemeinsamen Zahnriemen werden die Wasserpumpe und die beiden Nockenwellen angetrieben. Ein Riemenspanner (A) und eine Umlenkrolle (B) sorgen für gute Umschlingung.

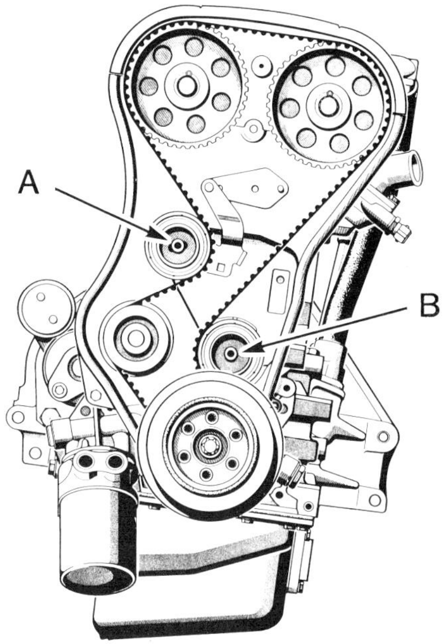

Yamaha Sechszylinder V75° Fünfventil-Rennmotor für die japanische Formel II-Meisterschaft. Mit 85 mm Bohrung und 58,5 mm Hub ist dieser 2,0 Liter-Motor extrem kurzhubig und damit für Drehzahlen bis 13000/min ausgelegt. Die Fünfventilzylinderköpfe bestehen aus jeweils zwei Teilen (A) und (B). Der Nockenwellenantrieb besteht aus einer Zahnraduntersetzung (C) und zwei Zahnriemen (D). Die Kurbelwelle (E) besitzt nur drei jeweils 120° versetzte Kröpfungen. Mit 105 kg ist der Motor sehr leicht.

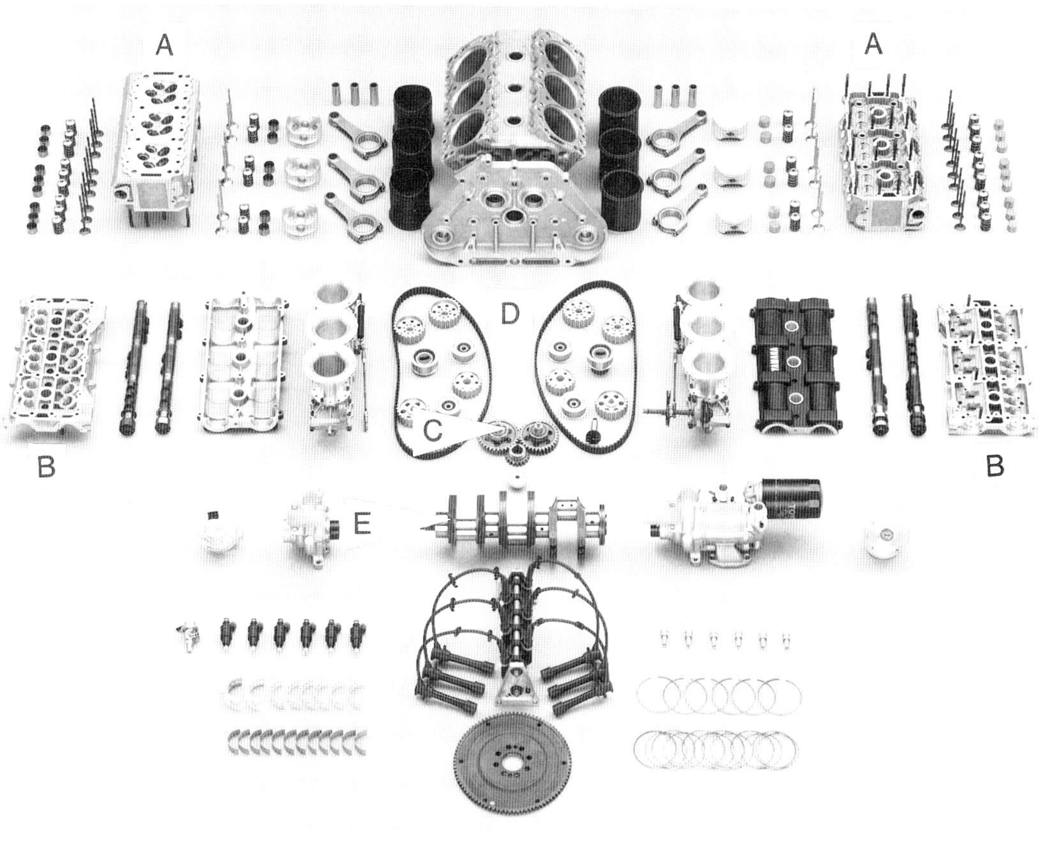

der minimierten rotierenden Massen. Werden mit einem Zahnriemen zwei Nockenwellen gleichzeitig angetrieben, ist ein Zwischentrieb erforderlich, weil die eng aneinanderliegenden Nockenwellen nur kleine Zahnriemenräder ermöglichen. Eine Direktreduktion der Nockenwellendrehzahl auf die halbe Kurbelwellendrehzahl wäre nicht mehr möglich, weil der erforderliche kleine Zahnriemenraddurchmesser auf der Kurbelwelle nicht mehr unterzubringen ist.

Es ist aber auch möglich, mit dem Zahnriemen nur eine der beiden Nockenwellen anzutreiben und die Drehbewegung durch eine kurze Kette oder zwei Zahnräder auf die zweite Nockenwelle zu übertragen. Diese Lösung findet man auch bei Mehrventilköpfen für die Serie (z. B. Golf 16V). Was es nur in der Serie gibt, sind sehr lange Ketten oder Zahnriemen, mit denen alle vier Nockenwellen eines V-Motors angetrieben werden. Ungleiche Wärmeausdehnung der Kette oder des Zahnriemens im Verhältnis zum Material der Köpfe doer des Motorblockes – also Aluminium oder Grauguß – führen zu veränderten Steuerzeiten. Diese kann man bei Rennmotoren nicht gebrauchen, weshalb bei V-Motoren immer zwei Ketten oder Zahnriemen, also je eine pro Zylinderbank, verwendet werden.

Für exakte Steuerzeiten sind bei gegebenem Tassenstößeldurchmesser auch richtig ausgelegte Ventilfedern notwendig. Entsprechend den sehr hohen Drehzahlen, die Rennmotoren in Mehrventiltechnik erreichen müssen, sind die aufzubringenden Federkräfte deutlich größer als bei Serienmotoren. Um möglichst große Federdurchmesser unterzubringen, wird deshalb bei Zylinderköpfen von Rennmotoren der Tassenstößel erst oberhalb der Ventilfeder angeordnet. Damit kann der Ventilfederdurchmesser fast so groß gemacht werden wie die Tasse selber. Das erfordert eine weitere Verlängerung des Ventilschaftes und damit auch eine weitere Erhöhung des Zylinderkopfes selber.

Im Sinne einer möglichst niedrigen Bauhöhe des Zylinderkopfes nutzt man bei Serienmotoren den Platz, der innerhalb der Tassenstößel vorhanden ist. Durch Verkleinerung der Federdurchmesser kann man so die Ventilfeder zumindest teilweise im Tassenstößel unterbringen und Bauhöhe einsparen.

VENTILFEDERN

Einig sind sich alle Hersteller von Rennmotoren, wenn es um die Anzahl der Ventilfedern geht. Zwei Ventilfedern pro Ventil sind sowohl zur Erreichung der benötigten Vorspannkräfte als auch aus Sicherheitsgründen üblich. Zwar läuft ein Rennmotor, bei dem eine der beiden Ventilfedern gebrochen ist, auch nicht mehr sauber, aber oft hilft es einen kapitalen Motorschaden zu vermeiden, weil das Ventil nicht sofort abreißt. Besondere Aufmerksamkeit

Zur Reduzierung der Bauhöhe legt man bei Serienmotoren die Ventilfedern (A) in die Tassenstößel (B) hinein. Bei geöffnetem Ventil verschwinden die Ventilfedern (C) fast vollständig im Stößel. Beim Rennmotor ist es aus thermischen Gründen vorteilhafter, die Ventilfedern weitgehend frei arbeiten zu lassen.

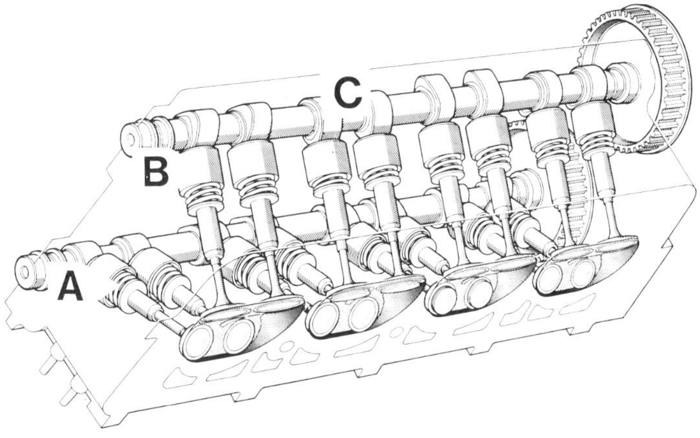

des Fahrers und rechtzeitiges Abstellen des Motors ist allerdings notwendig.

Eine besonders interessante Alternative zu den zahlreichen Ventilfedern eines Rennmotors – ein Zwölfzylinder-Vierventiler – bringt es immerhin auf 96 Stück – ist die pneumatische Ventilfeder. Sie wurde von Renault entwickelt und auch mit Erfolg getestet und eingesetzt. Die Nocken drücken dabei direkt auf Kolben, die aussehen wie kurze Tassenstößel. Im Unterschied zum Tassenstößel-Ventiltrieb liegen die Kolben jedoch nicht frei auf den Enden der Ventilschäfte auf, sondern sind kraftschlüssig mit ihnen verbunden. Im Zylinderkopf sind konzentrisch zu den Ventilschäften kleine Zylinder eingearbeitet, in denen die Kolben hin- und hergleiten. Die unter den Kolben befindliche Luft wird bei Öffnung der Ventile verdichtet und unmittelbar darauf wieder entspannt.

Dieses Kolben-Zylinder-System ist nicht absolut dicht, weil sowohl über den Kolben selber als auch über die Ventilführung Luft verloren geht. Um diese Leckverluste auszugleichen und um eine bestimmte Vorspannkraft zu erzeugen, muß daher Luft von außen mit Druck zugeführt werden. Dafür reicht bei geschlossenem Ventil ein Druck von ca. 4 bar und eine kleine Luftpumpe aus. Dünne gebohrte Kanäle stellen die Verbindungen zu den Kammern her. Die Kraftkennlinie solcher pneumatischer Elemente ist stark

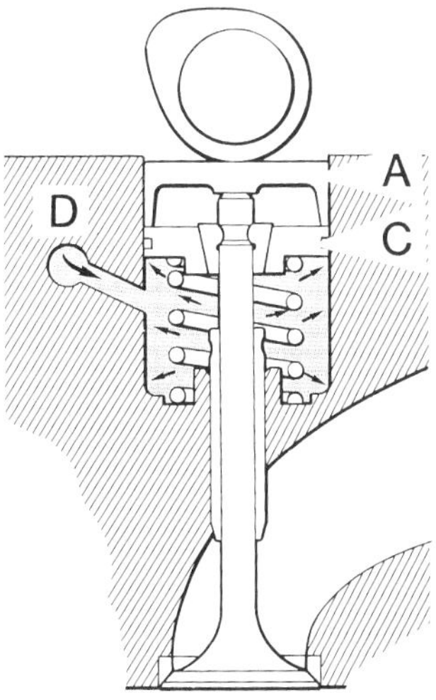

Prinzipskizze der pneumatischen »Ventilfeder« von Renault. Die Nocke drückt zunächst auf einen kurzen Tassenstößel (A). Darunter befindet sich ein schmaler Kolben mit Abdichtring, der mit Hilfe von Kegelstücken mit dem Ventilschaft verbunden ist. Über einen Zuführkanal (D) mit Rückschlagventil wird Luft oder ein anderes Gas in den Kompressionsraum gedrückt. Eine trotzdem vorhandene schwache Ventilfeder dient zur sicheren Anlage des Ventils am Nocken, wenn der Motor nicht läuft.

progressiv und am Ventiltrieb kann erheblich an hin- und hergehender Masse eingespart werden. Damit reduziert sich die Antriebsleistung für den Ventiltrieb. Vorteilhaft ist auch, daß keine Ventilfeder mehr brechen kann und das System völlig vom Ölraum des Zylinderkopfes getrennt ist. Man muß also nicht mehr darauf achten, daß die Ventilfedern eventuell im unteren Teil in einem Ölbad stehen und damit zur Ölverschaumung mit Luft beitragen. Dieses System wird umso attraktiver, je mehr Ventile ein Zylinder hat, weil man sowohl mit weniger Teilen als auch mit weniger Platz auskommt.

Was die Anzahl der Ventilfedern bei Mehrventil-Serienmotoren betrifft, gehen die Ansichten auseinander. Man findet sowohl Triebwerke mit zwei Federn pro Ventil als auch solche, die nur eine verwenden.

WÄRMEABFUHR

Es wurde bereits erwähnt, wie wichtig es ist, die bei der Verbrennung entstehende Wärme über die Kolben, die Zylinder und Brennraumwände aber auch die Ventile abzuleiten. Möglichst niedrige Wandtemperaturen sind eine der Hauptforderungen zur Erzielung von Höchstleistungen.

Beginnend bei den heißesten Teilen im Brennraum, den Auslaßventilen, gehört hier Natriumkühlung zum Stand der Technik nicht nur bei den Rennmotoren, sondern auch bei Mehrventilmotoren europäischer Prägung, die auf hohe Dauerleistung viel Wert legen. Rennmotoren ist allerdings die

Vierventil-Zylinderkopf mit Kühlwasser-Querdurchströmung. Beim BMW M3-Motor läuft das Kühlwasser quer durch den Zylinderkopf und wird anschließend im Wasserrohr (A) wieder gesammelt. Bessere und gleichmäßigere Kühlung aller Brennräume kann damit erreicht werden. Hinter der Kappe (B) verbirgt sich der Zündverteiler, der von der Auslaßnockenwelle angetrieben wird.

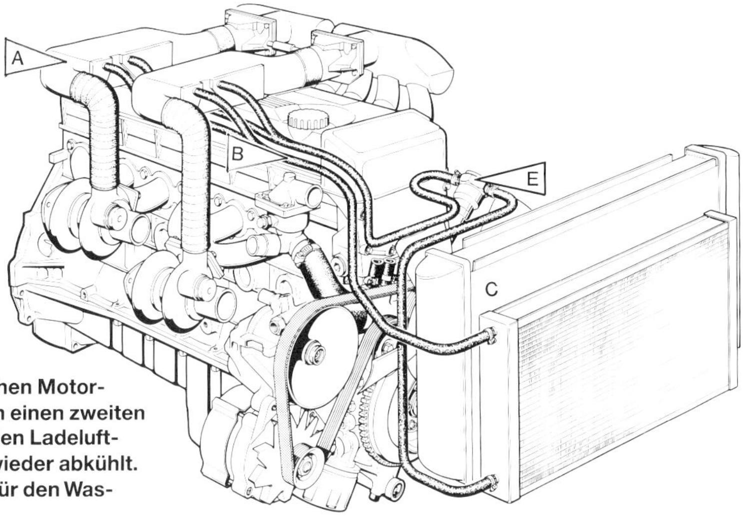

Vierventil-Technik kombiniert mit Bi-Turbo-Aufladung. Basismotor für dieses Konzept ist der Opel 3,0 Liter Sechszylinder-Vierventilmotor. Die wassergekühlten Ladeluftkühler sind aus der Formel 1 bekannt. Beim Lotus Omega werden die beiden Ladeluftkühler (A) von einem separaten Wasserkreislauf (B) gekühlt. Vor dem eigentlichen Motor-Wasserkühler (C) erkennt man einen zweiten Wasserkühler (D), der das in den Ladeluftkühlern aufgeheizte Wasser wieder abkühlt. Eine Wasserpumpe (E) sorgt für den Wasserumlauf.

sogenannte Sitzringkühlung oder auch Sitzringe aus besonders teuren, aber auch gut wärmeleitenden Materialien, vorbehalten. Bei der nur auf der Auslaßseite angewandten Sitzringkühlung wird das Motorkühlwasser in speziellen Kanälen um den oder die Sitzringe knapp hinter dem eigentlichen Ventilsitz geleitet. Da Ventile ja länger geschlossen als geöffnet sind, gelingt es so durch den direkten Kontakt des Ventiles mit dem Sitzring zur Absenkung der Auslaßventiltemperaturen beizutragen. Bekannt sind Sitzringkühlungen auch aus dem Bereich der schweren Dieselmotoren. Dort sind sie aufgrund der erheblich größeren geometrischen Abmessungen viel einfacher zu realisieren als bei den kleinen Zylindereinheiten mit Mehrventiltechnik. Zusammen mit dem niedrigeren Temperaturniveau hilft die Sitzringkühlung auch zur Verringerung des Verschleißes sowohl am Ventil als auch am Sitzring selber.

Der nächste Punkt, wo Wärme aus den Ventilen abgeführt werden kann, ist die Ventilführung. Besonders lange Ventilführungen sind typisch für Rennmotoren. Bei Serienmotoren nimmt man darauf wenig Rücksicht, weil niedrige Bauhöhen der Zylinderköpfe wichtiger sind.

Ein weiterer Ansatz zur guten Kühlung des Brennraumes mit Hilfe des Kühlwassers ist die selektive Brennraumkühlung. Dabei sind die Brennräume durch Zwischenwände voneinander getrennt, so daß der Wasserfluß über jeden einzelnen Brennraum kontrolliert und gegebenenfalls so verändert werden kann, daß alle Brennräume gleichmäßig gut gekühlt sind. Dabei kommt es zu einer Querdurchströmung des Zylinderkopfes. Das Wasser aller Brennräume wird dann in einer Sammelleitung, die oft außerhalb des Zylinderkopfes liegt, zusammengefaßt und dem Wasserkühler zugeführt. Ansätze in dieser Richtung findet man auch schon bei Mehrventilmotoren für den Pkw-Bereich.

Sowohl bei Renn- als auch bei Serienmotoren ist ein weiteres Detail zur guten Kühlung der Brennräume zu finden. Ein Blick von unten auf den

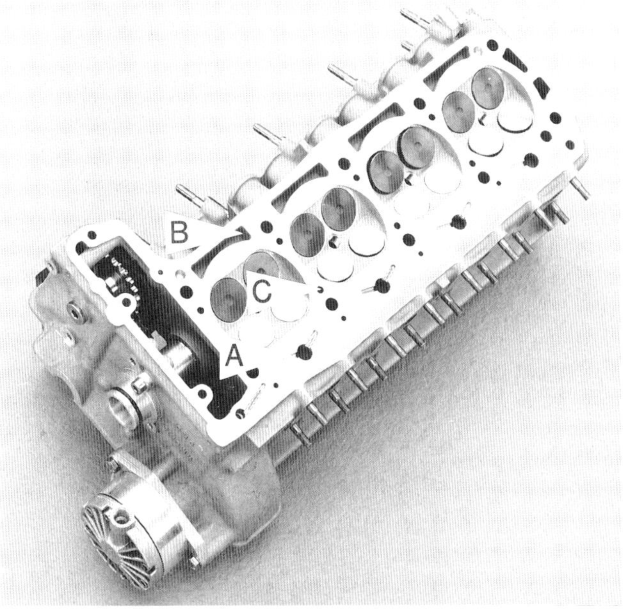

Möglichst nahe am Brennraum angeordnete Kühlkanäle (A) sowie Kühlschächte (B) und zusätzliche Kühlbohrungen (C) verbessern die Wärmeableitung aus dem Brennraum (Mercedes).

Zylinderkopf zeigt oft mit ca. 6–7 mm Abstand zum Brennraum angeordnete, ringförmige Kühlkanäle. Damit gelingt es auch in diesem Bereich – der sogenannten Zylinderkopfdeckplatte – wirkungsvoll zu kühlen. Die Zylinderkopfdichtung besitzt definierte Bohrungen, um eine gezielte Durchströmung der Kühlkanäle zu erreichen.

ZYLINDERANORDNUNG

Schon immer wurden bei Rennfahrzeugen, egal ob im einsitzigen Formelwagen oder im zweisitzigen Sportwagen Motoren in V-Bauweise bevorzugt. Der besondere Vorteil der Kompaktheit und damit kurzen Baulänge der Motoren ist bei Rennfahrzeugen im Sinne einer kurzen Gesamtlänge eminent wichtig. Zusätzlich können solche Triebwerke auch voll mittragend in Rennfahrzeuge eingesetzt weden. Dabei müssen von den Motoren nicht nur ihre eigenen Kräfte aufgenommen werden, sondern sie sind mit weiteren Kräften, die über die Einspannstellen am Fahrzeug eingeleitet werden, beaufschlagt.

Werden in Rennfahrzeugen Vierzylinderreihenmotoren verwendet, müssen diese mit einer Art Hilfsrahmen umgeben werden, um die Fahrzeug-Zusatzbeanspruchungen wirkungsvoll aufnehmen zu können. Richtig ausgelegte V-Motoren benötigen das nicht, weil sie aufgrund ihrer günstigen Querschnittsform, die im wesentlichen aus einem auf der Spitze stehenden Dreieck besteht, viel steifer und geometrisch besser geeignet sind als Reihenmotoren.

So wird im Rennsport bereits ab der Zylinderzahl sechs eindeutig die V-

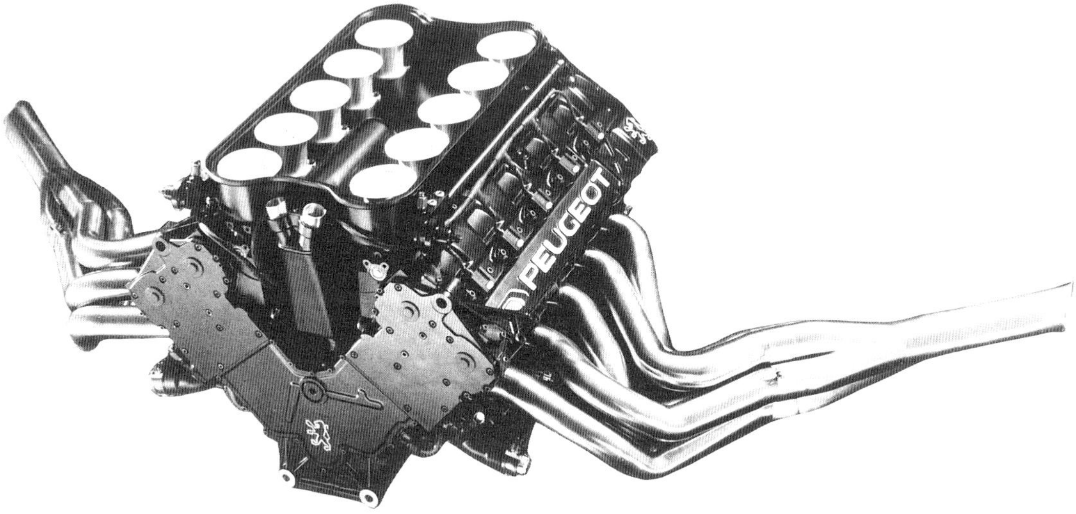

Der Zehnzylinder V-Motor des Peugeot 905 baut äußerst kompakt. Sein V- Winkel beträgt 80°, das Gesamtgewicht des etwa 600 PS starken Gruppe C- Triebwerks liegt nur bei 150 kg. Der Vierventiler besitzt zwei obenliegende Nockenwellen pro Zylinderreihe, die über Zahnräder angetrieben werden.

Bauweise gegenüber der Reihenbauweise bevorzugt. Daß V-Motoren immer zwei Zylinderköpfe besitzen und zur Realisierung der Mehrventiltechnik vier Nockenwellen benötigen stört weniger, weil hoher Aufwand im Renngeschäft keine wichtige Rolle spielt. Das einzige was zählt, ist der Erfolg. Daß bei den Zylinderzahlen acht, zehn oder zwölf sowieso nur V-Motoren in Frage kommen, ist keine Frage.

Bei Serienmotoren ist der Grund, warum sich auch hier V-Motoren immer mehr durchsetzen, ein ganz anderer. Sechszylinder-Reihenmotoren als das an und für sich ideale Antriebsaggregat passen nur in hinterradangetriebene Fahrzeuge, bei denen die Motoren längs eingebaut sind. Da sich der Frontantrieb auch in den größeren Fahrzeugklassen immer mehr durchsetzt und dabei der Einbau der Motoren quer zur Fahrtrichtung die raumsparendere Lösung ist, scheidet der Sechszylinder-Reihenmotor aufgrund seiner Baulänge automatisch aus.

Je nach Verwendungszweck werden in einer Motorfamilie stark unterschiedliche Kolben verwendet. Die Opel Vierzylinder Familie II-Motoren haben in der Zweiventilversion den Kolben (A). (B) zeigt den Kolben der Vierventilversion. Der Kolben (C) für den Vierventil-Formel 3-Motor ist am kürzesten und leichtesten und besitzt zudem durch den Kolbenaufbau die höchste Verdichtung.

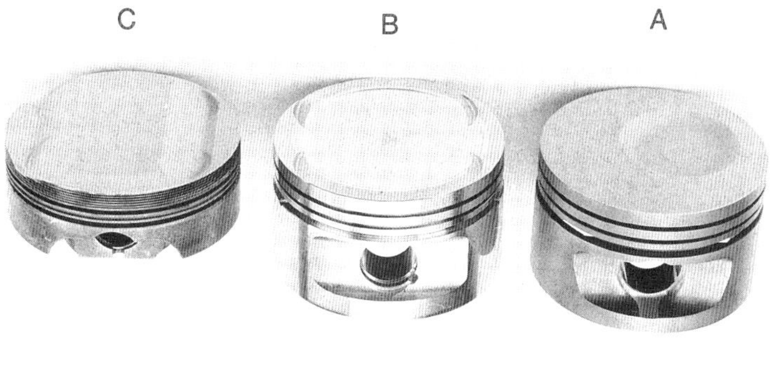

Ein Muster an kompakter Bauweise ist der neue Zwölfzylindermotor von Mercedes. Dank Vierventiltechnik werden aus sechs Liter Hubraum über 400 PS realisiert. Der V-Motor besteht ganz aus Leichtmetall, die vier obenliegenden Nockenwellen werden durch Kette angetrieben und besitzen jeweils auf der Einlaßseite eine Steuerzeitenverstellung (Phasenwandler).

Sechszylinder V-Motoren sind hier nun die bevorzugte Antriebsquelle, und sie bringen den besonderen Vorzug mit, daß sie meist sogar etwas kürzer bauen als Vierzylinder-Reihenmotoren. Kommen Vierventilzylinderköpfe beim Sechszylinder-Reihenmotor noch mit zwei obenliegenden Nockenwellen aus, benötigen V-Sechszylindermotoren nun ebenso wie die Rennmotoren deren vier. Dasselbe gilt auch bei Motoren mit acht oder zwölf Zylindern. Der Aufwand hat also bei den Sechszylindermotoren mit Mehrventiltechnik auch in der Serie erheblich zugenommen, und für Spitzenfahrzeuge auch im Limousinenbereich wird der hohe Aufwand, den z. B. ein Zwölfzylinder-Vierventilmotor benötigt, in Kauf genommen.

ZYLINDERKOPFKONSTRUKTION

Auf die unterschiedlichen Bauhöhen der Zylinderköpfe bei Renn- und Serienmotoren wurde bereits hingewiesen. Bei gleicher Konstruktionsart sind zunächst einmal höhere Zylinderköpfe steifer als niedrigere. Ein Teil der Steifigkeit geht allerdings wieder verloren, wenn der Zylinderkopf nicht aus einem Stück besteht, sondern aus mehreren Teilen zusammengesetzt ist. Bei früheren Zylinderköpfen für Rennmotoren sind die beiden Nockenwel-

Zylinderkopf des Audi Quattro Sport-Motors mit demontierten Nockenwellen. Die Zylinderkopfschrauben (A) sind auch bei eingesetzten Nockenwellen erreichbar. Die Ventilspieleinstellung geschieht bei diesem Motor durch Plättchen, die von oben in die Tassenstößel (B) gelegt werden. Das Ladedruckregelventil wird auf den Flansch (C) geschraubt.

lenträger, die auch die Galerie für die Führung der Tassenstößel beinhalten, separate Teile, die dann mit Hilfe zahlreicher Schrauben auf den eigentlichen relativ flachen Zylinderkopf aufgesetzt werden.

Bei Mehrventilzylinderköpfen für die Serie versucht man diese Bauweise zu vermeiden, weil sie teuer und aufwendig ist. Einteilige Zylinderkopfkonstruktionen haben sich hier durchgesetzt. Sie sind zwar schwieriger zu gießen, aber einfacher in der Bearbeitung, billiger und zudem noch steifer. Auch bei reinrassigen Rennmotoren findet man verstärkt einteilige Zylinderköpfe. Zusätzlich mit der großen Bauhöhe bieten sie dann ein Optimum an Steifigkeit und können getrost als tragendes Element im Fahrzeug eingesetzt werden.

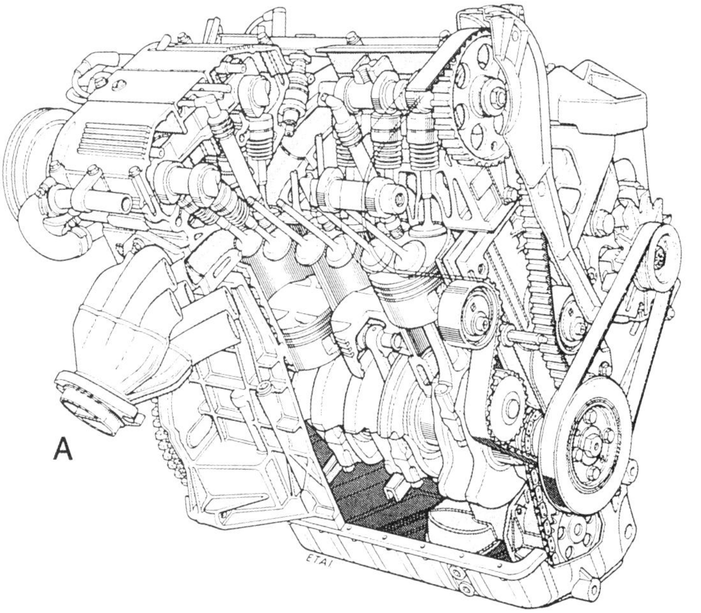

Der Peugeot Vierzylinder-Vierventilmotor ist auf sehr hohe Drehzahlen ausgelegt. Er entwickelt seine Höchstleistung von 110 kW (150 PS) erst bei 6400/min. Besonderes Kennzeichen ist das Auspuffsystem. Zunächst werden alle acht Auslaßkanäle getrennt aus dem Zylinderkopf geführt. Es folgen dann acht Einzelrohre, die in zwei Etagen auf ein zweiflutiges Endstück (A) zusammengefaßt werden.

ZYLINDERKOPFVERSCHRAUBUNG

Wenn man die Verschraubung des Zylinderkopfes mit dem Motorblock und damit auch die Zylinderkopfdichtung selber betrachtet, gibt es wieder Unterschiede zwischen Serien- und Rennmotoren. Bei Serienmotoren werden ausschließlich vier Zylinderkopfschrauben pro Zylinder verwendet. Die Zylinderkopfschrauben sind meist quadratisch um die Zylindermitte angeordnet, damit eine gleichmäßige Flächenpressung auf die Zylinderkopfdichtung rund um den Zylinder erfolgt. Die Anzahl der Zylinderkopfschrauben für den Reihenmotor ist immer Anzahl der Zylinder mal zwei plus zwei, weil außer den äußersten Schrauben die Schrauben zwischen den Zylindern für zwei Zylinder gemeinsam sind. Beim V-Motor ist das anders. Hier gilt wegen der getrennten Zylinderbänke Anzahl der Zylinder mal zwei plus vier. Bei gleicher Zylinderanzahl hat also der V-Motor zwei Zylinderkopfschrauben mehr als der Reihenmotor.

Die Anzugskräfte der Schrauben, die Zylinderkopfdichtung sowie die Steifigkeit von Zylinderblock und Zylinderkopf müssen genau aufeinander abgestimmt sein, um die geforderte Dichtigkeit und Langlebigkeit zu errei-

Wichtige Details des Opel Vierventil-Formel 3-Motors: Extrem lange Pleuel (A) stellen die Verbindung der Zweiringkolben (B) mit der Kurbelwelle (C) her; aus Gewichtsgründen wurden der Motorblock (D), das Schwungrad (E) sowie die Räder für den Nockenwellenantrieb (F) erleichtert.

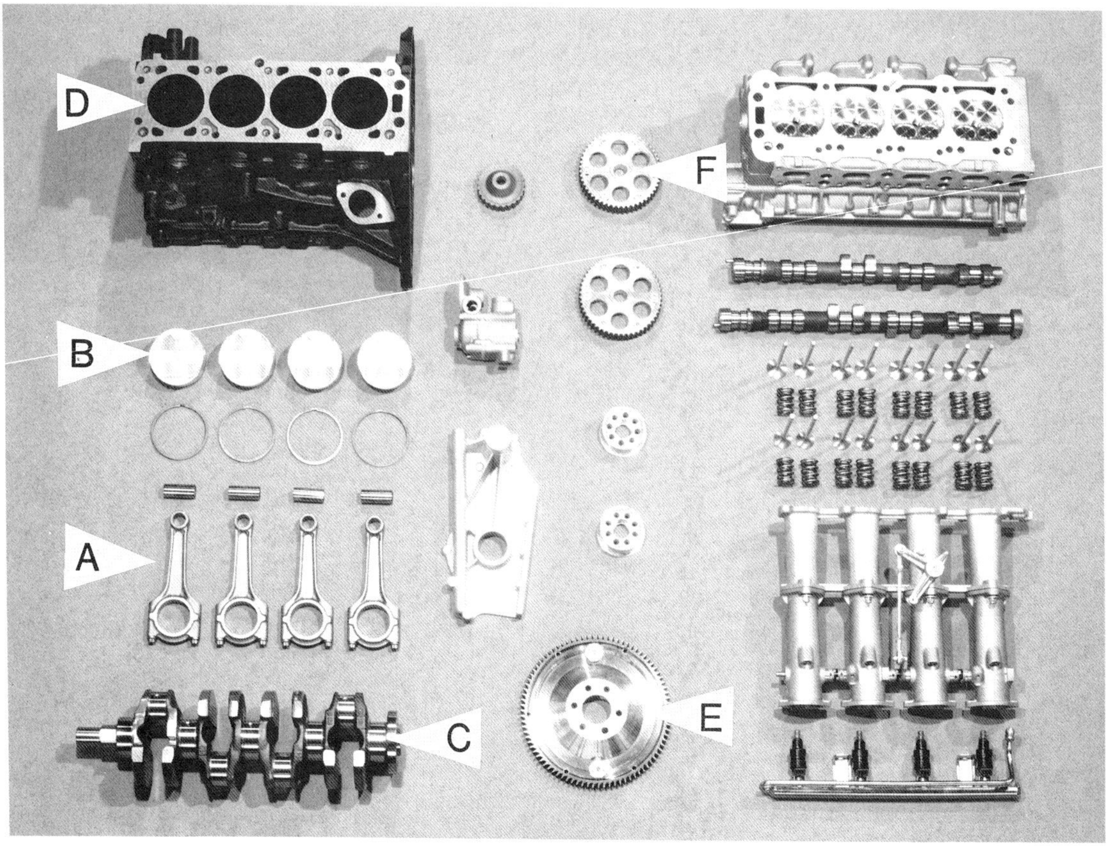

chen. Je höher die bei der Verbrennung entstehenden Drücke sind, umso kritischer wird es für die Zylinderkopfdichtung bzw. für die Verschraubung.

Rennmotoren – hier ganz besonders die aufgeladenene Versionen – haben deshalb pro Zylinder sechs Zylinderkopfschrauben. Die Gesamtanzahl der Zylinderkopfschrauben erhöht sich dabei auf Anzahl der Zylinder mal vier plus zwei beim Reihenmotor bzw. plus vier beim V-Motor. Um die jeweils sechs Schrauben möglichst gleichmäßig rund um die Zylinder anzuordnen, ist es notwendig, zwei Schrauben genau auf Zylindermitte, also bei Vierventil-Motoren unter den Ein- bzw. Auslaßkanälen anzuordnen. Da diese Schrauben von den Kanälen nach oben abgedeckt sind, ist nur eine aufwendige Montage möglich. Stehbolzen werden von unten an den vorgesehenen Stellen in den Zylinderkopf geschraubt. Nach dem Aufsetzen des Zylinderkopfes auf den Zylinderblock ragen sie unterhalb der Zylinderblockdeckplatte in einen Freiraum des Motorblocks.

Die Muttern sind so schlecht zu erreichen, daß sie nur mühsam mit entsprechenden Werkzeugen per Hand festgezogen werden können. Die restlichen vier Schrauben wandern gegenüber der Vierschraubenlösung weiter in die Zylinderzwickel hinein und bewirken dort ein besonders gute Pressung auf diesen thermisch hoch beanspruchten Bereich. Schon die langen Montagezeiten verbieten den Einsatz einer solchen Lösung für Serienmotoren.

KRAFTSTOFFVERBRAUCH

Rennmotoren, aber auch Serienmotoren in Mehrventiltechnik sind meist sehr leistungsstark. Wenn die zur Verfügung stehende Leistung oft eingesetzt wird, wird auch entsprechend viel Kraftstoff verbraucht. Spezifisch gesehen gehören sie jedoch zu den günstigsten Verbrennungsmotoren

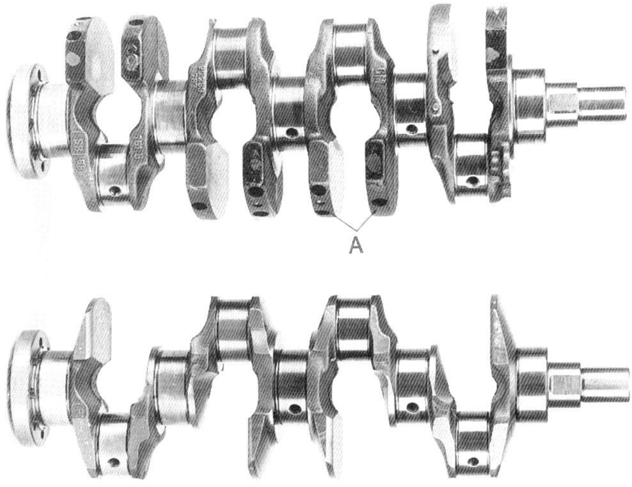

Entsprechend dem Verwendungszweck sind Kurbelwellen von Serien- und Rennmotoren unterschiedlich ausgebildet. Die Kurbelwelle des Opel 2,0 Liter Vierventil-Serienmotors besitzt pro Zylinder zwei, also insgesamt acht große Gegengewichte (A), um größtmögliche Laufruhe zu erzielen. Die Kurbelwelle des abgeleiteten Formel 3 Motors ist ca. 4 kg leichter, weil nicht nur die Gegengewichte deutlich kleiner sind, sondern vier Gegengewichte überhaupt fehlen.

überhaupt. Rennmotoren sind dabei noch günstiger als die Serienmotoren in Mehrventiltechnik, weil sie nicht auf leistungszehrende und wirkungsgradverschlechternde geräuschdämmende Maßnahmen angewiesen sind. So weisen sehr gute Vierventilmotoren für die Straße im Bereich der Motorhöchstleistung einen spezifischen Verbrauch von 300 g/KWh und knapp darunter auf. Die aufgeladenen Formel 1-Rennmotoren waren zwar ursprünglich als Säufer verschrien, machten jedoch unter dem Zwang, mit weniger Kraftstoff auskommen zu müssen, gewaltige Fortschritte in Sachen Kraftstoffverbrauch.

Am Ende ihrer Entwicklung im Jahre 1988 konnten Spitzenmotoren mit Verbrauchswerten von 250 bis 260 g/kWh aufwarten. Es darf allerdings bei dieser Betrachtung nicht übersehen werden, daß Rennmotoren mit Spezialkraftstoffen betrieben werden, die nicht nur für die Leistung, sondern auch für den Verbrauch sehr günstig sind. Trotz dieser Begünstigung: Ohne Vierventil-Technik wären diese hervorragenden Verbräuche nicht zu erreichen gewesen.

Die Kosten für den Kraftstoff sind für Rennfahrzeuge natürlich nicht relevant, trotzdem ist auch hier niedriger Verbrauch eine interessante Größe, weil das Rennfahrzeug die Menge Kraftstoff, die es im Rennen verbrauchen wird, von Anfang an an Bord mitführen muß. Bei Formel 1-Fahrzeugen beträgt der Treibstoffvorrat ein Viertel des gesamten Fahrzeuggewichtes, also einen beträchtlichen Anteil. Niedriger Verbrauch ermöglicht es, weniger Sprit mitzuführen und damit das Leistungsgewicht des Fahrzeuges über die gesamte Renndistanz, besonders aber am Anfang, zu verbessern.

Bei Serienfahrzeugen kann bei gegebenem Tankvolumen die Reichweite erhöht werden, zusätzlich drückt sich niedriger Benzinverbrauch auch in niedrigen Tankrechnungen aus. Zu beiden konnte die Mehrventiltechnik einen deutlichen Beitrag vor allem dann leisten, wenn die Mehrleistung dieser Motoren nicht laufend in Anspruch genommen wird.

Der von Cosworth für Pontiac entwickelte Vierventil-Rennmotor besitzt pro Zylinder zwei Einspritzdüsen (A). Die Trockensumpfpumpe (B) hat zwei Saugstufen (C) und eine Druckstufe (D).

Spiel mit Variationen

Variable Steuerzeiten und Saugrohre im Vierventiler-Umfeld

Es wurde bereits darauf hingewiesen, daß zusammen mit der Vierventil- oder Mehrventiltechnik das Umfeld der Motoren, ob das die Gemischaufbereitung oder das Zündsystem betrifft, in der Regel mehr Aufwand erfordert. Die Hersteller sind auch bereit, diesen zu treiben. Diese Bereitschaft erstreckt sich natürlich auch auf neue Techniken und Entwicklungen, die geeignet sind, weitere Verbesserungen im Verbrauch, in der Leistung oder im Abgasverhalten zu bringen. Die Variation der Ventilsteuerzeiten gehört ebenso dazu wie die Anwendung unterschiedlicher Saugrohrvolumina oder die Ventilabschaltung.

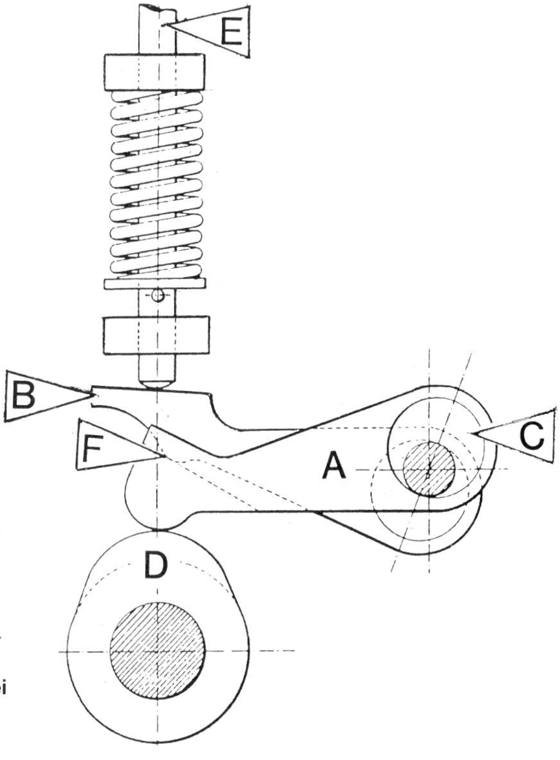

Die ersten Überlegungen zu variablen Steuerzeiten datieren bereits aus der Jahrhundertwende. Bei diesem Vorschlag sind zwei Schwinghebel (A) und (B) zwischen der Nocke (D) und dem Ventilschaft (E) des stehend angeordneten Ventiles geschaltet. Durch eine Exzenterwelle (C) werden die Drehpunkte beider Schlepphebel so verändert, daß sowohl der Ventilhub als auch die Ventilsteuerzeit verändert werden kann. Die Hubbewegung des Hebels (A) wird dabei über die schräge Auflagefläche (F) auf den Hebel (B) übertragen.

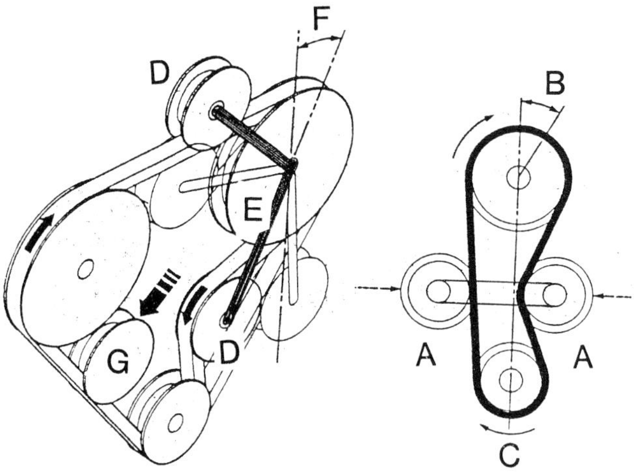

Das Prinzip einer einfachen Nockenwellen-Verdreheinrichtung ist im Bild rechts gezeigt: Der überlange Antriebsriemen wird durch zwei Umlenkrollen (A) hin und her geschoben; dabei kommt es zu einer Relativverdrehung der Nockenwelle (B) zur Kurbelwelle (C). Komplizierter wird die Sache bei zwei obenliegenden Nockenwellen (im Bild links): Die beiden Umlenkrollen (D) sind auf einen Winkelhebel (E) montiert, der um den Winkel (F) hin und her geschwenkt wird. Eine weitere Rolle (G) sorgt für gleichbleibende Spannung des Riemens.

VARIABLE STEUERZEITEN

Fixe Steuerzeiten, wie sie durch die rein geometrisch-kinematischen Zusammenhänge üblicherweise vorgesehen sind, stellen immer einen Kompromiß dar. Eine Optimierung für den gesamten Bereich des Motorkennfeldes ist dabei nicht möglich. Doch schon durch einfache Veränderung der Ventilsteuerzeiten kann Drehmoment im unteren Drehzahlbereich und Leistung im oberen Drehzahlbereich gewonnen werden. Gleichzeitig lassen sich auch Verbesserungen im Leerlauf und im Abgasverhalten erreichen.

Die einfachste Form der variablen Steuerzeiten sind sogenannte Phasenwandler, wobei die beiden Nockenwellen im Betrieb last- und drehzahlabhängig gegeneinander und gegenüber der Kurbelwelle verdreht werden. Die Nockenprofile selbst und somit auch der Ventilhub bleiben unverändert. Für eine wirksame Auslegung dieses Systems genügt es, die Steuerzeiten der Einlaßventile zu verstellen. Versuche haben bewiesen, daß eine zusätzliche Veränderung der Auslaßsteuerzeiten keine nennenswerte Verbesserung bringt.

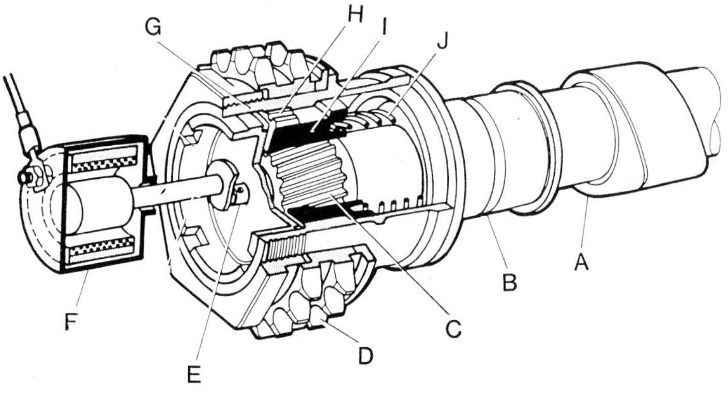

Nockenwelleverstellung von Alfa Romeo. Es bedeuten:

(A) Nockenwelle
(C) Schrägverzahnung
(E) Steuerungsventil-offen
(G) Radnabe
(I) Schaltmuffe
(B) Ölzufuhrrille
(D) Kettenrad
(F) Solenoid
(H) Geradverzahnung
(J) Rückdruckfeder

Die Funktion ergibt sich durch die Schaltmuffe (I), die vom Öldruck nach rechts bzw. von der Feder (J) nach links geschoben wird.

Mit optimierten Steuerzeiten ließen sich an einem Fiat 124 Motor diese Verbesserungen erreichen. Gegnüber der ursprünglichen Leistung (A) und Drehmoment (B) sind die Steigerungen in Leistung (C) und Drehmoment (D) vor allem im unteren Drehzahlbereich mit 16% und 14% erheblich.

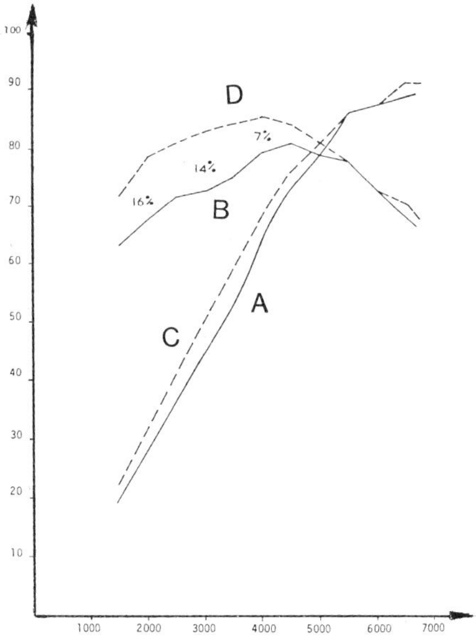

Für den Einsatz von Phasenwandlern eignen sich naturgemäß nur Motoren mit zwei obenliegenden Nockenwellen (DOHC), wie sie in der Mehrventiltechnik häufig vorkommen. Ungeachtet dessen wurde die erste serienmäßige Nockenwellenverstellung dieser Art bei einem Zweiventiler, dem Alfa Romeo 2,0 Liter-Twin Spark eingeführt, der ebenfalls über zwei obenliegende Nockenwellen verfügt. Dieser Motor kommt, dank Phasenwandler und Doppelzündung auf Leistungswerte von 110 kW (150 PS), die sonst

Die variable Ventilsteuerung von Fiat/Lancia benötigt wegen der konischen unsymmetrischen Nockenform ein Anpassungssegment zwischen Stößelboden und Nocken (A). Die Phasenverschiebung erfolgt durch eine Schrägverzahnung zwischen Nockenwelle und Antriebsrad (B). Die Steuerung des Öldruckes zur Verschiebung der Nockenwelle besorgt ein Fliehkraftregler (C).

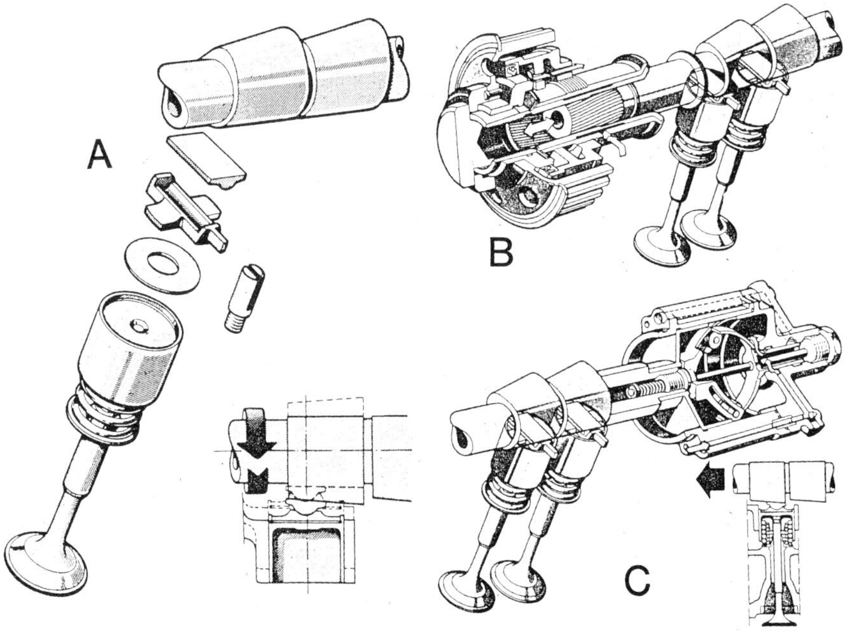

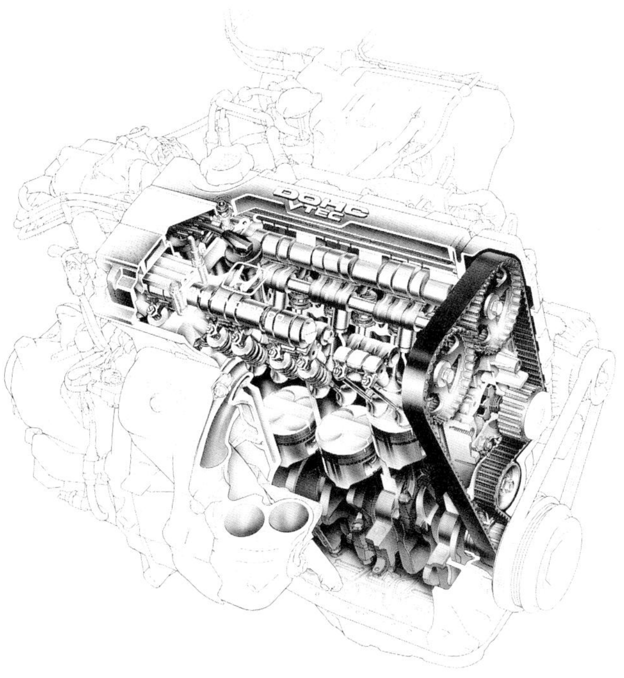

Als erster Hersteller brachte Honda beim Civic CRX ein System in Serie, bei dem sowohl die Steuerzeiten als auch der Ventilhub veränderlich sind. Der 1,6-Liter-Vierzylinder hat eine spezifische Leistung von knapp 100 PS/Liter.

nur Mehrventiler erreichen und beweist so schon als Zweiventiler die Vorteile dieses Systems.

Der Nachteil der einfachen Phasenwandler ist, daß die Nockenprofile und somit die Ventilerhebungskurven erhalten bleiben. Es hat nicht an Versuchen gefehlt, mit konischen Nockenprofilen und ähnlichem dieses Manko auszuräumen. Erst Honda gelang mit dem VTEC-System (Valve Timing and Lift Electronic Control System) eine überzeugende Lösung, die allerdings erheblichen Aufwand in der Steuerungsmechanik verlangt (siehe Seite 187).

Doch zurück zum einfacheren Phasenwandler. Dabei wird üblicherweise die Einlaßnockenwellen während des Betriebes um etwa 10 bis 20 Grad Nockenwellenwinkel (entsprechend 20 bis 40 Grad Kurbelwinkel) vor oder

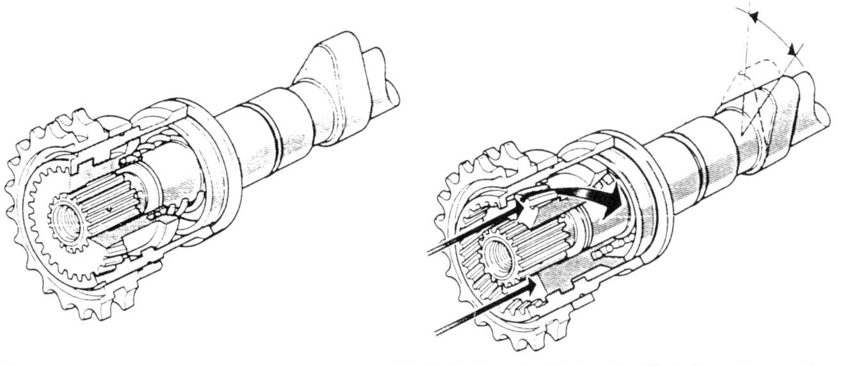

Über die Schrägverzahnung wird beim Alfa Twin Spark-Motor die Einlaßnockenwelle um bis zu 30° gegenüber der Auslaßnockenwelle verdreht.

zurück verstellt. Für die Konstruktion solcher Verstellmechanismen sind nur solche Nockenwellenantriebe geeignet, bei dem die Steuerkette (oder der Steuerriemen) über beide Nockenwellen läuft oder nur die Auslaßnockenwelle antreibt. Zwischen dem Nockenwellenantriebsrad und der Einlaßnockenwelle wird ein elektro- hydraulischer Verdrehmechanismus eingebaut, der die erwünschte Relativverdrehung vornimmt.

Bei der Verdrehung der Einlaßnockenwelle zur Auslaßnockenwelle werden vier wichtige Parameter des Ventiltriebs gleichzeitig verändert:

- Die Spreizung
- Die Ventilüberschneidungsfläche
- Der Öffnungsbeginn des Einlaßventils
- Das Schließende des Einlaßventils

Diese Parameter haben wesentlichen Einfluß auf Leistung und Drehmoment, aber auch auf Leerlaufqualität, Abgasverhalten und Verbrauch. Daß bei identischer Ventilerhebung der Drehmoment- und Leistungsverlauf so stark auf die Einlaßsteuerzeiten reagiert, hängt vorrangig mit den Schwingungen der Gassäulen im Ansaugtrakt zusammen. So ist beispielsweise selbst bei Vollast die Gasgeschwindigkeit im unteren Drehzahlbereich und dadurch die Gasdynamik nicht sehr wirksam. Der Gasstrom im Saugrohr

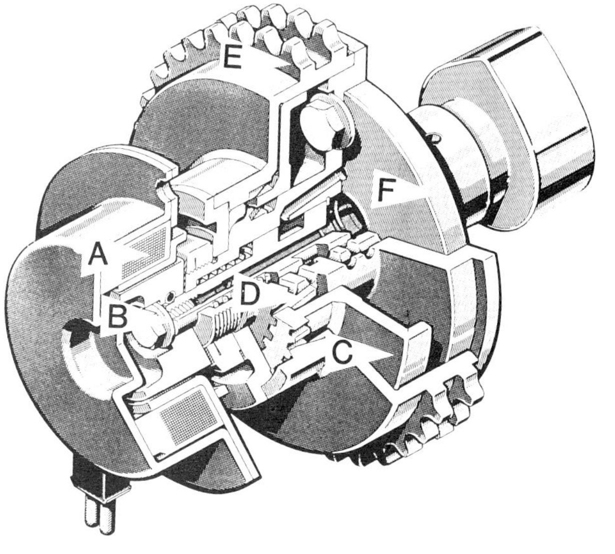

Wirkungsweise der Nockenwellenverstellung von Mercedes-Benz. Ein ringförmiger Elektromagnet (A) verschiebt den Steuerkolben (B). Dieser steuert den über die hohle Nockenwelle zugeführten Öldruck so, daß Teil (C) hin und her gedrückt wird. Die Schrägverzahnung (D) verdreht dann den Zahnkranz (E) zum Nockenwellenkörper (F). Geringe Ölundichtigkeiten stören nicht, weil das System im Kettenkasten des Nockenwellenantriebes angeordnet ist. Darunter: der Mechanismus zerlegt.

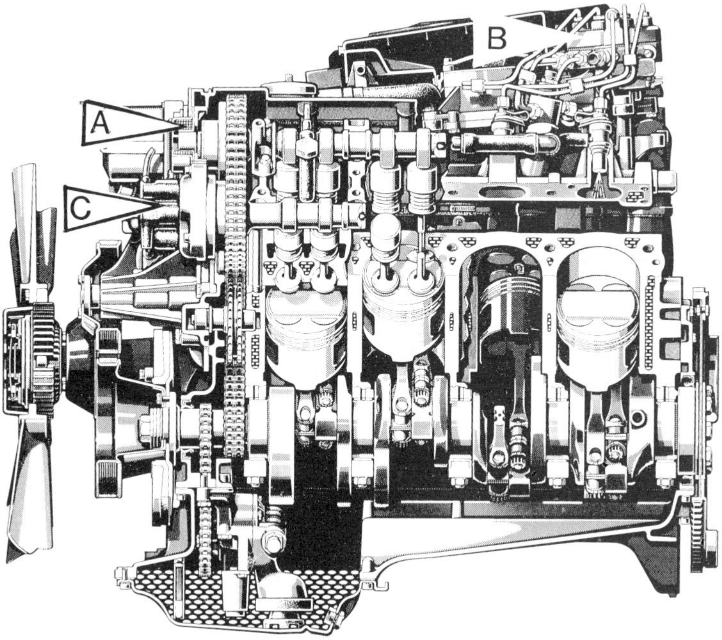

Steuerzeitenverstellung am Mercedes V8-Vierventilmotor. Je ein Verstellmechanismus (A) pro Zylinderbank verdreht die Einlaßnockenwellen gegenüber den Auslaßnockenwellen. Vorne an den Auslaßnockenwellen die Zündverteiler (C). Die mechanische Einspritzanlage (B) ist in der Mitte oben am Motor angeordnet.

folgt damit im großen und ganzen der Bewegung des jeweiligen Kolbens und kehrt seine Bewegungsrichtung um, wenn der Kolben den unteren Totpunkt (UT) passiert hat. Wenn das Einlaßventil dann noch offen ist, wird Gemisch wieder in den Ansaugtrakt zurückgeschoben und so die Füllung der Zylinder verschlechtert. Um dieses zu vermeiden, sollte also der Einlaßschluß im unteren und mittleren Drehzahlbereich möglichst nahe an dem jeweiligen unteren Totpunkt liegen. Bei hohen Drehzahlen hingegen ist auch die Gasgeschwindigkeit bei Vollast hoch, so daß die Gasdynamik sehr ausgeprägt ist. Sie läßt sich für eine dynamische Nachladung und somit für eine bessere Zylinderfüllung nutzen, wenn die Einlaßventile nach dem unteren Totpunkt lange genug geöffnet sind. Vereinfacht dargestellt ergeben sich folgende Zusammenhänge:

- Früher Einlaßschluß bringt hohes Drehmoment im unteren Drehzahlbereich (bis ca. 4500/min).
- Später Einlaßschluß bringt hohe Leistung im oberen Drehzahlbereich.

Diese grundlegenden Zusammenhänge erklären auch, warum variable Steuerzeiten gerade in Verbindung mit der Mehrventiltechnik interessant sind. Denn das typische Merkmal der Vier- oder Mehrventiler ist die hohe Leistung bei hoher Drehzahl. Im unteren Drehzahlbereich sind sie oft sogar schwächer als gleich große Zweiventiler. Mit variablen Steuerzeiten aber läßt sich die hohe Endleistung erhalten und dennoch ein guter Drehmomentverlauf im unteren Drehzahlbereich erzielen.

Da jedoch, wie bereits dargelegt, die Verschiebung der Einlaßventilerhebung auch Veränderungen hinsichtlich der Spreizung und somit der Ventilüberschneidung zur Folge hat, sind, abgesehen vom Leistungs- und Drehmomentverlauf, noch andere Auswirkungen zu berücksichtigen. So ergibt

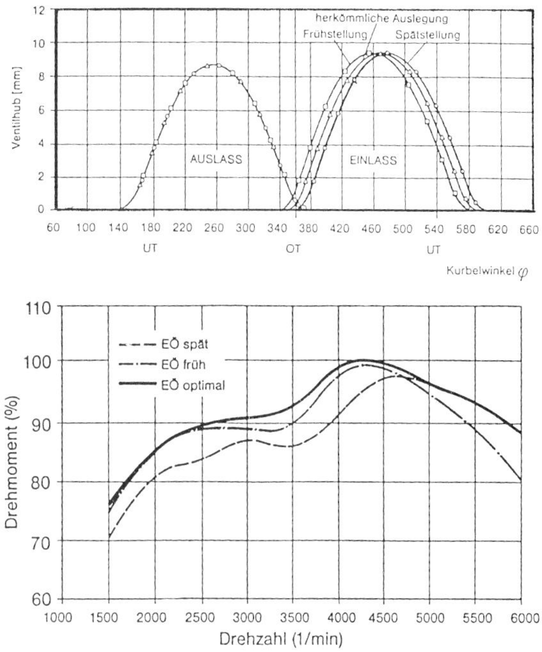

Ventilerhebungen beim Mercedes V8-Motor mit variablen Steuerzeiten. Die Einlaßnockenwellen werden in diesem Fall gegenüber einer herkömmlichen Auslegung für die Frühstellung um 10° Kurbelwinkel nach früh sowie nach der anderen Seite um 10° Kurbelwinkel nach spät verstellt. Die bei der Spätstellung vergrößerte Spreizung sorgt dafür, daß das Drehmoment des Motors bei höheren Drehzahlen ansteigt.

beispielsweise der für gutes Drehmoment notwendige frühe Einlaßschluß eine kleinere Spreizung, da ja die Einlaßnockenwelle relativ zur Auslaßnockenwelle zurückgedreht wird. Eine kleinere Spreizung bedeutet aber eine größere Ventilüberschneidung, bei der Einlaß- und Auslaßventile gleichzeitig geöffnet sind. Große Ventilüberschneidungen sind aber wegen der möglichen Vermischung von Abgas und Frischgas nicht gut für die Leerlaufqualität und für das Teillastverhalten im unteren Drehzahlbereich. Umgekehrt

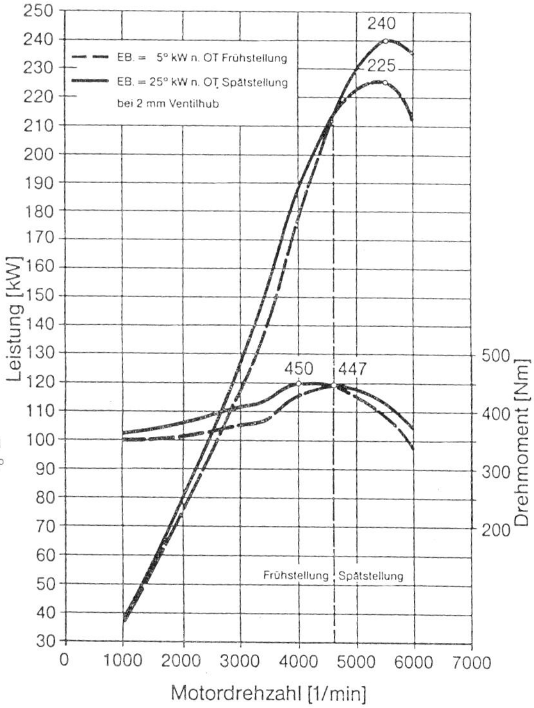

So verändern sich Leistung und Drehmoment beim Mercedes V8-Motor wenn die Einlaßnockenwelle um insgesamt 20° Kurbelwinkel verdreht wird. Sinnvollerweise erfolgt im praktischen Betrieb die Umschaltung zwischen Früh- und Spätstellung bei einer Drehzahl von 4600/min.

ergibt ein später Einlaßschluß eine größere Spreizung und kleine Ventilüberschneidungen. Auch auf die Abgasqualität hat die Ventilüberschneidung Einfluß. Bei großer Ventilüberschneidung ist wegen der internen Abgasrückführung (Vermischung von Frischgas und Abgas) die Stickoxid-Emission geringer, bei kleiner Ventilüberschneidung ist eine geringere Kohlenwasserstoff-Emission zu erwarten.

Aus all diesen Zusammenhängen ergeben sich natürlich Zielkonflikte, die am besten mit einer stufenlos variablen Steuerzeitenverstellung zu lösen wären. Doch eine solche Ideallösung ist reine Zukunftsmusik. Ja, es ist konstruktiv sogar sehr schwierig, zwischen den beiden Endstellungen der Nockenwellenverdrehung noch Zwischenstellungen zu realisieren. So begnügt man sich heute in der Regel mit zwei Endstellungen, die so festgelegt und gesteuert werden, daß ein Maximum der erwünschten Vorteile anfällt. Hierzu sind aber über den gesamten Drehzahlbereich mindestens zwei Verstellvorgänge in Abhängigkeit von Last und Drehzahl notwendig. Dies sei am Beispiel des 300 E/24 V Mercedes-Motors erläutert:

- Im Leerlauf und im unteren Teillastbereich steht die Einlaßnockenwelle auf spät, was eine hohe Leerlaufqualität und gutes Ansprechverhalten ergibt.

Das Diagramm zeigt den Einfluß der Nockenwellenstellung (Einlaß früh oder spät) auf den volumetrischen Wirkungsgrad beim Mercedes-Achtzylinder. Bei der Frühstellung ist im unteren Drehzahlbereich die Füllung besser, bei der Spätstellung im oberen.

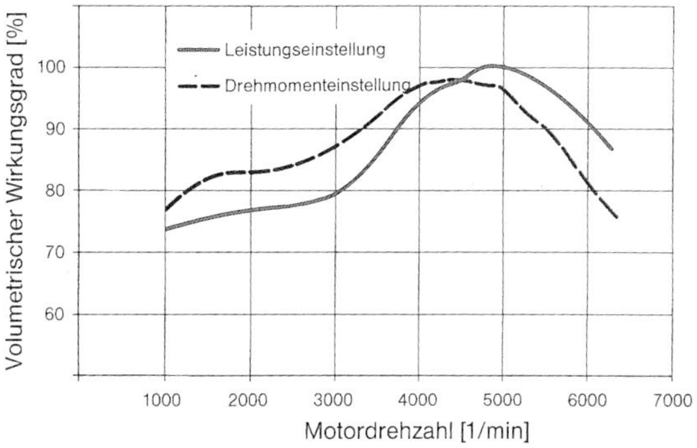

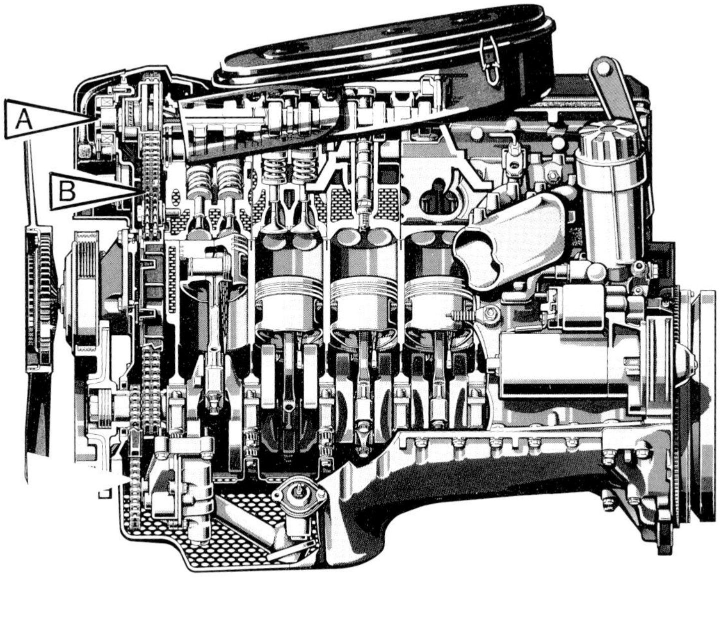

Steuerzeitenverstellung beim Mercedes Sechszylinder-Vierventilmotor. Ein Verstellmechanismus (A) verdreht die Einlaßnockenwelle gegenüber ihrem Antriebsrad. Die Steuerkette (B) ist hier als Duplex-Kette also zweireihig ausgebildet. Eine weitere kurze und einreihige Kette (C) treibt die Ölpumpe an.

- Spätestens bei 2000/min wird die Einlaßnockenwelle um 34° Kurbelwinkel auf früh geschaltet, um die gewünschte Drehmomenterhöhung zu gewinnen.
- Knapp über 5000/min wird die Einlaßnockenwelle wieder auf spät gestellt, um die hohe Leistung bis in höchste Drehzahlbereiche (7000/min) zu halten.

Beim 5 Liter V8-Motor von Mercedes wird die Nockenwellenverstellung sogar zur Leistungsbegrenzung abhängig von der Fahrgeschwindigkeit benutzt: bei 250 km/h werden beide Einlaßnockenwellen nochmals auf früh gestellt.

DAS HONDA VTEC-SYSTEM

Ein anderes System der Steuerzeitenvariation, bei dem die Nockenwellen nicht verdreht werden, wurde im Jahre 1989 von Honda vorgestellt. Dabei wird nicht nur die Öffnungsphase verstellt, sondern auch die Öffnungsdauer und der Öffnungsquerschnitt. Das Ziel dieser Maßnahme sind maßgeschneiderte Ventilöffnungsgesetze für unterschiedliche Drehzahlbereiche. Kürzere Öffnungszeiten und kleinerer Ventilhub bis zu mittleren Drehzahlen erhöhen die Gasgeschwindigkeit und damit auch die Füllung und das Drehmoment in diesem Bereich. Bei höheren Drehzahlen intensivieren längere Öffnungszeiten und ein größerer Ventilhub die Atmung des Motors, was wiederum positive Auswirkungen auf die Leistung hat.

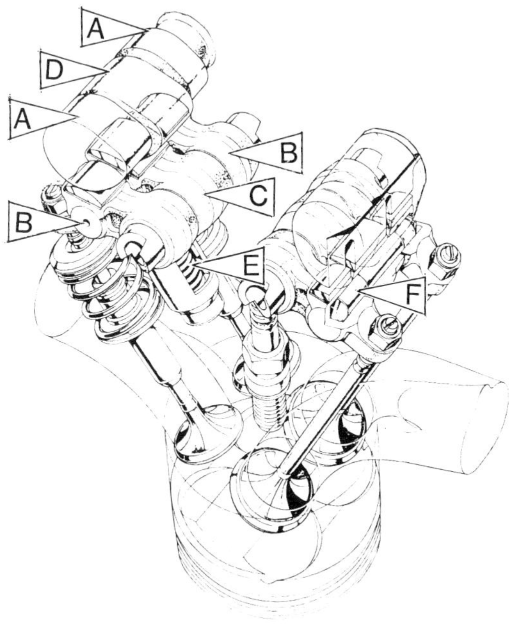

Das von Honda entwickelte System variabler Steuerzeiten (VTEC) benötigt pro Zylinder sechs Nocken und sechs Schwinghebel. Im Normalbetrieb betätigen die äußeren Nocken (A) die Ventile direkt über die äußeren Schlepphebel (B). Der mittlere Schlepphebel (C) folgt dem mittleren steileren Nocken (D), ist aber zunächst ohne Funktion. Eine Feder (E) sorgt dafür, daß der Kontakt zwischen Nocken und Schlepphebel nicht verloren geht. Für hohe Leistungen wird mit Bolzen (F) eine Verbindung der Schlepphebel hergestellt. Die Ventile folgen jetzt dem mittleren steileren Nocken mit größeren Ventilhüben. Die Verschiebung der Bolzen erfolgt mit Öldruck und Federn. Der Vorteil des VTEC-Systems (Variable Valve Timing and Lift Electronic Control System) ist, daß nicht nur die Steuerzeiten der Ein- und Auslaßventile geändert werden, sondern auch der Ventilhub.

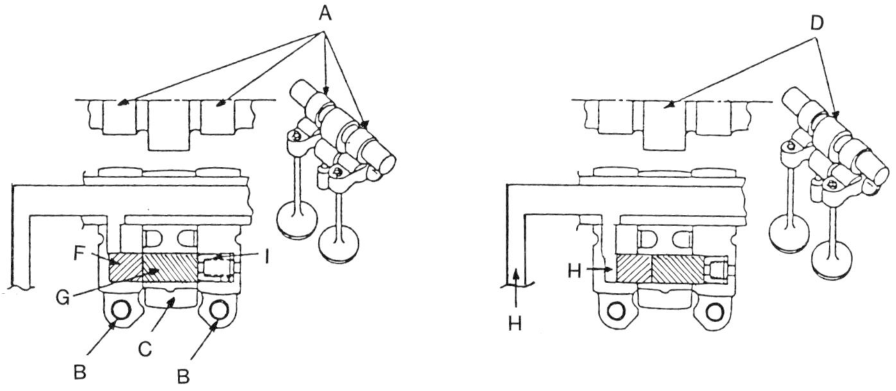

Funktionsweise des Honda Vierventil-Konzeptes mit variablen Steuerzeiten (VETC). Im Normalbetrieb (Bild links) betätigen die äußeren Nocken (A) die Schlepphebel (B), die direkt auf die beiden Ventile drücken. Der mittlere Schlepphebel (C) folgt dem mittleren Nocken (D), ist aber zunächst ohne Funktion. Für hohe Leistung werden die beiden Bolzen (F) und (G) per Öldruck (H) nach rechts gedrückt. Jetzt ist eine Verbindung des mittleren Schlepphebels (C) mit den äußeren Schlepphebeln (B) hergestellt (Bild rechts), so daß die Ventile nun dem mittleren Nocken (D) folgen, der für hohe Leistung ausgelegt ist. Wird der Öldruck (H) weggenommen, drückt die Feder (I) die beiden Bolzen (F und G) wieder nach links.

Der Trick, mit dem dieser Effekt erzielt werden kann, erfordert bei vier Ventilen pro Zylinder sechs Nocken und sechs Schlepphebel. Die äußeren, den Ventilen direkt zugeordneten Nocken tragen zahme Profile, der mittlere Nocken hat längere Steuerzeiten und den größten Ventilhub. Im unteren Drehzahlbereich sind nur die äußeren Nocken aktiv, während die mittlere Nocke ohne Auswirkung auf die Ventile den zentralen Schlepphebel sozusagen leer betätigt. Eine zusätzliche Feder sorgt dafür, daß dabei der Kraftschluß zwischen Nocke und Schlepphebel nicht verloren geht. Zwischen 5000 und 6000/min stellen hydraulisch verschiebbare Stifte eine mechanische Verbindung zwischen den drei Schlepphebeln her. Von da an gibt der

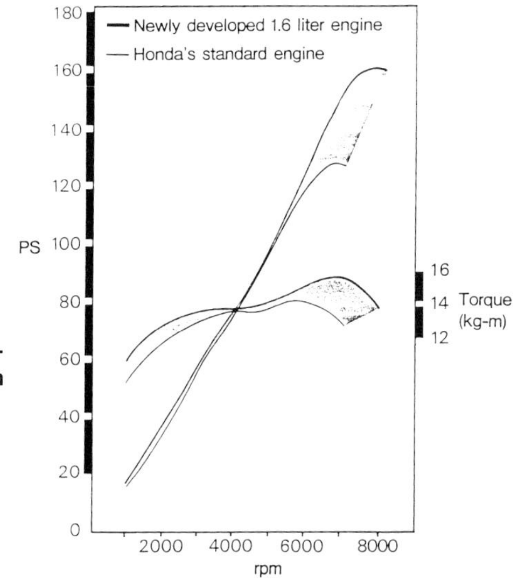

Durch die Umschaltung auf das scharfe Nockenprofil wird vor allem Leistung und Drehmoment im oberen Drehzahlbereich gewonnen. Honda erreicht dadurch eine sehr hohe spezifische Leistung von rund 100 PS/Liter. Als Drehzahlgrenze werden über 8000/min genannt.

fülligere mittlere Nocken die Ventilöffnung an. Der für das Verschieben notwendige Steuerdruck wird vom Schmierölkreislauf des Motors zur Verfügung gestellt. Damit die Koppelung der Schlepphebel auch richtig funktioniert, müssen die Grundkreise aller Nocken gleich sein, so daß bei geschlossenem Zustand der Ventile die Bohrungen bzw. Stifte fluchten.

VENTILABSCHALTUNG

Die Ventilabschaltung ist ein weiteres technisches Spielfeld in der Peripherie der Mehrventiltechnik. Mit ihr lassen sich Schwingungs- und Strömungsvorgänge nicht nur im Ansaugsystem, sondern bis in den Brennraum hinein beeinflussen. Bleibt bespielsweise ein Einlaßventil geschlossen, bildet sich durch die tangentiale Einströmung des Gemisches im Brennraum eine kreisförmige Strömung aus, die um die Brennraummitte – also die Zündkerze – rotiert.

Das Stillegen und Aktivieren von Ventilen während des Motorbetriebes ist allerdings nicht einfach. Für den Einschalt- bzw. Abschaltvorgang steht nur eine extrem kurze Zeitspanne zur Verfügung. Diese Zeitspanne wird umso kleiner, je höher die Motordrehzahl ist.

Bei einem Honda Motorradmotor, der bereits 1983 vorgestellt wurde, funktioniert die Sache wie folgt: Jedes Ventil besitzt einen eigenen Schlepphebel, der um eine Schlepphebelachse schwingt. Die Schlepphebel von je zwei Einlaß- und Auslaßventilen liegen ganz knapp nebeneinander und nur einer der beiden wird von der darüber liegenden Nockenwelle betätigt. Dieser Schlepphebel ist deutlich massiver als sein Nachbar, weil er einen waagerecht liegenden Bolzen samt Rückzugfeder beinhaltet. Auf seiner Rückseite kann der Bolzen bei Bedarf mit Öldruck beaufschlagt werden. Der Öldruck wird über eine Ölleitung der hohlen Schlepphebelachse und von da

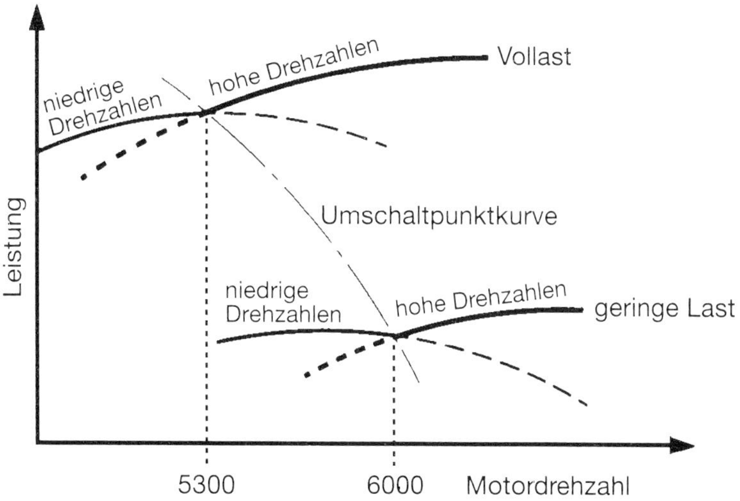

Das Diagramm zeigt die effektive Umschaltkurve des Honda 1,6i VTEC-Motors. Bei Vollgas und hoher Drehzahl wird schon bei 5300/min der scharfe Nocken eingelegt, bei geringer Last erst bei 6000/min. Je nach Motorgröße oder Leistungscharakteristik sind hier verschiedene Umschaltkurven denkbar.

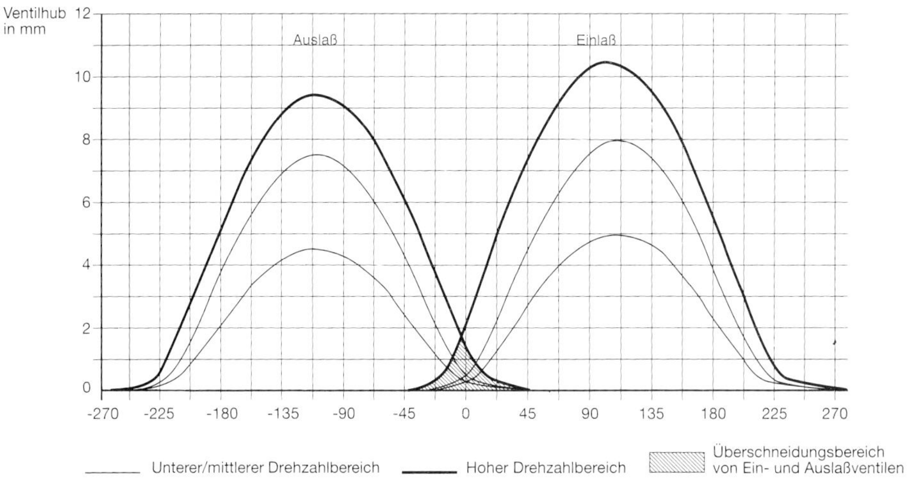

Das Steuerdiagramm zeigt die Erhebungskurven der drei Nocken des Honda 1,6i VTEC-Motors. Interessant ist, daß die beiden zahmen Nocken ebenfalls unterschiedliche Erhebungen und Steuerwinkel aufweisen, um einen kräftigen Einlaßdrall zu erzeugen. Das Diagramm zeigt weiterhin, daß vor allem im Ventilhub erhebliche Differenzen bestehen, weniger in den Öffnungswinkeln.

über Bohrungen dem Schlepphebel und seinem Kolbenraum zugeführt.

Im normalen Betrieb bei Teillast öffnet immer nur ein Einlaß- und ein Auslaßventil. Der Mechanismus ist so angeordnet, daß sich die Ventile diametral gegenüber liegen. Damit erreicht man eine verbesserte Spülung des Brennraumes sowie eine rotierende Ladungsbewegung vor der Zündung. Wird nun Hilfsöldruck angelegt, werden die Bolzen aus dem Hauptschlepphebel heraus in eine entsprechende Bohrung des danebenliegenden Schlepphebels gedrückt. Damit sind beide Schlepphebel miteinander verbunden und führen dieselbe Hubbewegung aus. Das Überschieben des Bolzens ist nur möglich, wenn beide Ventile geschlossen sind, die Schlepphebel also exakt nebeneinander liegen.

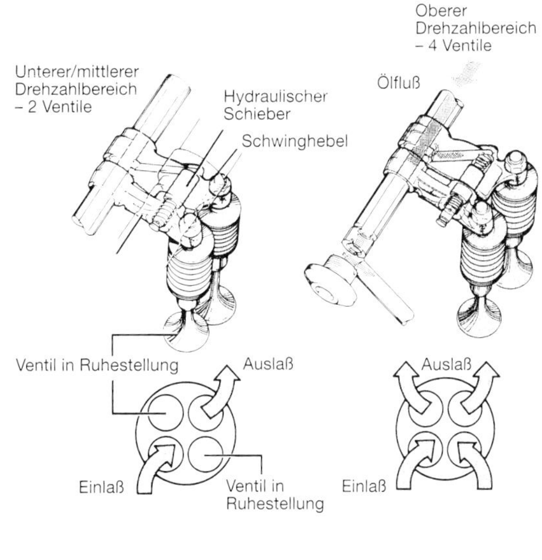

Schon 1983 stellte Honda beim Motorradmotor der CBR 400 F ein System zur Ventilanschaltung (REV-System) vor. Bei niederer Drehzahl werden nur die sich diagonal gegenüberliegenden Ventile aktiviert, bei hoher Drehzahl arbeitet der Motor als vollwertiger Vierventiler.

Haben alle Schlepphebel eingerastet, arbeitet der Motor als Vierventiler. Der Ein- bzw. Auskuppelvorgang muß nicht genau bei allen Zylindern und allen Ventilpaaren gleichzeitig erfolgen. Kurzer Dreiventilbetrieb ist also ebenfalls möglich. Wird der Öldruck wieder weggenommen, schieben Federn die Bolzen in den Hauptschwinghebel zurück und der Motor arbeitet wieder als Zweiventiler.

Der Hauptvorteil des Systems liegt in der Möglichkeit, Nockenprofile mit einer sehr sportlichen Auslegung zu verwenden. Diese verleihen dem Motor im Vierventilbetrieb hohe Endleistung. Bei niedrigeren Drehzahlen gewährleistet der Zweiventilbetrieb gute Fahrbarkeit, Laufruhe und günstige Verbrauchswerte. Die Umschaltung von Zwei- auf Vierventilbetrieb erfolgt etwa nach 2/3 bis 3/4 des Drehzahlbandes. Das heißt, daß der Motor hauptsächlich im Zweiventilbetrieb läuft und nur selten – beim Ausdrehen der Gänge – auf Vierventilbetrieb umgeschaltet wird.

VARIABLE STEUERUNG DES ANSAUGSYSTEMS

Ähnliche Überlegungen wie bei den Ventilsteuerzeiten gelten auch für das Ansaugsystem. Einfache Ansaugrohre sind ein Kompromiß für möglichst hohes Drehmoment bei niedrigen Drehzahlen oder hohe Leistung bei hohen Drehzahlen. Im Prinzip bräuchte man Ansaugrohre, die je nach Drehzahl des Motors eine optimale Ansaugrohrlänge bereitstellen. Ähnlich einer Posaune müßte man dabei Rohre ineinander verschieben, um damit die Schwingrohrlänge vom Einlaßventil bis zum Sammler stufenlos zu verstellen.

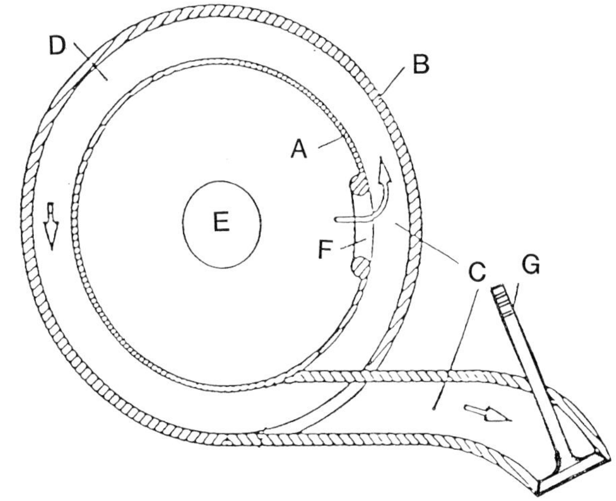

Funktionsprinzip einer stufenlos längenvariablen Sauganlage. Die Buchstaben bedeuten im einzelnen:
(A) drehbare Trommel
(C) Ansaugkanäle
(E) Lufteintritt in Trommel
(G) Einlaßventil
(B) Gehäuse
(D) Seitenwand mit Lagerung
(F) Lufteintritt in den Kanal
Trotz der theoretischen Vorteile gibt es solche Sauganlagen nicht in Serie. Viel Aufwand, genaue Passungen und hohe Kosten sind die Gründe dafür.

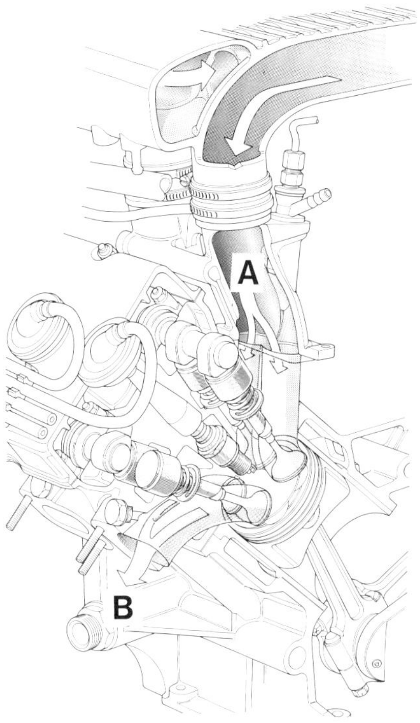

Beim Achtzylinder V-Motor des Lancia Thema 8,32 wird das Bemühen um eine ausreichende Saugrohrlänge deutlich. Die wirksame Saugrohrlänge reicht bis in den Luftsammler. Die angesaugte Frischluft (A) wird erst am Einlaß in den Zylinderkopf geteilt. Die Auslaßkanäle (B) werden bereits kurz nach den Ventilen zusammengefaßt.

Unter den extremen Betriebsbedingungen von Verbrennungsmotoren (Temperatur- und Druckschwankungen, Schwingungen) sind solche kontinuierlich verstellbaren Ansaugsysteme nur schwer zu realisieren, ganz abgesehen vom Aufwand für das System selber, aber auch für den Verstellmechanismus und dessen Lebensdauer.

Was von diesen Überlegungen für die Praxis übrig bleibt, sind variable Saugrohre mit zwei Stufen für unterschiedliche Schwingrohrlängen bzw. Schwingrohrquerschnitte. Welche Form des Ansaugrohres dabei gewählt wird, hängt sowohl von der Bauform des jeweiligen Motors als auch von der Zylinderanzahl ab. Die Zylinderzahl spielt insofern eine wichtige Rolle, als sie die Schwingungsformen und Stärke der Pulsationen im Ansaugsystem bestimmt.

Vierzylinder-Reihenmotoren bieten die Möglichkeit, einfache Saugrohre so zu gestalten, daß schon ein Großteil der Anforderungen gut erfüllt wird. Vier gleich lange Schwingrohre münden dabei meist rechtwinkelig in einem Sammler, an dessen offenem Ende der Drosselklappenstutzen sitzt. Solche Saugrohre haben wenig Strömungsverluste, sind also gut für hohe Leistung. Die Schwingrohrlängen und Durchmesser sind so abgestimmt, daß sich auch gute Drehmomentwerte einstellen.

Wollte man das Drehmoment im unteren Drehzahlbereich weiter steigern, müßte man die Saugrohrquerschnitte verkleinern bzw. die Schwingrohre verlängern. Eine praktikable Lösung ist es, die Schwingrohre zweiflutig auszubilden, sie also möglichst von den beiden Einlaßventilen ds Mehrventilzylinderkopfes bis zum Sammler zweifach zu führen. Eine Vereinigung aller acht Schwingrohre erfolgt dann erst im Sammler.

Wirkungsweise des variablen Toyota-Ansaugsystemes. Vor jeweils einem der beiden Einlaßventile des Vierventilmotors befindet sich eine kleine Drosselklappe (A). Im Drehzahlbereich oberhalb von 4650/min (Bild oben) sind die insgesamt vier Drosselklappen geöffnet. Der Motor saugt die Frischluft durch alle acht Schwingrohre (B) an. Im Drehzahlbereich unter 4650/min sind die Drosselklappen zu (Bild Mitte). Der Motor saugt die Frischluft nur mehr durch vier Schwingrohre an. Längen und Durchmesser der Schwingrohre sind so ausgelegt, daß sowohl ein Zugewinn an Leistung als auch an Drehmoment erzielt wird. Die Drosselklappen werden durch eine Membrandose (C) betätigt. Bild unten zeigt die Drosselklappen in geschlossener Stellung. Zur weiteren Ausstattung gehört ein Umschaltventil (D) und ein Vakuum-Vorratsbehälter (E).

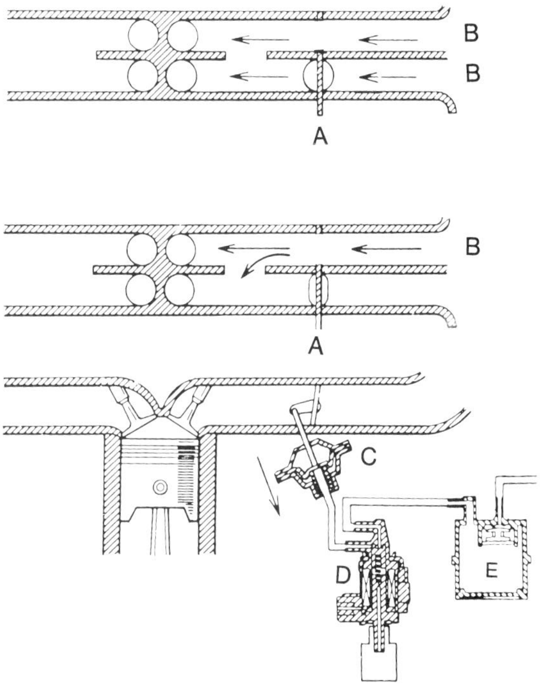

Das System ist dann wirksam, wenn im unteren Drehzahlbereich vier der insgesamt acht Kanäle, also jeweils einer pro Zylinder, verschlossen werden. Im oberen Drehzahlbereich hingegen sind alle Kanäle offen. Mehrventilmotoren mit zwei Einlaßventilen eignen sich dafür besonders gut, weil sie beginnend am Ventilteller ohnehin schon zwei Kanäle haben. Die Optimallösung ist dann möglich, wenn die Kanäle vom Ventil bis zum Sammler völlig getrennt verlaufen und die Stillegung eines Kanals durch das Ventil selber erfolgen kann. Man benötigt dann aber auch zwei Einspritzventile pro Zylinder, die je nach Erfordernis zu- oder abgeschaltet werden. Auch der

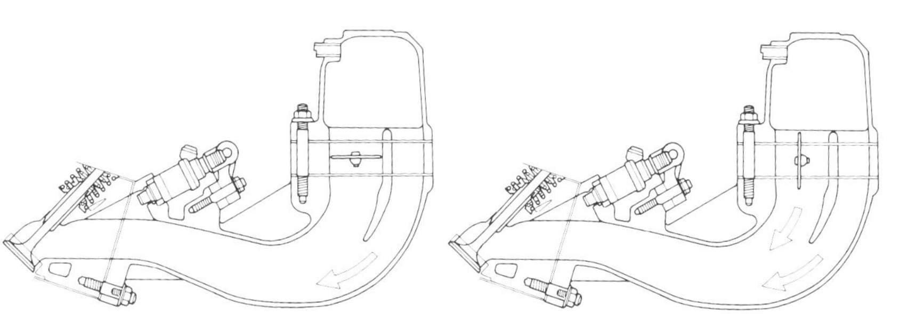

Drehzahl unter 5000 min^{-1} | Drehzahl über 5000 min^{-1}

Honda benutzt beim Vierzylindermotor des Prelude einen zweistufig arbeitenden Ansaugkrümmer. Im unteren Drehzahlbereich ist die größere Klappe geschlossen. Der so bezeichnete Primär-Ansaugtrakt hat eine wirksame Länge von 400 mm und einen kleinen Durchmesser von 35 mm. Im oberen Drehzahlbereich steht das gesamte, Saugrohrvolumen zur Verfügung.

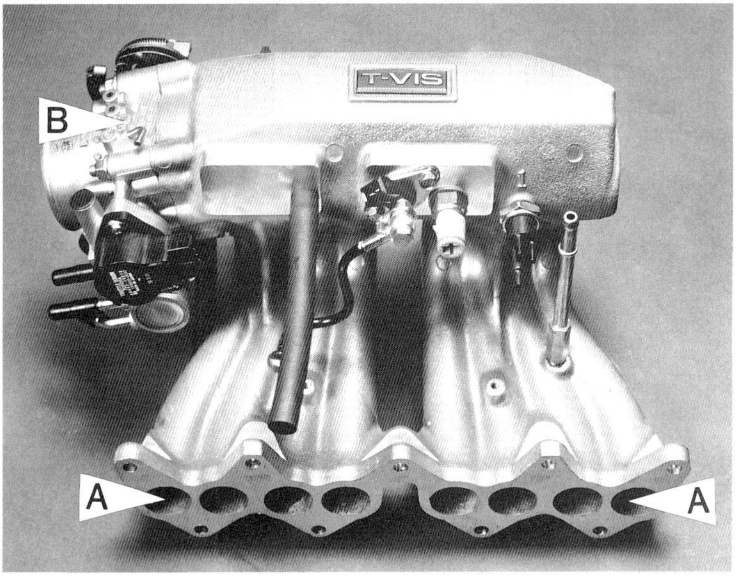

Das Ansaugsystem des Toyota 1,6 Liter Vierventilmotors besitzt acht einzelne Schwingrohre (A). Vier davon sind zur Steigerung des Drehmomentes im unteren Drehzahlbereich durch kleine Drosselklappen verschlossen. Die Drosselklappen befinden sich in einem hier nicht abgebildeten Flansch zwischen dem Zylinderkopf und dem Ansaugsystem. Die vom Fahrpedal betätigte Hauptdrosselklappe (B) befindet sich links oben vor dem Eintritt in das Sammelvolumen.

Aufwand für die Stillegung bzw. Aktivierung von Ventilen während des Betriebes ist bekanntlich nicht unerheblich.

Eine andere, ausgeführte Lösung von Toyota zeigt insgesamt vier kleine Drosselklappen, die knapp vor je einem Einlaßventil angeordnet sind und so die Schaltfunktionen für das Ansaugsystem übernehmen. Um mit einer Einspritzdüse pro Zylinder auszukommen, ist die Zwischenwand der beiden Kanäle für ein kurzes Stück aufgebrochen. An dieser Stelle sitzt die Einspritzdüse, die so beide Kanäle eines Zylinders mit Kraftstoff versorgen kann.

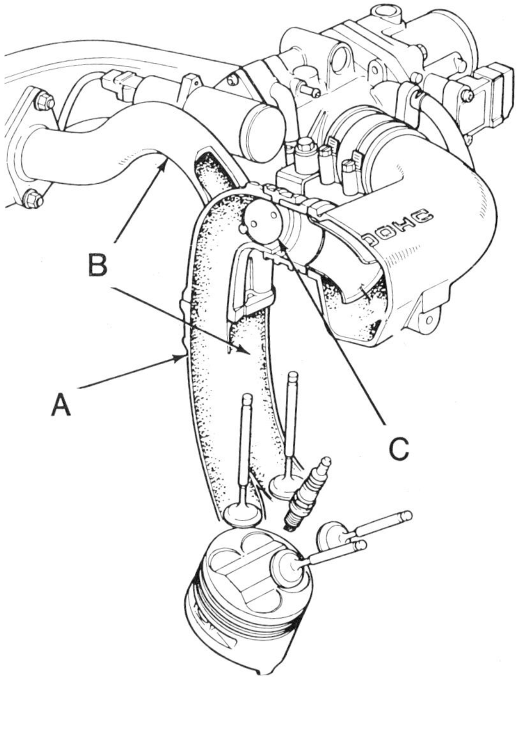

Ford V6-Vierventilmotor mit variablem Ansaugsystem. Von den beiden Einlaßventilen führt ein kurzes, dikkes Ansaugrohr (A) sowie ein längeres und dünneres Ansaugrohr (B) zu den beiden gegenüberliegenden Sammelrohren, die sich oberhalb der Zylinderköpfe befinden. Im Oberteil der sechs kurzen Saugrohre sind Drosselklappen (C), die bis ca. 4000/min geschlossen bleiben. Bis dahin sind nur die auf hohes Drehmoment im unteren Bereich ausgelegten längeren Saugrohre in Betrieb. Ab ca. 4000/min öffnen die Drosselklappen des Sekundärsystem und lassen nun die für hohe Leistung nötige große Luftmenge durch.

Zweiflutiges Ansaugsystem für einen Nissan V6-Motor. Die Ansaugluft tritt bei (A) in ein Vorvolumen ein. Zwei Drosselklappen (B) regeln die Füllung des Motors. Eine dritte Drosselklappe mit Betätigungsmechanismus (C) trennt den Sechszylindermotor bei niedrigen Drehzahlen in zwei Dreizylindereinheiten. Längen und Durchmesser und Volumina des Ansaugsystemes sind so aufeinander abgestimmt, daß sowohl hohes Drehmoment als auch hohe Leistung erzielt werden kann.

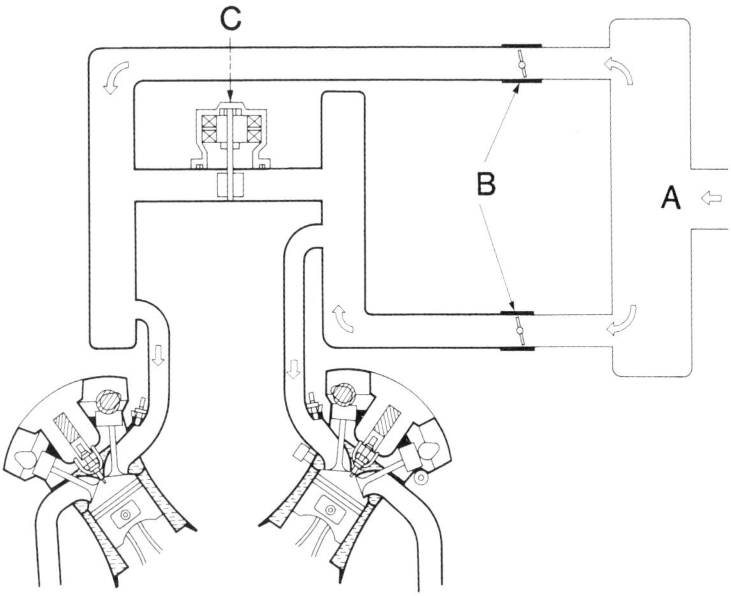

Anders stellt sich die Situation bei Sechszylindermotoren dar. Wird das Ansaugrohr wie beim Vierzylindermotor ausgeführt, münden alle sechs Schwingrohre in einen Sammler, ist das zwar wiederum gut für Maximalleistung, aber weniger gut für das Drehmoment. Gute Drehmomente lassen sich nur erzielen, wenn man die beim Schließen der Einlaßventile entstehenden Stoßwellen oder Pulsationen ausnützt, um einen Nachladeeffekt bei anderen Zylindern zu erzeugen. Je mehr Zylinder (Stoßwellen) aber in einen Sammler geleitet werden, umso geringer wird der Nachladeeffekt, weil sich die Pulsationen im Sammler gegenseitig ausgleichen. Optimal funktioniert

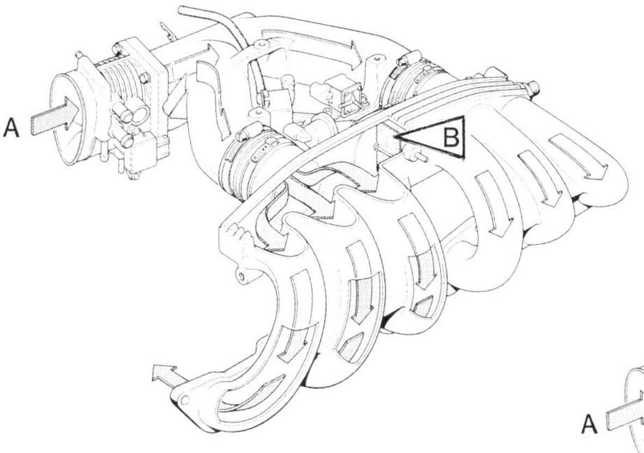

Beim Opel Dual Ram-System wird die angesaugte Luft (A) bei geschlossener Klappe (B), wie links oben gezeigt, in zwei Dreiergruppen aufgeteilt. Damit erhält man hohes Drehmoment im unteren Drehzahlbereich. Ab ca. 4000/min wird die Klappe (B) geöffnet, so daß sich die Schwingungen im Sammler (C) ausgleichen können. Im rechts unten gezeigten Zustand erhält man hohe Leistung im oberen Drehzahlbereich.

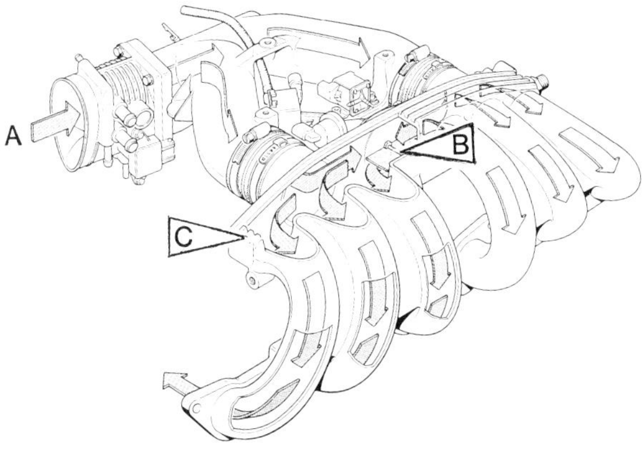

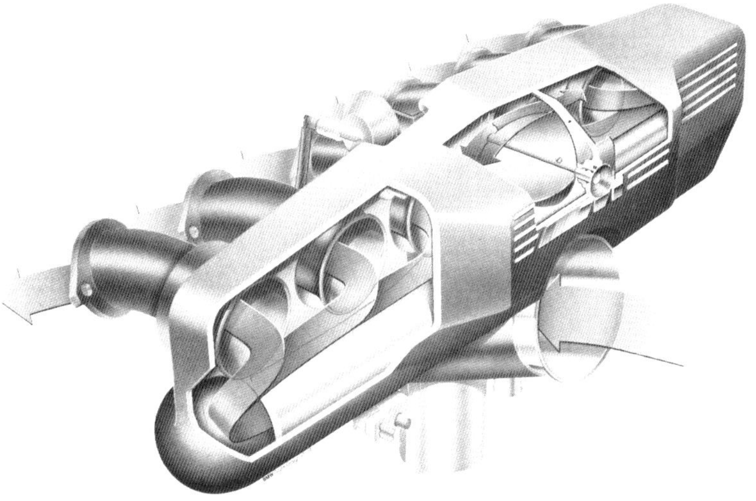

BMW benutzt beim Reihensechszylinder des M5 ein Ansaugsystem mit einer zusätzlichen inneren Drosselklappe. Dadurch wird der Effekt der sogenannten Resonanzaufladung genutzt, mit dem sich Leistung und Drehmoment, allerdings in einem relativ engen Bereich, verbessern lassen.

das System beim Dreizylindermotor, weil hier ein Einlaßventil schließt, wenn das zweite gerade zu öffnen beginnt. Dasselbe gilt auch für die Auspuffseite. Auch hier werden geeignete Zylinder mit geeigneten Rohrlängen zusammengefaßt, um eine Verbesserung des Liefergrades zu erreichen.

Beim Sechszylindermotor, wie zum Beispiel beim Reihenmotor des Opel Omega 3000 und Senator, kann man durch einen Trick die wirkungsvollen Schwingungen des Dreizylindermotors vor allem zur Drehmomentsteigerung ausnutzen. Durch ein geeignetes Ansaugrohr mit einer Schaltklappe wird der Sechszylindermotor im unteren Drehzahlbereich in zwei Dreizylindermotoren geteilt. Ab ca. 4000/min wird die Schaltklappe geöffnet und die Schwingungsformen sind dadurch so geändert, daß hohe Leistung entsteht. Je nach Ausbildung und Abstimmung des Ansaugsystems kann es zur weiteren Leistungssteigerung bei sehr hohen Drehzahlen kommen, wenn ab ca. 6000/min die Klappe wieder geschlossen wird (siehe Abbildung).

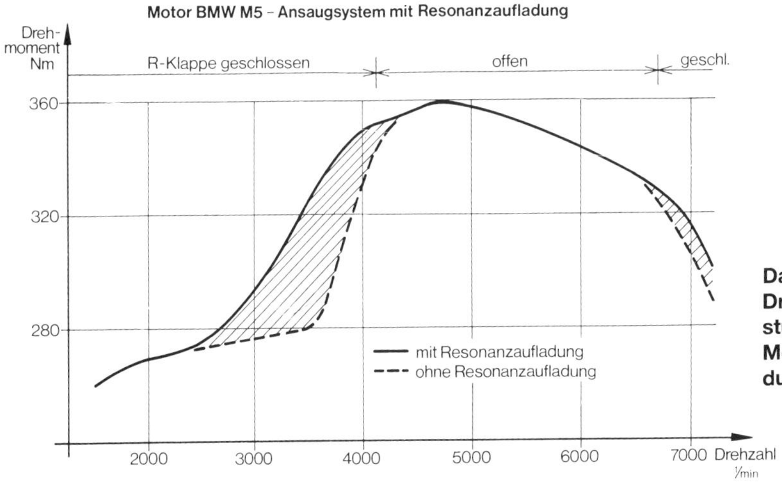

Das Diagramm zeigt die Drehmoment- und Leistungssteigerung des M5-Motors mit Resonanzaufladung.

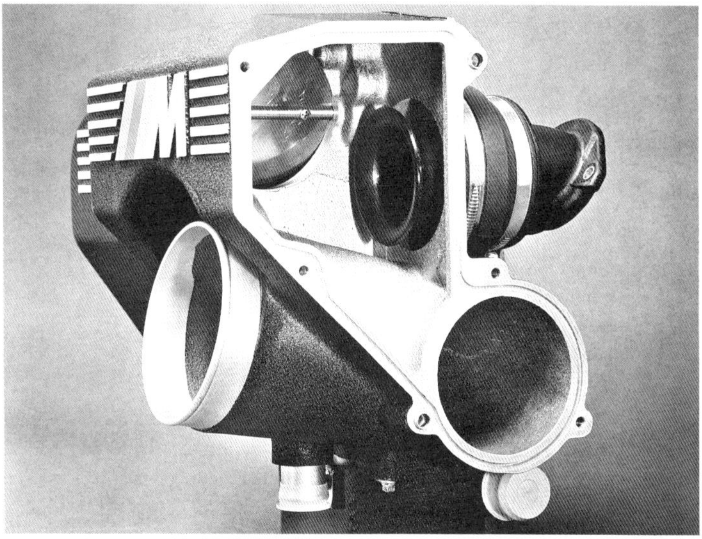

Die Trenndrosselklappe des M 5-Motors sitzt innen im Saugsystem und wird durch Unterdruck betätigt.

Beim Sechszylindermotor – dabei spielt es keine Rolle, ob es sich um Zwei- oder Mehrventilmotoren handelt – kann man sich also durch ein relativ einfaches variables Ansaugrohr die Luftschwingungen im Sinne von mehr Drehmoment und Leistung zu Nutze machen. Auch der Aufwand der zusätzlichen Klappe ist vertretbar. Die Klappe wird meist durch den Saugrohrunterdruck über eine kleine Membrandose betätigt. Ein an die Motorelektronik angehängter Magnetschalter sorgt für zeitgerechtes Öffnen bzw. Schließen der Klappe.

Die Dimensionierung solcher zweiflutiger oder auch variabler Ansauganlagen kann sehr gut durch die Rechnung erfolgen. Dabei zeigt sich, daß man relativ lange Rohrlängen benötigt, um das System zur vollen Wirksamkeit zu bringen. Die Anordnung an einen Motor bzw. in einem Motorraum macht nur dann Sinn, wenn die Anlage strömungsgünstig gestaltet werden kann. Benötigt man zu viele Umlenkungen und Verschlingungen, leidet darunter vor allem die Höchstleistung. Wenn Motoren niedrig genug sind, bietet es sich an, die Ansauganlage über den Zylinderkopf zu ziehen.

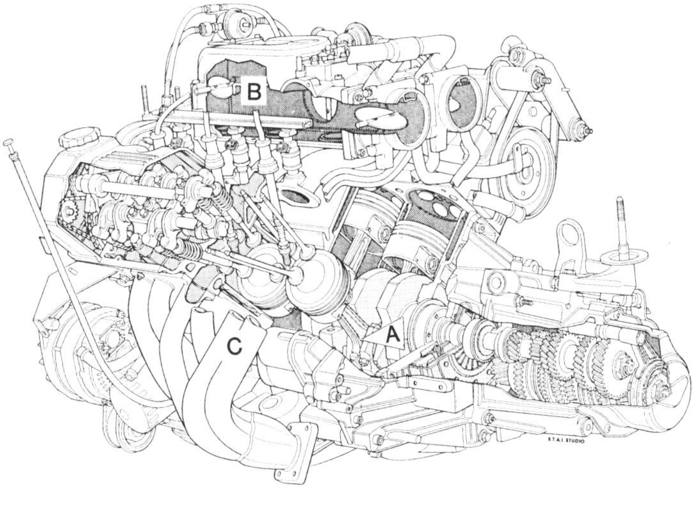

Der Sechszylinder-Vierventiler des Peugeot 605 (annähernd baugleich im Citroen XM) besitzt ein kompliziertes Saugsystem (B) mit insgesamt fünf Drosselklappen. Interessant auch die doppelte Führung der Abgasleitungen bis weit aus dem Zylinderkopf heraus.

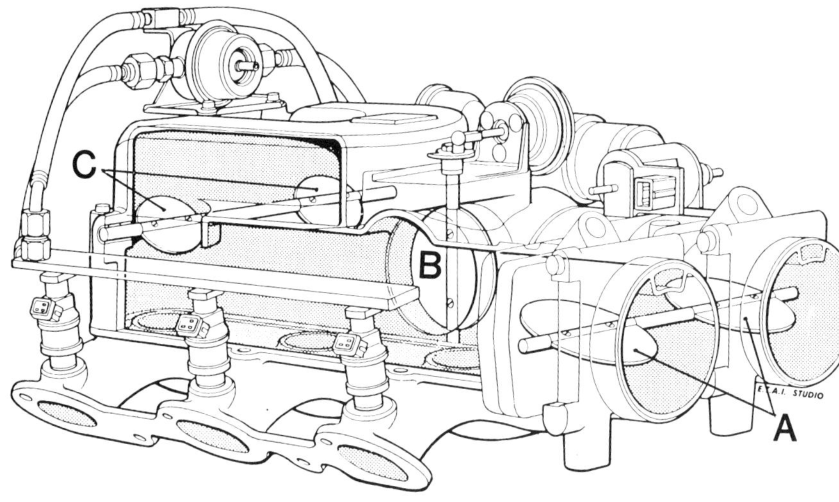

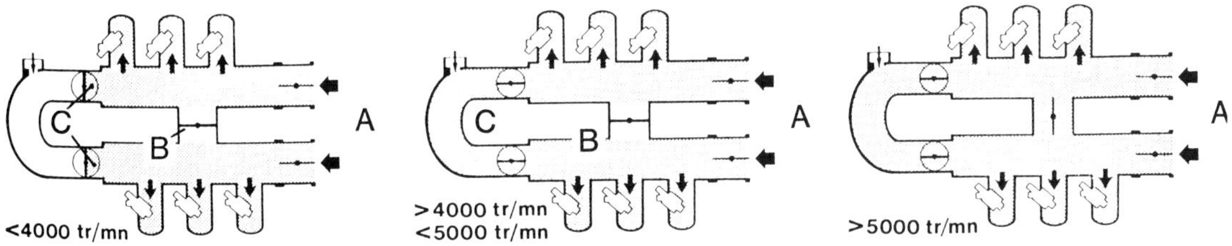

Funktionsschema des Peugeot-Saugsystems: Zwei synchrone Drosselklappen (A) regeln die Füllung. Bis 4000/min bleiben die zentrale Drosselklappe (B) und die beiden Klappen (C) geschlossen, der Motor läuft wie zwei Dreizylinder. Ab 4000/min werden zunächst die Klappen (C) geöffnet, ab 5000/min die zentrale Klappe (B): Mit dieser Klappenstellung wird die Höchstleistung erreicht.

Mehr Ventile für den Diesel

Auch beim Dieselmotor bringt die Mehrventiltechnik Vorteile

Ebenso wie beim Ottomotor werden Leistung, Verbrauch und Abgasverhalten auch beim Dieselmotor wesentlich durch die Füllung und die Qualität des Ladungswechsels bestimmt. Hinzu kommt, daß beim Dieselmotor für die Gemischbildung samt Verbrennung deutlich weniger Zeit zur Verfügung steht als beim Ottomotor. Auf einen verbesserten Ladungswechsel (Austausch der verbrannten Gase durch frische Luft) mit Hilfe von mehr als zwei Ventilen oder auch durch Aufladung, spricht der Dieselmotor, vor allem was die Höchstleistung und den Verbrauch betrifft, noch stärker an als der Ottomotor. So entsprechen heute bei Groß-Diesel-Motoren – den sparsamsten Verbrennungsmotoren überhaupt – vier Ventile pro Zylinder, kombiniert mit Aufladesystemen dem Stand der Technik.

Personenwagen mit Dieselmotoren waren lange Zeit als lahm verschrien und ließen keine aktive Fahrweise zu. Das hat sich in den letzten Jahren sehr stark geändert. An Diesel-Automobile werden heute erheblich höhere Leistungsansprüche gestellt, und manche Fahrzeuge stehen ihren Pendants mit den Ottomotorn nicht mehr viel nach. Der Trägheit der Diesel-Personenwagen rückte man mit drei Maßnahmen zu Leibe.

- Erhöhung der Literleistung der Motoren
- Erhöhung des Hubraumes
- Aufladung mit Hilfe des Abgasturboladers

Die Vierventiltechnik reicht beim Dieselmotor bis an den Anfang dieses Jahrhunderts zurück. Schon 1906 baute M.A.N. den Motortyp DM 200 mit zwei Einlaß- und zwei Auslaßventilen. Die mächtigen Kipphebel (insgesamt sechs) betätigen einmal die vier Ventile für den Ladungswechsel, zum anderen das Anlaßventil zum Einblasen der Preßluft und das sogenannte Einblaseventil, für das damals erforderliche Kraftstoff/Luftgemisch.

Der Dreiventiler von Citroën, der übrigens baugleich auch bei Peugeot eingesetzt wird, besitzt einen Side-flow-Zylinderkopf, das heißt Ein- und Auslaßkanäle sind auf einer Seite, in diesem Fall auf der Rückseite des Motors angeordnet. Das Ansaugrohr mit langen Schwingrohren ist über den Zylinderkopf gezogen. Die Einspritzpumpe, die Einspritzdüsen und die Glühstifte befinden sich auf der vorderen Seite des Motors.

So zeigt die Entwicklung der Literleistung von Pkw-Dieselmotoren einen Trend nach oben. Noch wirkungsvoller war jedoch der Einbau von hubraumstärkeren Dieselmotoren in kleinere Fahrzeuge. Am wirkungsvollsten ist jedoch die Aufladung von Dieselmotoren, die mit Abgasturboladern relativ einfach und wirksam möglich ist und eine deutliche Leistungssteigerung über den gesamten Drehzahlbereich ermöglicht.

Inzwischen war die High-Tech-Welle auch bei den Dieselmotoren ausgebrochen. Moderne Konstruktionen haben die von den Ottomotoren bekannten Querstromzylinderköpfe übernommen, die auch beim Dieselmotor Lei-

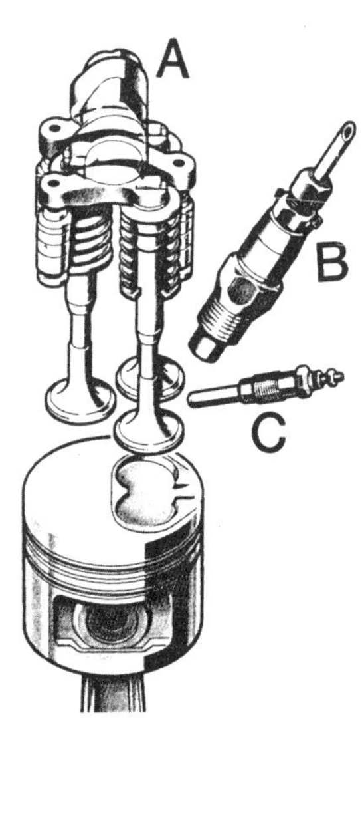

Bei Dieselmotoren für Personenkraftwagen erfolgte die Anwendung der Mehrventiltechnik zum ersten Mal im Jahre 1989. Die insgesamt drei Ventile pro Zylinder des Citroën Vierzylinder-Dieselmotors sind parallel hängend angeordnet und werden von einer obenliegenden Nockenwelle (A) über Schlepphebel betätigt. Die Wirbelkammer mit Einspritzdüsen (B) und Glühstift (C) liegt etwas außerhalb der beiden Einlaßventile.

stungsvorteile bringen. Saugrohre mit gleich langen strömungsgünstigen Schwingrohren gehören ebenso zum Stand der Technik, wie großdimensionierte Luftfilter und Auspuffanlagen. Man hat erkannt, daß alle Maßnahmen, die beim Benzinmotor leistungsfördernd sind, auch beim Dieselmotor Vorteile bringen. Erste Überlegungen daraus zog Citroën, wo 1989 ein Dreiventiler-Diesel präsentiert wurde, der spezifisch deutlich über vergleichbaren Zweiventilern liegt. Auch bezüglich der Optik der Motoren hat sich einiges getan. Man versucht heute, Dieselmotoren genauso anspruchsvoll zu gestalten wie Ottomotoren und ist auch bereit, dafür Geld auszugeben. Die Lieblosigkeit, mit der früher Dieselmotoren gestaltet wurden, ist einem anspruchsvollen Design gewichen.

Die Elektronik machte auch vor den Dieselmotoren nicht halt, und Fahrzeuge der gehobenen Klasse verfügen heute oft schon über elektronisch geregelte Einspritzpumpen.

Die Mehrzahl der Pkw-Dieselmotoren arbeiten nach dem sogenannten Indirekteinspritzverfahren (IDI). Dabei wird der Kraftstoff in eine Wirbelkammer oder Vorkammer eingespritzt. Hier erfolgt anschließend die Selbstentzündung des Luft-Kraftstoffgemisches. Über einen Kanal setzt sich dann die Verbrennung in den eigentlichen Brennraum fort. IDI-Motoren sind für den Pkw-Einsatz ein sehr guter Kompromiß in Bezug auf:

- Leistung, Drehmoment
- Akustik
- Abgasverhalten
- Herstellkosten

Die beiden Diagramme zeigen den Gewinn an Füllung durch die Dreiventil- Technik beim Citroën-Dieselmotor gegenüber dem zweiventiligen Vorgänger. Im linken Diagramm ist der Füllungsgewinn über der Drehzahl, im rechten in Abhängigkeit vom Ventilhub dargestellt.

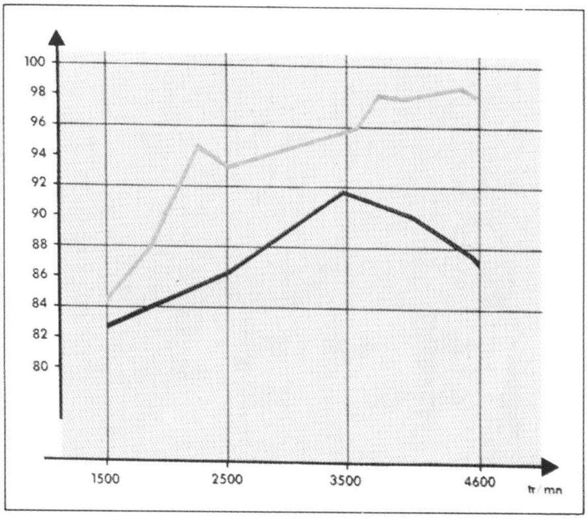

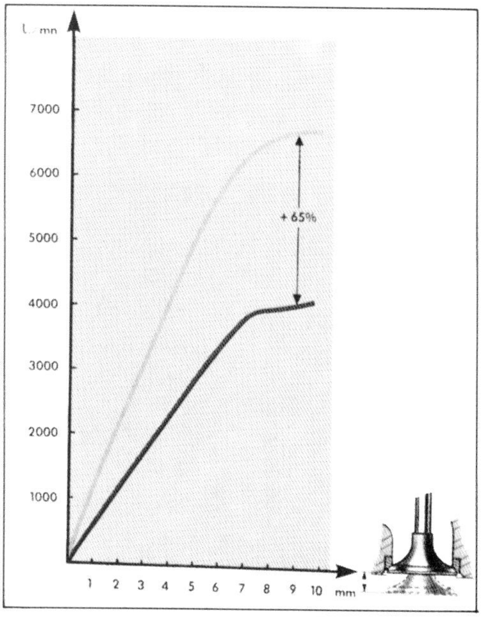

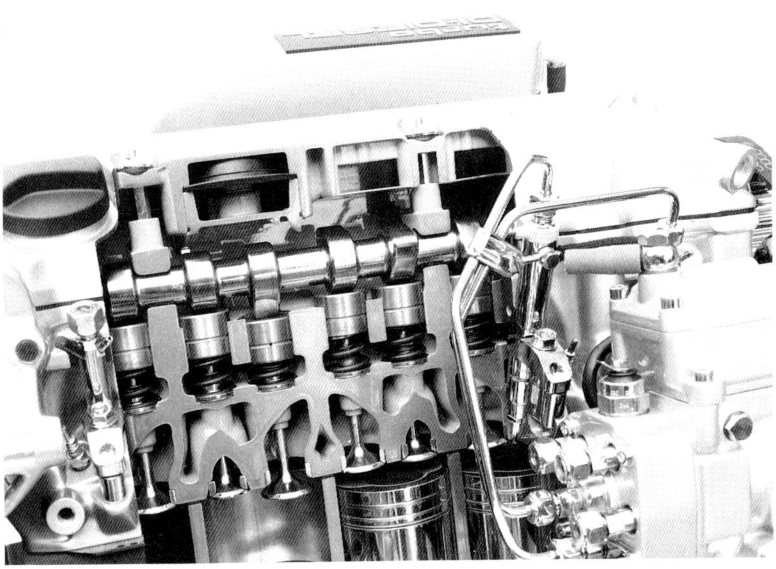

In Deutschland brachte Audi den ersten Diesel-Direkteinspritzer in Serie, noch mit Zweiventiltechnik. Der Direkteinspritzer-Diesel ist für Vierventiltechnik besonders gut geeignet, da sich die Einspritzdüse, im Gegensatz zur Wirbelkammer, direkt in der Mitte plazieren läßt.

Dieselmotoren, die nach dem Direkteinspritzverfahren (DI) arbeiten, findet man bei den Lastkraftwagen und allen großvolumigen Motoren, also dort, wo es auf noch niedrigere Verbräuche ankommt. Im Bereich Pkw spielen DI-Dieselmotoren noch keine entscheidende Rolle, aber sie sind im Kommen. Hauptprobleme sind hier:
- Akustik
- Hohe Einspritzdrücke
- Höhere Herstellkosten

Diesel-Direkteinspritzer sind nach dem Stand der Technik die sparsamsten Verbrennungsmotoren überhaupt. Da die IDI-Dieselmotoren gegenüber den Ottomotoren nicht mehr die dominante Stellung bezüglich Kraftstoffverbrauch aufweisen, beschäftigen sich alle Entwicklungsabteilungen auch mit DI-Motoren für den Einsatz im Personenkraftwagen. Je kleiner Dieselmotoren und hier insbesondere DI-Motoren im Hubvolumen werden, umso größer werden allerdings die technischen Probleme. Es wird immer schwieriger und teurer, die zahlreichen, engen Toleranzen einzuhalten und damit einen einwandfreien Betrieb der DI-Technik zu gewährleisten. Dazu zählen:
- Brennraumform und Volumen
- Quetschspalthöhe
- Drallzahl absolut
- Drallzahl von Zylinder zu Zylinder
- Einspritzzeitpunkt
- Einspritzgesetz
- Einspritzdruck

Schon aus dieser Aufstellung wird klar, daß die DI-Technik einen erheblich größeren Aufwand in der Produktion und Kontrolle erfordert als die IDI-Technik.

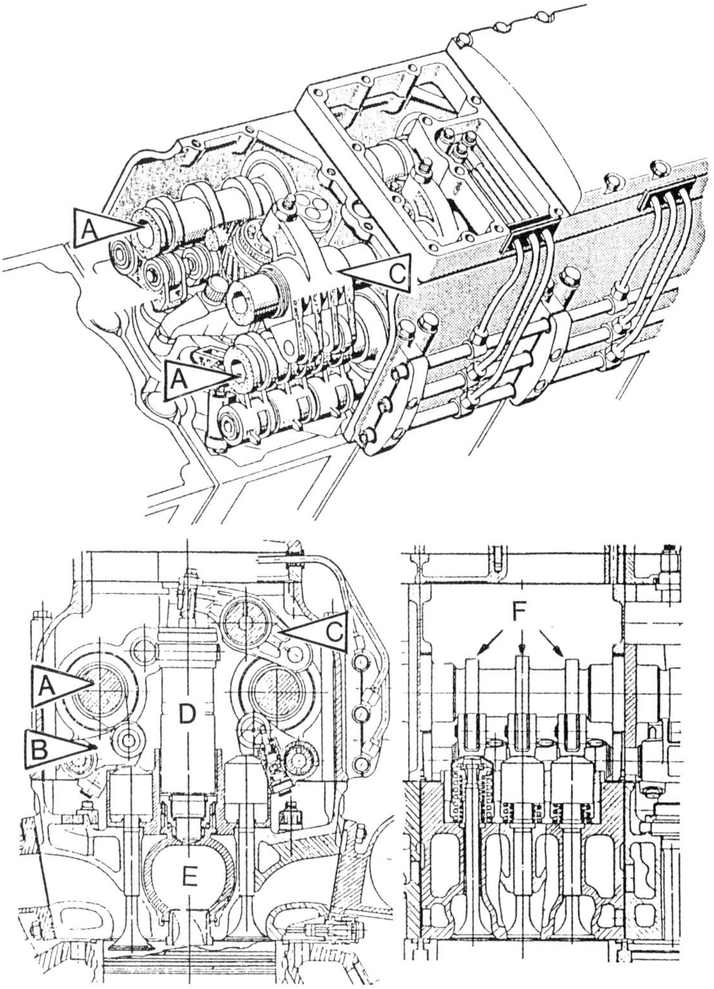

Extrem hohen Bauaufwand zeigt der abgebildete MTU-Dieselmotor. Zwei obenliegende Nockenwellen (A) betätigen über sechs Schwinghebel (B) die drei Einlaß- und drei Auslaßventile. Von der Einlaßnockenwelle wird auch der Kipphebel (C) betätigt, der direkt auf den Unit-Injektor (D) drückt. Dieser befindet sich genau in der Mitte des Zylinderkopfes und spritzt den Kraftstoff in die Vorkammer (E). Auf jeder Nockenwelle befinden sich drei Nocken (F).

Mit der Zweiventiltechnik gelingt es – ganz abgesehen von den Toleranzproblemen – nicht, für DI-Motoren optimale Voraussetzungen zu schaffen. Immer sind die beiden Ventile oder auch deren Betätigungsmechanismus im Wege, so daß es kaum möglich ist, die Einspritzdüse genau in die Mitte des Zylinders zu rücken und sie gleichzeitig exakt senkrecht anzuordnen. Jede Abweichung von dieser Idealposition, die bei den großen DI-Motoren zur Norm gehört, bringt Nachteile in Bezug auf Leistung, Drehmoment, Verbrauch und Abgasverhalten. Auch ergibt sich eine schwierigere Bearbeitung der schrägliegenden Düsenbohrungen.

Erst die Anwendung der Vierventil- oder Mehrventiltechnik macht es möglich, die Idealposition der Einspritzdüse oder der Vorkammer zu realisieren. Allerdings kommen nur mehr zwei Brennverfahren in Frage. Das DI-Verfahren (Direkteinspritzer), wie von den großen Motoren mit Vierventiltechnik bekannt, und das IDI-Verfahren (indirekte Einspritzung) mit Vorkammer. Das IDI-Verfahren mit Wirbelkammer scheidet aus, da bei Vierventilzylinderköpfen kein Platz mehr vorhanden ist, um die relativ große Wirbelkammer sinnvoll unterzubringen.

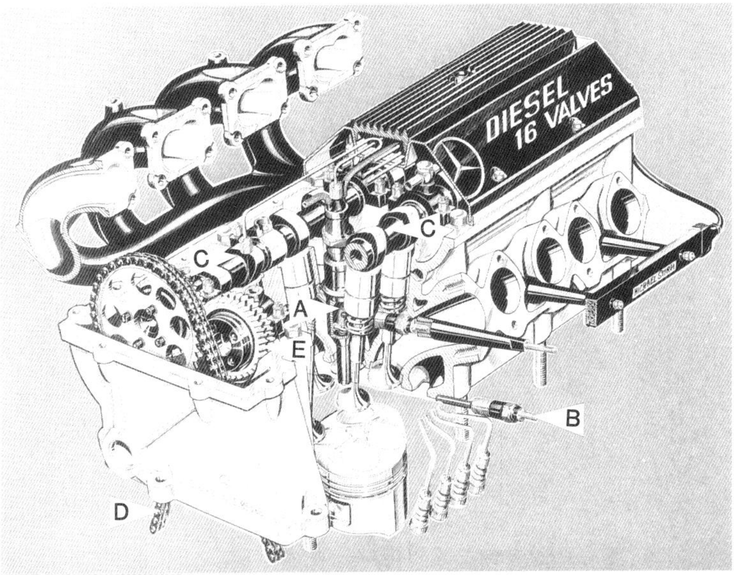

Auch Mercedes-Benz arbeitet an einem Vierventiler-Diesel für den Personenwagen, der etwa wie dieser Entwurf aussehen könnte: Die Vorkammer (A) befindet sich mitten im Zylinderkopf; die Glühkerze (B) wird seitlich zwischen zwei Ventilen eingeschraubt; auf Grund des notwendigen sehr kleinen Ventilwinkels liegen die beiden Nockenwellen (C) nahe beisammen. Der Nokkenwellenantrieb erfolgt über eine Duplexkette (D), sowie über Zahnräder (E).

VENTILWINKEL

Der Großdiesel mit Vierventiltechnik besitzt immer vier exakt parallel hängende Ventile. Die Einspritzdüse sitzt genau in der Mitte im bevorzugten Karo, das die vier Ventile übrig lassen. Die Konstruktion solcher Zylinderköpfe bereitet wenig Probleme, weil Zylinderabstand und Bohrungsdurchmesser groß genug sind, um alles unterzubringen. Die Konstruktion wird umso schwieriger, je kleiner die Motoren werden. Irgendwann gelingt es überhaupt nicht mehr, die Ventile exakt parallel anzuordnen, weil zwischen den beiden obenliegenden Nockenwellen nicht mehr genügende Platz für die Einspritzdüse bleibt, bzw. die Einspritzdüse mit den Tassenstößeln kollidiert. Eine leichte V-Stellung der Ventile ist dann unerläßlich, um Platz für die Düse zu schaffen. Der Ventilwinkel sollte aber so klein wir irgend möglich sein, um den Kolbenboden so flach wie möglich zu halten.

Gelingt es bei extrem kleinen Ventilwinkeln von etwa 4° bis 6° die Einspritzdüsen genau senkrecht in der Mitte unterzubringen, ergeben sich für PKW-Vierventil-Direkteinspritzdieselmotoren folgende Vorteile:

- Gleiche Geometrie für alle Einspritzdüsenbohrungen
- Gleiche Strahlqualität und Einspritzmenge für alle Einspritzstrahlen (vier oder fünf)
- Weniger Aufwand für die Einspritzdüsenbohrungen
- Brennraummulde exakt in der Kolbenmitte
- Gleichmäßige Kolbentemperaturverteilung
- Gleichmäßige Temperaturbeanspruchung der Kolbenringe
- Reduzierte Kolbenmasse
- Gleiche Einspritzstrahlablenkung
- Geringere Drallzahl
- Weniger Ladungswechselverluste

Moderne Großdiesel – hier der M.A.N.-Motor 52/55 – besitzen ebenfalls Vierventiltechnik. Wie üblich werden die Ventile durch Kipphebel betätigt. Die Zylinderleistung dieses Schiffsmotors mit Aufladung beträgt immerhin 1200 PS (885 kW) bei 450/min. Der Hubraum pro Zylinder beträgt 116,8 Liter, die spezifische Leistung liegt somit bei 10,27 PS/Liter. Beachtlich ist der Mitteldruck von 17,7 bar.

Der Diesel-Direkteinspritzer gewinnt also mit der Vierventiltechnik eine höhere Leistung, einen besseren Drehmomentverlauf und ein verbessertes Abgas-Emissionsverhalten hinsichtlich Ruß und Kohlenwasserstoffen. Außerdem ist er der denkbar sparsamste Verbrennungsmotor für den Automobilantrieb überhaupt.

Ähnlich wie die Mehrventil-Ottomotoren bieten auch die Mehrventil-Dieselmotoren optimale Vorausetzungen für die Aufladung. Zählt man alles zusammen, wird aber auch schnell klar, daß es sich dabei um die teuerste Motortechnologie überhaupt handelt. Ob die Mehrkosten über den geringeren Kraftstoffverbrauch wieder hereingeholt werden können, wird mit entscheidend sein für den Serien-Einsatz der Mehrventil-Dieselmotoren im Personenwagen.

Zukunftsmusik

Mehrventiler als Schrittmacher moderner Motortechnologie

Es gibt keinen Stillstand, schon gar nicht in der Automobilentwicklung. So wird sich auch die Motorentechnik weiterentwickeln, wobei die Mehrventiltechnik innerhalb kurzer Zeit zur Basis und zum Schrittmacher moderner Motortechnologie geworden ist. Über die diversen konstruktiven Möglichkeiten und über die Ventilzahl selbst wurde ja an anderer Stelle schon ausführlich berichtet. Dieser Blick in die Zukunft soll zeigen, welche neue Technologien im Umfeld der Mehrventiltechnik erforscht werden und heranreifen, wobei hier vor allen Dingen die Ventilbetätigung im Vordergrund steht. Aber auch bei der Gemischaufbereitung zeigen sich in Verbindung mit der Mehrventiltechnik neue Wege auf.

FREIE VENTILBETÄTIGUNG

Trotz der zahlreichen Verbesserungen, die durch die Einführung der Mehrventiltechnik möglich wurden, und die Verfeinerungen, die sie durch weitere Optimierungen wie variable Steuerzeiten oder auch variable Saugrohre erfährt, kann sie die schon sehr alten Wunschvorstellungen der Motorenentwickler nach freier Ventilbetätigung nicht erfüllen. Gerade der weite Drehzahl- und Lastbereich, in dem Verbrennungsmotoren zu arbeiten haben, um die Anforderungen des Personenwagen-Bereiches zu erfüllen, machen schnell klar, daß noch viel Freiraum vorhanden sein muß für weitere Verbesserungen. Es wurde schon darauf hingewiesen, daß ein optimaler Vierventilmotor mit Katalysatortechnik heute einen Wirkungsgrad von 37% erreichen kann, wobei das aber nur für einen Punkt oder einen ganz kleinen Bereich des Motorkennfeldes gilt. Im gesamten restlichen Motorkennfeld sind jedoch die Wirkungsgrade schlechter. Nähert man sich den niedrigen Lasten und Drehzahlen, sogar erheblich schlechter.

Bei Verbrennungsmotoren mit weniger weit gespreiztem Last- und Drehzahlbereich sieht die Sache anders aus. Nimmt man die in diesem Punkt besonders günstigen Großdiesel für den Schiffsantrieb, so lassen sich

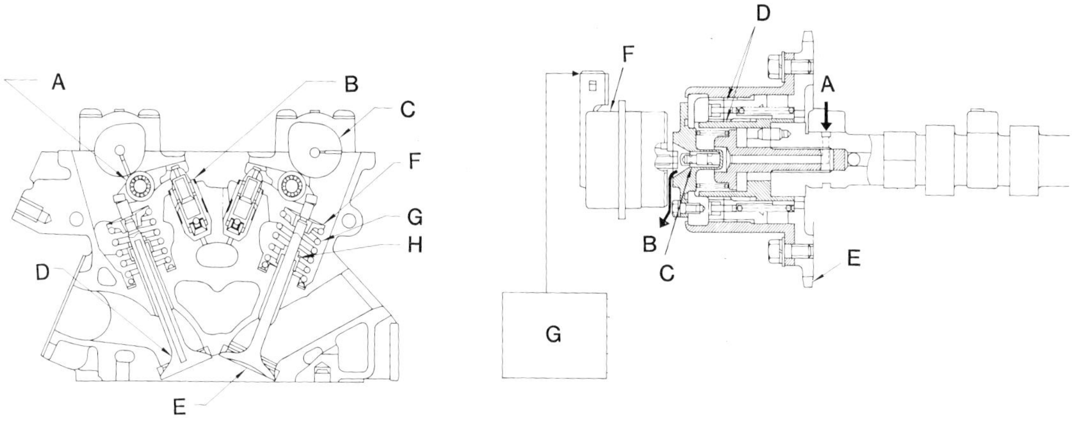

Einen zusätzlichen Freiheitsgrad hinsichtlich der Steuerzeiten bietet die Verstellung der Nockenwellen, wie sie beispielsweise Mercedes und Nissan anwenden. Hier der Ventiltrieb und die Nockenwellenverstellung beim Nissan VH45DE 4,5 Liter V8-Motor.

Linkes Bild:
(A) Schwinghebel mit Rollenbahn
(B) Hydraulischer Ventilspielausgleich
(C) Zwei obenliegende Nockenwellen
(D) natriumgekühlte Auslaßventile
(E) Einlaßventile
(F) Ventilfederteller
(G) Ventilfeder
(H) Ventilschaftabdichtung

Rechtes Bild:
(A) Öleintritt
(B) Ölaustritt
(C) Kontrollventil
(D) Schraubverzahnung
(E) Kettenantriebsrad
(F) magnetischer Betätiger
(G) Elektronik

Wirkungsgrade von über 50% realisieren. Der Personenwagenmotor ist, auch als Diesel, davon noch weit entfernt. Die Ursache ist klar, da der Motorenentwickler nur für einen kleinen Bereich des Kennfeldes alle Parameter optimieren kann. Beschränkt auf den Zylinderkopf samt Ventilsteuerung heißt das die Optimierung von:

- Verdichtung
- Brennraumform
- Ein- und Auslaßkanalform
- Ventilsteuerzeiten
- Ventilquerschnitte
- Ventilhübe
- Ventilfederkräfte

Die Ventile samt deren freie Parameter – Hub und Steuerzeiten – spielen dabei eine bedeutende Rolle. Die Aufgabenstellung lautet also, Systeme zu entwickeln, die einen optimalen Betrieb des Verbrennungsmotors in allen Kennfeldpunkten ermöglichen. Aus den bisherigen Erläuterungen geht klar hervor, daß solche Systeme umso sinnvoller sind, je größer der Betriebsbereich eines Motors ist. Für den zitierten Schiffsmotor bracht man gar nicht erst zu überlegen, wie man so etwas machen sollte. Für Pkw-Motoren hingegen lohnt es sich schon eher.

Die bisherige Antwort auf die Unzulänglichkeiten der Steuerungsorgane war: Noch mehr Ventile samt Betätigung kombiniert mit mechanisch verstellbaren Einlaßnockenwellen und mechanisch geschalteten zweiflutigen Ansaugsystemen. Wie lautet nun die Antwort für die fernere Zukunft? Schon seit mehreren Jahren wird an der sogenannten freien Ventilbetätigung gearbeitet. Ziel ist es, beliebige drehzahl- und lastunabhängige Öffnungs- und Schließzeiten für Ein- und Auslaßventile zu erreichen, um damit im gesamten Motorkennfeldbereich optimieren zu können. Optimierungen sind dann möglich in Bezug auf Leistung, Drehmoment, Verbrauch und Abgasverhalten.

ELEKTROMAGNETISCHE VENTILSTEUERUNG

Die Ventile werden dabei durch Elektromagnete geöffnet bzw. geschlossen. Verwendet man nur einen Elektromagnet zur Öffnung der Ventile, muß dieser Magnet so stark sein, daß er die volle Ventilfederkraft überwinden kann. Strombedarf und Größe eines so ausgelegten Elektromagneten gehen nicht konform mit den Erfordernissen des Verbrennungsmotors im Pkw-Bereich. Besser sieht die Sache schon aus, wenn man zwei Magnete verwendet, wobei sich das Ventil samt einer am Ende des Ventilschaftes

Elektromagnetische Ventilsteuerung. Jedes Ventil besitzt zwei Elektromagnete (A) und (B). Dazwischen schwingt das Ventil mit der daran befestigten Eisenplatte (C) frei hin und her. Die beiden innerhalb der Magnete liegenden Ventilfedern sind so ausgelegt, daß das Ventil bei Stillstand des Motors genau auf halbem Hub steht. Um das Ventil funktionsbereit zu machen, wird der Stellmechanismus (D) zurückgezogen, wobei das Ventil geschlossen und der Strom für den Schließmagnet (A) eingeschaltet wird (linkes Bild). Das mittlere Bild zeigt die funktionsbereite Anlage mit vorgefahrenem Stellmechanismus (D). Für die Ventilöffnung wird gleichzeitig der Strom für den Schließmagnet (A) aus und für den Öffnungsmagnet (B) eingeschaltet. Das Ventil wird nun im geöffneten Zustand von unteren Magnet festgehalten (rechtes Bild).

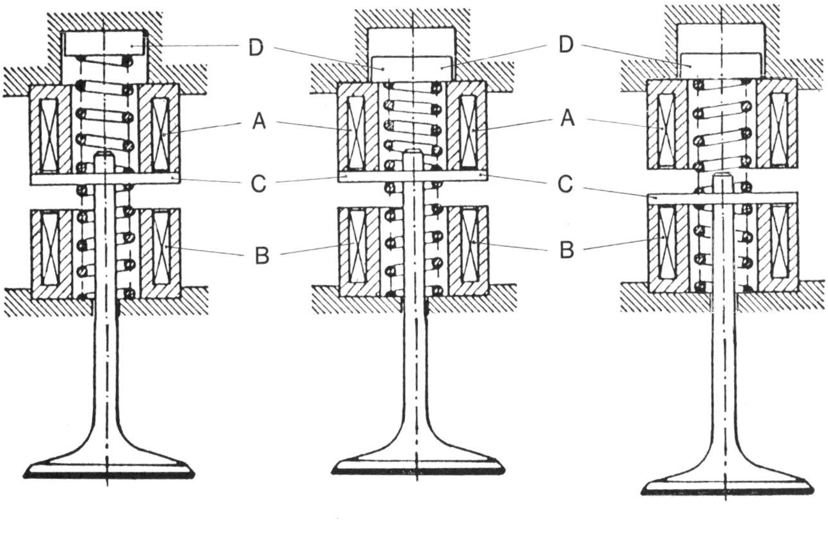

angeordneten Platte wie ein freier Schwinger zwischen den beiden Magneten bewegt. Strombedarf und Baugröße der Magnete sind deutlich reduziert und für Zweiventilzylinderköpfe gibt es keine Platzprobleme. Fortschritte – vor allem in der Magnet-Technologie – werden auch Lösungen für mehr als zwei Ventile zulassen. Besonders hilfreich sind dabei möglichst leichte Ventile z. B. aus Keramik. Schon im Versuchstadium kann gezeigt werden, daß mit elektromagnetischen Ventilsteuerungen sowohl bei niedrigen als auch bei hohen Drehzahlen höhere Mitteldrücke erzielt werden können als bei konventionellen Ventilsteuerungen. Auch verbesserte Abgas- und Verbrauchswerte konnten nachgewiesen werden. Sehr attraktiv ist, daß man bei dieser Lösung auf Nockenwellen samt deren Antrieb gänzlich verzichten kann. Der elektronische Aufwand zur Steuerung der Magnete ist erheblich, aber sicher nicht das Kernproblem.

Bei starker Verschiebung der Steuerzeiten und bei kürzestmöglichen Ventil- Öffnungszeiten ist es sogar möglich, Ottomotoren ohne Drosselklappe zu betreiben. Das Einlaßventil hat dann gleichzeitig die Funktion der Drosselklappe übernommen.

Nicht vergessen darf man die Energie, die zur Betätigung der Ventile benötigt wird. Es macht natürlich wenig Sinn, wenn man die Verbesserungen, die man über den rein motorischen Prozeß gewonnen hat, wieder dadurch verliert, daß man so viel Hilfsenergie, in diesem Fall zusätzlichen Strom, zur Verfügung stellen muß, daß die Gesamtbilanz schlechter wird. Speziell bei niedrigen Lasten ist das gar nicht so einfach, weil für den Antrieb von konventionellen Nockenwellen samt Ventilbetätigung weniger Leistung gebraucht wird, als üblicherweise angenommen wird.

ELEKTROHYDRAULISCHE VENTILSTEUERUNG

Während bei der elektromagnetischen Ventilsteuerung Strom der Energieträger ist, wird bei der hydraulisch-elektronischen Ventilsteuerung Hydraulik-Öl als Hilfsmittel benutzt. Umfangreiche elektronische Einrichtungen brauchen beide Konzepte. Die hydraulische Ventilsteuerung ist nicht so klar und einfach aufgebaut wie das Konzepot, das mit Strom arbeitet. Wegen der Begrenzung der hydraulischen Verluste ist es nicht möglich, Öl mit dem benötigten extrem hohen Druck von einer Ölpumpe bereitzustellen, um dann durch Umschaltungen einen Kolben hin und her zu schieben, der das eigentliche Ventil betätigt. Vielmehr verwendet man eine Nockenwelle, die einen Antrieb erfordert, der ähnlich aufgebaut ist wie der von konventionellen Ventilsteuerungen. Die Nocken drücken auf Kolben – ähnlich den Tassenstößeln – darunter befindet sich nun ein bestimmtes Ölvolumen, das auf einen zweiten Kolben drückt, an dem nun das eigentliche Ventil befestigt ist.

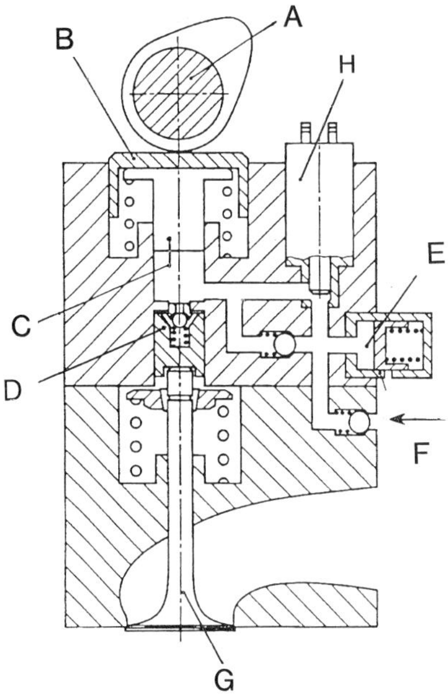

Elektrohydraulische Ventilsteuerung. Ähnlich einer konventionellen Steuerung drückt die Nocke (A) zunächst auf einen Tassenstößel (B). Darunter befindet sich ein Kolben (C), der in den eigentlichen Ölraum eindringt und das hier angesammelte Öl bei der Hubbewegung verdichtet. Das Öl drückt nun auf einen weiteren Kolben (D), der seinerseits das Ein- oder Auslaßventil (G) betätigt. Wird nicht die volle Übertragung der Hubbewegung des Kolbens (C) auf den Kolben (D) gewünscht, öffnet man das Magnetventil (H). Jetzt entweicht ein Teil des Öles in den Speicherraum (E), und damit erreicht man ein neues Öffnungsgesetz für das Ventil (G). Zwei Rückschlagventile stellen den richtigen Ölfluß sicher. Über die Öffnung (F) ist das System mit dem Motorölkreislauf verbunden.

Um den zweiten Kolben auch unterbringen zu können, ist für diese Art der Ventilbetätigung zusätzliche Bauhöhe erforderlich. Würde man die beiden Kolben nicht genau übereinander anordnen sondern im rechten Winkel, könnte man zwar Bauhöhe einsparen, aber dadurch erhöhen sich wieder die hydraulischen Verluste. Aus dem Öldruckraum führt eine Leitung zu einem kleinen Schieber, der je nach Erfordernis diese Leitung öffnet oder verschließt. Abfließendes Öl wird in einem Federspeicher aufgefangen und unter Druck gehalten. Zusätzlich hängt der gesamte hydraulische Teil am Motoröldruck. Damit können Leckverluste mit sehr geringem Aufwand ausgeglichen werden. Rückschlagventile sorgen dafür, daß das Öl immer in die richtige Richtung fließt. Der kleine Schieber wird vorzugsweise von einem Elektromagneten betätigt. Er benötigt viel weniger Raum als die Magnete der elektromagnetischen Ventilsteuerung, weil die Kräfte, die er zu überwinden hat, nicht groß sind. Will man Ein- und Auslaßventil hydraulisch betätigen, ist das beschriebene System zweimal pro Zylinder vorzusehen. Noch größer wird der Aufwand bei der Drei- oder Vierventiltechnik.

Die Funktion der hydraulischen Ventilsteuerung ist einfach. Wird nach Beginn der Ventilöffnung Öl aus dem Druckraum über den Schieber abgelassen, macht das Einlaßventil nicht mehr den vollen Ventilhub und schließt früher. Viele verschiedene Öffnungsgesetze können so realisiert werden Abgelassenes Öl wird bei wieder geschlossenem Ventil über den Motorölkreislauf in den Öldruckraum hochgepumpt. Wird der Schieber nicht geöffnet, also kein Öl abgelassen, folgt der zweite Kolben praktisch dem ersten, weil sich das dazwischen befindliche Öl kaum zusammendrückt. Man hat es dann praktisch mit einem Öffnungsgesetz zu tun wie bei der rein mechanischen Tassenventilsteuerung.

Obwohl man den hydraulischen Ventilspielausgleich bei der elektrohydraulischen Ventilsteuerung geschenkt bekommt, ist der Gesamtaufwand erheblich. Nachteilig ist auch, daß es nur gelingt, die Schließzeiten und den Hub der Ventile zu variieren, nicht aber den Öffnungsbeginn. Das System ist aber trotzdem so variabel, daß auch hier das Einlaßventil gleichzeitig die Funktion der Drosselklappe übernehmen kann, indem es nur wenig genug geöffnet wird. Vorteilhaft ist bei der hydraulischen Ventilsteuerung, daß die Zusatzenergie für die Betätigung der Ventile erheblich geringer ist als bei der Betätigung mit Hilfe von Elektromagneten. Natürlich bleibt die mechanische Antriebsleistung für die Nockenwelle erhalten. Wird nicht der volle Ventilhub in Anspruch genommen, kann man auch mit einer leicht reduzierten Antriebsleistung rechnen.

Faßt man Vor- und Nachteile von freien Ventilbetätigungen zusammen, ergibt sich folgendes Bild.

Vorteile:
- 40–50% weniger Ladungswechselarbeit
- Kontrollierte Abgasrückströmung
- Verbesserte Laufruhe
- Niedrigere Leerlaufdrehzahlen
- Längere Hinterachsübersetzung möglich
- Drosselklappe kann entfallen
- Höhere Einlaßturbulenz bei Teillast
- Schnellere Verbrennung bei Teillast
- Besserer Wirkungsgrad bei Teillast
- Zylinderabschaltung möglich

Nachteile:
- Kein Saugrohrunterdruck – schlechte Gemischaufbereitung
- Kaltstartprobleme
- Niedrigere Gastemperaturen – mehr unverbrannte Kohlenwasserstoffe, jedoch weniger Stickoxyde
- Größere Abmessungen
- Höheres Gewicht
- Höhere Verlustleistung
- Erheblich höhere Kosten

Vor allem die letzten vier Punkte, die unter den Nachteilen aufgeführt sind, gewinnen noch mehr an Gewicht, wenn man die Mehrventiltechnik betrachtet. Zumindest bis Ende der 90er Jahre sind freie Ventiltriebe noch im Bereich der Forschung oder Vorausentwicklung angesiedelt. Ob und wann sie mechanische Ventilsteuerungen ablösen werden, ist nicht absehbar. Mehrventilmotoren, selbst wenn sie über verdrehbare Einlaßnockenwellen und geschaltete Saugrohre verfügen, sind immer noch erheblich einfacher, billiger und betriebssicherer und nehmen möglicherweise schon den Großteil der überhaupt noch möglichen Verbesserungen des Ottomotors vorweg.

DIREKTEINSPRITZUNG

Alle Bemühungen der Motorenentwickler gelten der weiteren Optimierung der Pkw-Motoren im Hinblick auf Verbrauch, Abgasverhalten, Leistung und Drehmoment. Die direkte Einspritzung von Kraftstoff in den Brennraum scheint hier Verbesserungen zu versprechen. Zwar war es seit den Jahren der Mercedes-Silberpfeile, deren Achtzylinder-Rennmotoren sowohl mit desmodromischer Ventilbetätigung als auch mit direkter Benzineinspritzung arbeiteten, und seit den Tagen des Mercedes 300 SL, dessen Sechszylinder-Motoren ebenfalls den Treibstoff direkt in die Zylinder einspritzte, sehr ruhig geworden um diese Art der Gemischbildung, aber die Diskussionen, ob dies nicht doch auch ein sinnvoller Weg wäre, sind nie verstummt.

Beim legendären Mercedes-Rennmotor saß die Einspritzdüse sogar in der Zylinderlaufbahn. Der Kraftstoff wurde schräg nach oben Richtung Auslaßventil gespritzt. Der Kolben überlief die Öffnung für die Kraftstoffeinspritzung, um die Einspritzdüse selber vor allzu hohen Temperaturen abzuschirmen. Der Kraftstoff konnte nur in einem sehr kleinen Zeitquerschnitt eingespritzt weden, wobei dabei zunächst einmal die intensive Vermischung des Kraftstoffes mit der Verbrennungsluft leidet. Zur Lösung oder zumindest Optimierung beider Probleme spritzte man den Kraftstoff mit sehr hohen Druck in die Zylinder und verwendete dazu mechanisch angetriebene Reiheneinspritzpumpen, die den Dieseleinspritzpumpen sehr ähnlich waren. Für jeden Zylinder hatten diese Einspritzpumpen je einen Kolben, der dafür

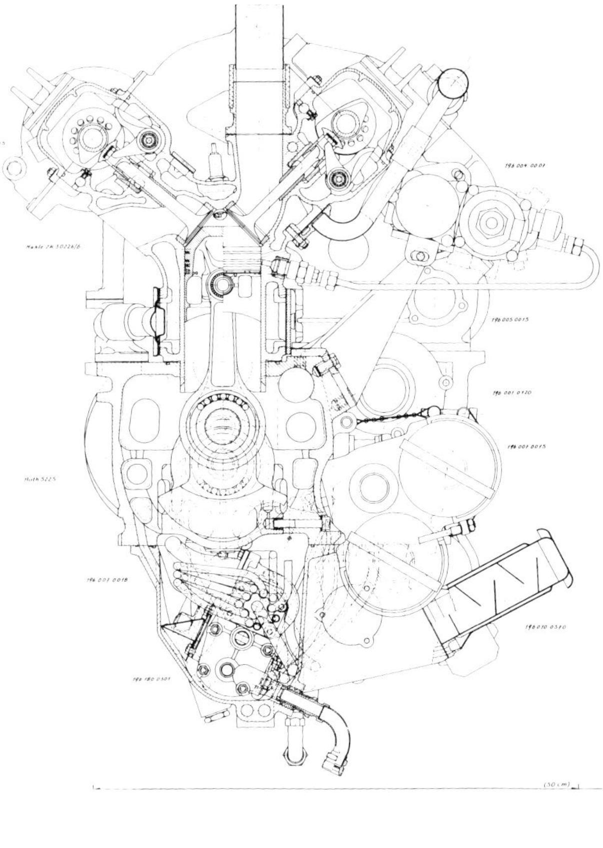

Den ersten Benzin-Direkteinspritzer setzte Daimler-Benz Anfang der fünfziger Jahre beim 2,5 Liter Formel 1-Motor und beim 3 Liter Sportwagenmotor des 300 SLR ein. Die Einspritzdüse sitzt im Zylinder und spritzt von unten nach schräg oben auf das Auslaßventil, offenbar zur besseren Kühlung. Die Einspritzöffnung wird vom Kolben überlaufen. Weitere interessante Details des Reihen-Achtzylinders mit Mittelabtrieb sind die desmodromische Ventilsteuerung (Zwangssteuerung) ohne Federn und die rollengelagerte Kurbelwelle.

Im VW-Forschungsauto IRVW-Futura erprobt das Volkswagenwerk eine Benzin-Direkteinspritzung auf der Basis eines Golf-Dieselmotors. Zusätzlich ist das Triebwerk durch einen mechanischen G-Lader aufgeladen. Die Hochdruck-Einspritzpumpe hat wegen der mangelhaften Schmierwirkung des Kraftstoffs keramische Gleitflächen.

sorgte, daß jeder Zylinder immer zum selben Zeitpunkt mit Kraftstoff versorgt wurde (sequentielle mechanische Benzineinspritzung).

Für die aus den Silberpfeilen abgeleiteten Fahrzeuge und Motoren der Mercedes 300 SL-Baureihe wurde die mechanische Benzin-Direkteinspritzung übernommen. Beim Sechszylinder-Reihenmotor des 300 SL steckten die Zündkerzen jedoch schräg im Zylinderkopf, da ihren ursprünglichen Platz oben im Zylinderkopf die Einspritzdüsen eingenommen hatten. Diese Anordnung wurde durch die side-flow Konstruktion des Zylinderkopfes begünstigt.

Die Einspritzdüsen der Benzin-Direkteinspritzung von VW arbeitet zweistufig. Zündkerzen und Einspritzdüsen stecken in einem planen Zylinderkopf, der vorläufig noch über nur zwei Ventile pro Zylinder verfügt. Die langen Zündkerzen mit vorgelagerten Elektroden sorgen für zuverlässige Zündung des Gemischs in den vorgesehenen Kolbenmulden.

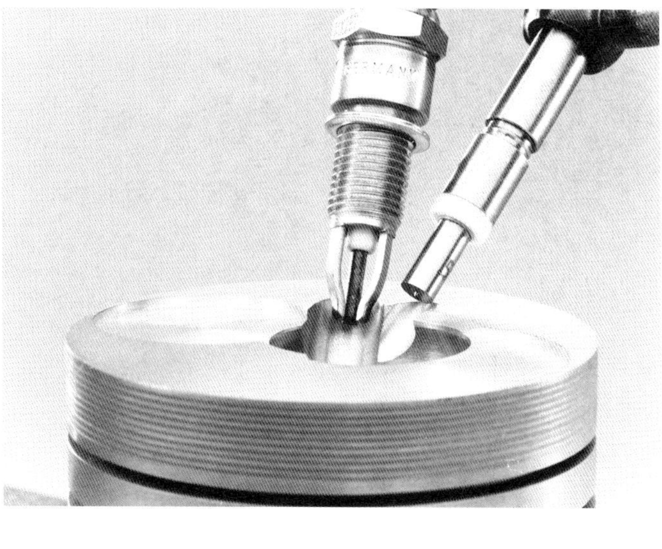

Natürlich stand bei beiden Motoren das Thema Leistung ganz weit oben und das Thema Abgasentgiftung existierte damals noch nicht oder nur am Rande. Die Probleme mit den sehr kurzen möglichen Einspritzzeiten und der daraus resultierenden nicht optimalen Gemischaufbereitung und wegen der zunehmenden Bedeutung der Abgasemission führte dazu, daß auch Mercedes die Einspritzdüsen in die Ansaugrohre legten.

Seit damals sind rund 35 Jahre vergangen, und man hat viel gelernt sowie neue Materialien und Technologien entwickelt, wobei die Elektronik dabei eine besondere Rolle spielte. So wundert es also nicht, daß in jüngster Zeit das Thema Benzin-Direkteinspritzung wieder aufgegriffen wurde und die Mehrventiltechnik dabei eine wichtige Rolle spielt. Die Platzprobleme im Zylinderkopf für die Unterbringung von Zündkerze und Einspritzdüse sind natürlich beim Mehrventiler noch schwieriger zu lösen als beim Zweiventilmotor. Ein Teil der neuesten Benzin-Direkteinspritztechnologie ist jedoch die Entwicklung von Bauteilen, die Zündkerze und Einspritzdüse zu einer Einheit zusammenfassen. Damit ist nur mehr eine Öffnung im Zylinderkopf nötig und diese kann an dem bei Mehrventilmotoren bevorzugten Platz exakt in der Brennraummitte, also dort wo heute die Zündkerze sitzt, angeordnet werden. Besonders vorteilhaft dabei ist, daß nicht einmal eine Umkonstruktion des Zylinderkopfes nötig ist.

Ein zweiter Grund für die Verheiratung von Zündkerze und Einspritzdüse ist die Chance, die Zündung genau dort einzuleiten, wo auch am meisten Kraftstoff vorhanden ist, also das Gemisch im Brennraum am fettesten ist.

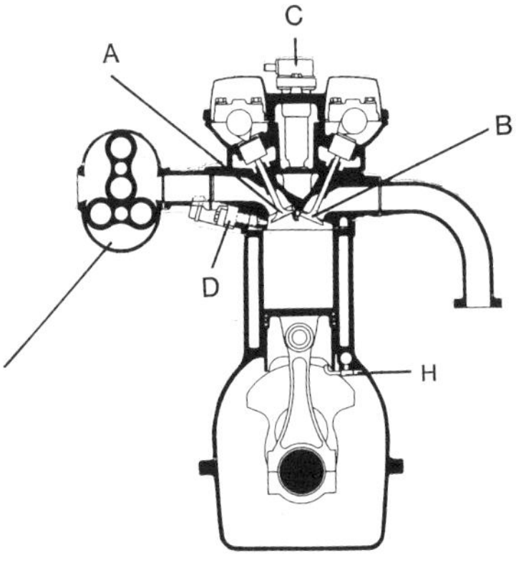

Ventilgesteuerte Zweitaktmotoren haben einige Hersteller im Forschungsprogramm. Ob diese aufwendige Bauart Zukunft hat, muß sich erst noch herausstellen. Bei Zweitaktmotoren mit zwei Einlaßventilen (A) und zwei Auslaßventilen (B) rotieren die Nockenwellen mit Kurbelwellendrehzahl, wobei hohe Kräfte im gesamten Ventiltrieb entstehen. Die Vierventil-Technik ist hier günstiger als die Zweiventil-Technik. Dieser Toyota-Zweitaktmotor arbeitet zusätzlich mit direkter Kraftstoff-Einspritzung (D) und zentraler Zündkerze mit direkt aufgesetzter Zündspule (C). Zur Spülung wird das Roots-Gebläse (E) benötigt. Spritzdüsen (H) reduzieren die Kolbentemperaturen. Ansaug- (F) und Auspuffleitungen (G) sind jeweils doppelt geführt, um die Strömungsverluste zu verkleinern.

So gelingt es auch, noch sehr magere Luft-Kraftstoffgemische zu entzünden und damit dem Bestreben, Kraftstoff einzusparen, näherzukommen. Ziel ist es dabei den Ottomotor genau so zu regeln wie den Dieselmotor, also nicht mehr über die Drosselklappe, sondern ausschließlich über das Luft-Kraftstoffgemisch.

Da die physikalischen Eigenschaften des Ottokraftstoffes im Unterschied zum Dieselkraftstoff so gelagert sind, daß ein Betrieb mit stark variierendem Luft- Kraftstoffgemisch schwierig ist, greift man für die Direkteinspritzung beim Ottomotor vorzugsweise auf die Varianten zurück, die vom Brennraum her die besten Voraussetzungen bieten, und daß sind nun einmal die Mehrventilmotoren.

Mit gutem Beispiel voran

Der Fortschritt der Mehrventiltechnik an ausgewählten Motoren

Mehrventiler sind heute, ob mit drei, vier oder gar fünf Ventilen pro Zylinder, Stand der Motortechnik. Entsprechend häufig ist inzwischen ihre Verbreitung. Wie sie sich seit Beginn der siebziger Jahre konstruktiv entwickelt haben, soll an einigen ausgewählten Motorenbeispielen gezeigt werden. Dabei wird im wesentlichen auf Besonderheiten der jeweiligen Konstruktion hingewiesen, Komplettbeschreibungen der Triebwerke würden den Rahmen dieses Buches sprengen.

Zur Beurteilung der Motoren und ihrem Leistungsstand dienen in erster Linie der maximale Mitteldruck und die spezifische Leistung. Dabei ist grundsätzlich zu unterscheiden zwischen frei saugenden und aufgeladenen Motoren sowie zwischen Serien- und Rennmotoren. Auch der Entwicklungsstand (Jahrgang), die Kraftstoffauslegung (Normal, Super, Super bleifrei) und der Stand der Abgasentgiftung spielen eine Rolle.

Daß bei Serienmotoren überwiegend Reihenmotoren mit Vierventiltechnik anzutreffen sind, bei Rennmotoren aber die V-Form dominiert, hat seinen guten Grund. Reihenmotoren sind, wenn man einmal von der V8-Ära der Amerikaner absieht, die weitaus meist produzierten Antriebsaggregate für Automobile.

Bei Reihenmotoren mit Mehrventil-Technik reichen maximal zwei Nockenwellen aus, um alle Ventile zu betätigen. Das macht die Einstellung einfach und man kann sicher sein, daß immer alle Zylinder mit den gleichen Ventil-Steuerzeiten arbeiten.

Die Mehrventiltechnik bei V-Motoren, die aufgrund zweier Zylinderköpfe aufwendiger ist als bei den Reihenmotoren, war bis zum Jahr 1986 Hochleistungs- und Rennmotoren vorbehalten. Mit der immer weiter zunehmenden Anzahl von Fahrzeugen mit Frontantrieb und damit quer eingebauten Motoren war es aber nur eine Frage der Zeit, bis diese komplizierteste und teuerste, aber auch kompakteste Art der Motorenkonstruktion auch im Personenwagen Einzug halten würde.

Trotz Vierventiltechnik ist es für viele Automobilhersteller nach wie vor sehr attraktiv, aus vorhandenen Triebwerken mit Hilfe der Aufladung mehr

Leistung herausholen zu können. Wenig Investment, nur geringfügig erhöhter Platzbedarf und Gewicht für den Motor sowie günstiger Kraftstoffverbrauch stehen dabei im Mittelpunkt der Überlegungen. Die Firmen, die schon Mehrventil-Motoren im Programm haben, nützen diese verstärkt auch für die aufgeladenen Varianten, weil sie damit die günstigsten Voraussetzungen für weitere Optimierungen schaffen.

Nahezu alle aufgeladenen Motoren mit Mehrventiltechnik bedienen sich der Abgasturblader, die trotz geringem Bauvolumen in der Lage sind, auch höchste Luftmengen, wie sie beispielsweise Rennmotoren benötigen, zu liefern.

Audi 828: 2,0 Liter (1988)

Bauform/Zylinderzahl		R5	Leistung	kW (PS)/min	118 (160)/6200
Hubraum	cm^3	1994	spez. Leistung	kW (PS)/l	59,2 (80,2)
Bohrung/Hub	mm	81/77,4	max. Drehmoment	Nm/min	200/4500
Verdichtungsverh.		10,3:1	max. Mitteldruck	bar	12,6
Ventilzahl/Winkel		4/25°	Kraftstoff	ROZ	98
Aufladung		–	Ladedruck	bar	–

Audi 828: 2,3 Liter (1988)

Bauform/Zylinderzahl		R5	Leistung	kW (PS)/min	125 (170)/6000
Hubraum	cm^3	2309	spez. Leistung	kW (PS)/l	54,1 (73,6)
Bohrung/Hub	mm	82,5/86,4	max. Drehmoment	Nm/min	220/4500
Verdichtungsverh.		10,3:1	max. Mitteldruck	bar	12,0
Ventilzahl/Winkel		4/25°	Kraftstoff	ROZ	95
Aufladung		–	Ladedruck	bar	–

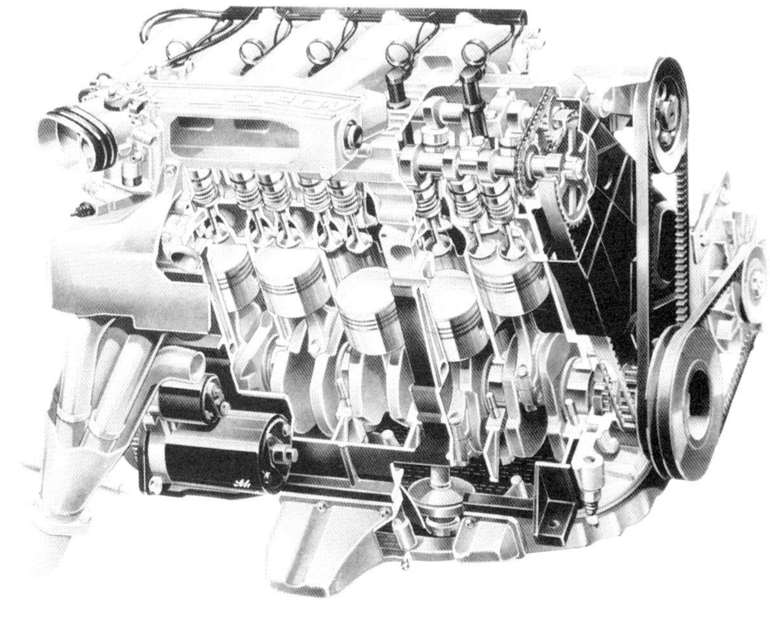

Im Schnittbild des Audi-Fünfzylinders ist gut der Antrieb der Einlaßnockenwelle über die Zwischenkette zu erkennen. Die Auslaßkanäle werden in Einzelrohren mit definierter Länge an einem Punkt zusammengeführt.

Die Vier- bzw. Fünfzylinderreihenmotoren des Audi-VW-Konzerns stammen aus demselben Baukasten, d. h. wesentliche Hauptabmessungen wie Zylinderabstand, Zylinderkopfschraubenabstände, Hübe und Bohrunge sowie weitere Details, wie z. B. der Nockenwellenantrieb, sind identisch. So konnte auch die Konstruktion des Vierventilzylinderkopfes von Haus aus für die Vier- und Fünfzylindervarianten nahezu identisch gehalten werden. Im Querschnitt gleicht der Zylinderkopf für den Fünfzylindermotor dem Vierzylinderkopf – weist also dieselbe, typisch unsymmetrische 25° Ventilstellung auf. Auch beim Fünfzylindermotor treibt ein Zahnriemen die Auslaßnockenwelle an, während die Einlaßnockenwelle über eine kurze Kette mit der Auslaßnockenwelle verbunden ist.

Als Unterschied zum Vierzylindermotor ist diese Kete aber nicht hinten an den Nockenwellenenden angeordnet, sondern vorne zwischen dem Zahnriemenantriebsrad und dem ersten Zylinder. Diese Anordnung ist beim Fünfzylindermotor möglich, weil zwischen Zahnriemen und dem Motorblock aufgrund der vorne auf der Kurbelwelle sitzenden Motorölpumpe mehr Raum zur Verfügung steht als beim Vierzylindermotor.

Die unsymmetrische Zylinderkopfbauweise ist auch hier vorteilhaft, weil die Fünfzylindermotoren in den Audi-Modellen nach rechts geneigt eingebaut werden und damit zwischen dem Radhaus und der Auspuffseite des Zylinderkopfes nicht allzuviel Platz zur Verfügung steht. Wie beim Vierzylindermotor ist auch hier das Ansaugsystem über den Zylinderkopf gezogen, um Platz zu sparen und trotzdem ausreichend lange Schwingrohre unterzubringen.

Auf der Saugseite sind die Verhältnisse dennoch nicht optimal. Wenig Platz für Luftfilter, zahlreiche Umlenkungen und die mechanische Einspritzung mit Stauscheibe (KE-Jetronic) sind nicht gerade leistungsfreundlich. Ein aufwendiges geschweißtes Auspuffsystem versucht die Nachteile der Ansaugseite wettzumachen. Die Mitteldrücke dieses Motors bewegen sich auf dem Niveau des Vierzylinderreihenmotors. Die 2,0 Liter-Version wurde ohne Katalysator in erster Linie für Italien entwickelt. Die Fünfzylinder-Vierventilmotoren über zwei Liter Hubraum dienten auch als Basis für aufgeladene Versionen, die sowohl auf der Straße als auch im Rennsport zum Einsatz kamen.

Audi Quattro S1: 2,1 Liter (1983)

Bauform/Zylinderzahl		R5	Leistung	kW (PS)/min	225 (306)/6700
Hubraum	cm^3	2133	spez. Leistung	kW (PS)/l	103,4 (140,6)
Bohrung/Hub	mm	79,3/86,4	max. Drehmoment	Nm/min	350/3700
Verdichtungsverh.		8,0:1	max. Mitteldruck	bar	20,6
Ventilzahl/Winkel		4/25°	Kraftstoff	ROZ	98
Aufladung		Turbo	Ladedruck	bar	1,2

Audi 200 Quattro 20V: 2,2 Liter (1989)

Bauform/Zylinderzahl		R5	Leistung	kW (PS)/min	162 (220)/5900
Hubraum	cm^3	2226	spez. Leistung	kW (PS)/l	72,8 (98,8)
Bohrung/Hub	mm	81/86,4	max. Drehmoment	Nm/min	309/1950
Verdichtungsverh.		9,3:1	max. Mitteldruck	bar	17,4
Ventilzahl/Winkel		4/25°	Kraftstoff	ROZ	95
Aufladung		Turbo	Ladedruck	bar	0,8

Für den sogenannten kurzen Quattro entwickelte Audi einen aufgeladenen Vierventilmotor auf Basis des bisherigen Fünfzylinder- Zweiventilmotors. Aus Gewichtsgründen wurde das Material des Motorblocks auf Aluminium umgestellt. Die Konstruktion des Zylinderkopfes ist identisch mit den anderen Vierventilmotoren des Audi-VW-Konzerns. Um für den späteren Motoreneinsatz möglichst gute Voraussetzungen zu schaffen, wurde bereits bei der Entwicklung der Straßenfahrzeuge auf ein attraktives Umfeld geachtet. Details davon sind:

- Strömungsgünstiges Ansaugsystem
- Strömungsgünstige Ansaugluftführung aus dem Wasserkasten vor der Windschutzscheibe
- Luftmassenmesser mit geringem Druckverlust
- Großer Luftfilterkasten
- Großer Ladeluftkühler
- Aufwendiger Auspuffkrümmer mit zentraler Anordnung des Ladedruckregelventils und
- Auspuffanlage mit großen Durchmessern und Schalldämpfern für geringen Gegendruck

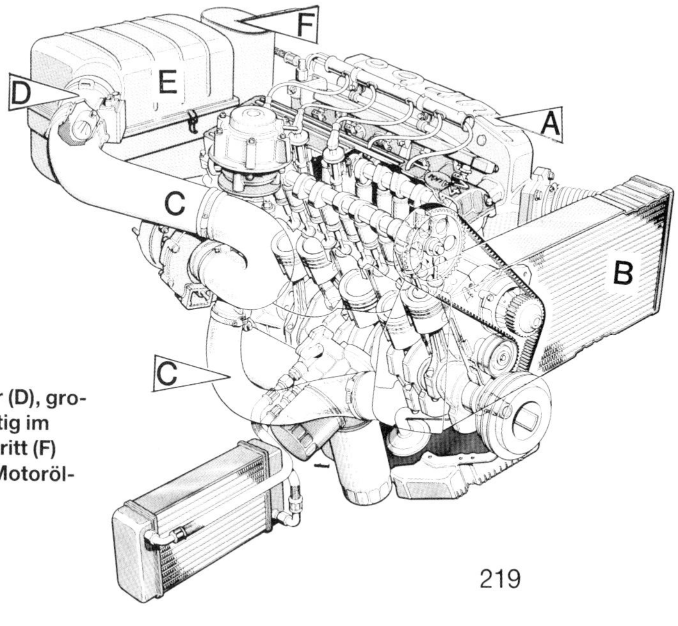

Sehr hohe spezifische Leistungswerte, wie beim Motor des Audi Quattro Sport, erfordern auch ein der Hochleistung angepaßtes Umfeld. Das strömungsgünstige Ansaugsystem (A), der große Ladeluftkühler (B), großvolumige Luft-Ansaugleitungen (C) mit geringem Druckverlust, die ebenfalls ohne Druckverlust arbeitende Hitzdraht-Luftmassenmesser (D), große Luftfilterkasten (E) und der günstig im Staudruckbereich plazierte Lufteintritt (F) unter der Windschutzscheibe. Der Motorölkühler ist seitlich untergebracht.

Die günstigen Voraussetzungen führen dazu, daß dieser Motor 19,5 bar Mitteldruck unter den aufgeladenen Straßenmotoren aufweisen kann. Es darf allerdings nicht übersehen werden, daß der Motor keinen Katalysator hat und mit dem klopffesteren, verbleiten Kraftstoff mit 98 Oktan arbeitet.

Im Jahre 1989 gelangte dann der Motor in modifizierter Form auch im Audi 200 zum Einsatz. Der Aluminium-Motorblock wude dabei durch einen Graugußblock ersetzt und gleichzeitig der Hubraum von 2133 cm^3 durch Vergrößerung der Bohrung auf 2226 cm^3 angehoben. Zwar ging durch die Katalysatoren und den unverbleiten Kraftstoff mit ROZ 95 sowie durch verbesserte Geräuschdämpfung einiges von den imponierenden Werten verloren, aber mit einer Leistung von 162 kW (220 PS) und einem Drehmoment von 305 Nm entsprechend einem max. Mitteldruck von 17,2 bar, kann sich der Motor immer noch sehen lassen.

Audi quattro 20 V

2,2 Liter 162 kW / 220 PS

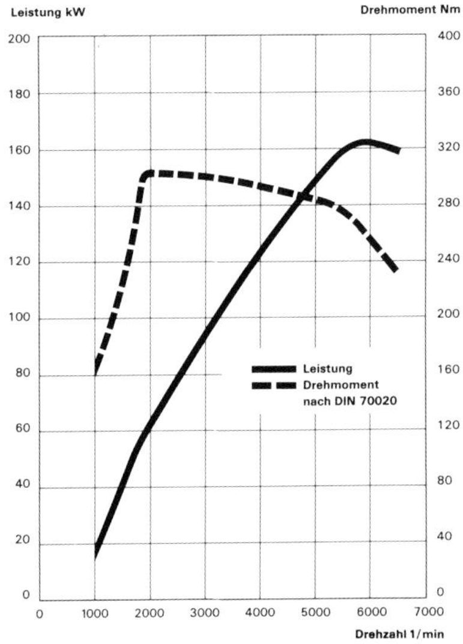

Der Audi 20V Fünfzylinder-Turbomotor gehört zu den leistungsfähigsten Serientriebwerken. Bemerkenswert ist der steile Anstieg der Drehmomentkurve, was auch beim Fahren durch ungewöhnlich gute Durchzugskraft zum Ausdruck kommt. Im Motorschnitt sind der Nockenwellenantrieb mit Zwischenkette zu erkennen und das wassergekühlte Lagergehäuse des Turboladers.

2 Liter 162 kW / 220 PS

Audi V8: 3,6 Liter (1988)

Bauform/Zylinderzahl		V8 (90°)	Leistung	kW (PS)/min	184 (250)/5800
Hubraum	cm^3	3562	spez. Leistung	kW (PS)/l	51,7 (70,2)
Bohrung/Hub	mm	81/86,4	max. Drehmoment	Nm/min	340/4000
Verdichtungsverh.		10,6:1	max. Mitteldruck	bar	12,0
Ventilzahl/Winkel		4/25°	Kraftstoff	ROZ	95
Aufladung		–	Ladedruck	bar	–

Entsprechend den vorhandenen Motoren, Zylinderköpfen und Platzverhältnissen mußte Audi vor allem darauf achten, daß bei der weit vorgezogenen Motorposition ein Achtzylindermotor möglichst kurz baut, um auch noch den Wasserkühler vor dem Motor unterbringen zu können. Anderenfalls hätte man die ohnehin schon große Vorbaulänge des Audi 100 Basismodells noch einmal vergrößern müssen.

Dem Baukastensystem folgend entschied man sich für einen Achtzylindermotor mit einem Zylinderabstand von 88 mm, weil man so im VW-Konzern bereits vorhandene Vierventil-Zylinderköpfe – allerdings mit Modifikationen – weiterverwenden konnte. Im Prinzip besteht der neue V8-Motor aus zwei im Winkel von 90° zusammengesetzten VW GTi-Vierzylinder-Motoren. Vorteilhaft ist dabei die unsymmetrische enge Ventilstellung von 25°, weil dadurch der V8-Motor nicht allzu breit baut. Allerdings wurde ein völlig neuer Motorblock aus Aluminium entwickelt, um das Gewicht des Achtzylinders gering zu halten.

Ein langer Zahnriemen treibt nicht nur die beiden Auslaßnockenwellen an, sondern auch die seitlich neben der Kurbelwelle liegende Ölpumpe. In jedem der beiden seitenverkehrt montierten Zylinderköpfe gibt es je eine kurze Kette für den Antrieb der Einlaßnockenwellen. Natürlich wurden die

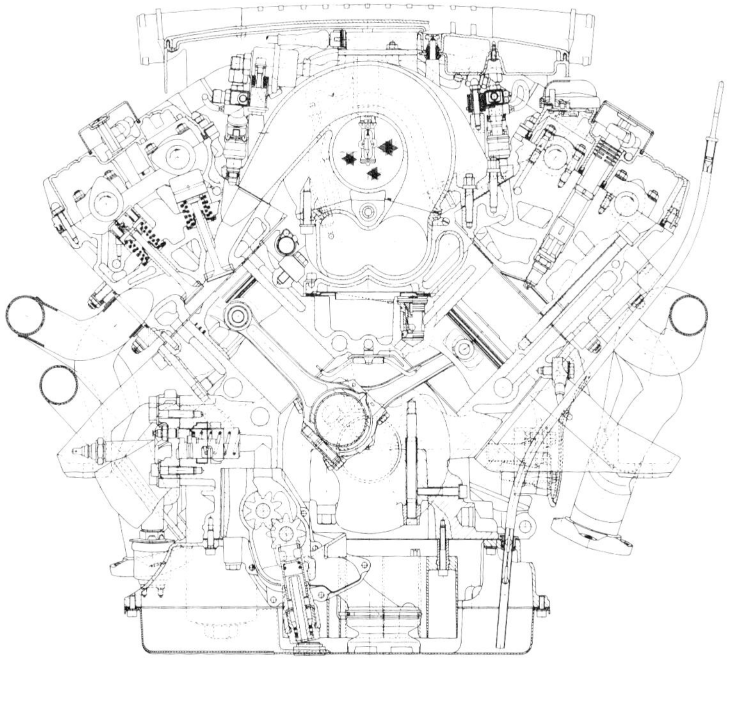

Auch beim Audi V8-Motor wird der schon vom VW GTi/16V bekannte Vierventilzylinderkopf verwendet. Die unsymmetrische Ventilstellung ist hier besonders vorteilhaft, weil dabei der Motor nicht allzu breit baut. Die wechselseitige Montage des Zylinderkopfes bringt es mit sich, daß die kurze Rollenkette, die Ein- und Auslaßnockenwellen miteinander verbindet, auf der linken Zylinderreihe vorne zu liegen kommt, auf der rechten Seite hingegen hinten.

hydraulischen Tassenstößel mit Ventilspielausgleich auch für den Achtzylinder-Motor übernommen. Innen im V des Motors ist ein komplizertes Ansaugsystem angeordnet, um das Drehmoment-Leistungsverhalten zu optimieren. Die spezifischen Leistungs-, Drehmoment- und Mitteldruckwerte sind sehr hoch.

BMW 318 iS: 1,8 Ltr. (1989)

Bauform/Zylinderzahl		R4	Leistung	kW (PS)/min	100 (136)/6000
Hubraum	cm³	1796	spez. Leistung	kW (PS)/l	55,7 (75,7)
Bohrung/Hub	mm	84/81	max. Drehmoment	Nm/min	172/4600
Verdichtungsverh.		10:1	max. Mitteldruck	bar	12,0
Ventilzahl/Winkel		4/39,5°	Kraftstoff	ROZ	95
Aufladung		–	Ladedruck	bar	–

Mit dem kleinen Vierzylinder-Vierventiler hat BMW wieder einmal seine Kompetenz im Motorenbau unter Beweis gestellt. Als Basis diente der M 40-Motor des 318i mit zwei Ventilen. Von ihm wurde der Grundmotor weitgehend übernommen, allerdings wurde der Kurbeltrieb überarbeitet. Beim Vierventiler ist die Kurbelwelle nicht gegossen sondern geschmiedet, die Pleuel wurden um 5 mm auf 140 mm verlängert und trotzdem im Gewicht reduziert (minus 12 Gramm). Die wegen der Pleuelverlängerung in der Kompressionshöhe reduzierten Kolben wurden ebenfalls leichter. Alle Maßnahmen zusammen ergeben geringere oszillierende Massen, reduzierte Massenkräfte zweiter Ordnung als Folge, und eine bessere Torsionssteifigkeit des Kurbeltriebes. Hohe Drehzahlfestigkeit und bessere Laufruhe sind das Ergebnis.

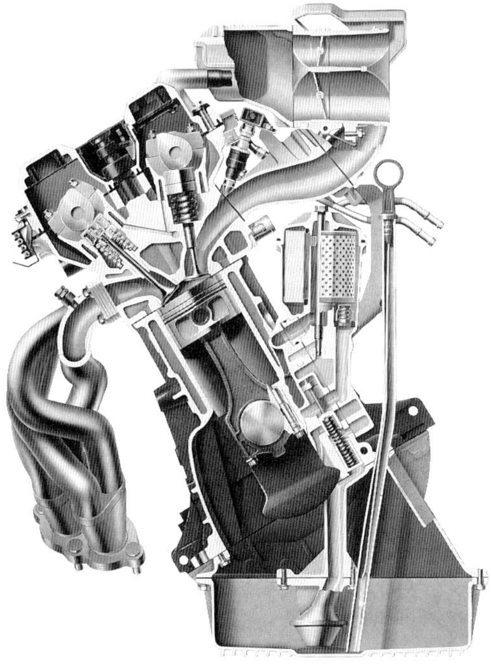

Der Querschnitt zeigt den sauberen, konstruktiven Aufbau des BMW-Vierzylinders. Beachtlich sind Länge und Volumen des konisch verlaufenden Saugrohrs.

Der BMW Vierventiler-Vierzylinder zerlegt: Unten in der Bildmitte ist der Nockenwellenantrieb mittels Duplexkette zu erkennen. Der Zylinderkopf ist einteilig ausgeführt.

Der Zylinderkopf ist eine einteilige Konstruktion mit zwei separaten Lagerleisten für die Führung der Tassenstößel und Lagerung der Nockenwellen. Dadurch konnte ein kleiner Ventilwinkel (39,5°) als Voraussetzung für kompakte Brennräume und eine mittig angeordnete Zündkerze realisiert werden. Die beiden Nockenwellen betätigen direkt über Tassenstößel mit integriertem hydraulischen Spielausgleich die Ventile (Einlaß 33 mm, Auslaß 30,5 mm). Interessant ist, daß BMW bei diesem Motor wieder zur bewährten Duplex-Rollenkette zurückgekehrt ist und somit der höheren Beanspruchung des Nockenwellenantriebs Rechnung trägt. Know-how verraten auch die strömungsoptimierten Ein- und Auslaßkanäle mit hosenartiger Zusammenführung innerhalb des Zylinderkopfes. Die Sauganlage besitzt eine Registerdrosselklappe, die wirksame Saugrohrlänge beträgt bei 42 mm

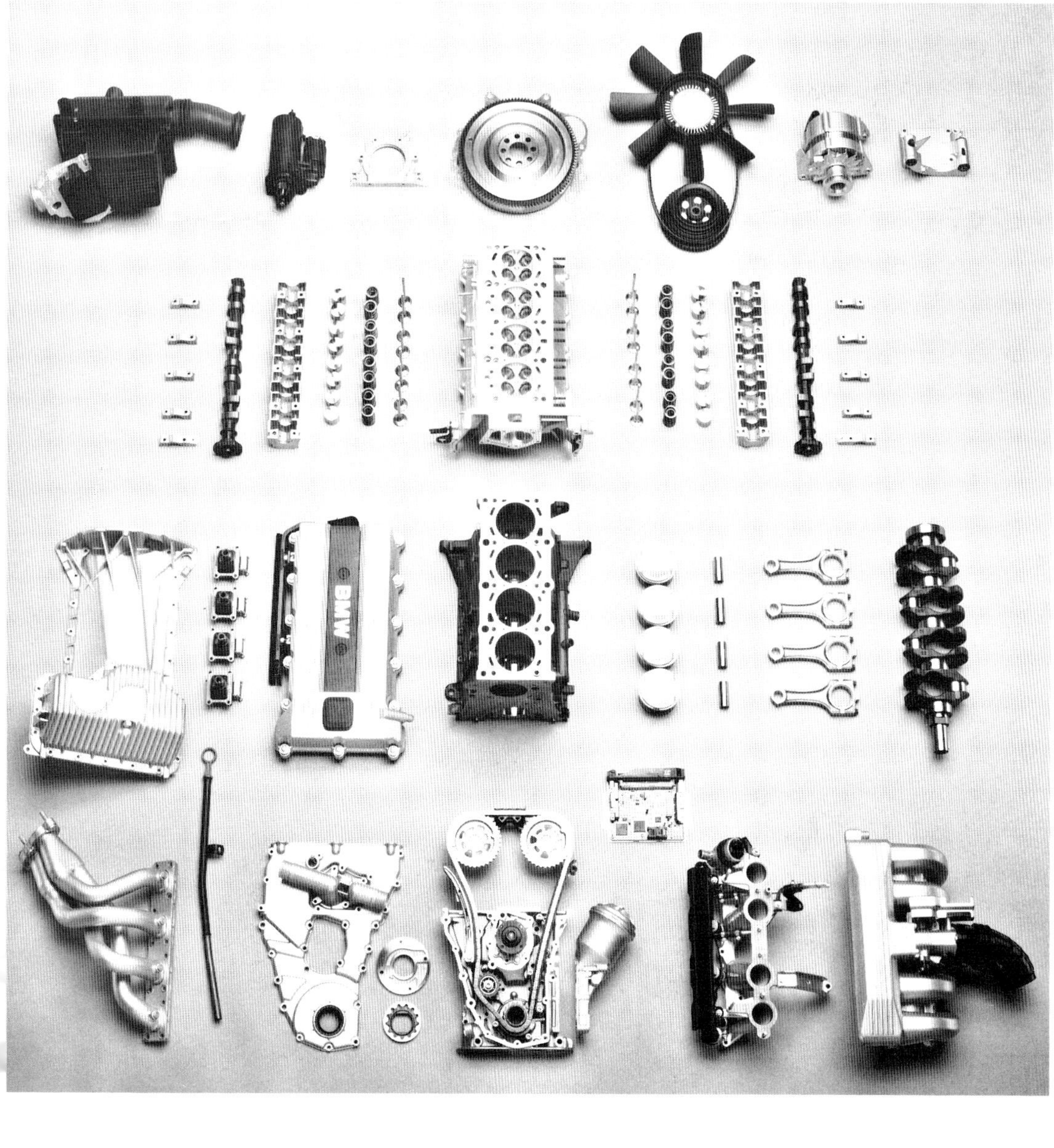

Rohrdurchmesser 380 mm. Konsequent wurde auch der Auspuffkrümmer als Rohr-Fächerkrümmer (zwei in eins) gestaltet. Die Gestaltung des Brennraumes wurde dahingehend optimiert, daß ein kleinstmögliches Verhältnis zwischen Brennraumoberfläche und Brennraumvolumen erzielt wird. Die Drei-Elektrodenkerze ragt relativ weit in den Brennraum hinein. So konnte trotz Auslegung auf Eurosuper (95 ROZ) das hohe Verdichtungsverhältnis von 10:1 erzielt werden.

Moderne digitale Motorelektronik (Bosch Motronic DME 1.7) steuert Gemischbildung und Zündung. Als Besonderheit ist in diesem Zusammenhang die sogenannte ruhende Zündverteilung zu nennen, die ohne mechanischen Zündverteiler auskommt. Hier werden vier Einzelzündspulen direkt von der Motorelektronik angesteuert, was – abgesehen vom Entfall mechanischer Verschleißteile – den Vorteil einer genaueren, zylinderselektiven Ansteuerung des Zündzeitpunktes hat.

In seinen Leistungsdaten nimmt dieser BMW-Vierventiler unter den Serienmotoren eine Stellung in der Spitzengruppe ein. Ein maximaler Mitteldruck von 12 bar wird erreicht, die spezifische Leistung beträgt 75,7 PS/Liter.

BMW M50: 2,0 Ltr. (1990)

Bauform/Zylinderzahl		R6	Leistung	kW (PS)/min	110 (150)/5900
Hubraum	cm^3	1991	spez. Leistung	kW (PS)/l	55,2 (75)
Bohrung/Hub	mm	80/66	max. Drehmoment	Nm/min	190/4700
Verdichtungsverh.		10,5:1	max. Mitteldruck	bar	12,0
Ventilzahl/Winkel		4/39°30′	Kraftstoff	ROZ	95
Aufladung		–	Ladedruck	bar	–

BMW M50: 2,5 Ltr. (1990)

Bauform/Zylinderzahl		R6	Leistung	kW (PS)/min	141 (192)/5900
Hubraum	cm^3	2449	spez. Leistung	kW (PS)/l	56,5 (76,8)
Bohrung/Hub	mm	84/75	max. Drehmoment	Nm/min	245/4700
Verdichtungsverh.		10:1	max. Mitteldruck	bar	12,3
Ventilzahl/Winkel		4/39°30′	Kraftstoff	ROZ	95
Aufladung		–	Ladedruck	bar	–

Auf der Basis des sogenannten kleinen Sechszylinders entwickelte BMW Vierventiler, die bemerkenswerte Leistungswerte zeigen. Dabei wurde der Basismotor weitgehend beibehalten, allerdings wurden Kolben und Pleuel leichter. Wie schon beim Vierzylinder dieser Baureihe (siehe Seite 222) wurden leicht unsymmetrische Ventilwinkel gewählt: Die Einlaßventile sind 20°15′ geneigt, die Auslaßventile 19°15′. Den Motor gibt es in zwei Hubraumvarianten (2 Liter und 2,5 Liter). Entsprechend dem kleineren Bohrungsdurchmesser sind beim Zweiliter die Ventildurchmesser etwas kleiner

(30/27 mm statt 33/30,5 mm für Einlaß und Auslaß). Die beiden obenliegenden Nockenwellen wirken direkt über Tassenstößel auf die Ventile, ein hydraulischer Spielausgleich ist integriert. Abweichend vom Vierzylindermotor ist der Nockenwellenantrieb. Er erfolgt über eine Einfachkette zunächst zur Auslaßnockenwelle. Von dort läuft eine ebenfalls einreihige kurze Zwischenkette zur Einlaßnockenwelle. Dies spart wegen des geringen Durchmesser des Nockenwellenrades Bauhöhe auf der Einlaßseite, die infolge der geneigten Einbaulage des Motors (30°) oben liegt.

Natürlich ist auch das motorische Umfeld des neuen BMW-Vierventilers vom feinsten. Die digitale Motorelektronik mit Hitzedrahtluftmassenmesser steuert Gemisch und Zündung optimal. Letztere arbeitet mit ruhender Zündverteilung, das heißt, jeder Zylinder verfügt über eine eigene Zündspule, die direkt über den neuartigen Zündkerzen mit Dreieck-Masseelektroden angeordnet sind.

Die Ergebnisse solchen Aufwandes können sich sehen lassen. Mit 12,0 bzw. 12,3 bar liegen die beiden BMW-Motoren an der Spitze von leise laufenden Serientriebwerken mit Katalysator. Auch die absoluten und die spezifischen Leistungswerte sind beachtlich, besonders unter dem Gesichtspunkt, daß die Höchstleistung bei relativ geringer Drehzahl (5900/min) erzielt wird.

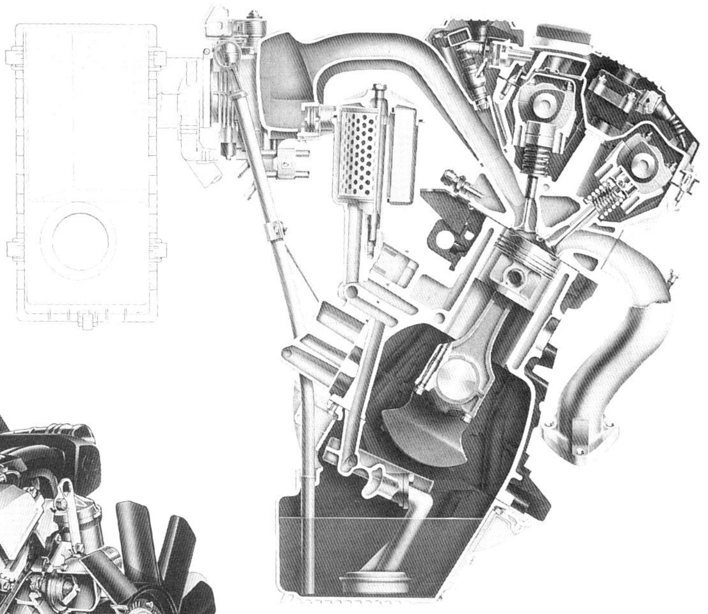

Der perspektivische Schnitt zeigt gut den konstruktiv einfachen Aufbau und den Nokkenwellenantrieb des BMW-Sechszylinders. Die durch die schräge Einbaulage weiter unten liegende Auslaßnockenwelle trägt das größere Nockenwellen-Antriebsrad, die Einlaßnockenwelle wird über eine Zwischenkette betätigt. Im Querschnitt (oben) ist die saubere Kanalführung zu erkennen.

BMW M3: 2,3 Liter (1985)

Bauform/Zylinderzahl		R4	Leistung	kW (PS)/min	143 (195)/6750
Hubraum	cm³	2302	spez. Leistung	kW (PS)/l	62,1 (84,7)
Bohrung/Hub	mm	93,4/84	max. Drehmoment	Nm/min	230/4750
Verdichtungsverh.		10,5:1	max. Mitteldruck	bar	12,6
Ventilzahl/Winkel		4/38°	Kraftstoff	ROZ	95
Aufladung		–	Ladedruck	bar	–

BMW M3: 2,5 Liter (1989 Sport Evolution)

Bauform/Zylinderzahl		R4	Leistung	kW (PS)/min	175 (238)/7000
Hubraum	cm³	2467	spez. Leistung	kW (PS)/l	70,9 (96,4)
Bohrung/Hub	mm	95/87	max. Drehmoment	Nm/min	240/4750
Verdichtungsverh.		10,2:1	max. Mitteldruck	bar	12,3
Ventilzahl/Winkel		4/38°	Kraftstoff	ROZ	95
Aufladung		–	Ladedruck	bar	–

Unter den Vierzylinder-Reihenmotoren mit Vierventil-Technik nimmt dieser BMW-Motor mit der internen Bezeichnung M 14 die Spitzenstellung ein. Von vorneherein für kleine Stückzahlen konstruiert und ohne allzusehr auf die Kosten zu schauen, verfügt dieses Triebwerk über viele Details, die man benötigt, um höchste Mitteldrücke zu erreichen.

Die Basis bildet die alte BMW-Motorbaureihe mit 100 mm Zylinderabstand. Die Konstruktion des Vierventil-Zylinderkopfes war durch die früheren BMW Formel 2- und Formel 1-Aktivitäten vorgegeben. Die beiden obenliegenden Nockenwellen sind in einem separaten Nockenwellenträger gelagert und werden durch eine Rollenkette angetrieben. Ein hydraulischer Ventilspielausgleich ist nicht vorgesehen. Die Einstellung des Ventilspiels erfolgt mechanisch über Einstellplättchen.

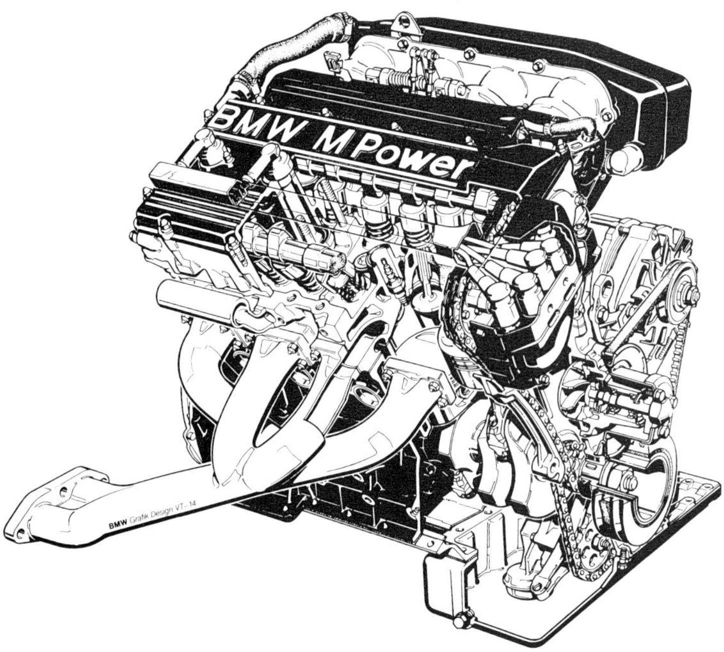

Den BMW M3-Motor gibt es mittlerweile in drei Hubraumvarianten: mit 2,0 Liter, 2,3 Liter und 2,5 Liter. Er gleicht mehr einem zur Serie hin entwickelten Rennmotor und ist entsprechend aufwendig gebaut.

Leistung und Drehmoment des (ersten) 2,3 Liter-M3-Motors ohne Katalysator: Das maximale Drehmoment von 240 Nm bei 4750/min (A) entspricht einem Mitteldruck von 13,1 bar, die maximale Leistung von 147 kW (200 PS) bei 6750/min (B) entspricht einem Mitteldruck von 11,4 bar.

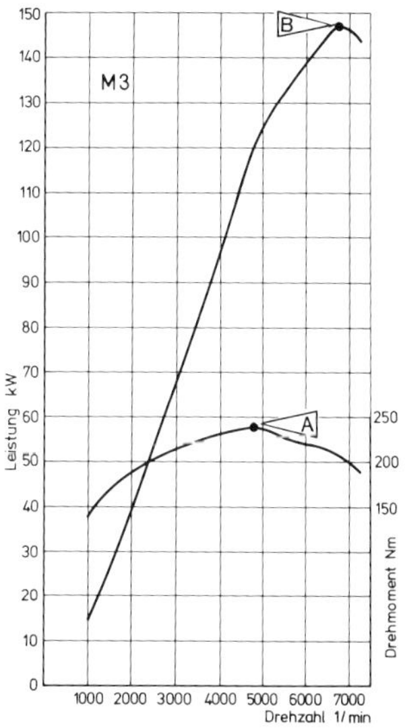

Der Ventilwinkel von 38° ist für die Bohrungen von 93,4 und 95,0 mm (2,5 Liter) sehr günstig, weil sich kompakte Brennräume ergeben. Die Lage der Nockenwellen verhindert den Zugang zu den Zylinderkopfschrauben, so daß eine stufenweise Montage des Motors notwendig ist. Große Ventile und gerade Kanäle ergeben zusammen mit vier Drosselklappen und kurzen Ansaugwegen eine sehr sportliche Auslegung des Motors. Die Höchstleistung wird erst bei 6750 bzw. 7000/min erreicht. Der Mitteldruckwert der 2,3 Liter-Variante ist höher als bei der 2,5 Liter-Variante und ergibt mit 12,6 bar den höchsten Wert aller unaufgeladenen Vierzylinder-Motoren.

Wie groß das Potential der BMW M3-Motoren in Hinblick auf weitere Leistungssteigerungen ist, zeigt sich bei den Renntriebwerken. Für die Rennen zur internationalen Tourenwagen-Meisterschaft läßt sich die Leistung auf ca. 235 kW (320 PS) bei 8600/min anheben. Durch Vergrößerung von Hub und Bohrung konnte ein Hubraum von 2,5 Liter erreicht werden. Der Steg zwischen je zwei Zylindern beträgt dabei nur mehr 5 mm. Knapp 257 kW (350 PS) wurden für diesen Motor angegeben.

BMW M5: 3,6 Liter (1988)

Bauform/Zylinderzahl		R6	Leistung	kW (PS)/min	232 (315)/6900
Hubraum	cm^3	3535	spez. Leistung	kW (PS)/l	65,7 (89,2)
Bohrung/Hub	mm	93,4/86	max. Drehmoment	Nm/min	360/4750
Verdichtungsverh.		10:1	max. Mitteldruck	bar	12,8
Ventilzahl/Winkel		4/38°	Kraftstoff	ROZ	95
Aufladung		–	Ladedruck	bar	–

Die im Motorsport sehr erfolgreichen älteren BMW Vier- und Sechszylinder-Reihenmotoren stammen aus derselben Motorfamilie, erkennbar am besten durch denselben Zylinderabstand von 100 mm. Aber auch sonst finden sich

Gemeinsamkeiten bei den M3- und M5-Motoren, wie etwa die Zylinderkopfkonstruktion mit 38° Ventilwinkel oder die Anordnung von je einer Drosselklappe pro Zylinder.

Der Zylinderkopf dieses nur in kleiner Stückzahl gebauten Sechszylinder-Reihenmotors ist ursprünglich von BMW M1-Mittelmotor-Sportwagen (M88) abgeleitet bzw. weiterentwickelt worden. Auch kam dieser Motor, allerdings mit etwas weniger Hubraum, in den früheren BMW-Renntourenwagen zum Einsatz. Der Antrieb der beiden obenliegenden Nockenwellen erfolgt wie beim Zweiventil-Motor durch eine doppelte Rollenkette. Die Zylinderkopfkonstruktion weist typische Rennmotorendetails auf:

- Zweiteilige Konstruktion mit separatem Nockenwellenträger
- Direkte Ventilbetätigung über Tassenstößel
- Tassenstößel ohne hydraulischen Ventilspielausgleich
- Zündkerzen mit 12 mm Gewinde statt der sonst üblichen 14 mm
- Je eine große Drossselklappe pro Einlaßkanal
- Steile Ein- und Auslaßkanäle mit geringen Strömungsverlusten und
- Geschweißter Auslaßkrümmer mit Einzelrohren

Der zerlegte M5-Motor dokumentiert die aufwendige Bauweise. Wesentliche Merkmale sind das separate Steuergehäuse für Nockenwellen und Tassenstößel, die sechs Drosselklappenstutzen, der Resonanz-Luftsammler und der Fächerauspuffkrümmer.

Das Leistungs- und Drehmomentdiagramm des M5-Motors zeigt als Ergebnis der Resonanzaufladung eine deutliche Drehmomentüberhöhung im Bereich zwischen 4000 und 5000/min.

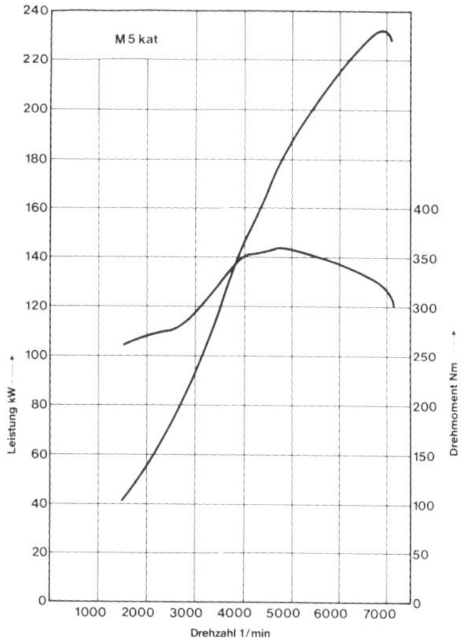

Auch die Leistungscharakteristik ist sportlich. Auf besonders viel Drehmoment im unteren Drehzahlbereich wird weniger Wert gelegt, als auf hohe Endleistung bei hohen Drehzahlen. So stellt sich die Motorhöchstleistung erst bei 6900/min ein. Damit der Leistungsverlust bei niedrigen Drehzahlen nicht allzusehr gegenüber dem abfällt, was bei hohen Drehzahlen geboten wird, verfügt dieser Motor über ein geschaltetes Ansaugsystem. Dieses ist aber infolge Platzmangels und damit fehlender optimaler Saugrohrlängen nur bedingt in der Lage, die Drehmomentschwäche im unteren Drehzahlbereich zu kompensieren.

1988 wurde der Hubraum des Motors von ursprünglich knapp 3,5 Liter (3430 cm^3) auf 3,6 Liter (3535 cm^3) angehoben. Dies geschah durch Vergrößerung der Zylinderbohrung von 92 mm auf 93,4 mm. Trotz Katalysator erreicht dieser Motor mit 12,8 bar den höchsten Mitteldruck aller freisaugenden Verbrennungsmotoren, die in Personenkraftwagen zum Einsatz kommen und die gesetzlichen Auflagen in Hinblick auf Abgas und Geräusch erfüllen.

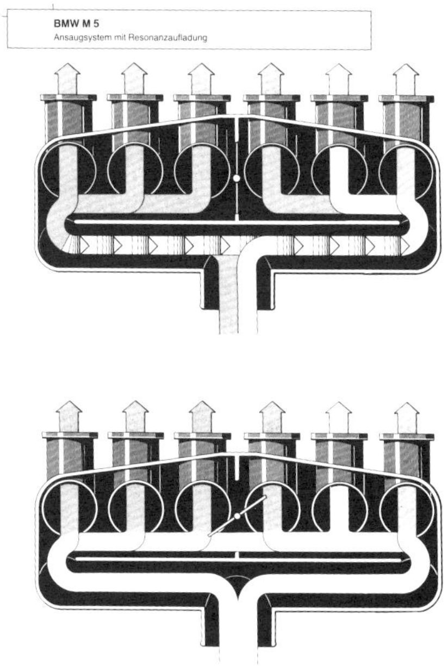

Im unteren Drehzahlbereich ist die Drosselklappe des M5-Luftsammlers geschlossen, der dadurch zweigeteilt wird (obere Abbildung). Im oberen Drehzahlbereich wird die Trenn-Drosselklappe geöffnet. Die unterschiedlichen Schwingungssysteme führen zur erwünschten Drehmomenterhöhung.

Chevrolet LT5: 5,7 Liter (1989)

Bauform/Zylinderzahl		V8 (90°)	Leistung	kW (PS)/min	287 (390)/5800
Hubraum	cm^3	5727	spez. Leistung	kW (PS)/l	50,1 (68,1)
Bohrung/Hub	mm	99/93	max. Drehmoment	Nm/min	529/5200
Verdichtungsverh.		11,25:1	max. Mitteldruck	bar	11,6
Ventilzahl/Winkel		4/22°	Kraftstoff	ROZ	95
Aufladung		–	Ladedruck	bar	–

Für die neue Chevrolet Corvette gab es zunächst nach guter alter amerikanischer Sitte einen großen schweren V8-Motor mit einem Motorblock aus Grauguß und einer zentral angeordneten Nockenwelle, die über Stoßstangen und Kipphebel die Ventile betätigt. Für eine besonders leistungsstarke Version der Corvette sollte aber auch ein besonders starker, moderner V8-Motor entwickelt werden. Diese spezielle Corvette erhielt die Bezeichnung ZR1, und die zum GM- Konzern gehörende Firma Lotus erhielt den Auftrag, den Motor zu entwickeln.

Das Ergebnis ist ein moderner V8-Motor mit 5,7 Liter Hubraum sowie mit Vierventil-Technik und Vollaluminium-Bauweise. Schon aufgrund des großen Hubraumes ist dieser Motor allen anderen V8-Motoren sowohl hinsichtlich Leistung als auch Drehmoment überlegen. In Tabellenform sind die sehr deutlichen Unterschiede zwischen dem älteren Zweiventil- und modernen Vierventil-Motor zusammengestellt.

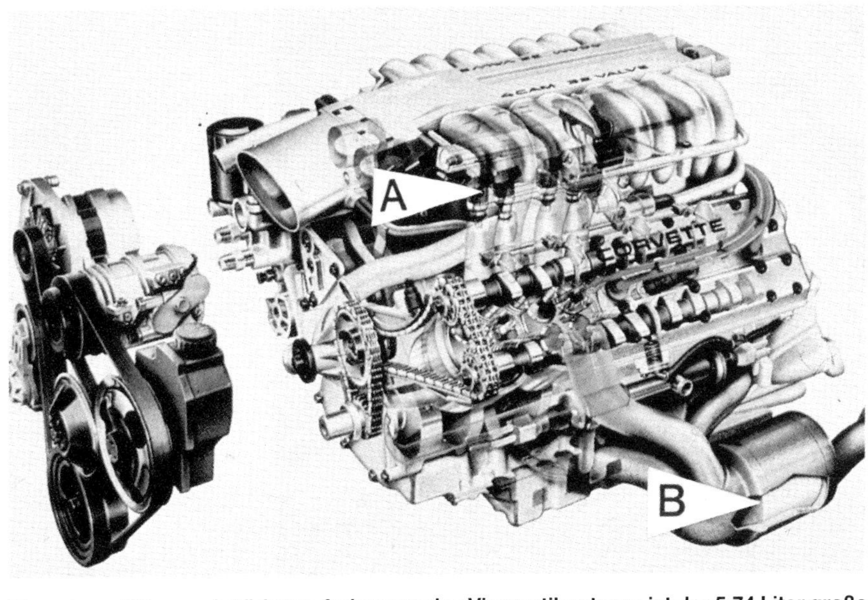

Einer der größten und stärksten freisaugenden Vierventilmotoren ist der 5,74 Liter große V8 der Chevrolet Corvette ZR 1. Besonderheiten sind das geschaltete Ansaugsystem mit acht kleinen Drosselklappen, die jeweils von einem der beiden Einlaßventile angeordnet sind, weitere Merkmale sind die zwei Einspritzdüsen pro Zylinder (A) und pro Zylinderreihe ein großer Katalysator (B), die relativ nahe an den Zylinderköpfen angeordnet sind.

Motortyp	5,7 Liter 2V 1986	5,7 Liter 4V 1989
Leistung kW (PS)/min	182 (248)/4300	287 (390)/5800
spez. Leistung kW (PS)/l	31,9 (43,5)	50,3 (68,4)
max. Drehmoment Nm/min	461/3200	529/5200
max. Mitteldruck bar	10,2	11,6
Verdichtung	9,5:1	11,25:1
Zylinderblock/Material	Grauguß	Aluminium
Anzahl der Nockenwellen	1 (zentral)	4 (DOHC)

Die Tabelle zeigt einen Leistungszuwachs von 57% und eine Drehmomentsteigerung von 15% für den ZR 1-Motor. Wie es für die Vierventil- Technik üblich ist, stellen sich die Maximalwerte bei höheren Drehzahlen ein als beim Zweiventiler.

Die Vierventilzylinderköpfe weisen den sehr kleinen Ventilwinkel von 22° auf, sie sind daher sehr schmal und lassen Platz für ein aufwendiges, zweiflutiges Ansaugsystem mit acht kleinen Drosselklappen. Diese verschließen in der Teillast je einen der beiden Einlaßkanäle pro Zylinder und damit auch einen Teil des Ansaugsystems. Der Zweck dieser Maßnahme ist eine Verbesserung der Verbrennung bei gleichzeitig angehobenem Drehmoment im unteren Last- und Drehzahlbereich.

Chevrolet Indy 265A: 2,65 Liter (1985)

Bauform/Zylinderzahl		V8 (90°)	Leistung	kW (PS)/min	515 (700)/11500
Hubraum	cm^3	2652	spez. Leistung	kW (PS)/l	194 (263)
Bohrung/Hub	mm	88/54,5	max. Drehmoment	Nm/min	500/8500
Verdichtungsverh.		11,0:1	max. Mitteldruck	bar	23,7
Ventilzahl/Winkel		4/24°	Kraftstoff	ROZ	Methanol
Aufladung		Turbo	Ladedruck	bar	0,52

Der Motor ist eine Auftragsentwicklung, die von der Firma Ilmor Engineering Ltd. äußerst erfolgreich durchgeführt wurde. Besonderes Kennzeichen ist die einfache aber wohldurchdachte Konstruktion. Gewisse Ähnlichkeiten zum Ford Cosworth DFY Formel 1-Motor sind nicht zu übersehen, aber auch nicht verwunderlich, weil der Konstrukteur Mario Illien lange Zeit bei Cosworth beschäftigt war.

Der Vollaluminium V8-Motor wiegt inkl. Kupplung nur 140 kg, baut äußerst kompakt und erwies sich als sehr zuverlässig. Entsprechend dem Reglement beträgt der Hubraum unter 2,7 Liter. Mit der Bohrung von 88 mm und dem kurzen Hub von 54,5 mm ergibt sich ein exakter Hubraum von 2,65 Liter.

Die Zylinderköpfe sind einteilig, deshalb auch besonders steif und haben einen Ventilwinkel von 24°. Das Zündkerzengewinde hat 12 mm Durchmesser. Interessanterweise werden keine natriumgekühlten Auslaßventile verwendet. Grund dafür ist die gute Innenkühlung des vom Reglement vorgeschriebenen Kraftstoffes Methanol. Mit Verdichtung 11:1 und dem kleinen Ventilwinkel ergibt sich eine sehr kompakte Brennraumform. Um Probleme mit der Zylinderkopfdichtung zu vermeiden, gibt es pro Zylinder sechs Zylinderkopfschrauben. Die beiden Auslaßkanäle werden getrennt aus dem Zylinderkopf geführt. Die mechanischen Tassenstößel kommen über den Ventilfedern zu liegen. Das Ventilspiel wird durch unterschiedlich dicke Plättchen zwischen Ventilschaft und Tassenstößel eingestellt. Der Antrieb der Nockenwellen wird durch mehrere Zahnräder mit gerader Verzahnung bewerkstelligt.

Daß die Leistungs- und Drehmomentwerte dieses Motors nicht extrem hoch sind, liegt am Reglement. So darf nur ein Turbolader verwendet werden und der Ladedruck ist durch ein Popp-off (Abblaseventil) auf 0,52 bar begrenzt. Das Turbinengehäuse des Turboladers ist zweiflutig, um die Pulsationen im Auspuffsystem besser auszunutzen. Der Mitteldruck beim maximalen Drehmoment von 500 Nm beträgt 23,7 bar und wird bei einer Drehzahl von 8500/min erreicht.

Der ab dem Jahre 1988 äußerst erfolgreiche Chevrolet Indy-Motor besitzt acht Zylinder, Vierventiltechnik und Abgasturbolader. Die insgesamt vier obenliegenden Nockenwellen werden von einem Kurbelwellenzahnrad (A) sowie über zahlreiche weitere Zahnräder (C) angetrieben. Acht Drosselklappen (D) regeln die Füllung des 2,65 Liter-Motors. Die Auslaßkanäle (E) werden getrennt aus dem Zylinderkopf geleitet, um dann im Auspuffkrümmer zusammengefaßt zu werden.

Daihatsu CB 70: 1,0 Liter (1987)

Bauform/Zylinderzahl		R3	Leistung	kW (PS)/min	74 (101)/6500
Hubraum	cm^3	993	spez. Leistung	kW (PS)/l	74,5 (102)
Bohrung/Hub	mm	76/73	max. Drehmoment	Nm/min	130/3500
Verdichtungsverh.		7,8:1	max. Mitteldruck	bar	16,5
Ventilzahl/Winkel		4/65°	Kraftstoff	ROZ	91
Aufladung		Turbo	Ladedruck	bar	0,75

Der kleinste Mehrventil-Turbomotor von Daihatsu hat knapp einen Liter Hubraum. Auch für diesen Hubraum sind Dreizylinder-Motoren attraktiv, weil günstige Einzelzylindervolumen auch günstige Ergebnisse in Hinblick auf Leistung, Drehmoment und Verbrauch erwarten lassen. Außerdem werden die einzelnen Bauteile nicht ganz so klein wie bei einem Motor, der bei gleichem Hubraum vier Zylinder hätte. Um den Nachteil der freien Massenmomente und damit einer schlechteren Laufruhe des Dreizylinder-Reihenmotors wettzumachen, besitzt dieser Motor zusätzlich zu seinen anderen High-Tech-Merkmalen noch eine Ausgleichswelle.

Die insgesamt 12 Ventile dieses Motors werden durch zwei obenliegende Nockenwellen mit Zahnriemenantrieb betätigt. Die durch einen IHI- Abgasturbolader auf knapp 100°C erhitzte Ansaugluft wird durch einen Ladeluftkühler auf ca. 50°C rückgekühlt.

Rund um diesen sehr aufwendigen Motor lassen sich Überlegungen zu weniger aufwendigen Lösungen, jedoch mit mehr Hubraum anstellen. Nach dem Stand der Technik läßt sich auch noch mit anderen Hubräumen bzw. Techniken dieselbe Leistung von 74 kW (101 PS) erzielen wie mit dem 1,0 Liter Vierventil-Motor mit Aufladung. An Hand einer Tabelle soll dieser Motor mit einem 1,4 Liter Vierventil-Motor und einem 1,6 Liter Zweiventil-Motor verglichen werden. Wie die Tabelle zeigt, fallen dabei auch die Drehmomente in etwa gleich hoch aus, wobei natürlich der Mitteldruck mit wachsendem Hubraum und ohne Aufladung absinkt.

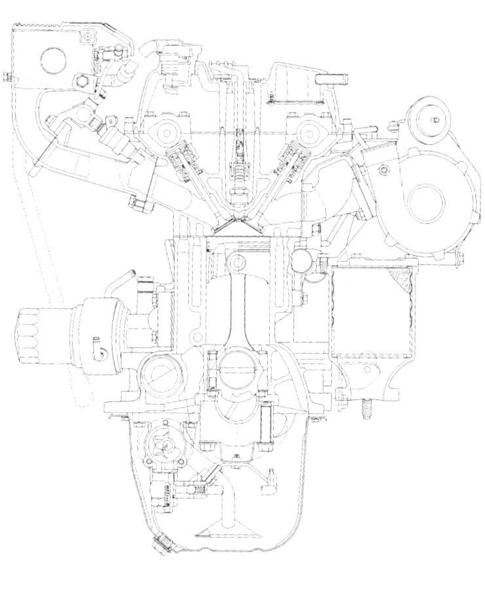

Im Querschnitt ist der sehr große Ventilwinkel des Daihatsu-Dreizylinders zu erkennen. Sehr gut ist dadurch die Zugänglichkeit der Zündkerzen. Eine Ausgleichwelle (links über der Ölpumpe) kompensiert die freien Massenmomente des Dreizylinders.

Motortyp		1,0 Liter R3 4V Turbo	1,4 Liter R4 4V	1,6 Liter R4 2V
Leistung	kW (PS)	74 (101)	74 (101)	74 (101)
spez. Leistung	kW (PS)/l	74 (101)	52,8 (72,1)	46,3 (63,1)
max. Drehmoment	Nm	130	132	135
max. Mitteldruck	bar	16,5	11,8	10,6
Aufwand/Teilevielfalt		groß	mittel	klein
Platzbedarf		kurz/breit	lang/breit	lang/schmal
Kosten		hoch	mittel	niedrig

Unabhängig von diesen Betrachtungen wird die Entscheidung für das eine oder andere Motor-Konzept in erster Linie durch den Platz im Motorraum oder durch vorhandene Produktionseinrichungen beeinflußt.

Ferrari F40: 3 Ltr. (1989)

Bauform/Zylinderzahl		V8 (90°)	Leistung	kW (PS)/min	351 (478)/7000
Hubraum	cm^3	2936	spez. Leistung	kW (PS)/l	119,5 (162,8)
Bohrung/Hub	mm	82/69,5	max. Drehmoment	Nm/min	577/4000
Verdichtungsverh.		7,8:1	max. Mitteldruck	bar	24,7
Ventilzahl/Winkel		4/33,5°	Kraftstoff	ROZ	98
Aufladung		BiTurbo	Ladedruck	bar	1,1

Der Motor des Ferrari F40 zählt spezifisch und absolut zu den stärksten Aggregaten, die für den Straßenverkehr je zugelassen wurden. Er basiert auf dem Leichtmetall-Achtzylinder 308 GT4, den Ferrari 1974 für den Dino entwickelte, 1982 wude er für den 308 Quattrovalvole erstmals mit vier Ventilen pro Zylinder ausgestattet. In dieser Saugversion leistete der Vierventil-V8 240 PS. Für den als Gruppe B-Sportwagen vorgesehenen Ferrari GTO wurde dieser Motor im Hubraum wegen des Reglementes auf 2855 cm^3 reduziert und mit zwei japanischen IHI-Turboladern aufgeladen und Ladeluftluftkühlern versehen. Mit 400 PS bei 7000/min wurde der GTO in limitierter Auflage an die Kundschaft ausgeliefert. Für den F40 wurde die Leistung nochmals gesteigert. Ebenfalls mit zwei IHI-Ladern aufgeladen, leistet er 478 PS, der maximale Mitteldruck beträgt 24,7 bar, der Hubraum wieder knapp drei Liter.

Der Ferrari-Vierventiler zeigt einen klassischen Aufbau mit sehr schmalem Ventilwinkel (33,5°). Die Ventildurchmesser betragen 29 mm für den Einlaß und 26 mm für den Auslaß. Je zwei obenliegende Nockenwellen, über Zahnriemen angetrieben, betätigen die Ventile direkt über leichte Tassenstößel mit Einstellplättchen. Die im Verhältnis zur Bohrung relativ großen Ventile lassen nur Platz für eine Zündkerze mit 12 mm-Gewinde. Ferrari läßt in der Serie eine Maximaldrehzahl von 7750/min zu, Wettbewerbsausführungen dieses Motors können bis annähernd 10000/min drehen. Eine verteilerlose

Der längs als Mittelmotor eingebaute Ferrari F40 Achtzylinder braucht in seinem Umfeld viel Platz für die beiden Turbolader und die Ladeluftkühler. Bezogen auf die Leistungsdichte ist er dennoch ein kompaktes Triebwerk.

Zündung mit vier Zündspulen mit Doppelausgang und eine Einspritzung mit zwei Düsen pro Zylinder kennzeichnen das High-Tech-Umfeld des Ferrari F40-Motors.

Kurbelgehäuse (Motorblock) und auch die Laufbüchsen (Nicasil-beschichtet) bestehen aus einer Aluminium-Legierung. Trotz Trockensumpfschmierung mit insgesamt drei Pumpen ist das gesamte Triebwerk sehr leicht. Es bringt knapp 160 Kilogramm auf die Waage und verfügt so über ein extrem günstiges Leistungsgewicht.

Ferrari Formel 1 3500: 3,5 Liter (1989)

Bauform/Zylinderzahl		V12 (65°)	Leistung	kW (PS)/min	478 (650)/12500
Hubraum	cm^3	3498	spez. Leistung	kW (PS)/l	136,6 (185,7)
Bohrung/Hub	mm	84/52,6	max. Drehmoment	Nm/min	390/9500
Verdichtungsverh.		11,5:1	max. Mitteldruck	bar	14,0
Ventilzahl/Winkel		5/21°/25°	Kraftstoff	ROZ	102
Aufladung		–	Ladedruck	bar	–

Die Erkenntnis, daß man Zwölfzylinder-Motoren auch mit anderen Winkeln als 60°, 120° oder 180° bauen kann, nutzte auch Ferrari für die mit dem Jahre 1989 gültige 3,5 Liter-Formel. Beim V12-Zylinder ist ja der Massenausgleich immer perfekt, weil er aus zwei Sechszylinder-Reihenmotoren besteht. Ein Zylinderwinkel von 65° wurde als neue Lösung gewählt, um einen möglichst guten Kompromiß zu erzielen. Dieser Bankwinkel von 65° läßt innen im V des Motors genau den Platz, den man für ein strömungsgünstiges Ansaugsystem benötigt und trotzdem bleibt außen genug Raum für

Der enge V-Winkel und die schmalen Zylinderköpfe des Ferrari-Zwölfzylinders ergeben einen sehr schlanken Motor und erlauben einen aerodynamischen günstigen Einzug der Karosserie. Der Luftsammler (Air-Box) über dem Motor soll einmal dem Motor kühle Luft zuführen, zum anderen Staudruck durch die Fahrgeschwindigkeit ausnutzen. Wegen der großen Länge des Motors wurde der Zylinderblock zur Verbesserung der Steifigkeit aus Grauguß gefertigt.

die Auspuffanlagen. Auch ist der Motor schmal genug, um sich harmonisch in das Monocoque einfügen zu lassen.

Neue Wege ging man bei Ferrari bei der Wahl für das Material des Motorblocks. Statt des bei Rennmotoren sonst üblichen Aluminiums wählte man einen Sphäroguß, der sich besonders gut und damit auch dünn vergießen läßt. Man nahm also bewußt etwas mehr Gewicht in Kauf, um den Motor als mittragendes Bauteil insgesamt steifer zu bekommen. Das ist besonders bei einem langen Zwölfzylinder-Motor von Bedeutung. Die verbesserte Steifigkeit kommt nicht nur dem Fahrzeug zugute, sondern auch dem Motor selber, weil sich dieser weniger verformt. Nach unten endet der Sphäroguß-Motorblock exakt in Mitte der Kurbelwelle. Der gewählte Motorblock hat noch einen nicht zu übersehenden Vorteil. Bei vorgegebener Bohrung von 84 mm können durch den Entfall von nassen Laufbüchsen die Zylinder näher zusammengeschoben werden, wodurch sich wiederum die Motorlänge kürzer gestalten läßt.

Eine weitere Besonderheit ist der Zylinderkopf. Erstmalig kommt bei Ferrari ein Fünfventil-Zylinderkopf zum Einsatz. Entsprechend der hohen Zylinderzahl und dem kurzen Hub hat der Ferrari Formel 1-Rennmotor von 1989 ein sehr hohes Drehzahlniveau. Die höchste Leistung stellt sich bei 12500/min ein, die maximal erlaubte Drehzahl beträgt 13000/min.

Ford Escort RS: 1,6 Ltr. (1970)

Bauform/Zylinderzahl		R4	Leistung	kW (PS)/min	99 (122)/6500
Hubraum	cm^3	1601	spez. Leistung	kW (PS)/l	62 (76)
Bohrung/Hub	mm	81/77,6	max. Drehmoment	Nm/min	155/5000
Verdichtungsverh.		10:1	max. Mitteldruck	bar	12,2
Ventilzahl/Winkel		4/40°	Kraftstoff	ROZ	98
Aufladung		–	Ladedruck	bar	–

Die einfachste Methode, um in einem Serienauto zum Vierventilmotor zu kommen und dabei nicht auf eine anschließende Großserie schielen zu müssen, ist der Einbau eines vorhandenen Rennmotors. Diesen Weg ging Ford 1970 beim Escort, dem man den sehr erfolgreichen Cosworth BDA Formel 2-Rennmotor einbaute, in modifizierter Form allerdings. Er machte den biederen Ford Escort zu einem interessanten Renntourenwagen. Daß er zunächst nicht sehr erfolgreich war, lag an dem geringen Hubraum von 1601 cm^3, und damit tat sich der Motor in der 2,0 Liter-Klasse schwer. Erst als man den Hubraum auf 1,86 Liter erhöhte, hatte die Zweiventil-Konkurrenz keine Chance mehr.

Der Vierventil-Zylinderkopf ist eine relativ einfache Konstruktion; er hat starke Ähnlichkeit mit dem Ford Cosworth Formel 1 DFV-Motor. Der Ventilwinkel beträgt 40°. Die beiden Nockenwellen werden von einem Zahnriemen angetrieben. Damit unterscheidet sich die Straßenversion von der ursprünglichen Rennversion, die zum Antrieb der Nockenwellen Stirnräder verwendete. Diese arbeiteten jedoch nicht zuverlässig genug und waren außerdem zu laut, so daß man sich schlußendlich für den Zahnriemen entschied. Geblieben sind jedoch die günstigen Voraussetzungen im Zylinderkopf selber. Die beachtlichen Mitteldrücke können sich noch heute sehen lassen.

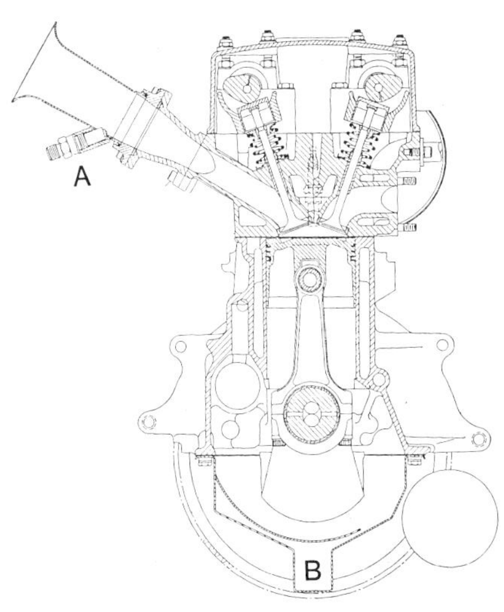

Ausgangsbasis für den Vierventilmotor des Ford Escort RS war der Ford Cosworth Formel 2-Motor mit Benzineinspritzung (A) und Trockensumpfschmierung (B). Für den Einbau in den Ford Escort wurden allerdings zahlreiche Änderungen vorgenommen.

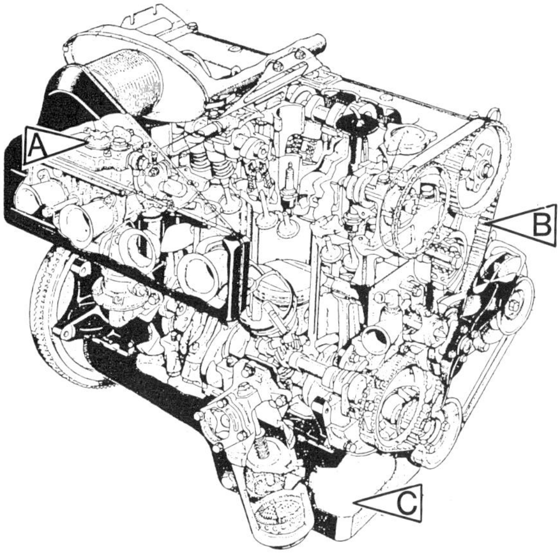

Die Umwandlung vom Rennmotor zum Serienmotor für Personenwagen hatte auch konstruktive Änderung zur Folge. Die aufwendigen lauten Stirnräder der Steuerung wurden durch einen Zahnriemen (B) ersetzt. Die ursprüngliche Trockensumpfschmierung wich einer Druckumlaufschmierung mit Ölwanne (C). Statt einer Benzineinspritzung wurden zunächst zwei Doppelvergaser (A) verwendet.

Ford Cosworth Formel 1 75 DEG: 3,5 Liter (1989)

Bauform/Zylinderzahl		V8 (75°)	Leistung	kW (PS)/min	463 (630)/11600
Hubraum	cm^3	3497	spez. Leistung	kW (PS)/l	132,3 (180)
Bohrung/Hub	mm	96/60,4	max. Drehmoment	Nm/min	390/9000
Verdichtungsverh.		12,0:1	max. Mitteldruck	bar	14,0
Ventilzahl/Winkel		4/22,5°	Kraftstoff	ROZ	102
Aufladung		–	Ladedruck	bar	–

Die Geschichte dieses Formel 1-Motors reicht zurück in das Jahr 1966, als der Hubraum für Formel 1-Motoren auf 3,0 Liter festgelegt wurde. Während sich die Konkurrenz noch mit Zwei- und Dreiventilmotoren herumschlug, wurde bei Cosworth ein völlig neuer Vierventilmotor entwickelt. Er gewann nicht nur das erste Rennen bei dem er zum Einsatz kam, sondern insgesamt deren 155. Er war auch einer der ersten Formel 1-Motoren, die konsequent auf hohe Steifigkeit konstruiert wurden, um als tragendes Element im Fahrzeug eingesetzt werden zu können.

Die erste Fassung dieses Motors war äußerst erfolgreich und lief unter der

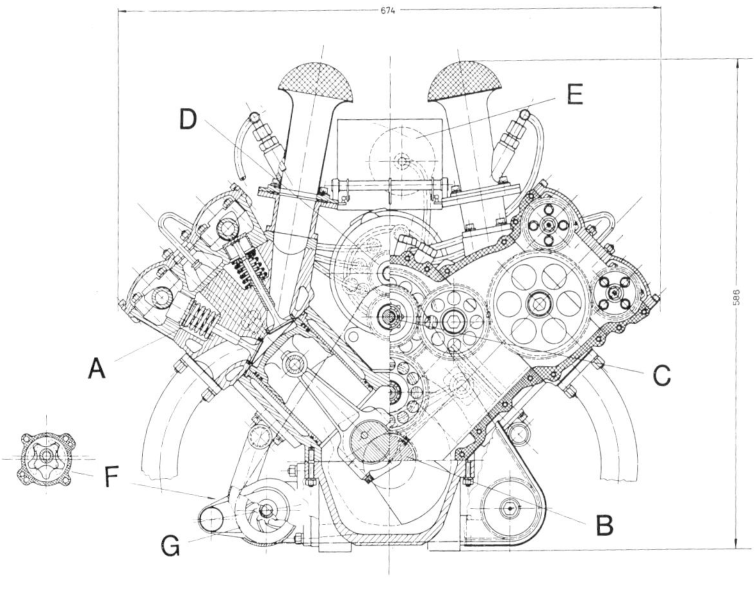

Der alte 3,0 Liter Cosworth-Motor schaffte einst den Durchbruch der Vierventiler in der Formel 1. Im Querschnitt sind die klassische Bauweise und die Anordnung der Nebenaggregate erkennbar: Zylinderkopf (A), Kurbelwelle (B), Zwischenwelle (C), Einspritzpumpe und Lichtmaschine (D), Zündbox (E), Ölpumpe (F), Antrieb von Wasser- und Ölpumpe (G).

Bezeichnung DFV in fast unveränderter Form von 1968 bis 1982. Die wesentlichen Daten – so auch der Ventilwinkel von 32° – blieben unverändert. Optimierungen gab es nur im Detail. Als Waffe gegen die stärker werdenden Turbos entschloß man sich Anfang der 80er Jahre zu einer Generalrevision. Zu dem späten Vorhaben, den DFV-Motor weiterzuentwikkeln und ihm damit erstmalig gravierende Änderungen zuteil werden zu lassen, trugen sicher der zähe Anlauf der Turbotechnik und die vielen Probleme, die die kleinen 1,5 Liter-Motoren zu Beginn machten, bei. Nachträglich gesehen reichten die erzielten Verbesserungen in Leistung und Drehmoment bei weitem nicht aus, um den Turbos Paroli bieten zu können.

Die Änderungen, die den DFV zum DFY machten, umfaßten weite Bereiche des Motors. Es blieb natürlich ein Achtzylinder V 90°-Motor mit unverändertem Zylinderabstand, aber schon das Hub-Bohrungs-Verhältnis wurde geändert. Mit Hub 58,8 statt 64,8 mm und Bohrung 90,0 mm statt 85,7 mm wurde der neue Motor deutlich kurzhubiger als der alte. Komplett neu waren die Zylinderköpfe. Entsprechend dem Trend zu kleineren Ventilwinkeln wurde dieser von 32° auf 22,5° zurückgenommen. Die Kanalführung auf der Auslaßseite sieht jetzt die getrennte Führung aller Kanäle vor, so daß die Zusammenführung von acht auf vier Leitungen erst außerhalb der Köpfe in der Auspuffanlage stattfindet. Früher hatten die Zylinderköpfe zwei Etagen,

Der neue Ford Cosworth DEG hat einen um 15 Grad geringeren V-Winkel als der ursprüngliche DFV-Motor. Diese engere Bauweise schafft mehr Platz für die Auspuffanlage und macht den Motor insgesamt schmaler. Trotzdem sind die Chancen für Achtzylinder in der neuen 3,5 Liter Formel eingeschränkt: Wegen der großen Zylindereinheiten ist ihr Drehvermögen geringer als das der Zehn- oder Zwölfzylinder.

wobei die Nockenwellenträger aufgeschraubt wurden. Die neuen Köpfe sind einteilig, was sie zusammen mit dem kleinen Ventilwinkel leichter und steifer machte. So konnten nur durch die neuen Köpfe 6,4 Kilogramm eingespart weden. Äußerlich war der DFY-Motor vor allem an den deutlich schmaleren und anders geformten Zylinderkopfdeckeln zu erkennen. Der DFY-Motor gewann danach nur einen Grand Prix.

Die zweite große Veränderung gab es dann zusammen mit der Hubraumerweiterung auf 3,5 Liter für die Formel 1-Saison 1989. Der Zylinderwinkel wurde von 90° auf 75° zurückgenommen, um den Motor noch kompakter zu machen. Länge, Höhe und Breite betragen nun 59,5, 52,1 und 59,1 cm. Der Motor ist mit 140 Kilogramm sehr leicht. Die Verdichtung beträgt 12:1. Durch Vergrößern der Bohrung bei gleichzeitiger Verkleinerung des Hubes ist es gelungen, das Drehzahlniveau weiter anzuheben. So stellt sich die Motorhöchstleistung inzwischen bei 11 600/min ein, die höchstzulässige Drehzahl liegt bei 11 900/min.

General Motors Quad 4: 2,3 Liter (1988)

Bauform/Zylinderzahl		R 4	Leistung	kW (PS)/min	112 (152)/5200
Hubraum	cm^3	2260	spez. Leistung	kW (PS)/l	49,6 (67,3)
Bohrung/Hub	mm	92/85	max. Drehmoment	Nm/min	217/4000
Verdichtungsverh.		9,5:1	max. Mitteldruck	bar	12,1
Ventilzahl/Winkel		4/42°	Kraftstoff	ROZ	91
Aufladung		–	Ladedruck	bar	–

Der erste, auch nach europäischen Gesichtspunkten moderne Vierventilmotor aus Amerika, kann es durchaus mit seinen Wettbewerbern aufnehmen. Er besitzt praktisch alle Merkmale moderner Vierventiltechnik. Dazu gehören unter anderem zwei obenliegende Nockenwellen, Tassenstößelventiltrieb mit hydraulischem Ventilspielausgleich, Kettenantrieb der beiden Nokkenwellen, ausgeklügelte Brennraumform, strömungsgünstige Kanäle, direkte Zündung ohne Zündverteiler und vollelektronisches Motor-Mangagement. Weitere Unterschiede zu allen anderen Mehrventilmotoren sind die unter jeder Ventilfeder sitzenden roto-caps zur sicheren Ventildrehung. Die Tassenstößel laufen nicht direkt im Aluminium des Zylinderkopfes, sondern in eingegossenen Graugußbüchsen.

Offenbar wollte man von vorneherein alles tun, um dem Motor eine möglichst lange Lebensdauer mitzugeben. Noch eine Besonderheit betrifft den Antrieb der unterhalb der Kurbelwelle liegenden Ölpumpe. Auf eine Wange der Kurbelwelle ist ein großes Zahnrad angebracht, das die Ölpumpe direkt antreibt. Keine billige Lösung, aber eine Lösung mit sehr gutem Wirkungsgrad. Obwohl der Motor von Haus aus für die Großserie konzipiert war, weist er zahlreiche Details auf, die teuer sind, wie zum Beispiel die mehrteilige Zylinderkopfkonstruktion und das geschweißte Ansaugsystem.

Die sogenannte High-Output-Variante des GM Quad 4-Motors liegt mit einer Leistung von 182 PS entsprechend 80,5 PS/Liter auf relativ hohem Niveau, durchaus vergleichbar mit europäischen Vierventilern dieser Größenordnung. Allerdings ist bei dieser Hochleistungsvariante auch das maximale Drehmoment in der Drehzahl beachtlich nach oben gerutscht (von 4000/min auf 5200/min).

Der jahrzehntelangen Tradition amerikanischer Motorauslegung entsprechend ist auch dieses Triebwerk auf möglichst viel Drehmoment bei niedrigen Drehzahlen ausgelegt. So fallen hohe Mitteldrücke schon bei niedrigeren Drehzahlen an, als man das von europäischen Motoren gewohnt ist. Es war der erste Vierventilmotor, bei dem die Mehrventiltechnik zunächst nicht zur Erzielung einer möglichst hohen Leistung, sondern zur Erzielung von möglichst viel Drehmoment im unteren Drehzahlbereich genutzt wurde.

Doch schon bald nach der Vorstellung dieses Motors wurde auch eine Leistungsvariante – High Output – angeboten. Bei unverändertem Hubraum erreicht dieser Motor dann eine Leistung von 134 kW (182 PS) bei 6200/min und das beachtliche Drehmoment von 244 Nm bei 5200/min.

Honda EO5A: 0,55 Liter (1988)

Bauform/Zylinderzahl		R3	Leistung	kW (PS)/min	32 (44)/8000
Hubraum	cm^3	547	spez. Leistung	kW (PS)/l	58,5 (80,4)
Bohrung/Hub	mm	62,5/59,5	max. Drehmoment	Nm/min	45/4500
Verdichtungsverh.		9,8:1	max. Mitteldruck	bar	10,4
Ventilzahl/Winkel		4/54°	Kraftstoff	ROZ	91
Aufladung		–	Ladedruck	bar	–

Der kleinste Vierventilmotor verdankt seine Existenz einer japanischen Gesetzgebung, die Fahrzeuge mit Hubräumen unter 0,55 Liter steuerlich begünstigt. Damit die Bauteile vor allem im Zylinderkopfbereich nicht gar zu klein werden, wählte man für den vorgegebenen Hubraum nur drei Zylinder. Trotzdem erinnert das Triebwerk eher an Uhrmacherarbeit als an Maschinenbau. Bei nur 80 mm Zylinderabstand bereitet es vor allem im Zylinder-

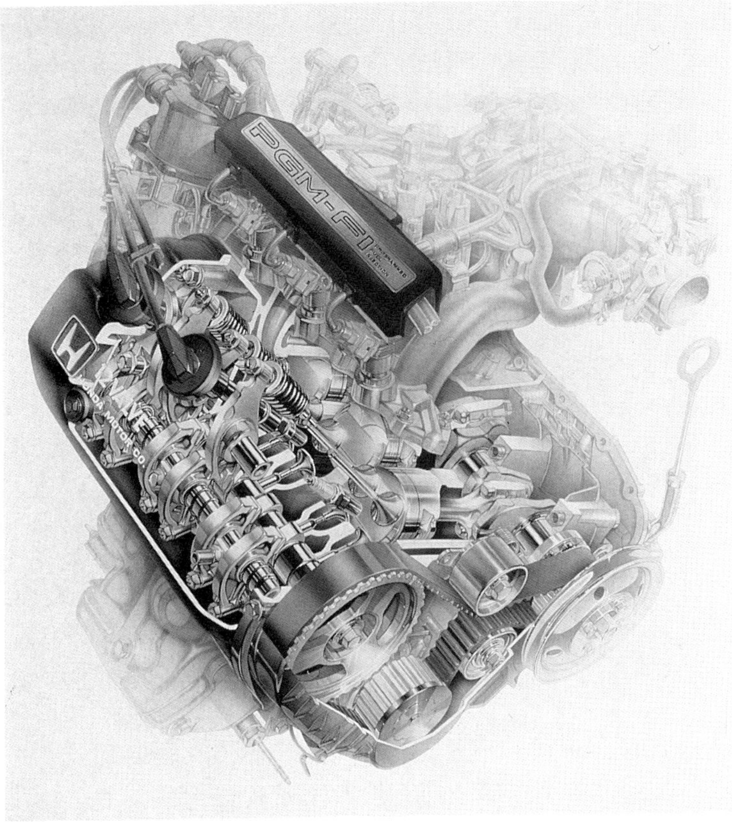

Der Honda EO 5A zählt zu den kleinsten Vierventilern für den Automobilantrieb. 550 cm³ wurden auf drei Zylinder verteilt. Eine Nockenwelle steuert die vier Ventile über Kipphebel. Die Kipphebel für die Auslaßventile sind gebogen, um Platz für die Zündkerzen zu schaffen.

kopf einige Schwierigkeiten, all das unterzubringen, was für die Vierventiltechnik notwendig ist. Zur Vereinfachung wurde auf den hydraulischen Ventilspielausgleich verzichtet. Die Einstellung bzw. Nachstellung des Ventilspieles muß durch Verdrehen von Einstellschrauben, die am Ende jedes Kipphebels angeordnet sind, vorgenommen werden.

Wie viele Honda-Vierventiler weist der Zylinderkopf nur eine Nockenwelle auf, die leicht aus der Kopfmitte hin zu den Auspuffventilen versetzt ist. Über je vier Nocken und Kipphebel werden die Ventile betätigt. Die Kipphebel für die Auslaßventile sind deutlich länger und bogenförmig gewölbt, weil sie den zwischen ihnen liegenden Zündkerzenschacht umgreifen müssen. Der Zündkerzenschacht ist auch der Grund für den großen Ventilwinkel von 54°. In dem Raum, der durch die Bohrung von 62,5 mm vorgegeben war, konnten Tellerventile von 23 und 20 mm für Einlaß und Auslaß, 5,5 mm dünne Schäfte sowie je eine Ventiltellerfeder untergebracht werden. Der Ventilhub für die Einlaßventile beträgt 7,5 mm bzw. 6,5 mm für die Auslaßventile.

Der kurze Hub von 59,6 mm bietet zwar gute Voraussetzungen für hohe Drehzahlen, nicht jedoch für hohe Mitteldrücke. Das maximale Drehmoment von 45 Nm bei 4500/min entspricht dem niedrigen maximalen Mitteldruck von 10,4 bar. Dei maximale Leistung von 32,4 kW stellt sich erst bei 8000/min ein und entspricht einem Mitteldruck von nur 8,0 bar.

Honda Legend V6:2,7 Ltr.(1987)

Bauform/Zylinderzahl		V6 (90°)	Leistung	kW (PS)/min	124 (169)/6000
Hubraum	cm^3	2675	spez. Leistung	kW (PS)/l	46,3 (63,2)
Bohrung/Hub	mm	87/75	max. Drehmoment	Nm/min	225/4500
Verdichtungsverh.		9:1	max. Mitteldruck	bar	10,57
Ventilzahl/Winkel		4/40°	Kraftstoff	ROZ	95
Aufladung		–	Ladedruck	bar	–

Der Honda V6 ist eine komplette Neukonstruktion und in vielerlei Hinsicht bemerkenswert. 1985 wurde er vorgestellt, zunächts mit 2,5 Liter Hubraum (in Japan sogar mit nur zwei Liter und Turbo), 1987 dann auf 2,7 Liter vergrößert. Der komplett aus Aluminium gefertigte Block hat einen V-Winkel von 90°, die molybdänbeschichteten Kolben laufen in trockenen Graußguß-Zylinderbüchsen. Wie beim Rennmotor sind die vier Hauptlagerböcke sechsfach verschraubt: zweimal horizontal und viermal vertikal. Wegen des weiten V- Winkels sind die Kurbelzapfen der gegenüberliegenden Zylinder um 30° versetzt. Nur so lassen sich die sonst typischen Vibrationen eliminieren und eine gleichmäßige Zündfolge von 120° erreichen.

Die beiden Zylinderköpfe sind einteilig (ohne Steuergehäuse) ausgeführt. Der Ventilwinkel beträgt 40°, die Ventildurchmesser 33 (Einlaß) und 26 mm (Auslaß). Um Baubreite zu sparen, gibt es pro Zylinderreihe nur eine Nockenwelle, die über der Mittelachse der Einlaßventile angeordnet ist. Sie betätigt über Schwinghebel, die sich jeweils auf ein Hydraulikelement abstützen, die Einlaßventile direkt. Komplizierter ist die Betätigung der Auslaßventile, die über hydraulisch abgestützte Schlepphebel, kurze Stößelstangen und Kipphebel geschieht. Der komplizierte Mechanismus erlaubt eine zentrale Lage der Zündkerzen.

Zur High-Techn-Auslegung des Triebwerkes gehört ein zweistufig geschaltetes Saugrohr. Im unteren Drehzahlbereich beträgt die wirksame

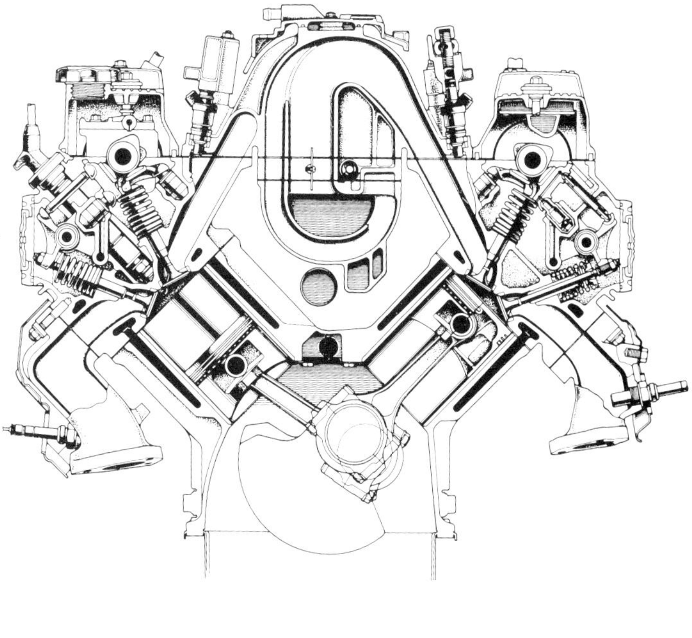

Der weite V-Winkel von 90° führt insgesamt zu einer großen Baubreite des Honda Sechszylinders. Vorteil dieser Bauweise: Zwischen den Zylindern bleibt viel Platz, um eine aufwendige, geschaltete Sauganlage mit langen Saugwegen zu installieren. Ungewöhnlich: Die Steuerung der Auslaßventile über Schlepphebel, Stößel und Kipphebel.

Saugrohrlänge 630 mm. Ab 3200/min beginnt ein elektronisch gesteuerter Magnetschalter mit der sukzessiven Öffnung der sechs Zusatzdrosselklappen. Die volle Öffnung erfolgt bei 3800/min, die dann wirksame Saugrohrlänge von 420 mm ermöglicht einen optimalen volumetrischen Wirkungsgrad. Trotz des hohen Aufwandes sind die spezifischen Leistungswerte des Honda-Motors nicht berauschend. 124 kW (169 PS) bzw. 46,3 kW (63,2 PS)/Liter – das sind Werte, die deutsche Zweiventiler erreichen oder gar übertreffen (z. B. BMW 2,5 Liter Sechszylinder). Auch der erzielte maximale Mitteldruck ist für einen Vierventiler mäßig.

Honda: NSX 3,0 Liter (1990)

Bauform/Zylinderzahl		V6 (90°)	Leistung	kW (PS)/min	201 (274)/7300
Hubraum	cm^3	2977	spez. Leistung	kW (PS)/l	67,5 (92,0)
Bohrung/Hub	mm	90/78	max. Drehmoment	Nm/min	284/5400
Verdichtungsverh.		10,2:1	max. Mitteldruck	bar	11,99
Ventilzahl/Winkel		4/60°	Kraftstoff	ROZ	95
Aufladung		–	Ladedruck	bar	–

Die von Honda entwickelte variable Ventilsteuerung VTEC (variable valve timing and lift electronic control) hat schon beim Vierzylindermotor der Civic-Baureihe ihre Leistungsfähigkeit bewiesen. Nun wurde VTEC auch im wesentlich größeren V6-Motor des Honda NSX-Sportwagens eingesetzt.

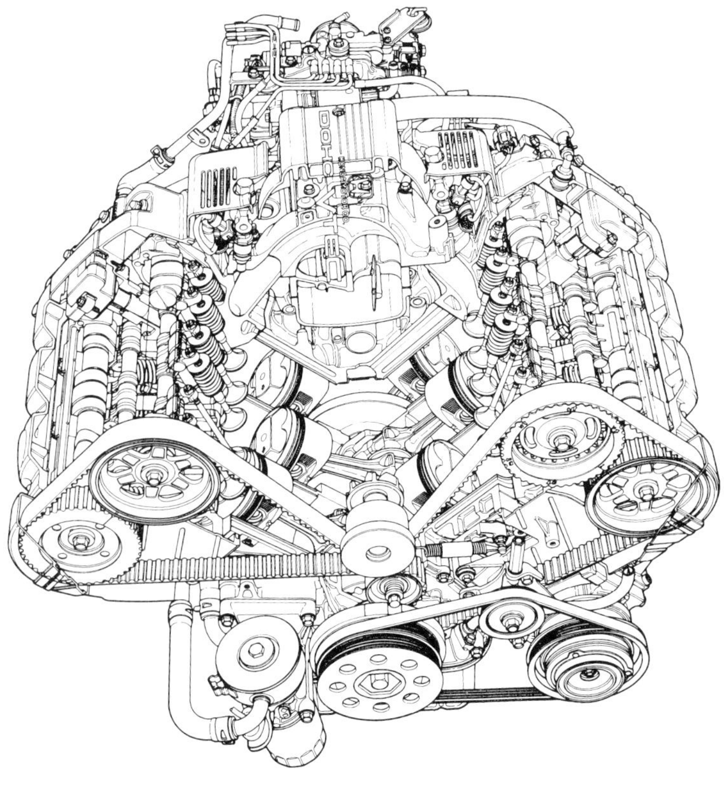

Der 3,0 Liter-Sechszylinder des Honda NSX verfügt bisher als einziger Vierventiler sowohl über variable Steuerzeiten (VTEC) als auch über ein variables Ansaugsystem. Das Ergebnis sind ein breites, nutzbares Drehzahlband und sehr hohe spezifische Leistungswerte.

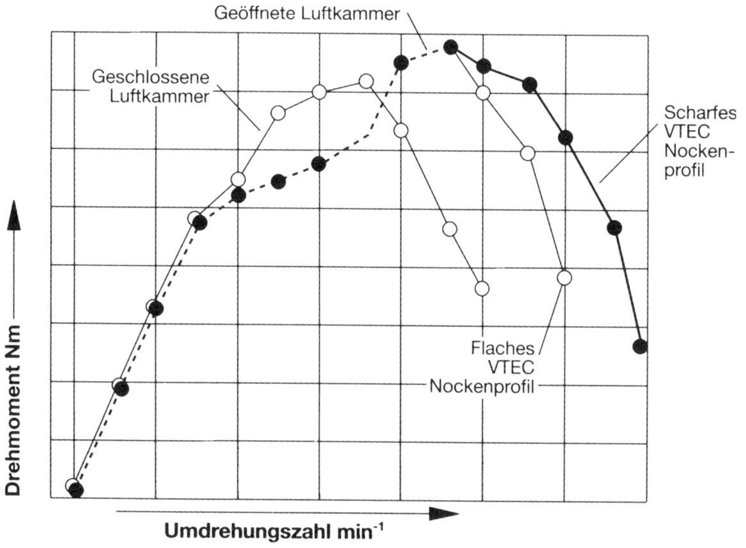

Die Drehmomentkurve des Honda NSX zeigt den überlagerten Einfluß des variablen Saugsystems und der unterschiedlichen Nockenwellenprofile.

Max. Drehmoment: 284 Nm/5.400 min^{-1}

Dabei verfügen die insgesamt vier obenliegenden Nockenwellen pro Zylinder über je sechs Nocken (drei für Einlaß und Auslaß). Über Schlepphebel werden die Ventile gesteuert. Bei niedriger Drehzahl (bis ca. 5000/min) betätigen die äußeren beiden zahmen Nocken die Ventile, bei hoher Drehzahl wird auf den mittleren scharfen Nocken umgeschaltet (siehe auch Seite 187). Der nutzbare Drehzahlbereich konnte dadurch bis auf rund 8000/min ausgedehnt werden, ohne daß Laufkultur und Drehmoment bei niederen Drehzahlen leiden.

Abweichend vom Civic-Vierzylinder verfügt der Sechszylinder des NSX noch über ein geschaltetes Saugrohr, das mit veränderlichen Volumen des Ansaugsystems arbeitet (VVIS = variable volume induction system). Das mit insgesamt zwölf Drosselklappen in zwei Volumen geteilte Saugrohr benutzt im unteren Drehzahlbereich zur Drehmomentanhebung die Resonanzwirkung zweier geteilter Anlagen, ab 4800/min werden die Drosselklappen geöffnet, der Motor läuft wie ein normaler Sechszylinder.

Weitere Besonderheiten des auf dem Sechszylinder des Honda Legend aufbauenden Triebwerks sind die Direktzündung und – auch wegen der hohen Drehzahlen – Titanpleuel.

In der spezifischen Leistung zählt der NSX-Motor zur Spitzenklasse. 92 PS pro Liter sind für einen straßentauglichen Saugmotor, der alle Abgas- und Geräuschvorschriften erfüllt und dazu noch mit 95 ROZ-Kraftstoff auskommt ein bisher unerreichter Wert. Daß die hohe spezifische Leistung aber im wesentlichen aus der Drehzahl geholt wird, zeigt der maximale Mitteldruck: Mit 11,99 bar ist er zwar überdurchschnittlich hoch, wird aber beispielsweise vom BMW-Sechszylinder M50 mit 12,3 bar übertroffen.

Honda RA168E Formel 1 Turbo: 1,5 Liter (1988)

Bauform/Zylinderzahl		V6 (80°)	Leistung	kW (PS)/min	504 (685)/12500
Hubraum	cm^3	1494	spez. Leistung	kW (PS)/l	337,3 (458,5)
Bohrung/Hub	mm	79/50,8	max. Drehmoment	Nm/min	424/10000
Verdichtungsverh.		9,4:1	max. Mitteldruck	bar	35,7
Ventilzahl/Winkel		4/32°	Kraftstoff	ROZ	102
Aufladung		Turbo	Ladedruck	bar	1,5

Ebenso wie der deutsche Porsche Formel 1-Turbomotor wurde auch der japanische Honda Formel 1 beim Genfer Automobilsalon 1983 erstmalig vorgestellt. Beide Motoren sind sich sehr ähnlich. Die sechs Zylinder sind in einem Winkel von 80° angeordnet, und auch bei Hub und Bohrung ist man sich fast einig. Das Streben nach einer möglichst hohen Grundverdichtung erkennt man ebenfalls bei beiden Triebwerken.

Der Honda-Motor brauchte allerdings eine viel längere Anlaufzeit als der Porsche-Motor. Mit insgesamt 40 Grand Prix-Siegen ist er aber der erfolgreichste Formel 1-Motor der Turbo-Ära. Dies ist auch darauf zurückzuführen, daß der Honda-Motor länger im Renngeschehen blieb als der Porsche-Motor.

Die Turbo-Ära brachte unglaublich hohe spezifische Leistungen zuwege. Der Honda Formel 1 Turbo zählte zu den stärksten Triebwerken dieser Epoche. Gut zu erkennen: Die Auspuffleitungen werden unmittelbar nach dem Zylinderkopf im Krümmer zusammengefaßt und gehen auf kürzestem Weg zum Turbolader.

Der große Durchbruch gelang diesem Motor in der Rennsaison 1987, in der alles gewonnen wurde, was zu gewinnen war. Vor allem in den Williams-Fahrzeugen kam der Motor gut zur Geltung, während in den Lotus-Fahrzeugen keine so guten Ergebnisse erreicht werden konnten. Insgesamt gab es in der Zeit zwischen 1983 und 1988 nicht weniger als zehn verschiedene Ausführungen dieses Triebwerks. Unter anderem wurden der Kühlkreislauf, der Hub, die Bohrung, das Verdichtungsverhältnis, die Brennräume und die Elektronik geändert.

Ab 1987 gab es neue Entwicklungsschwerpunkte wie Anhebung der Maximaldrehzahl, Anhebung der Leistung durch besseren Wirkungsgrad und Reduktion des Kraftstoffverbrauches unter anderen auch durch Aufheizung des Kraftstoffes. 1988 wurde eine Erhöhung der Standfestigkeit erreicht, die Kurbelwelle im Block 25 mm tiefer gelegt (für tieferen Schwerpunkt) und der Motor insgesamt 48 mm flacher.

Die höheren Leistungswerte, die in diesem Buch für den Porsche Formel 1-Turbomotor angegeben werden, erklären sich aus den unterschiedlichen Einsatzjahren und damit auch technischen Bestimmungen, in denen die beiden Motoren zum Einsatz kamen. Die Daten des Honda-Motors gelten für die letzte Ausführung, bei der pro Rennen nur mehr 150 Liter Kraftstoff verbraucht werden durften.

Ende des Jahres 1988 wanderte der Honda Formel 1-Turbomotor reglementbedingt ins Museum. Die Zeit der höchsten Literleistung aller Zeiten und ein Stück faszinierender Motoren-Technik war damit vorbei.

Jaguar AJ6: 3,6 Liter (1986)

Bauform/Zylinderzahl		R6	Leistung	kW (PS)/min	165 (224)/5100
Hubraum	cm^3	3590	spez. Leistung	kW (PS)/l	46 (62,4)
Bohrung/Hub	mm	91/92	max. Drehmoment	Nm/min	337/4000
Verdichtungsverh.		9,6:1	max. Mitteldruck	bar	11,8
Ventilzahl/Winkel		4/46°40′	Kraftstoff	ROZ	98
Aufladung		–	Ladedruck	bar	–

Jaguar AJ6: 4,0 Liter (1990)

Bauform/Zylinderzahl		R6	Leistung	kW (PS)/min	163 (222)/5250
Hubraum	cm^3	3980	spez. Leistung	kW (PS)/l	40,9 (55,7)
Bohrung/Hub	mm	91/102	max. Drehmoment	Nm/min	369/3600
Verdichtungsverh.		9,5:1	max. Mitteldruck	bar	11,7
Ventilzahl/Winkel		4/46°40′	Kraftstoff	ROZ	95
Aufladung		–	Ladedruck	bar	–

Sechszylinder-Reihenmotoren mit großen Hubräumen haben bei Jaguar Tradition. Schon immer wurde bei der Entwicklung und bei der Festlegung der technischen Daten auf gutes Drehmoment bei niedrigen Drehzahlen und

Der Jaguar Sechszylinder Reihen-Vierventilmotor ist im Motorraum schräg nach rechts eingebaut, um auf der linken Seite mehr Platz für das Ansaugsystem zu schaffen. Die einzelnen Schwingrohre (A) sind nach unten abgebogen. Die Verbrennungsluft wird über den Luftfilterkasten (B) und das Rohr (C) angesaugt. Die Benzinleitung (D) verteilt den Kraftstoff aus die sechs Einspritzdüsen (E).

weniger auf die Erzielung hoher Literleistungen geachtet. Das Erreichen hoher Drehzahlen war meist schon durch die extrem großen Hübe und damit auch hohen Kolbengeschwindigkeiten nicht möglich. So besaßen früher die 4,2 Liter Sechszylinder-Reihenmotoren bei 92 mm Bohrung nicht weniger als 106 mm Hub, also denkbar ungünstig für die Vierventil-Technik. Bei einer 3,4 Liter-Version wurde nur die Bohrung von 92 mm auf 83 mm verringert, der extrem lange Hub wurde jedoch beibehalten.

Beim Übergang auf Motorblöcke in Aluminium-Guß wurden dann auch die langen Hübe zunächst verlassen. Der 2,9 Liter-Zweiventilmotor besitzt bei 91 mm Bohrung nur mehr einen Hub von 74,8 mm, und beim 3,6 Liter-Vierventilmotor kam man zu einer fast quadratischen Auslegung mit 91 mm Bohrung und 92 mm Hub. Die Kolben laufen dabei nicht direkt im Material des Zylinderblockes, sondern in Laufbüchsen aus Grauguß. Wie beim Zweiventilmotor erfolgt der Antrieb der obenliegenden Nockenwellen bei der Vierventilvariante mit einer doppelten Rollenkette.

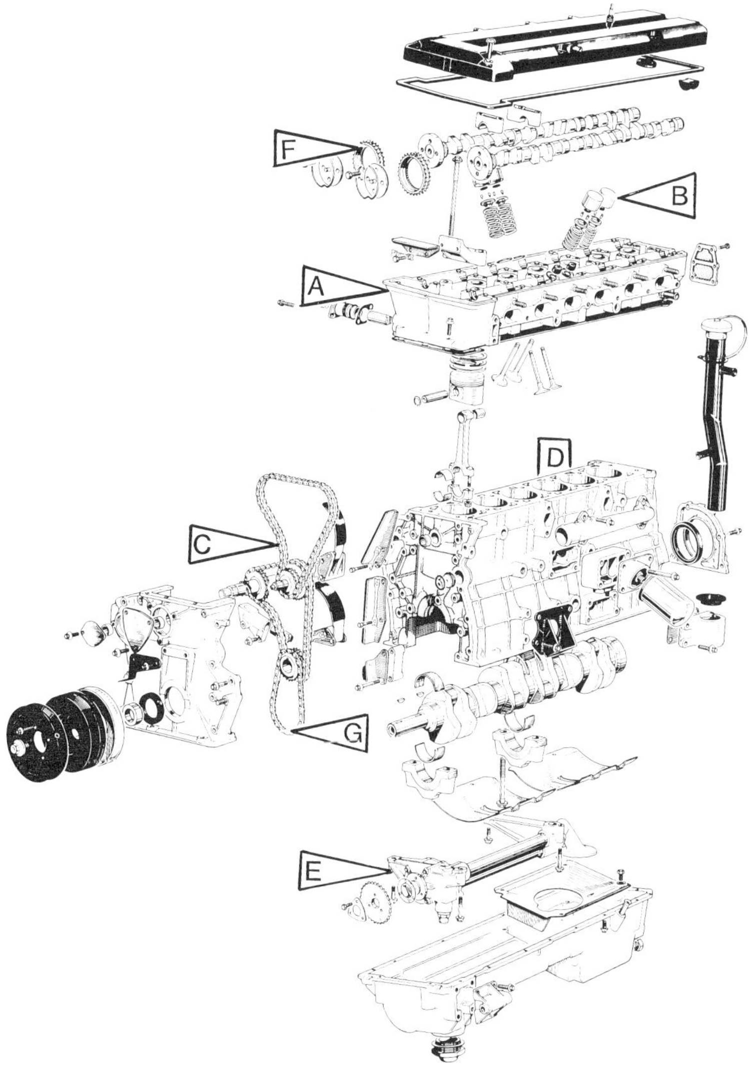

Der Jaguar AJ6-Vierventiler ist eine moderne, aber konservative Konstruktion. Der Zylinderkopf (A) ist in einem Stück gegossen. Die Ventile werden über Tassenstößel (B) direkt von den Nocken betätigt. Der Antrieb der beiden obenliegenden Nockenwellen erfolgt über einen zweistufigen Kettentrieb (C). Damit können die Antriebsräder für die Nockenwellen (F) kleiner gehalten werden. Der Motorblock (D) ist aus Aluminium. (E) zeigt die im Ölsumpf liegende Ölpumpe, die von einer kurzen Kette(G) angetrieben wird.

Der zunächst ohne Abgasentgiftung eingesetzte Motor erzielte gute Leistungswerte und einen respektablen Mitteldruck. Nach Einführung des geregelten Katalysators sank jedoch der Mitteldruck von 11,8 auf 10,5 bar, die Leistung von 165 auf 146 kW. Um den alten Leistungsstand wieder herzustellen, mußte Jaguar den Hubraum erhöhen. Man griff zur bewährten Methode der Hubverlängerung, und zwar erhöhte man von 92 auf 102 mm, wodurch der Motor zwangsläufig wieder sehr langhubig wude. So konnte annähernd die alte Leistung (163 kW) erzielt werden, was natürlich einer geringeren spezifischen Leistung entspricht. Viel wichtiger aber war der hohe Drehmomentgewinn auf 369 Nm bei nur 3600/min. Daß auch der Mitteldruck mit 11,7 bar fast wieder auf den Wert des unentgifteten 3,6 Liter-Motors angehoben werden konnte, ist das Ergebnis eines besseren Motormanagements und besonders verlustarmer Katalysatoren. Die ursprünglich gegossene Kurbelwelle wurde für die Langhubversion in geschmiedeter Form eingesetzt.

Lancia Thema Turbo 16V: 2,0 Ltr. (1989)

Bauform/Zylinderzahl		R4	Leistung	kW (PS)/min	133 (185)/5500
Hubraum	cm^3	1995	spez. Leistung	kW (PS)/l	66,7 (90,7)
Bohrung/Hub	mm	84/90	max. Drehmoment	Nm/min	279/2750
Verdichtungsverh.		8:1	max. Mitteldruck	bar	17,57
Ventilzahl/Winkel		4/65°	Kraftstoff	ROZ	95
Aufladung		Turbo	Ladedruck	bar	0,85

Der aufgeladene Lancia-Vierventiler ist einer der stärksten seiner Klasse. Gleichzeitig ist er ein gutes Beispiel für konsequente Motorentwicklung. Basismotor ist ein Zweiliter-Zweiventiler mit 115 PS, als nächste Leistungsstufe gibt es diesen Zweiventiler als Turbo (150 PS) und (später) als Vierventiler sogar mit ebenfalls 150 PS. Alle Motoren haben zwei mit doppelter

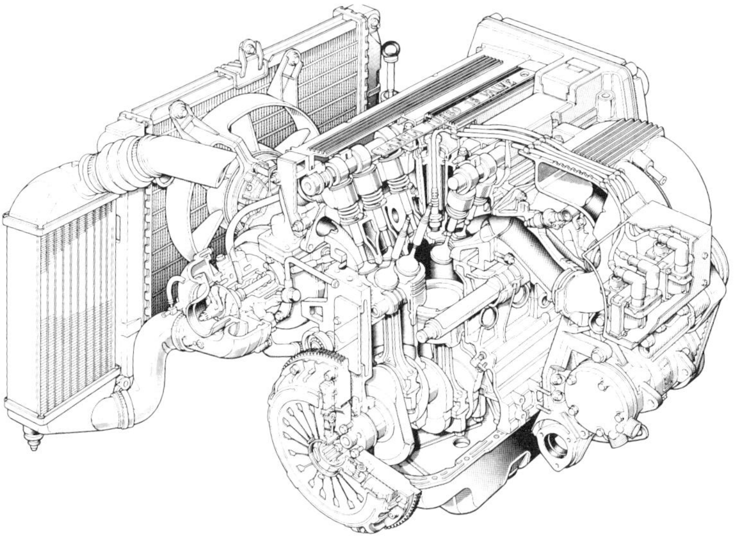

Der Vierzylinder des Lancia Thema Turbo 16V besitzt zur Kompensation der Massenkräfte 2. Ordnung zwei gegenläufige Ausgleichswellen. Gut zu erkennen sind Anordnung des Turboladers und die günstige Plazierung des Ladeluftkühlers neben dem Wasserkühler.

Kurbelwellendrehzahl gegenläufig laufende Ausgleichswellen, um die Massenkräfte zweiter Ordnung zu eliminieren. Im Gegensatz zur Basis besitzen die Vierventiler eine Spritzkühlung des Kolbenbodens.

Der Zylinderkopf ist eine klassische, einteilige Konstruktion mit weitem Ventilwinkel (65°). Die über den Ventilen liegenden Nockenwellen werden durch einen Zahnriemen angetrieben und betätigen die Ventile durch Tassenstößel. Der Lancia Turbo 16V weist eine interessante Ladedruck-Regelung auf, die sich Overboost nennt. Bei Vollast wird kurzzeitig – maximal 30 Sekunden – ein höherer Ladedruck zugelassen (ca. 1,0 bar) wodurch sich ein noch höheres Drehmoment als das stationär gemessene ergibt (314 Newtonmeter statt 279 Nm). Der dabei erzielte Mitteldruck beträgt fast 20 bar. Aber auch ohne Overboost sind die Leistungswerte des Lancia-Motors beachtlich. Mit katalytischer Abgasreinigung sind nur geringfügige Einbußen (minus 4 PS) verbunden.

Lancia Thema 8/32 (1986)

Bauform/Zylinderzahl		V8 (90°)	Leistung	kW (PS)/min	158 (215)/6700
Hubraum	cm^3	2927	spez. Leistung	kW (PS)/l	54 (73,4)
Bohrung/Hub	mm	81/71	max. Drehmoment	Nm/min	280/4500
Verdichtungsverh.		10,5:1	max. Mitteldruck	bar	12,02
Ventilzahl/Winkel		4/33,5°	Kraftstoff	ROZ	98
Aufladung		–	Ladedruck	bar	–

Das Besondere am Lancia Thema 8/32 ist fraglos der Motor. Die Modellbezeichnung deutet auf die ungewöhnliche Zylinder- und Ventilzahl hin. In der Tat war es der erste Achtzylinder-Vierventiler, der serienmäßig in einer Limousine eingesetzt wurde. Die weitere Besonderheit dieses Motors ist, daß er aus bestem Hause stammt. Er ist ein reinrassiger Abkömmling des

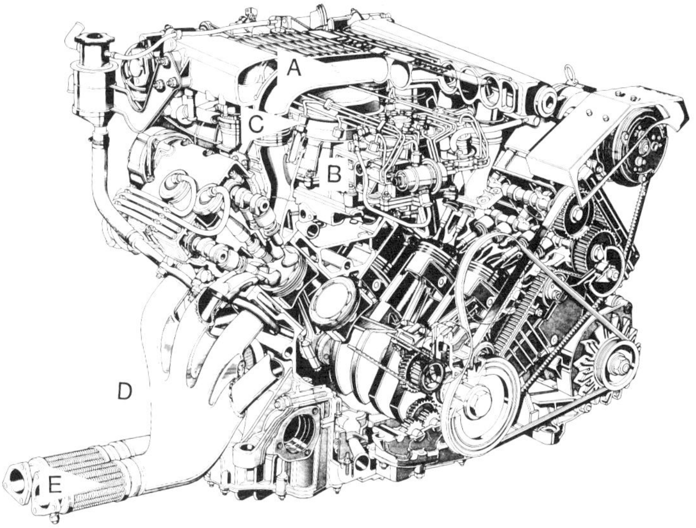

Der quer eingebaute Ferrari-Achtzylinder im Lancia Thema 8,32 ist sehr aufwendig. Unterhalb der langen Ansaugrohre (A) ist im V des Motors die Einspritzanlage (B) angeordnet. (C) zeigt die Einspritzdüsen. Die Auspuffkrümmer (D) sind wärmeisoliert, damit wird die Wirksamkeit des Katalysators verbessert. Elastische Stücke in der Auspuffleitung (E)entkoppeln den Motor von der Auspuffanlage.

Ferrari 308-Motors und wurde für den Einbau in die Lancia-Limousine modifiziert. Wichtigste innere Änderung: Die im Ferrari flache Kurbelwelle wurde im Hubzapfen um jeweils 90° verdreht. Dadurch ergibt sich ein ruhigerer Lauf und eine geänderte Zündfolge. Allerdings ist auch die Gaswechselabstimmung schlechter, der dynamische Nachladeeffekt kann nicht so gut ausgenutzt werden. Gegenüber der Ferrari-Variante (240 PS bei 7000/min) verliert der 8/32-Motor 25 PS. Dennoch ist die spezifische Leistung des ganz aus Aluminium (nasse Zylinderlaufbüchsen) gefertigten Achtzylinders noch respektabel. Auch der Mitteldruck kann sich mit über 12 bar sehen lassen. Im Zuge der Abgasentgiftung (Kat) wurde allerdings das Verdichtungsverhältnis auf 9,5:1 reduziert. Leistung und Drehmoment sanken damit um etwa fünf Prozent (205 PS/265 Nm/Mitteldruck 11,36 bar). Zur Zylinderkopfkonstruktion: Der Ventilwinkel ist wegen der Baubreite relativ eng gehalten (33,5°), je zwei obenliegende Nockenwellen betätigen die Ventile über Tassenstößel direkt.

Lotus 907: 2 Liter (1972)

Bauform/Zylinderzahl		R4	Leistung	kW (PS)/min	103 (140)/6500
Hubraum	cm^3	1973	spez. Leistung	kW (PS)/l	52,2 (71,0)
Bohrung/Hub	mm	95,2/69,3	max. Drehmoment	Nm/min	176/5000
Verdichtungsverh.		8,4:1	max. Mitteldruck	bar	11,3
Ventilzahl/Winkel		4/38°	Kraftstoff	ROZ	98
Aufladung		–	Ladedruck	bar	–

Lotus 910 S: 2,2 Liter Turbo (1989)

Bauform/Zylinderzahl		R4	Leistung	kW (PS)/min	197 (264)/6500
Hubraum	cm^3	2174	spez. Leistung	kW (PS)/l	90,6 (121,4)
Bohrung/Hub	mm	95,4/76,2	max. Drehmoment	Nm/min	354/3900
Verdichtungsverh.		8:1	max. Mitteldruck	bar	20,5
Ventilzahl/Winkel		4/38°	Kraftstoff	ROZ	95
Aufladung		Turbo	Ladedruck	bar	0,85

Der Lotus-Vierventiler war einer der ersten überhaupt, der in Serie ging. 1972 wurde er erstmals im Jensen-Healey eingebaut. Seine Stationen gingen dann über die Lotus-Modelle Elite, Esprit, Eclat und Excel. Er ist zugleich ein gutes Beispiel für die Entwicklungsmöglichkeiten eines Motors. Denn auch der Antrieb des heutigen Lotus Esprit Turbo SE basiert auf jenem Aluminium- Vierzylinder-Reihenmotor der Konstruktionsnummer 907, der schon 1972 mit nur zwei Vergasern beachtliche 140 PS leistete und einen Mitteldruck von 11,3 bar aufweisen konnte.

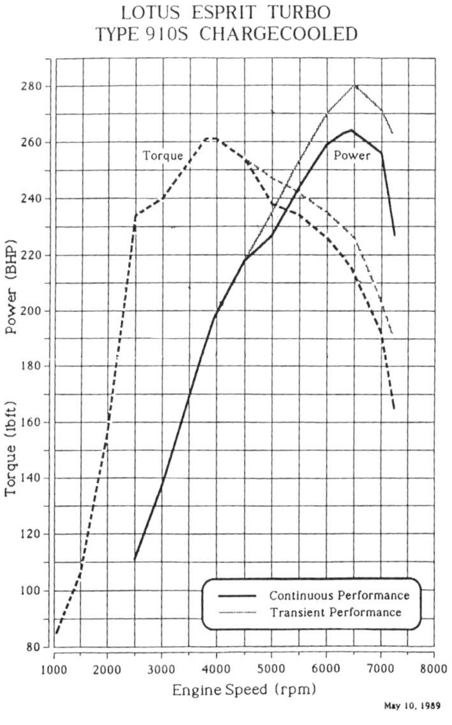

Die absolute und spezifische Leistung des Lotus-Vierzylinders ist beachtlich. Durch eine kurzfristige Ladedruck-Überhöhung (overboost) kann die Leistung sogar vorübergehend (maximal 30 Sekunden) von 265 auf 280 PS gesteigert werden.

Inzwischen wurde der Hubraum durch längeren Hub auf knapp 2,2 Liter Hubraum erweitert. Die Hubraumvergrößerung allein ist jedoch nicht die Ursache der weitaus höheren Leistung, sondern die Abgasturbo-Aufladung. Die Aufladung selbst zählt in ihrer jetzigen Form zum modernsten, mit adaptiver Ladedruckregelung und einem flüssigkeitsgekühlten Ladeluftkühler. Natürlich verfügt der Motor inzwischen auch über ein modernes Motormanagment, also vollelektronische Kennfeldzündung und selektive Einspritzung.

Die Zylinderkopf-Konstruktion des Lotus-Motors ist klassisch und hat sich in all den Jahren kaum verändert. Die vier Ventile stehen in relativ engem Winkel zueinander, die Kerze liegt zentral, die beiden obenliegenden Nokkenwellen liegen in separaten Steuergehäusen und werden von einem Zahnriemen angetrieben. Die Ventile sind direkt durch Tassenstößel betätigt. Das Kurbelgehäuse ist auf Kurbelwellenmitte geteilt und verschraubt.

Noch heute zeigt der Lotus-Vierventiler die typischen Merkmale der Konstruktion von 1972, wie beispielsweise die separaten Steuergehäuse für die Nockenwellen oder die stark geneigte Einbaulage, die mehr Platz für Saugwege und Gemischaufbereitung ermöglicht. Der Nockenwellenantrieb erfolgt über einen breiten Zahnriemen, der zusätzlich noch eine Nebenwelle mittreibt.

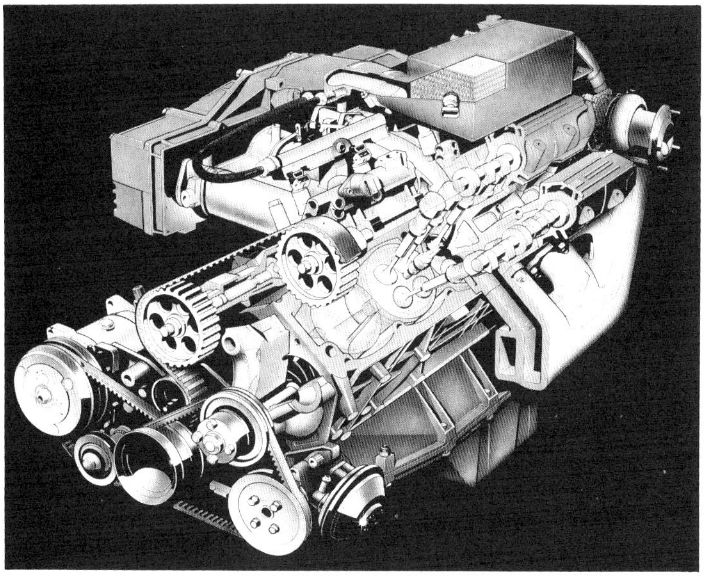

Die Leistungswerte des 910 S-Triebwerks liegen an der Spitze im Vergleich zum Serienmotorbau. Allerdings muß man dabei berücksichtigen, daß es sich um einen reinen Sportwagenmotor handelt, der nur in kleiner Serie produziert wird. Dennoch: Eine Leistung von 260 PS, die durch kurzzeitige Ladedrucküberhöhung (maximal 30 Sekunden) sogar auf 280 PS steigt, ist äußerst beachtlich. Auch der maximale Mitteldruck von 20,5 bar ist ein nahezu konkurrenzlos guter Wert und wird nur vom Porsche 959 (22,1) und vom Ferrari F40 (24,5) übertroffen.

Mercedes 190 2,3 16V: 2,3 Liter (1985)

Bauform/Zylinderzahl		R4	Leistung	kW (PS)/min	125 (170)/5800
Hubraum	cm³	2299	spez. Leistung	kW (PS)/l	54,4 (73,9)
Bohrung/Hub	mm	95,5/80,2	max. Drehmoment	Nm/min	220/4750
Verdichtungsverh.		9,7 : 1	max. Mitteldruck	bar	12,0
Ventilzahl/Winkel		4/45°	Kraftstoff	ROZ	95
Aufladung		–	Ladedruck	bar	–

Mercedes 190 2,5 16V: 2,5 Liter (1988)

Bauform/Zylinderzahl		R4	Leistung	kW (PS)/min	143 (195)/6750
Hubraum	cm³	2498	spez. Leistung	kW (PS)/l	57,2 (78,1)
Bohrung/Hub	mm	95,5/87,2	max. Drehmoment	Nm/min	235/5000
Verdichtungsverh.		9,7 : 1	max. Mitteldruck	bar	11,8
Ventilzahl/Winkel		4/45°	Kraftstoff	ROZ	95
Aufladung		–	Ladedruck	bar	–

Basismotor für den ersten Mercedes-Vierventil-Motor der jüngeren Zeit war der 2,3 Liter Zweiventiler mit denselben Bohrungs- und Hubmaßen. Für den Sporteinsatz mit dem Modell 190 hatte man bei der Firma Cosworth einen Vierventil-Zylinderkopf in Auftrag gegeben. Die konventionelle Konstruktion hat einen Ventilwinkel von 45°. Die beiden Nockenwellen rücken dabei so weit auseinander, daß die Zylinderkopfschrauben auch bei montierten Nok-

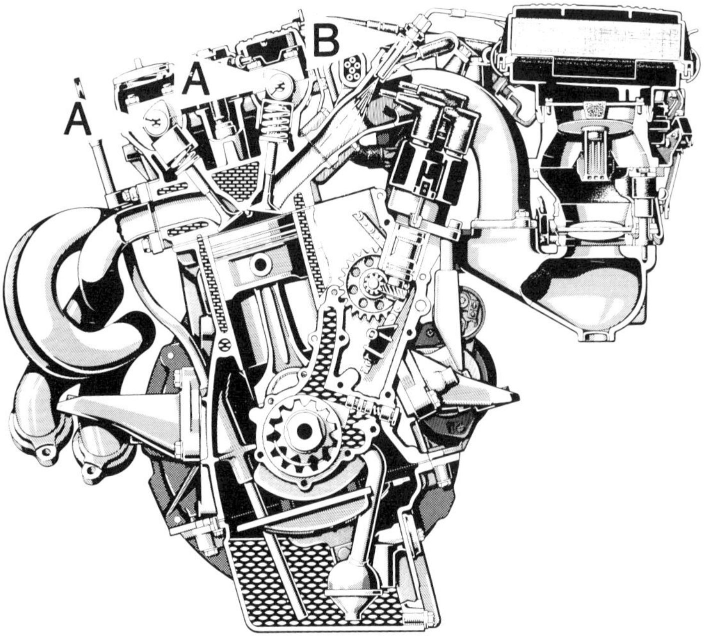

Mercedes Vierzylinder-Vierventilmotor mit 2,3 oder 2,5 Liter Hubraum. Die beiden obenliegenden Nockenwellen (A) sind hohl gebohrt, damit das Schmieröl den Lagerstellen zugeführt werden kann. Die Einspritzdüsen (B) sind im Saugrohr angeordnet. Die große Entfernung bis zu den Einlaßventilen ist günstig für hohe Leistung, weil der eingespritzte Kraftstoff die Ansaugluft abkühlt.

Im Umfeld von Vierventilern wird hoher Aufwand getrieben. Das Bild zeigt den handgefertigten Abgaskrümmer des Mercedes-Motors. Die Einzelrohre (A) werden dabei von hinten (B) mit der Flanschplatte verschweißt.

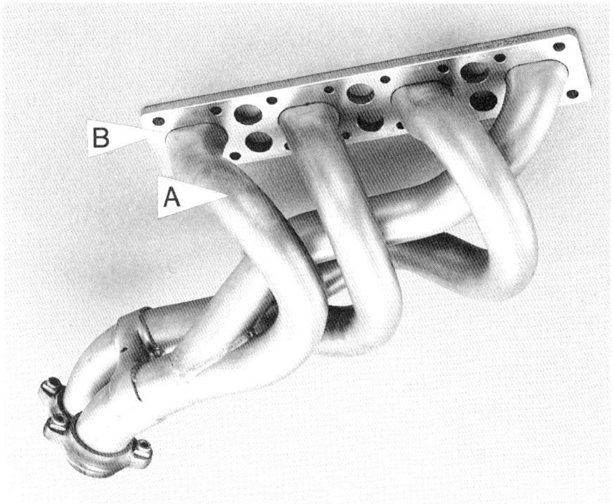

kenwellen erreicht werden können. Hydraulischer Ventilspielausgleich ist nicht vorgesehen, so daß das Ventilspiel mechanisch eingestellt werden muß. Für den Antrieb der Nockenwelle wird eine doppelte Rollenkette verwendet.

Die insgesamt acht Einlaßkanäle werden nicht wie sonst meist üblich im Zylinderkopf zusammengefaßt, sondern getrennt nach außen geführt. Die Zusammenführung erfolgt erst im Saugrohr. Entsprechend weit weg von den Ventilen ist auch die Position der Einspritzdüsen, weil diese in beide Einlaßkanäle einspritzen. Die getrennte Führung der Einlaßkanäle bietet die Möglichkeit, auch zweiflutige Ansaugsysteme und Ventilabschaltung anzuwenden.

Bei den Rennsportveranstaltungen wurde zunächst der 2,3 Liter-Motor in der internationalen deutschen Tourenwagen-Meisterschaft eingesetzt. Unter ähnlichen Voraussetzungen wie der BMW M3-Motor wurden auch ähnliche Leistungen und Drehmomente erzielt. Die Aufstockung auf 2,5 Liter Hubraum erreichte man durch den Einsatz einer Kurbelwelle, bei der der Hub von 80,2 auf 87,2 mm erhöht wurde. Damit ließen sich beim Serienmotor sowohl Leistung als auch Drehmoment deutlich steigern. Für den Rennbetrieb ist ein Hub von 87,2 mm allerdings schon ein sehr großer Wert, der sich in hohen Kolbengeschwindigkeiten und hohen Beanspruchungen widerspiegelt.

Der maximale Mitteldruck des 2,5 Liter-Motors liegt mit 11,8 bar etwas unterhalb des Mitteldruckes der ursprünglichen 2,3 Liter-Variante. Im Umfeld dieser Vierventil-Motoren findet man sehr aufwendige, geschweißte Auspuffkrümmer mit Einzelkanal-Führung und die Bosch KE-Jetronik, die mit ihrer Stauscheibe allerdings Leistung und Drehmoment kostet.

Mercedes: 3,0 Liter (1989)

Bauform/Zylinderzahl		R6	Leistung	kW (PS)/min	170 (231)/6300
Hubraum	cm^3	2960	spez. Leistung	kW (PS)/l	57,4 (78,0)
Bohrung/Hub	mm	88,5/80,2	max. Drehmoment	Nm/min	260/4400
Verdichtungsverh.		10:1	max. Mitteldruck	bar	11,5
Ventilzahl/Winkel		4/50°	Kraftstoff	ROZ	95
Aufladung		–	Ladedruck	bar	–

Bei den Sechszylindermotoren wählte Mercedes den seit 1984 im Programm befindlichen Reihenmotor mit 97 mm Zylinderabstand und 3,0 Liter Hubraum aus. Entsprechend dem Zweiventil-Triebwerk wurde der Nockenwellenantrieb mit Kette übernommen, wobei aber wegen der höheren Beanspruchung eine Duplex-Kette vorgesehen wurde.

Die Grundkonstruktion des Zylinderkopfes entspricht in etwa den Vierzylinder- Motoren mit 2,3 und 2,5 Liter Hubraum, wobei wegen dem kleineren Zylinderabstand des Sechszylinder-Motors alles etwas kleiner ausfällt. Neu ist die Einführung von selbstnachstellenden, hydraulischen Tassenstößeln, so daß die Ventilspiele jetzt nicht mehr eingestellt werden müssen. Der Ventilwinkel ist mit 50° groß, gewährleistet aber die Ereichbarkeit der Zylinderkopfschrauben. Auf Großserientauglichkeit wurde bei der Auslegung viel Wert gelegt, weil wohl die Absicht besteht, alle Motoren mit Vierventil-Technik auszurüsten.

Um für weitere Verschärfungen bei den Grenzwerten der Abgasemissionen gerüstet zu sein, besitzt dieser Vierventil-Zylinderkopf als erster ein internes Lufteinblasesystem in die Auslaßkanäle. Eine kleine Luftpumpe drückt dabei Luft über gebohrte Kanäle bis unmittelbar hinter die Auslaßventile. Hier kommt es zu einer Nachreaktion mit den Verbrennungsgasen, die

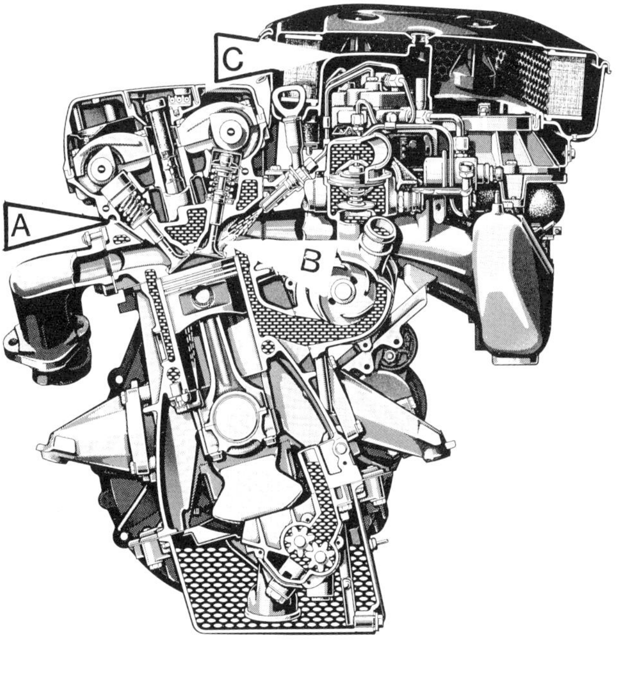

Besonderheiten des Mercedes Sechszylinder-Vierventilers sind die verstellbare Einlaßnockenwelle und die Lufteinblasung (A). Ungünstig ist die starke Umlenkung der Einlaßkanäle (B), um das Einspritzsystem, die Sauganlage und der Luftfilter (C) oberhalb des Saugrohrs unterzubringen.

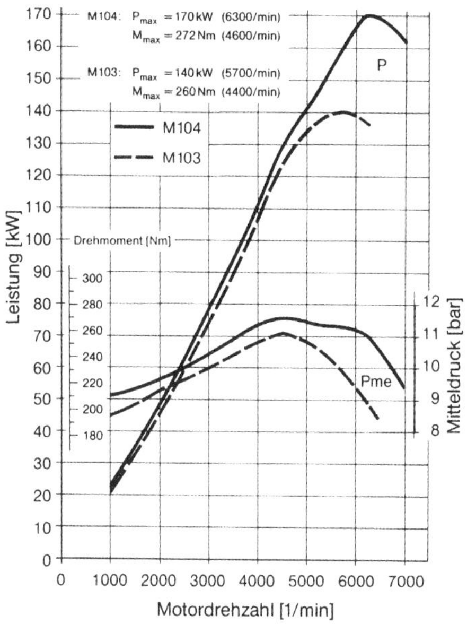

Das Diagramm zeigt die Überlegenheit des Mercedes -Vierventilers gegenüber den hubraumgleichen Zweiventiler. Es wird auch hier deutlich, daß der Vierventiler nur im oberen Drehzahlbereich, also jenseits von 4000/min, spürbare Vorteile bringt. Die Leistungswerte gelten für den im SL eingebauten Motor.

vor allem die Emission von unverbrannten Kohlenwasserstoffen reduzieren hilft.

Eine weitere Besonderheit des Motors ist ein Verstellmechanismus für die Einlaßnockenwelle, der bei Bedarf die Einlaßventilsteuerzeiten um 34° Kurbelwinkel ändert. Die Verstellung erfolgt durch einen hydraulischen Mechanismus, der vorne am Antriebsrad der Einlaßnockenwelle angeordnet ist. Das Resultat dieses Aufwandes sind Verbesserungen im Drehmomentverlauf und im Leerlaufverhalten.

Mercedes: 5,0 Liter (1989)

Bauform/Zylinderzahl		V8 (90°)	Leistung	kW (PS)/min	240 (326)/5500
Hubraum	cm^3	4973	spez. Leistung	kW (PS)/l	48,3 (65,5)
Bohrung/Hub	mm	96,5/85	max. Drehmoment	Nm/min	450/4000
Verdichtungsverh.		10:1	max. Mitteldruck	bar	11,4
Ventilzahl/Winkel		4/38°	Kraftstoff	ROZ	95
Aufladung		–	Ladedruck	bar	–

Was man mit Vierventil-Technik erreichen kann, läßt sich an Hand dieses Motors und vor allem im Vergleich zu anderen ähnlichen Motoren gut nachvollziehen. Nimmt man den 5,0 Liter Mercedes Zweiventil-Motor als Basis, gelang es bei unverändertem Hubraum und bei unverändertem Hub/Bohrungsverhältnis mit Hilfe der Vierventil-Technik die Leistung von 185 kW auf 240 kW, also um 30%, und das Drehmoment von 390 Nm auf 450 Nm, also um 15%, anzuheben. Selbst gegenüber dem bis Dato stärksten Mercedes-Motor mit 5,6 Liter Hubraum und Zweiventil-Technik weist der Vierventil-Motor noch deutliche Vorteile auf. So liegt die Leistung immer noch um 17%, das Drehmoment um 5% höher.

Interessant ist auch der Vergleich zum 5,0 Liter BMW Zwölfzylinder-Motor mit Zweiventil-Technik. Beim selben Drehmoment von 450 Nm liegt die Leistung des Achtzylinder-Motors mit Vierventil-Technik um 20 kW oder 9% höher. Freilich konnten die für einen Achtzylinder-Motor sehr guten Werte nicht ohne erheblichen Aufwand erreicht werden. Die neuen Vierventil-Zylinderköpfe haben einen Ventilwinkel von 38°, wobei sich aber dieser Winkel nicht symmetrisch auf die Einlaß- bzw. Auslaßventile verteilt. Vielmehr ist der Winkel mehr zur Einlaßseite verzogen, wobei auch die Zündkerzenlage leicht schräg ist. Die unsymmetrische Ventilsteuerung spart wie beim Audi V8-Motor Platz nach außen und reduziert so die Gesamtbreite von V-Motoren.

Wie der Mercedes Sechszylinder-Motor mit Vierventil-Technik besitzt auch der neue V8-Motor die Möglichkeit, Luft über ein Kanalsystem knapp hinter die Auslaßventile zu blasen und damit die Abgaswerte zu verbessern. Auch die verstellbaren Einlaßnockenwellen finden sich hier wieder, werden aber im Gegensatz zum Sechszylinder nur um 20° verstellt. Entsprechend den beiden Zylinderköpfen mit den insgesamt vier Nockenwellen müssen die Verstelleinrichtungen zweifach vorgesehen werden. Die Mitteldrücke sind für einen Motor dieser Hubraumgröße als ziemlich gut zu bezeichnen, wobei die Bosch KE-Jetronic mit ihrem Stauscheiben-Luftmengenmesser sicher einige Zehntel kostet.

Der Mercedes Achtzylinder-Vierventilmotor weist einen relativ kleinen Ventilwinkel auf, damit der Motor nicht allzu breit baut. Wie der Mercedes 3,0 Liter Sechszylinder-Vierventilmotor besitzt auch dieses Triebwerk ein Lufteinblasesystem (A) und hydraulisch verstellbare Einlaßnockenwellen.

Mitsubishi 3G 81: 0,55 Liter (1989)

Bauform/Zylinderzahl		R3	Leistung	kW (PS)/min	47 (64)/7500
Hubraum	cm^3	548	spez. Leistung	kW (PS)/l	85,8 (116,8)
Bohrung/Hub	mm	62,3/60	max. Drehmoment	Nm/min	75/4500
Verdichtungsverh.		8,5:1	max. Mitteldruck	bar	17,2
Ventilzahl/Winkel		5/30°	Kraftstoff	ROZ	98
Aufladung		Turbo	Ladedruck	bar	0,8

Kleinvolumige Ottomotoren sind in Japan aus steuerpolitischen und versicherungstechnischen Gründen interessant. Wenn sie eine Hubraumgrenze von 0,55 Liter nicht überschreiten, fallen sie auch unter eine mildere Abgasgesetzgebung. Bei so kleinen Hubräumen ist es günstiger, statt der sonst üblichen Vierzylinder-Reihenmotoren Triebwerke zu verwenden, die nur drei Zylinder aufweisen, damit das Einzelzylindervolumen nicht zu klein wird. Auch bei Dreizylinder-Motoren ist die Anordnung der Zylinder in einer Reihe vorteilhaft. Dreizylinder-Motoren zeigen zudem ein vorteilhaftes Drehmomentverhalten, und dies ist in Anbetracht des geringen Hubraumes besonders wichtig. Das günstige Drehmomentverhalten erklärt sich durch Gasschwingungen im Ansaug- und Auspuffsystem, die gerade beim Dreizylinder-Motor so verlaufen, daß sie im unteren Drehzahlbereich zu einer Erhöhung des Liefergrades und damit auch zu einer Erhöhung des Drehmomentes führen.

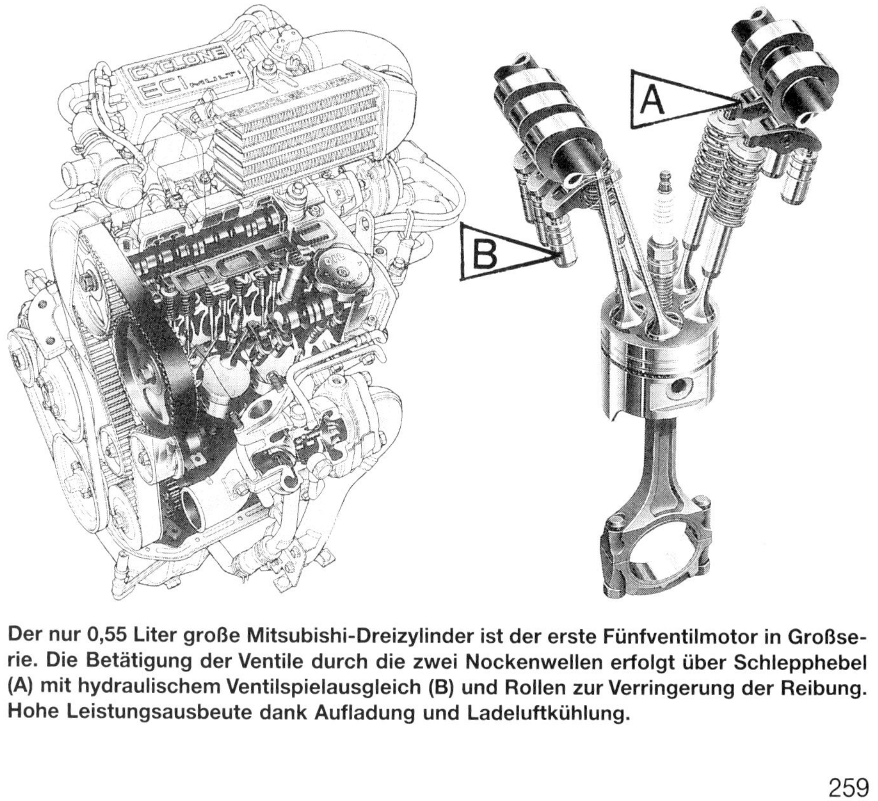

Der nur 0,55 Liter große Mitsubishi-Dreizylinder ist der erste Fünfventilmotor in Großserie. Die Betätigung der Ventile durch die zwei Nockenwellen erfolgt über Schlepphebel (A) mit hydraulischem Ventilspielausgleich (B) und Rollen zur Verringerung der Reibung. Hohe Leistungsausbeute dank Aufladung und Ladeluftkühlung.

Neben der geschickten Wahl von drei Zylindern wurde aber noch einiges mehr getan, um Leistung und Drehmoment weiter anzuheben. Zunächst bediente man sich der Abgasturboaufladung. Aber damit noch nicht genug, weist der Zylinderkopf fünf Ventile pro Zylinder auf. Damit ist dieser Motor nicht nur der kleinste Automobil-Turbomotor überhaupt, sondern auch der erste Fünfventil-Motor für die Serie. Die geringe Bohrung erlaubt allerdings nur den Einbau von Miniatur-Ventilen: Die drei Einlaßventile messen 19,5 mm, die zwei Auslaßventile 21,5 mm im Durchmesser.

Die zwei obenliegenden Nockenwellen betätigen die Ventile über Rollen-Schlepphebel, die sich auf hydraulischen Ventilspiel-Ausgleichselementen abstützen. Neben seiner Fünfventil-Technik und der Abgasturbo-Aufladung verfügt der Motor noch über Ladeluftkühlung und eine elektronische Benzineinspritzung. Der Aufwand schlägt sich im hohen maximalen Mitteldruck von 17,2 bar nieder, der allerdings für Turbomotoren nicht ungewöhnlich ist.

Opel: 2,0 Liter (1988)

Bauform/Zylinderzahl		R4	Leistung	kW (PS)/min	110 (150)/6000
Hubraum	cm^3	1998	spez. Leistung	kW (PS)/l	55,1 (75,1)
Bohrung/Hub	mm	86/86	max. Drehmoment	Nm/min	196/4800
Verdichtungsverh.		10,5:1	max. Mitteldruck	bar	12,3
Ventilzahl/Winkel		4/46°	Kraftstoff	ROZ	95
Aufladung		–	Ladedruck	bar	–

Der Zweiliter-Vierventiler zählt zur sogenannten Familie II-Motorbaureihe der Adam Opel AG. Mit 93 mm Zylinderabstand läßt sich die 2,0 Liter-Hubraumklasse mit dem günstigen, quadratischen Bohrung/Hub-Wert von 86/86 mm erreichen. Der Vierventil-Motor dieser Baureihe setzte neue Maßstäbe im Hinblick auf Leistung, Drehmoment, Gewicht, Verbrauch und Abgasverhalten.

Die ersten konstruktiven Untersuchungen für den neuen Vierventil-Zylinderkopf wurden von der englischen Firma Cosworth durchgeführt. Die endgültige Auslegung und auch die Definition des Motorumfeldes wurde jedoch im Technischen Entwicklungszentrum der Adam Opel AG in Rüsselsheim vorgenommen. Gerade im Motorumfeld hat man bei diesem Motor nicht gespart. Von der Zünd- und Einspritzanlage, der Klopfregelung, dem Luftmassenmesser, bis hin zur Ansaug- und Auspuffanlage wurde kein Aufwand gescheut, um zu den bestmöglichen Ergebnissen zu kommen. Bearbeitete Brennräume und teilbearbeitete Kanäle halfen zur Realisierung der hohen Verdichtung von 10,5.

Der Opel 2,0 Liter DOHC-Vierventil-Motor wurde 1988 im Kadett GSi und ab 1989 auch im Vectra 2000, später im Calibra eingesetzt. Seine solide Basis ermöglicht auch erhebliche Leistungssteigerungen für den Rennsport. Der Motor dient als erfolgreiche Antriebsquelle für die Fahrzeuge des Opel-

Zu den Merkmalen moderner Vierventiler zählt der Umstand, daß auch in der Peripherie des Motors viel Aufwand getrieben wird. Im Bild ist der geschweißte Fächerkrümmer des Opel-Vierventilers zu sehen. Die Einlaßkanäle dieses Motors sind feinbearbeitet.

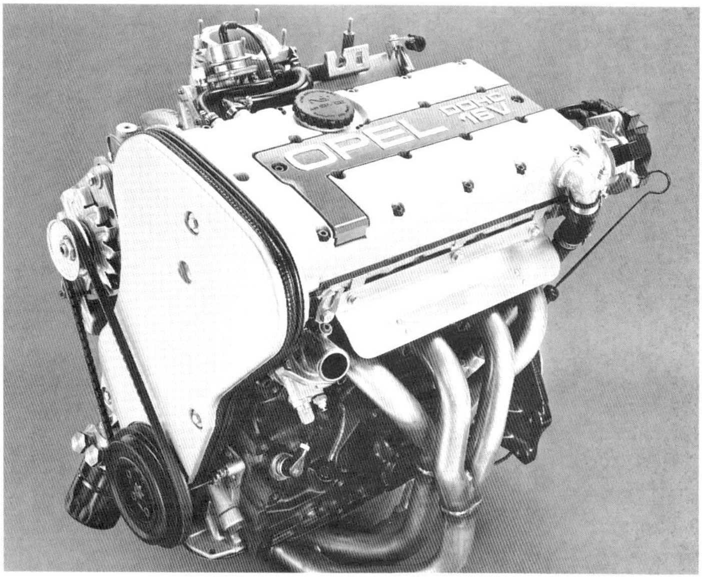

Lotus Challange. In der Rallye- Version wurde im Jahr 1989 der deutsche Meistertitel errungen, und für die Saison 1990 wurde dieser Motor auch für die Formel 3 vorbereitet. Die höchsten Leistungen von ca. 206 kW (280 PS) erreichte der Motor für die Fahrzeuge der internationalen deutschen Tourenwagen-Meisterschaft.

Opel: 3,0 Liter (1989)

Bauform/Zylinderzahl		R6	Leistung	kW (PS)/min	150 (204)/6000
Hubraum	cm^3	2969	spez. Leistung	kW (PS)/l	50,5 (68,7)
Bohrung/Hub	mm	95/69,8	max. Drehmoment	Nm/min	270/3600
Verdichtungsverh.		10:1	max. Mitteldruck	bar	11,4
Ventilzahl/Winkel		4/29°	Kraftstoff	ROZ	95
Aufladung		–	Ladedruck	bar	–

Opel/Irmscher: 4,0 Liter (1990)

Bauform/Zylinderzahl		R6	Leistung	kW (PS)/min	200 (272)/5800
Hubraum	cm^3	3983	spez. Leistung	kW (PS)/l	50,2 (68,2)
Bohrung/Hub	mm	98/88	max. Drehmoment	Nm/min	395/3700
Verdichtungsverh.		10:1	max. Mitteldruck	bar	12,4
Ventilzahl/Winkel		4/29°	Kraftstoff	ROZ	95
Aufladung		–	Ladedruck	bar	–

Die Opel Reihensechszylindermotoren wurden für die Umstellung auf vier Ventile einer Radikalkur unterzogen. Zwar blieb der Zylinderabstand mit 105 mm unverändert, um Teile der Blockbearbeitung weiter verwenden zu können, aber Block, Kurbelwelle, Pleuel, Ölwanne und natürlich auch der Zylinderkopf wurden völlig neu konstruiert. Zusammen mit dem neuen

Zylinderkopf sollte auch ein Ansaugsystem entwickelt werden, das die typische Drehmomentschwäche von Sechszylindermotoren im unteren Drehzahlbereich beseitigt. Der Zylinderkopf hat den kleinen Ventilwinkel von 29°. Trotzdem konnte durch geschickte Konstruktion die Zugänglichkeit zu allen Zylinderkopfschrauben gewährleistet werden. Die Steuerkette treibt nur die Auslaßnockenwelle an – eine zweite, kurze und waagerecht liegende Kette, übernimmt den Antrieb der Einlaßnockenwelle. Diese Kette bietet die Möglichkeit, in einem weiteren Entwicklungsschritt zu variablen Einlaßsteuerzeiten zu kommen.

Die schmale Bauweise des Zylinderkopfes kommt aus Platzgründen dem zweiflutigen Ansaugsystem, das über den Zylinderkopf gezogen ist, sehr entgegen. Dieses System gestattet einen deutlich verbesserten Drehmomentverlauf dadurch, daß der Motor von der Ansaugseite her gesehen bei niedrigen Drehzahlen wie zwei Dreizylindermotoren arbeitet (Drosselklappe im ersten Sammler geschlossen), bei höheren Drehzahlen jedoch wie ein konventioneller Sechszylindermotor (Drosselklappe offen). Wichtig für eine gute Funktion ist die sorgfältige Abstimmung aller Ansauglängen und Querschnitte.

Der Querschnitt des Opel 3,0 Liter DOHC-Vierventilers zeigt den ziemlich engen Ventilwinkel von nur 29°. Die Zündkerze sitzt etwas schräg, die Ventile stehen leicht unsymmetrisch. Diese Stellung erlaubt das Anziehen der Zylinderkopfschrauben auch bei eingebauten Nockenwellen. Insgesamt baut der Zylinderkopf sehr schmal und niedrig und erlaubt so das Dual Ram-Ansaugsystem (A) über dem Kopf zu plazieren (Bild unten).

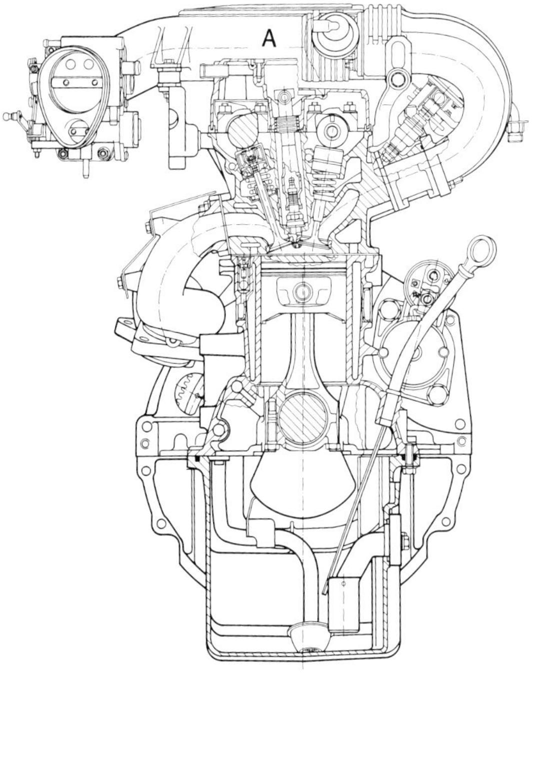

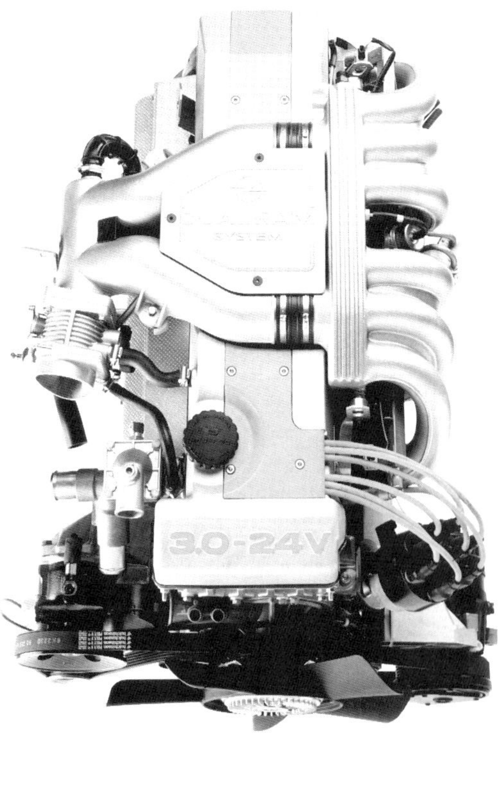

Daß der Motor trotz des Aufwandes nicht Spitzenwerte im Mitteldruck erreicht, liegt an dem relativ ungünstigen Hub/Bohrungsverhältnis. Mit 95 mm Bohrung und nur 69,5 mm Hub ist dieses Triebwerk zu kurzhubig, um maximale Mitteldrücke zu erreichen. Günstig jedoch ist der kurze Hub für die Laufruhe des Motors und für die Weiterentwicklung zum Renntriebwerk. Der kurze Hub ergibt niedrige Kolbengeschwindigkeiten und eine günstige Überdeckung der Kurbelwellen Haupt- und Pleuellager mit guten Voraussetzungen, um hohe Drehzahlen erreichen zu können.

Der große Zylinderabstand der Opel-Sechszylinderreihenmotoren sowie der im Kurbelgehäuse vorhandene Raum erlauben eine Hubraumaufstokkung von 3,0 auf 4,0 Liter. Dabei wurde die Bohrung von 95 auf 98 mm und der Hub von 69,8 auf 88 mm erhöht. Die Mitteldrücke vor allem im unteren Bereich sind deutlich besser als bei der 3,0 Liter-Version. Der Vergleich dieser beiden Motoren, die sich im wesentlichen nur durch Hub, Bohrung, Steuerzeiten, Ventilhub und Ansaugvolumen unterscheiden, zeigt deutlich, daß eine Beurteilung von Zylinderköpfen nur dann sinnvoll ist, wenn Hub und Bohrung mitbewertet werden.

Die erreichten Mitteldrücke ergeben zusammen mit dem Hubraum von 4,0 Liter beeindruckende Drehmomentwerte vor allem im niedrigen und mittleren Drehzahlbereich. Innerhalb der gesamten Sechszylinder-Motorenkonkurrenz nimmt dieses Triebwerk eine Spitzenstellung ein. Auch im Vergleich zu Achtzylindermotoren kann sich dieses Exemplar bestens behaupten, vor allem dann, wenn es um den optimierten Kompromiß in Bezug auf Größe, Gewicht, Laufruhe, Drehfreudigkeit und Verbrauch geht. Die Version mit 4,0 Liter Hubraum kommt in limitierter Stückzahl im Senator und Omega der Firma Irmscher zum Einsatz.

Opel-Lotus: 3,6 Liter (1990)

Bauform/Zylinderzahl		R6	Leistung	kW (PS)/min	281 (382)/5500
Hubraum	cm^3	3638	spez. Leistung	kW (PS)/l	77,2 (105)
Bohrung/Hub	mm	95,3	max. Drehmoment	Nm/min	568/4200
Verdichtungsverh.		8,6:1	max. Mitteldruck	bar	19,6
Ventilzahl/Winkel		4/29°	Kraftstoff	ROZ	95
Aufladung		Biturbo	Ladedruck	bar	0,7

Basis dieses Motors ist der Opel 3,0 Liter 4V-Motor. Bei unveränderter Bohrung von 95 mm wurde der Hub von 69,8 mm auf 85 mm vergrößert und damit der Hubraum auf 3,6 Liter angehoben. Neben der neuen Kurbelwelle wurde der Motor noch mit einer Spritzölkühlung für die Kolben versehen.

Aufwendig ist das System der Aufladung. Zwei kleine Abgasturbolader werden über zwei getrennte Abgaskrümmer von den Abgasen der Zylinder eins, zwei, drei bzw. vier, fünf, sechs beaufschlagt. Einfache Krümmer sowie

Der von zwei Turboladern beatmete Opel Lotus 3,6 Liter-Sechszylinder verfügt über zwei wassergekühlte Ladeluftkühler, die oberhalb des Zylinderkopfes liegen. Im Gegensatz zum Saugmotor wird auf das Dual Ram- Ansaugsystem verzichtet.

gutes Ansprechverhalten sind der Erfolg dieser Maßnahme. Auch die Luftführungen sind getrennt. Die beiden Luftströme passieren je einen wassergekühlten Ladeluftkühler, die oberhalb des Zylinderkopfes angeordnet sind. Das System des zweiflutigen Ansaugkrümmers, wie vom freisaugenden 4V-Motor bekannt, wurde auch hier übernommen. Eine zusätzliche Wasserpumpe sorgt für den Wasserumlauf im Kühlsystem der Ladeluftkühlung.

Der Antrieb der zusätzlichen Wasserpumpe erfolgt hier nicht elektrisch, sondern mechanisch von der Stelle, wo sonst bei diesem Motor der Zündverteiler angeordnet ist. Dieser konnte entfallen, weil der Motor mit direkter Zündung, d. h. mit drei doppelten Zündspulen arbeitet. Deutliche Vergrößerungen von Luftfilter und Auspuffanlage waren notwendig, um die angestrebten Leistungswerte zu erzielen. Mit einem max. Mitteldruck von 19,6 bar und dem gewaltigen Drehmoment von 568 Nm ist dieser Motor einer der stärksten innerhalb straßentauglicher Katalysator-Fahrzeugen.

Peugeot MI16: 1,9 Liter (1988)

Bauform/Zylinderzahl		R4	Leistung	kW (PS)/min	116 (158)/6500
Hubraum	cm^3	1905	spez. Leistung	kW (PS)/l	60,9 (82,2)
Bohrung/Hub	mm	83/88	max. Drehmoment	Nm/min	177/5000
Verdichtungsverh.		10,4:1	max. Mitteldruck	bar	11,7
Ventilzahl/Winkel		4/50°	Kraftstoff	ROZ	98
Aufladung		–	Ladedruck	bar	–

Von den bedeutenden europäischen Automobilherstellern sind die Franzosen als letzte auf die Vierventil-Technik eingeschwenkt. Abgesehen von Wettbewerbsmotoren war der Motor des Peugeot MI16 im Jahr 1988 die erste Neuentwicklung auf diesem Gebiet. Aufbauend auf dem vorhandenen

Die perspektivische Darstellung zeigt den einfachen, konstruktiven Aufbau des Peugeot MI 16-Motors. Als Besonderheit gilt der Abgaskrümmer mit acht separat geführten Kanälen bis zum Hosenrohr.

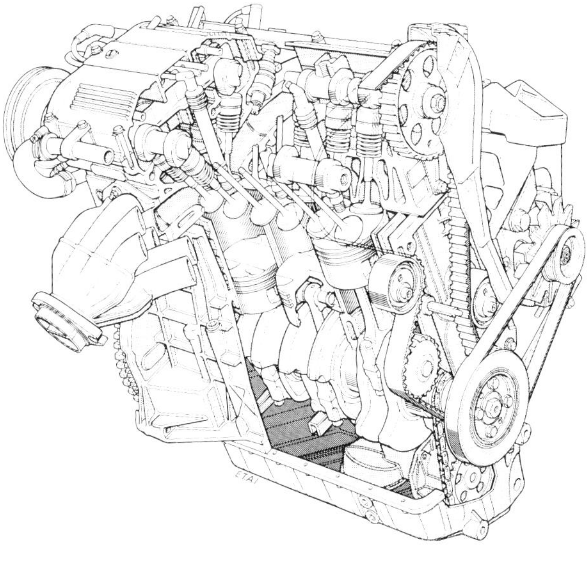

Leichtmetall- Vierzylinder der XU-Baureihe gedieh der Vierventiler zumindest in der nicht abgasentgifteten Form zu einem der stärksten Serienmotoren seiner Klasse. Bei knapp über 1,9 Liter Hubraum wurden 158 PS erzielt, mit Kat immer noch 150. Das liegt deutlich über den Werten von VW- und auch Opelmotoren. Im Mitteldruck allerdings zeigt das Peugeot-Triebwerk keine überdurchschnittlichen Werte. Mit 11,7 liegt er im oberen Mittelfeld, die Katalysatorversion erreicht aber nur noch 11,0 bar. Die Zahlen beweisen, daß der Peugeotmotor in erster Linie auf Höchstleistung ausgelegt wurde, weniger auf guten Durchzug im unteren Drehzahlbereich.

Der konstruktive Aufbau des Peugeot-Vierventilers ist einfach. Auf den vorhandenen Aluminium-Motor mit nassen Zylinderlaufbüchsen wurde ein einteiliger Zylinderkopf mit zwei obenliegenden Nockenwellen gesetzt. Der Kopf baut relativ hoch, da die Nockenwellen über den im Winkel von 50° stehenden Ventilen angeordnet sind und diese direkt durch Tassenstößel betätigen. Ein Zahnriemen treibt beide Nockenwellen an. Interessant ist die Abgasanlage mit acht einzeln geführten Auslaßkanälen bis zur ersten Zusammenführung nach dem Fächerkrümmer.

Porsche 944 S2: 3,0 Liter (1988)

Bauform/Zylinderzahl		R4	Leistung	kW (PS)/min	155 (211)/5800
Hubraum	cm^3	2990	spez. Leistung	kW (PS)/l	51,8 (70,6)
Bohrung/Hub	mm	104/88	max. Drehmoment	Nm/min	280/4000
Verdichtungsverh.		10,9:1	max. Mitteldruck	bar	11,7
Ventilzahl/Winkel		4/27°	Kraftstoff	ROZ	95
Aufladung		–	Ladedruck	bar	–

Auch der hubraumgrößte Vierzylinder-Motor, den es für Personenwagen überhaupt gibt, weist einen Vierventil-Zylinderkopf auf, um die Beatmung der

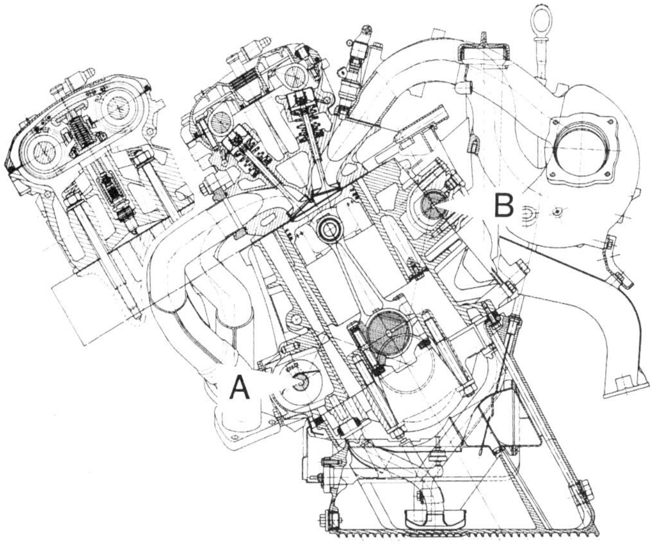

Mit drei Liter Hubraum ist der Porsche S2-Vierventiler der größte Vierzylinder. Um die Massenkräfte 2. Ordnung zu eliminieren, sind zwei Ausgleichswellen (A und B) vorgesehen, die mit doppelter Kurbelwellendrehzahl rotieren. Im linken oberen Bildteil ist die Verbindungskette der beiden Nockenwellen dargestellt.

extrem großen Zylindereinheiten von 750 cm^3 zu verbessern. Die Hauptabmessungen und konstruktiven Voraussetzungen dieses Reihenmotors waren durch den Porsche V8-Motor vorgegeben. Um Kosten und Investment zu sparen, weisen beide Motoren von Porsche eine Reihe von Ähnlichkeiten auf. Darunter fällt auch der Vierventil-Zylinderkopf, der sowohl für den Reihen-Vierzylinder als auch für den V-Motor mit acht Zylindern verwendet werden kann.

Die Besonderheit dieses Zylinderkopfes ist der Nockenwellenantrieb. Der Zahnriemen treibt nur eine Nockenwelle an, weil die zweite Nockenwelle wegen des engen Ventilwinkels von nur 27° zu nahe liegt. Eine kurze, einfache Rollenkette mit Kettenspanner überträgt dann die Drehbewegung

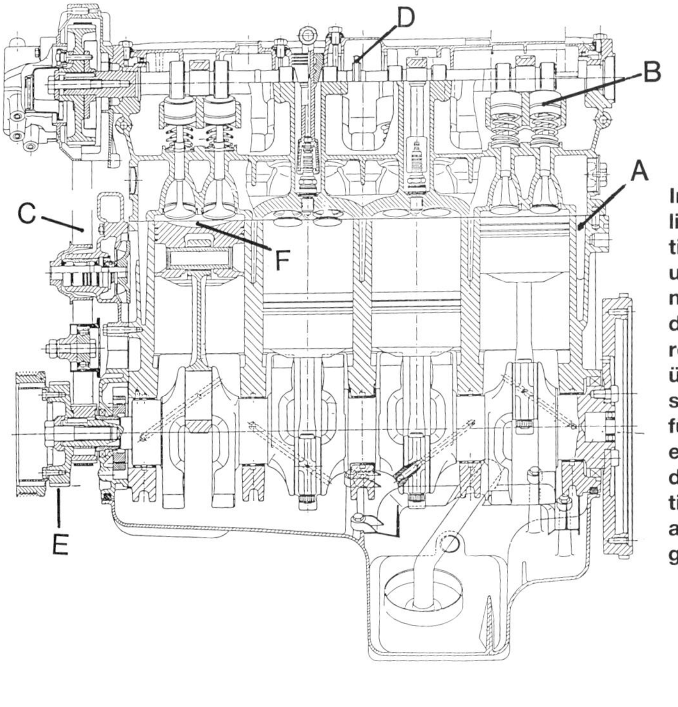

Im Längsschnitt des Porsche-Vierzylinders sind wesentliche Konstruktionsmerkmale zu erkennen. Der Aluminium-Zylinderblock hat ein sogenanntes »open-deck« (A), das heißt die Zylinder stehen im oberen Bereich frei. Den Tassenstößeln wird über die Nut (B) Öl für den hydraulischen Ventilspielausgleich zugeführt. Der Zahnriemen (C) treibt nur eine Nockenwelle, die zweite wird durch eine Zwischenkette (D) betätigt. Das Zahnriemenrad (E) dient auch zum Antrieb der beiden Ausgleichswellen.

auf die zweite Nockenwelle. Die Kette liegt zwischen den Zylindern zwei und drei. Dies bedeutet aufgrund des sehr großen Zylinderabstandes keinerlei Platzprobleme. Bei kleineren Zylinderabständen ist es aus Platzgründen vorteilhafter, die Kette entweder ganz vorne (Audi, Opel) oder ganz hinten (VW) anzuordnen. Durch den engen Ventilwinkel ergibt sich zwar eine günstige Brennraumform, die exakt über den Tassenstößeln angeordneten Nockenwellen verdecken jedoch die Zylinderkopfschrauben. Der vollständige Aufbau des Zylinderkopfes samt Nockenwellen kann deshalb erst am Motorblock vorgenommen werden, nachdem die Zylinderkopfschrauben festgezogen wurden.

Großvolumige Vierzylinder-Motoren scheinen zunächst wegen der erforderlichen hohen Drehzahl im Widerspruch zur Vierventil-Technik zu stehen. Im Falle des Porsche 944 S2-Motors ist der Kompromiß durch die Anordnung von zwei Ausgleichswellen, die die Laufruhe des Motors vor allem bei höheren Drehzahlen verbessern, gelungen. Insgesamt liegen die spezifischen Werte und damit auch die Mitteldrücke dieses Motors unter den Werten von sehr guten Vierventil- Motoren der Zweiliter-Klasse. Aufgrund des Hubraumes ist das Triebwerk aber trotzdem einer der leistungsstärksten freisaugenden Vierzylinder-Motoren im Pkw-Bereich.

Porsche 959: 2,85 Liter Turbo (1985)

Bauform/Zylinderzahl		B6	Leistung	kW (PS)/min	331 (450)/6500
Hubraum	cm^3	2850	spez. Leistung	kW (PS)/l	116,1 (157,9)
Bohrung/Hub	mm	95/67	max. Drehmoment	Nm/min	500/5500
Verdichtungsverh.		8,0:1	max. Mitteldruck	bar	22,1
Ventilzahl/Winkel		4/32°	Kraftstoff	ROZ	95
Aufladung		Biturbo	Ladedruck	bar	1,0

Der Motor des Porsche 959 fällt nicht nur durch seine überragende Leistung und seinen hohen Mitteldruck aus dem Rahmen. Er weist auch konstruktiv eine ganze Reihe von Besonderheiten auf, die nicht gerade zum Alltag des Motorenbaus zählen. Daß es sich um einen Boxermotor in Leichtmetallbauweise mit vertikal geteiltem Gehäuse handelt, ist für eine Porsche-Konstruktion nichts ungewöhnliches. Aber damit enden im Prinzip schon die Gemeinsamkeiten mit dem Basistriebwerk der 911-Baureihe.

Der Motor des 959 hat nur 2850 cm^3 Hubraum. Wie beim Ferrari GTO wurde dieses Maß eingehalten, weil das Auto ursprünglich als Wettbewerbsbasis für die Gruppe B geplant war. Die extrem niedrigen Muldenkolben, die nur einen Hub von 67 mm zurücklegen müssen, sind über Titanpleuel mit der Kurbelwelle verbunden. Die verrippten Leichtmetallzylinder werden nach bekannter Porsche-Art durch ein Axialgebläse luftgekühlt. Diese Form der Kühlung ist allerdings für Vierventil- Zylinderköpfe nicht anwendbar, da zu

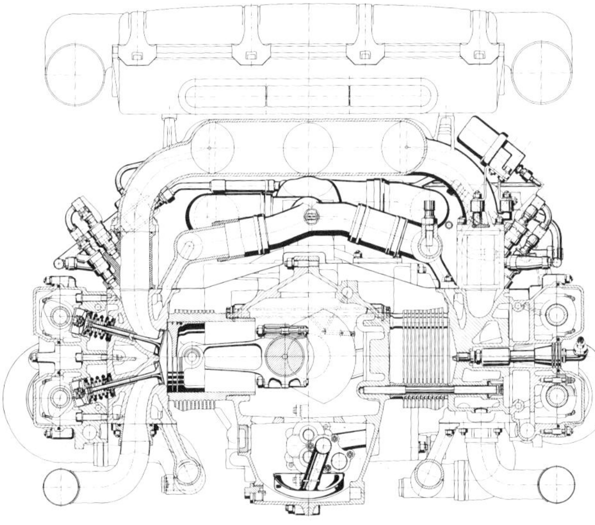

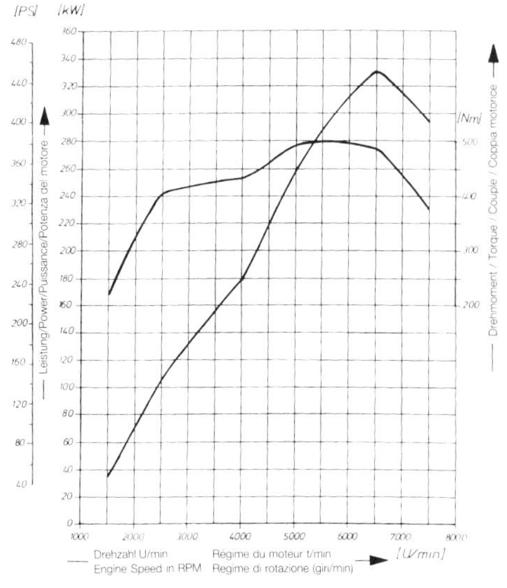

Der Querschnitt zeigt wesentliche Besonderheiten des Porsche 959-Motors. Gut sind die wassergekühlten Zylinderköpfe und die Kühlrippen für Luftkühlung an den Zylindern zu erkennen. Bemerkenswert auch zwei Einspritzdüsen pro Zylinder, um die hohe benötigte Kraftstoffmenge einbringen zu können.

Leistung-und Drehmoment-Diagramm des Porsche 959-Motors. Gut ist der kräftige Anstieg bei 4000/min zu erkennen, wenn der zweite Abgasturbolader einsetzt.

Der Teile-Aufwand eines Hochleistungsmotors vom Schlage eines Porsche 959 ist beachtlich. In der Mitte zwischen den beiden Kurbelgehäusehälften ist eine Dreifachpumpe für die Trockensumpfschmierung zu erkennen, die unter der Kurbelwelle liegt.

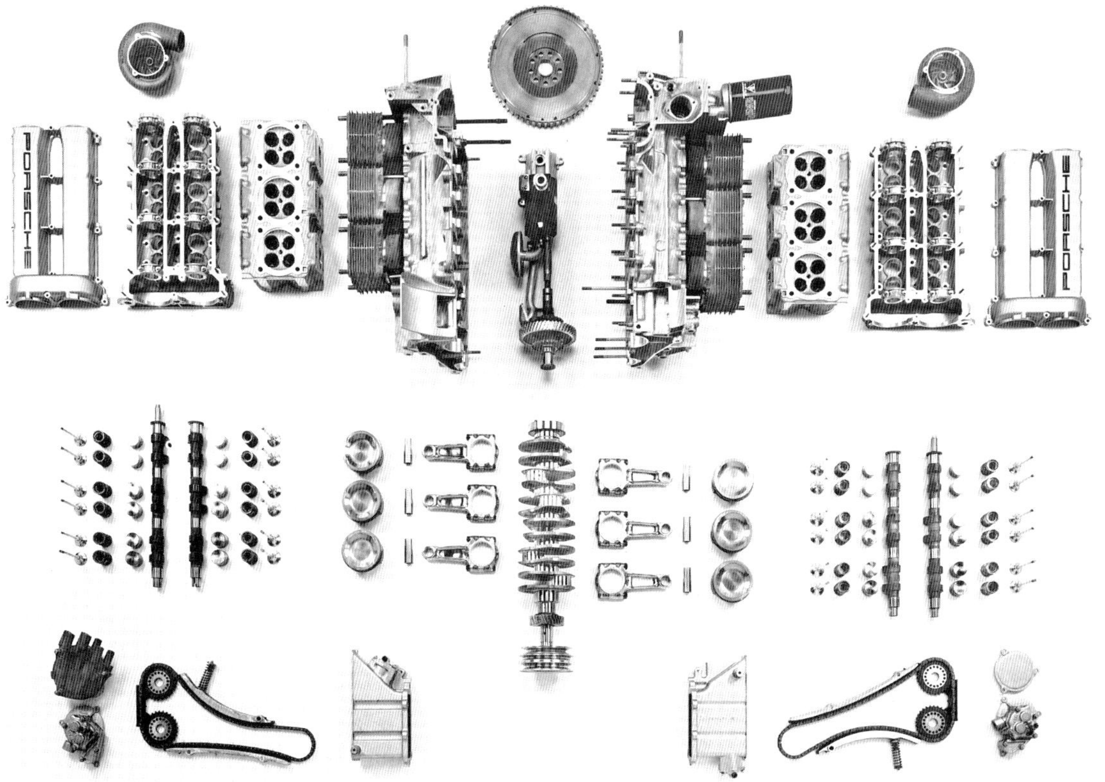

wenig Raum für ausreichenden Luftdurchtritt bleibt. Wie schon bei Rennmotoren wählte Porsche daher für die Zylinderköpfe Wasser als Kühlmedium. Der 959 ist damit das einzige mischgekühlte Straßenfahrzeug.

Der Zylinderkopf ist zweiteilig aufgebaut, mit separaten Steuergehäusen, die die beiden Nockenwellen aufnehmen. Mit knapp über 30° ist der Ventilwinkel relativ eng gewählt. Die Ventile werden direkt von den Nockenwellen über Tassenstößel mit integriertem hydraulischem Ventilspielausgleich betätigt. Jedes Nockenwellenpaar wird über eine separate Steuerkette angetrieben, die wiederum ihren Abtrieb auf der mit halber Kurbelwellendrehzahl laufenden Nebenwelle der Trockensumpf-Ölpumpen haben.

Auch bei der Aufladung ging Porsche neue Wege: Zwei Abgasturbolader mit wassergekühltem Lagergehäuse versorgen in Registerschaltung – der zweite Turbo setzt erst jenseits 4000/min richtig ein – den Motor mit Verbrennungsluft. Die Ladedruckregelung erfolgt elektronisch über den Absolutdruck mit Bypassventil und einem Turbinen-Zuschaltventil, um die Drehzahl der Turbinen nicht zu weit absinken zu lassen.

Leistung, Drehmoment und Mitteldruck des 959-Motors sind an der Obergrenze dessen, was auf der Straße vertreten werden kann. Gleichwohl stellt dieser Motor erst die Ausgangsbasis für weitere Leistungssteigerungen dar, denn das Drehzahlniveau ist mit 6500/min für die Nenndrehzahl noch äußerst moderat. In der geplanten, aber dann von der Sportbehörde gestoppten Gruppe B, wären sicher Leistungen von 558 kW (800 PS) realisierbar gewesen.

Porsche Indy: 2,65 Liter (1987)

Bauform/Zylinderzahl		V8 (90°)	Leistung	kW (PS)/min	529 (720)/11800
Hubraum	cm³	2649,2	spez. Leistung	kW (PS)/l	199,6 (271,7)
Bohrung/Hub	mm	88,2/54,2	max. Drehmoment	Nm/min	455/9000
Verdichtungsverh.		12,0:1	max. Mitteldruck	bar	21,6
Ventilzahl/Winkel		4/20°	Kraftstoff	ROZ	Methanol
Aufladung		Turbo	Ladedruck	bar	0,52

Als bei Porsche der Entschluß gefaßt wurde, einen Rennmotor für die amerikanische CART-Serie zu bauen, eilte gerade der Porsche TAG 1,5 Liter Turbo Formel 1-Motor von Sieg zu Sieg. Beim Indy-Motor wurde das Konzept des kleineren Formel 1-Motors übernommen. Hauptunterschiede zum Formel 1-Motor sind die von sechs auf acht erhöhte Zylinderzahl, der größere Hubraum sowie der von 80° auf 90° vergrößerte V-Winkel der beiden Zylinderbänke. Vom Reglement her darf die Zylinderzahl maximal acht betragen, als Kraftstoff muß Methanol verwendet werden, nur ein einziger Turbolader ist gestattet, und ein Überdruckventil begrenzt den maximalen Ladedruck auf 0,52 bar Überdruck.

Das Foto zeigt die Auspuffseite der linken Zylinderreihe des Porsche Indy- Motors. Es sind großvolumige, relativ kurze Einzelrohre bis zur Zusammenführung zu erkennen. Abhängig vom jeweiligen Rennkurs werden unterschiedliche Rohrlängen und Rohrdurchmesser gefahren, um die Leistungscharakteristik der Strecke anzupassen.

Da es in der Indy-Serie auch Straßenkurse mit sehr engen Kurven gibt, ist ein möglichst schneller Ladedruckaufbau und damit ein gutes Ansprechverhalten der Motoren besonders wichtig. Auf der anderen Seite weden diese Motoren auf den großen Ovalen (Super-Speedways), wo praktisch nur Vollgas gefahren wird, extrem hoch beansprucht. Die Leichtbau-Schmiedekolben sind deshalb, aber auch wegen der hohen Drehzahlen, sehr hoch belastet.

Probleme bringt auch der Kraftstoff Methanol mit sich. Er ist sehr agressiv und es muß verhindert werden, daß Metalle wie Aluminium und Magnesium mit ihm in Berührung kommen. Deshalb ist es notwendig, aufwendige Beschichtungsverfahren und, trotz aller Leichtbaubemühungen, an manchen Teilen Stahllegierungen zu verwenden. Für die Verbrennung von Methanol ist etwa nur halb so viel Luft notwendig wie bei Benzin. Da der Energiegehalt von Methanol ebenfalls nur etwa halb so groß wie der von Benzin ist, ergibt sich ein sehr hoher Kraftstoffverbrauch. Nicht zuletzt wegen der hohen Motorleistung ist der Kraftstoffverbrauch insgesamt so hoch, daß pro Zylinder zwei Einspritzventile benötigt werden.

Bei den Auspuffanlagen dieser Motoren besteht die Hauptarbeit darin, die einzelnen Rohrlängen und Rohrdurchmesser so abzustimmen, daß die geforderten Eigenschaften je nach Streckenführung optimal erreicht werden. Bei der Motorelektronik wurde voll auf die Erfahrungen der Formel 1 zurückgegriffen. Eine spezielle Renn-Motronic der Firma Bosch kommt zum Einsatz. Diese Bosch- Motronic MP 1.7 genannte Einspritzung erfüllt alle Anforderungen, die heute an ein modernes Motor-Management gestellt werden können.

Porsche TAG PO1 Formel 1 Turbo: 1,5 Liter (1983)

Bauform/Zylinderzahl		V6 (80°)	Leistung	kW (PS)/min	625 (850)/11 000
Hubraum	cm^3	1496	spez. Leistung	kW (PS)/l	416,6 (566,6)
Bohrung/Hub	mm	82/47,3	max. Drehmoment	Nm/min	620/8000
Verdichtungsverh.		8,5:1	max. Mitteldruck	bar	52,0
Ventilzahl/Winkel		4/30°	Kraftstoff	ROZ	102
Aufladung		Biturbo	Ladedruck	bar	2,5

Die kleinen 1,5 Liter Formel 1-Motoren der Turbo-Ära, die von 1977 bis 1988 dauerte, setzten Glanzpunkte in der Motorenentwicklung. Nie zuvor gab es so hohe Literleistungen, so niedrige Leistungsgewichte und so günstige Verbrauchswerte. Mit dem Verbot der Aufladetechnik ab der Saison 1989 verschwinden diese bemerkenswerten Motoren von der Bildfläche.

Einer der erfolgreichsten Motoren der Turbo-Ära war mit 25 Grand Prix-Siegen der Porsche TAG-Motor. Er ist ein Meisterwerk der Motorkonstruktion, und man hat in ihm all das verwirklicht, was sich im Rennmotoren-know-how im Laufe der Jahre angesammelt hatte.

Die Vierventil-Zylinderköpfe sind einteilig und besonders steif. Hilfreich dabei war eine leichte Schrägstellung der beiden Ein- und Auslaßventile, so daß andeutungsweise ein Radialzylinderkopf entsteht. Entsprechend der Schrägstellung der Ventile sind die Nocken schräg geschliffen, so daß sie neben ihrer eigentlichen Nockenform auch noch leicht konisch sind. Auf gute Kühlung der Brennräume und Ventilsitzringe wurde besonders geachtet. Der Antrieb der vier obenliegenden Nockenwellen erfolgte ausschließlich über Zahnräder. Um Platz und Gewicht zu sparen, dienten zwei dieser Räder zugleich zum Antrieb der beiden Wasserpumpen. Auch der Antrieb der

Die Stirnseite des Porsche TAG Formel 1-Motors zeigt die beiden vom Nockenwellenantrieb betätigten Wasserpumpen und unten die Ölpumpenreihe. Die weit außen angeordneten Abgasturbolader und ihre Regelventile lassen sich in dieser Position besser kühlen.

Ölpumpen erfolgte durch Zahnräder. Alles war in dem Motor integriert und auf geringstmögliche Verlustleistung optimiert.

Zusammen mit den Entwicklungen der Abgasturbolader-Technik konnten die Mitteldrücke der Motoren von Jahr zu Jahr erheblich gesteigert werden. Selbst unter Beachtung der geforderten niedrigen Verbrauchswerte und mit auf 2,5 bar limitiertem Ladedruck erreichten sie mit 52,0 bar Mitteldruck Werte, die auch die kühnsten Optimisten vorher nicht für möglich gehalten hätten.

Renault 21 TXI 12V: 2,0 Ltr. (1989)

Bauform/Zylinderzahl		R4	Leistung	kW (PS)/min	99 (135)/6000
Hubraum	cm^3	1995	spez. Leistung	kW (PS)/l	49,6 (67,7)
Bohrung/Hub	mm	88/82	max. Drehmoment	Nm/min	174/4300
Verdichtungsverh.		9,3:1	max. Mitteldruck	bar	10,96
Ventilzahl/Winkel		3/35°	Kraftstoff	ROZ	95
Aufladung		Turbo	Ladedruck	bar	–

Der Mehrventiler des Renault 21 TXE ist insofern erwähnenswert, als er Ende der achtziger Jahre noch mit drei Ventilen pro Zylinder ausgestattet wurde. Vereinfachung und Verbilligung der Konstruktion war das Ziel. Der Motorblock besteht aus Leichtmetall mit nassen Laufbüchsen. Die mit 550 Gramm relativ leicht gehaltenen Kolben werden von unten mit Spritzöl gekühlt. Der Auspuffkrümmer ist gegossen, besitzt aber Kühlrippen und ein Leitblech zur besseren Wärmeableitung.

Interessant ist der schmal gehaltene Zylinderkopf, der mit einer zentralen über Zahnriemen angetriebenen Nockenwelle auskommt. Die beiden Einlaßventile und das große Auslaßventil stehen in relativ engem Winkel zueinander und werden über Stahlkipphebel betätigt. Die Einlaßventile sind

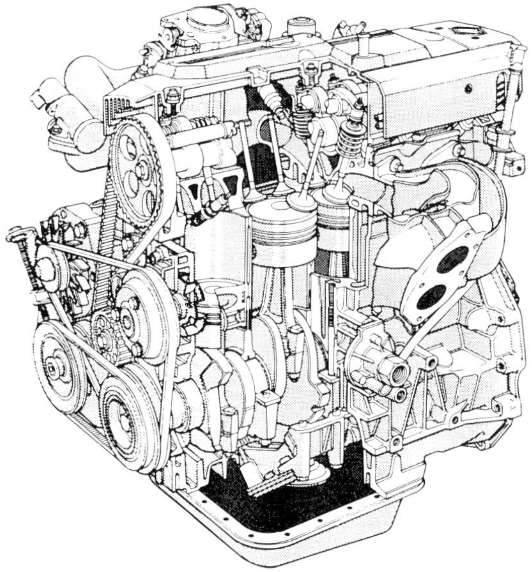

Der moderne Dreiventiler von Renault nutzt konsequent die Vorteile dieser Bauart: nur eine obenliegende Nockenwelle, enger Ventilwinkel, Zündkerze neben dem Auslaßventil. Die Kolben laufen in nassen Laufbüchsen.

unterschiedlich groß. Das gegenüber dem Auslaßventil liegende Einlaßventil hat einen Durchmesser von nur 30,3 mm, um die Ein- und Ausströmverhältnisse optimal zu gestalten. Das Einlaßventil ohne Gegenstück weist einen Durchmesser von 36,3 mm auf. Gegenüber diesem Einlaßventil ist die Zündkerze angeordnet. Ein elektronisches Motormanagement mit Klopfsensor steuert Zündung und Multipoint-Einspritzung. Die Leistung des Renault-Dreiventilers liegt auf dem Niveau schlechter Vierventiler bei relativ hoher Drehzahl. Daß der Brennraum nicht optimal ist, zeigt das geringe maximale Drehmoment und der Mitteldruck, dessen Niveau auch von guten Zweiventilern erreicht wird.

Renault Formel 1 RS1: 3,5 Liter (1989)

Bauform/Zylinderzahl		V10 (67°)	Leistung	kW (PS)/min	470 (640)/12000
Hubraum	cm^3	3492,6	spez. Leistung	kW (PS)/l	134,3 (182,8)
Bohrung/Hub	mm	90/54,9	max. Drehmoment	Nm/min	390/9300
Verdichtungsverh.		11,5:1	max. Mitteldruck	bar	14,0
Ventilzahl/Winkel		4/22°	Kraftstoff	ROZ	102
Aufladung		–	Ladedruck	bar	–

Obwohl es schon zur Zeit der 3,0 Liter-Formel 1 von 1966 bis 1981, also dem Beginn der Turbo-Ära, Vorschläge für einen Zehnzylinder Formel 1-Motor gab, wurde dieses interessante Konzept erst mit Beginn der 3,5 Liter-Formel 1 realisiert. Ein Zehnzylinder-Motor ist der klare Kompromiß zwischen den leistungsstärkeren, schwereren, längeren, höher drehenden und auch mehr Sprit verbrauchenden V12-Triebwerken und den leistungsschwächeren, kürzeren, niedriger drehenden und sparsameren V8-Motoren. Man kann auch sagen, daß mit einem V10-Motor die Vor- und Nachteile der beiden anderen Konzepte nicht so stark hervortreten.

Um den gewünschten, gleichmäßigen Zündabstand pro Zylinderbank, der für ein gut funktionierendes Auspuffsystem unerläßlich ist, zu erreiche, besitzt die Kurbelwelle fünf Kröpfungen, die jeweils um 72 versetzt sind. Abgesehen von den breiteren Lagern sieht damit die Kurbelwelle eines V10-Zylinder-Motors genau so aus wie die eines Fünfzylinder-Reihenmotors. Genauso wie beim Zwölfzylinder-Motor hat dann der Bankwinkel, also der Winkel, den die beiden Zylinderreihen einschließen, keinen Einfluß mehr auf die Funktion des Motors.

Mit 67° wählten die Techniker von Renault einen Winkel, der sehr nahe bei der Konkurrenz liegt. Der Honda V10 hat 72°, der Ferrari V12 hat 65°. Daneben warten aber die Renault Formel 1-Rennmotoren mit einer Besonderheit auf, die schon bei den kleinen 1,5 Liter Sechszylinder-Motoren der Turbo-Ära eingeführt wurde. Die sonst üblichen zwei Ventilfedern pro Ventil, also im Falle dieses Zehnzylinders insgesamt 80 Stück, wurden durch pneumatische Federelemente ersetzt. Kleine niedrige Kolben, die ähnlich

Der Renault 3,5 Liter Formel 1-Motor hat einen V-Winkel von 67°. Zehnzylindermotoren sind ein sehr günstiger Kompromiß in der neuen Formel 1, wie auch die Siegesserie des Honda-Zehnzylinders beweist. Alle zehn Ansaugtrichter liegen eng beisammen, wodurch sich ein kompaktes Luftsammelvolumen ergibt.

aussehen wie Federteller, gleiten dabei in entsprechenden zylindrischen Bohrungen, die in den Zylinderkopf eingearbeitet sind. Die hier eingeschlossene Luft wird beim Betrieb des Motors laufend verdichtet und unmittelbar darauf wieder entspannt. Da dieses Kolben- Zylindersystem nicht absolut dicht ist und auch eine gewisse Vorspannkraft nötig ist – die man auch mit einer Hilfsfeder erzeugen könnte – muß Luft oder ein anderes gasförmiges Medium von außen unter Druck zugeführt werden. Dünne gebohrte Kanäle stellen die Verbindung zu den insgesamt 40 Kammern her. Vorteilhaft ist, daß bei reduzierter Teilevielfalt die Kraftkennlinie solcher pneumatischer Elemente stark progressiv ist und damit Antriebsleistung für den Ventiltrieb eingespart werden kann.

Rover K-16: 1,4 Ltr. (1990)

Bauform/Zylinderzahl		R4	Leistung	kW (PS)/min	70 (95)/6250
Hubraum	cm^3	1397	spez. Leistung	kW (PS)/l	50,1 (68,1)
Bohrung/Hub	mm	75/79	max. Drehmoment	Nm/min	124/4000
Verdichtungsverh.		9,5:1	max. Mitteldruck	bar	11,16
Ventilzahl/Winkel		4/45°	Kraftstoff	ROZ	95
Aufladung		–	Ladedruck	bar	–

Der neue Rover Vierventiler (K-Type) ist aus verschiedenen Gründen interessant. Einmal ist er die erste europäische Neukonstruktion mit vier Ventilen in der Hubraumklasse 1000 bis 1400 cm^3. Zweitens zeigt er als komplette Neukonstruktion von Altlasten befreit einen ungewöhnlichen Aufbau. Er besteht – abgesehen von Ventilkammerdeckel und Ölwanne – aus vier tragenden Bauteilen aus Aluminium, die horizontal übereinander geschich-

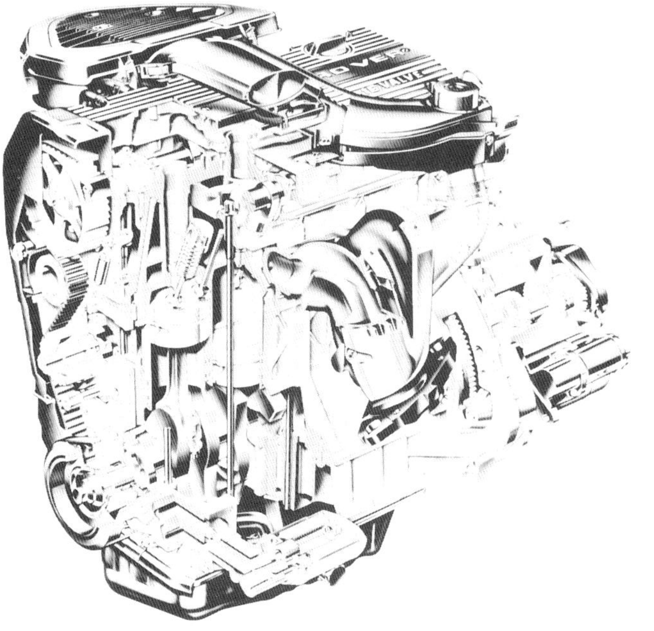

Lange Stahlzuganker verbinden die tragenden Baugruppen des Rover K-Motors. Steuergehäuse, Zylinderkopf, Zylinderblock, und Kurbelgehäuseunterteil sollen so möglichst spannungsfrei miteinander verschraubt werden.

tet sind. Unten beginnt der Motor mit einem Kurbelgehäuse-Unterteil, in dem die Hauptlagerböcke schon integriert sind. Es folgt der stark verrippte Zylinderblock, der nasse Schleuderguß-Laufbüchsen aufnimmt. In dem sehr flach gehaltenen Zylinderkopf bilden die Ventile einen Winkel von insgesamt 45°, wobei die Einlaßventile 23°, die Auslaßventile 22° von der Senkrechten abweichen. Ganz oben sitzt ein sogenannter Leiterrahmen, der die beiden Nockenwellen (Zahnriemenantrieb) von oben fixiert. Der ganze Vierfach-Sandwich wird von 412 mm langen Dehnschrauben zusammengehalten. Von diesem Verfahren verspricht sich Rover Vorteil bei der Montage und eine gleichmäßigere Flächenpressung.

Die Nockenwellen betätigen die Ventile (Einlaß 28 mm, Auslaß 24 mm) direkt über Tassenstößel mit integriertem, hydraulischen Ventilspielausgleich. Als Höchstdrehzahl werden 7200/min genannt. Eine elektronisch gesteuerte Zentraleinspritzung versorgt die Zylinder des K16 mit Gemisch, das von einer kennfeldgesteuerten Zündanlage zur Verbrennung gebracht wird. Spezifische Leistung und Mitteldruck des neuen Rover-Triebwerkes sind allerdings nur durchschnittlich.

Saab: 2,0 Liter (1984)

Bauform/Zylinderzahl		R4	Leistung	kW (PS)/min	120 (163)/5300
Hubraum	cm^3	1985	spez. Leistung	kW (PS)/l	60,4 (82,1)
Bohrung/Hub	mm	90/78	max. Drehmoment	Nm/min	257/3000
Verdichtungsverh.		9,0:1	max. Mitteldruck	bar	16,3
Ventilzahl/Winkel		4/44°	Kraftstoff	ROZ	95
Aufladung		Turbo	Ladedruck	bar	0,75

Saab war in Europa die erste Firma, die die Aufladung als interessante Alternative erkannte und Turbomotoren in großer Stückzahl in Personenwagen anbot. Zunächst verwendete man die vorhandenen Zweiventil- Motoren, um dann später – aber immer noch früher als die Konkurrenz – auf Vierventil-Technik umzustellen. Bemerkenswerterweise erfolgte die Umstellung auf Vierventil-Technik beim Turbomotor früher als beim freisaugenden Triebwerk.

Der Vergleich zwischen der zwei- und vierventiligen Turboversion in Bezug auf Leistung, Drehmoment und den spezifischen Werten ist in Tabellenform zusammengestellt.

Motortyp		2,0 Liter 2V Turbo	2,0 Liter 4V Turbo
Leistung	kW (PS)	103 (140)	120 (163)
spez. Leistung	kW (PS)/l	51,5 (70)	60 (81,5)
max. Drehmoment	Nm	235	257
max. Mitteldruck	bar	14,8	16,2
max. Ladedruck	bar	0,7	0,75

Der Vergleich zeigt, daß man die Vierventil-Technik sowohl zur Steigerung des Drehmomentes als auch der Leistung eingesetzt hat. Die günstigere Brennraumform erlaubte nicht nur ein Anheben der Verdichtung von 8,5 auf 9,0 sondern auch eine Erhöhung des Ladedrucks von 0,7 auf 0,75 bar.

Die Zylinderkopfkonstruktion ist relativ konventionell, die Tassenstößel haben hydraulischen Ventilspielausgleich und die Nockenwellen werden über eine Rollenkette angetrieben. Der große Ventilwinkel läßt in der Mitte zwischen den Ventilen viel Platz, so daß hier ein direktes Zündsystem untergebracht werden konnte. Die insgesamt vier Zündspulen sitzen dabei über den Zündkerzen. Dabei konnten sowohl der Zündverteiler als auch die Hochspannungs-Zündleitungen entfallen.

Mit 103 mm Zylinderabstand ist bei dieser Motorbaureihe auch noch die Möglichkeit gegeben, den Hubraum durch größere Bohrung anzuheben, was 1989 geschah (2,3 Liter).

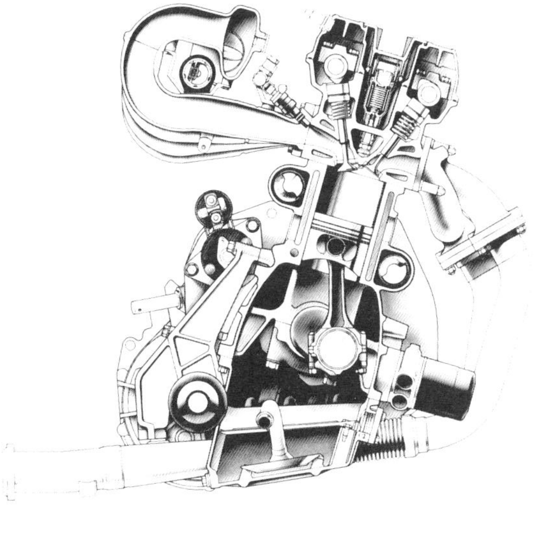

Bei der Weiterentwicklung des Saab-Vierzylinders auf 2,3 Liter Hubraum (1989) blieb die Grundkonstruktion erhalten. Wesentliche Änderungen sind die zum besseren Massenausgleich installierten gegenläufigen Ausgleichswellen und die über den Zündkerzen plazierte Direktzündung mit je einer Zündspule pro Zylinder.

Toyota 3S-GTE: 2,0 Liter (1989)

Bauform/Zylinderzahl		R4	Leistung	kW (PS)/min	150 (204)/6000
Hubraum	cm^3	1998	spez. Leistung	kW (PS)/l	75 (102)
Bohrung/Hub	mm	86/86	max. Drehmoment	Nm/min	275/4000
Verdichtungsverh.		8,5:1	max. Mitteldruck	bar	17,3
Ventilzahl/Winkel		4/22,5°	Kraftstoff	ROZ	95
Aufladung		Turbo	Ladedruck	bar	0,8

Der Toyota 2,0 Liter DOHC 4V-Saugmotor ist eine gute Basis für die Weiterentwicklung zur Aufladung. Mit 93 mm Zylinderabstand besitzt er nicht nur hier, sondern auch bei Hub und Bohrung exakt dieselben Maße wie der 2,0 Liter Opel Familie 2-Motor. Während die erste Turboversion, die 1986 vorgestellt wurde, keine beeindruckenden Werte lieferte, wurde in einer zweiten Stufe für das Jahr 1989 der Motor stark überarbeitet und weist sehr gute Werte auf. Die wesentlichste Änderung betraf die Ladeluftkühlung. Bis 1989 besaß der Motor eine Luft/Wasser-Ladeluft-Kühlung, wobei dafür ein vom Motor-Wasserkühlkreislauf völlig separiertes System verwendet wurde. Das sehr aufwendige System benötigte nicht nur einen zweiten Wasseraus-

Den Toyota Zweiliter-Vierventiler gibt es sowohl in einer freisaugenden wie in einer aufgeladenen Version. Beide Motoren verfügen über ein doppeltes Ansaugsystem mit zwei separaten langen Ansaugkanälen für jeden Zylinder. Ein Zwischenflansch mit vier Drosselklappen steuert lastabhängig das Ansaugsystem. Im unteren Drehzahlbereich sorgt jeweils nur ein Kanal für höheres Drehmoment.

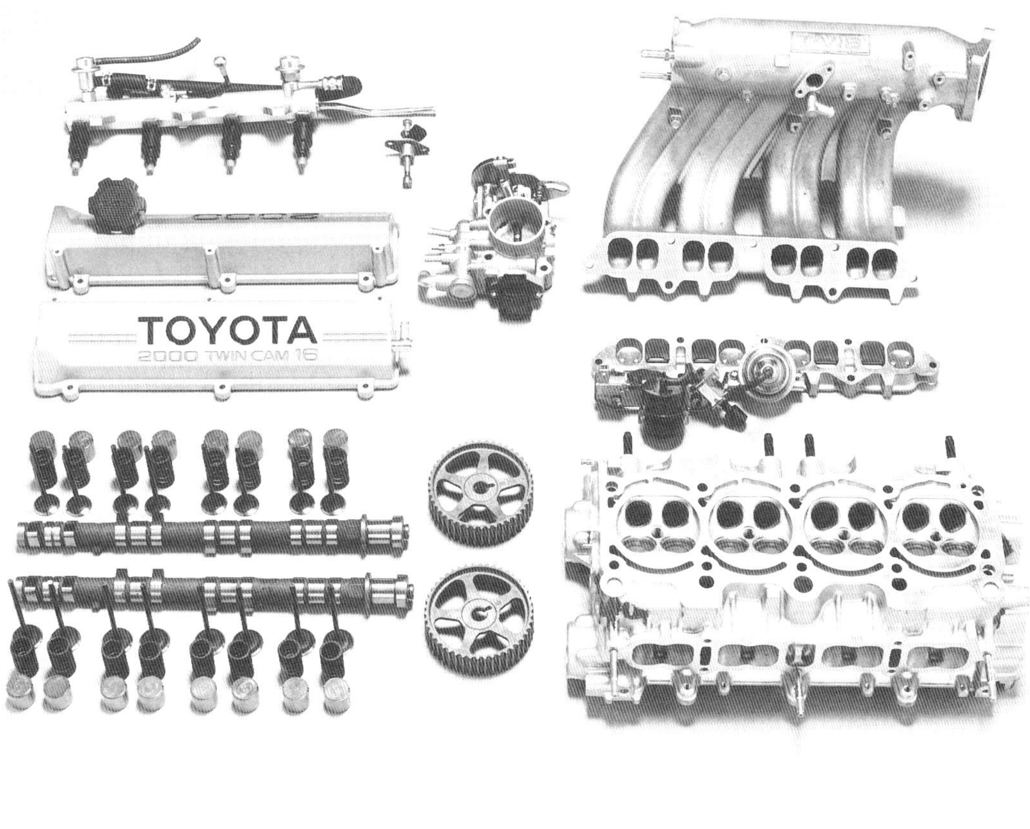

gleichsbehälter, sondern auch eine eigene, elektrisch angetriebene Wasserpumpe.

Ab dem Jahr 1989 wurde die Ladeluftkühlung auf Luft/Luft umgestellt, d. h. daß jetzt der Ladeluftkühler direkt vom Fahrtwind gekühlt wird. Der Ladeluftkühler liegt dabei flach über dem Motor und der Fahrtwind wird über eine Hutze in der Motorhaube zugeleitet. Zur besseren Übersicht sind die Technischen Daten der beiden Turboversionen zusammengestellt.

Motortyp		2,0 Liter 4V Turbo 1986	2,0 Liter 4V Turbo ab 1989
Leistung	kW (PS)	136 (185)	150 (204)
spez. Leistung	kW (PS)/l	68 (92,5)	75 (102)
max. Drehmoment	Nm	250	275
max. Mitteldruck	bar	15,7	17,3

Da der Toyota 2,0 Liter 4V Turbo, eingebaut in den Toyota Celica 4WD, ein sehr brauchbares Fahrzeug für den Motorsport abgibt, wurde es von Toyota für die Rallye-Weltmeisterschaft weiterentwickelt. Da dabei das Ladeluftkühlsystem und auch die Ladeluftkühlergröße nicht verändert werden darf, erklärt dies vielleicht den Wechsel im Ladeluftkühlsystem. Rein theoretisch sollte ein direktes Kühlsystem immer besser sein als ein System, das Wasser als Zwischenmedium verwendet.

Toyota VZFE: 2,5 Liter (1988)

Bauform/Zylinderzahl		V6 (60°)	Leistung	kW (PS)/min	118 (160)/5800
Hubraum	cm^3	2507	spez. Leistung	kW (PS)/l	47,1 (63,8)
Bohrung/Hub	mm	87,5/69,5	max. Drehmoment	Nm/min	206/5800
Verdichtungsverh.		9,0:1	max. Mitteldruck	bar	10,3
Ventilzahl/Winkel		4/22,5°	Kraftstoff	ROZ	95
Aufladung		–	Ladedruck	bar	–

Die Toyota 2,0 und 2,5 Liter V6-Motoren sind Vorreiter einer Reihe von neuen kleinen Sechszylindermotoren. Ausgelöst durch die zunehmende Zahl von Fahrzeugen, bei denen die Motoren nicht mehr längs sonder quer eingebaut werden, gewinnen kleinere Sechszylindermotoren in V-Form zunehmend an Bedeutung.

Auch bei diesem Motor erkennt man das Betreben der Motorkonstrukteure, die Mehrventilzylinderköpfe für V-Motoren schmaler zu machen als die der Reihenmotoren. Dies ist notwendig, um die Gesamtbreite der V-Motoren in Grenzen zu halten. So weisen die Zylinderköpfe dieses Motors nur einen Ventilwinkel von 22,5° auf. Die beiden Nockenwellen liegen so eng zusammen, daß man die ziemlich genau darunterliegenden Zylinderkopfschrauben nicht mehr erreichen kann. Die Nockenwellen können also erst eingebaut weden, nachdem die Zylinderköpfe auf dem Motorblock festgeschraubt wurden. Da auch das Nachziehen der Kopfschrauben nur nach Ausbau der Nockenwellen möglich ist, ist man hier auf nachzugsfreie Zylinderkopfdichtungen angewiesen.

Ein Zahnriemen treibt bei dieser Konstruktion nur die beiden Einlaßnockenwellen an, während der Antrieb der Auslaßnockenwellen von schräg verzahnten Stirnrädern übernommen wird. Um Klappergeräusche zu vermeiden, ist jeweils eines der beiden Zahnräder geteilt. Eine Feder verspannt die beiden Hälften gegeneinander und damit den ganzen Radsatz, so daß die Zahnflanken immer spielfrei aneinander liegen. Der Radsatz ist im Zylinderkopf zwischen zwei Brennräumen angeordnet und wird durch den im Zylinderkopf vorhandenen Ölnebel geschmiert.

Der Vierventil-Zylinderkopf ist so konstruiert, daß man ihn seitenverkehrt für beide Zylinderreihen verwenden kann. Der Motor ist ganz auf Komfort sowie gute Laufruhe und Leerlaufqualität gezüchtet. Das erklärt auch die für einen Vierventilmotor sehr niedrige Verdichtung von 9,0. Der sehr niedrige maximale Mitteldruck von 10,3 bar ließe sich aber auch mit guter Zweiventil-Technik erreichen, ebenso die spezifische Leistung.

Der Sechszylinder V-Motor des Toyota Camry baut trotz vier obenliegenden Nockenwellen seht kompakt. Der Zahnriemen (A) treibt nur die Einlaßnockenwellen an, die beiden Auslaßnockenwellen werden innerhalb des Zylinderkopfes mit Zahnrädern betätigt. Die sechs Saugrohre münden in den Sammler (B), an den der Drosselklappenstutzen (C) und der Luftfilter (D) anschließen. Aus Platzmangel verläuft das Auspuffsammelrohr der vorderen Zylinderreihe (E) über dem Getriebe.

Toyota 4A-GE (Corolla, Celica): 1,6 Liter (1983)

Bauform/Zylinderzahl		R4	Leistung	kW (PS)/min	91 (124)/6600
Hubraum	cm^3	1587	spez. Leistung	kW (PS)/l	57,3 (80,0)
Bohrung/Hub	mm	81/77	max. Drehmoment	Nm/min	142/5200
Verdichtungsverh.		10:1	max. Mitteldruck	bar	11,25
Ventilzahl/Winkel		4/50°	Kraftstoff	ROZ	98
Aufladung		–	Ladedruck	bar	–

Der Toyota-Vierzylinder mit der Bezeichnung 4A-GE war der erste Vierventiler, der für sehr große Serien konstruiert und vorgesehen war. Sein Aufbau ist entsprechend: großer Ventilwinkel, zwei relativ weit auseinanderliegende Nockenwellen, Antrieb durch Zahnriemen, direkt über Tassenstößel betätigte Ventile, gut zugängliche Zylinderkopfschrauben. Er ersetzte damals den Zweiventiler DOHC-Motor 2T-GE. Interessant ist, daß der sehr viel kompakter konstruierte Vierventiler um 48 mm kürzer und 18 mm schmaler ausfiel als der Vorgänger. Außerdem ist er 29 Kilogramm leichter. In der Leistung übertrifft er den alten Zweiventiler um 15 Prozent, im maximalen Drehmoment und damit auch im Mitteldruck um acht Prozent.

Abgesehen von der elektronisch gesteuerten Einspritzung und Zündung trieb Toyota im Umfeld dieses Motors noch weiteren Aufwand. Ein spezielles Ansaugsystem erlaubt es, die getrennt bis zu den Einlaßventilen geführen Einlaßkanäle (je zwei pro Zylinder) zwecks Drehmomentverbesserung nacheinander zu öffnen. Es handelt sich um eine sogenannte Einlaßkanalabschaltung, die das Drehmoment im unteren und mittleren Drehzahlbereich verbessert. T-VIS (Toyota Variable Induction System) öffnet in einer separa-

Der Toyota 4A-GE war der erste Großserien-Vierventiler. Im Teilschnitt ist der konstruktiv einfache und saubere Aufbau des Motors zu erkennen. Zu beachten sind die sehr langen Saugleitungen, die mit dem sogenannten VIS-System teilweise zugeschlatet werden.

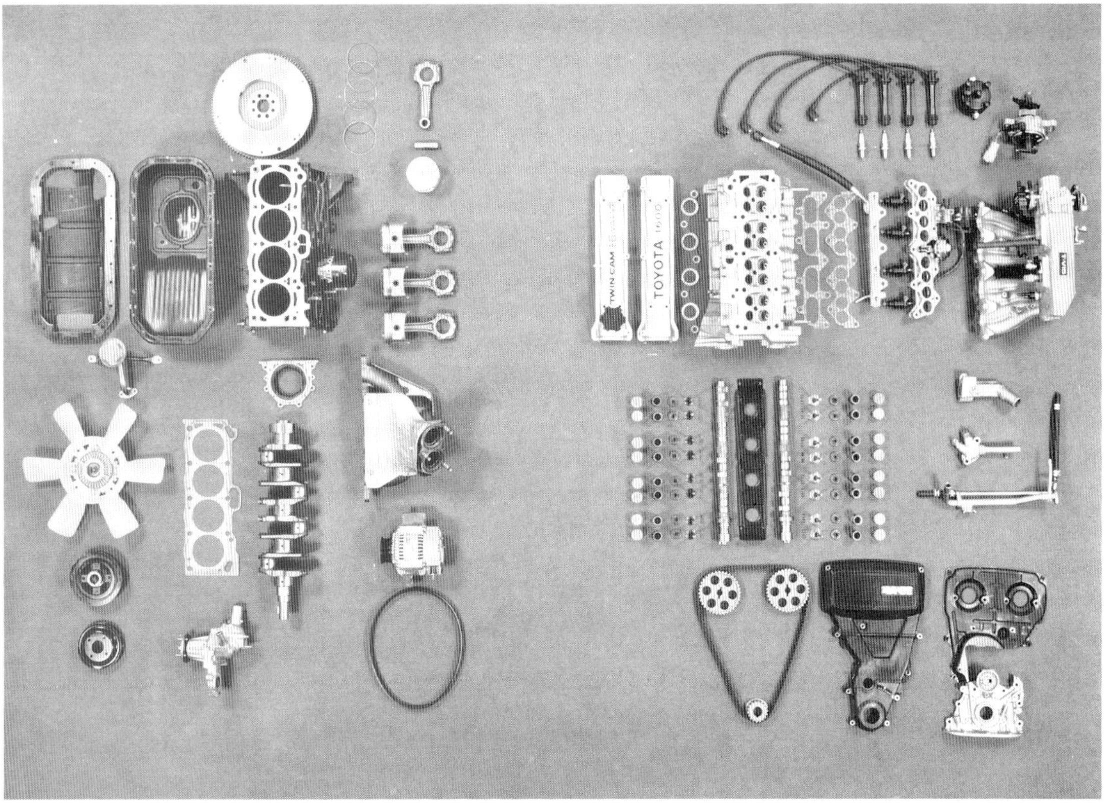

Im Bild ist der nicht unerhebliche Teileumfang des Toyota-Vierventilers zu sehen.

ten Drosselklappenleiste zunächst nur je einen Kanal pro Zylinder, wobei das Gemisch durch den einseitigen Drall zusätzlich verwirbelt wird. Oberhalb von 4650/min wird die Drosselklappe des zweiten Kanals elektronisch über Unterdruck geöffnet – der volle Querschnitt steht für Höchstleistung zur Verfügung. Das Drehvermögen des kleinen Vierzylinders ist beachtlich. 7700/min werden als Grenzdrehzahl genannt. Mit ein Grund dafür sind die leichten Tassenstößel ohne hydraulischen Ventilspielausgleich. Dieser geschieht durch Plättchen. Der hohe Mitteldruck und die gute spezifische Leistung konnten im Lauf der Entwicklung durch die Anpassung an die katalytische Abgasreinigung nicht aufrecht erhalten werden.

Toyota: 4 Liter V8 Four Cam 32 (1989)

Bauform/Zylinderzahl		V8 (90°)	Leistung	kW (PS)/min	180 (250)/5600
Hubraum	cm³	4000	spez. Leistung	kW (PS)/l	45 (61,2)
Bohrung/Hub	mm	87,5/82,5	max. Drehmoment	Nm/min	350/4400
Verdichtungsverh.		10:1	max. Mitteldruck	bar	11,0
Ventilzahl/Winkel		4/22°	Kraftstoff	ROZ	91
Aufladung		–	Ladedruck	bar	–

Der Platz zwischen den beiden im Winkel von 90° zueinander angeordneten Zylinderbänken wird konsequent zur Aufnahme des voluminösen Saugsystems benutzt. Relativ ausladend: Der Nokkenwellenantrieb (Zahnriemen) und der Nebenaggregatträger.

Für das erste, moderne Oberklasse-Modell, den Lexus LS 400, entwickelte der japanische Großhersteller Toyota einen völlig neuen Achtzylindermotor. Natürlich kam nach Toyota-Credo nur ein Vierventiler mit zwei obenliegenden Nockenwellen in Frage. Die Zylinderbänke des Achtzylinders bilden einen Winkel von 90°, der Block ist komplett in Leichtmetall gehalten. Die Kolben laufen in Büchsen aus Schleuderguß.

Die beiden Einlaß-Nockenwellen werden von der Kurbelwelle über einen Zahnriemen gesteuert. Ein Stirnradantrieb verbindet die Einlaß- und Auslaßnockenwellen. Diese Konstruktion spart Platz und Baubreite, was vor allem beim V-Motor wichtig ist. Natürlich ist auch der Zylinderkopf aus Leichtmetall, und erstmals wurden sogenannte Ventillifter aus Leichtmetall eingesetzt.

Gut zu erkennen ist in diesem Motormodell der Antrieb der Auslaßnockenwelle durch federverspannte Stirnräder.

Die kompakten, pultdachförmigen Brennräume und die günstige Kerzenlage erlauben in Verbindung mit einer Klopfregelung ein recht hohes Verdichtungsverhältnis. In USA ist der Betrieb mit Kraftstoff von ROZ 91, also entsprechend unserem Normal, zugelassen.

Für sich betrachtet sind Leistung und Drehmoment des Toyota-Achtzylinders recht gut. Verglichen mit dem 3,6 Liter Audi V8, der die gleiche Endleistung bringt, ist der Toyota sowohl im Mitteldruck als auch in der spezifischen Leistung schlechter.

Triumph Dolomite Sprint: 2,0 Liter (1973)

Bauform/Zylinderzahl		R4	Leistung	kW (PS)/min	95 (129)/5700
Hubraum	cm^3	1998	spez. Leistung	kW (PS)/l	47 (64)
Bohrung/Hub	mm	90,3/78	max. Drehmoment	Nm/min	166/4500
Verdichtungsverh.		9,5:1	max. Mitteldruck	bar	10,4
Ventilzahl/Winkel		4/36°	Kraftstoff	ROZ	98
Aufladung		–	Ladedruck	bar	–

Im Jahre 1973 stößt man auf ein Fahrzeug, das zumindest von der Antriebsseite her Aufmerksamkeit verdient. Der Triumph Dolomite Sprint gilt als Wegbereiter der Vierventiltechnik im Personenwagen. Da man es nicht wagte, für Vierventilmotoren deutlich mehr Geld zu verlangen, versuchte man mit einer möglichst einfachen Lösung auszukommen. Ungewöhnlich am Triumph Vierventiler ist daher die Verwendung einer obenliegenden Nockenwelle, die über eine doppelte Rollenkette angetrieben wird. Die Nockenwelle beaufschlagt direkt die Einlaßventile über Tassenstößel, wohingegen die Auslaßventile über Kipphebel betätigt weden. Besonders interessant daran ist, daß jeweils ein Einlaß- und das direkt gegenüberliegende Auslaßventil vom gleichen Nocken gesteuert werden. Daher besitzt die Nockenwelle dieses Motors nur acht Nocken.

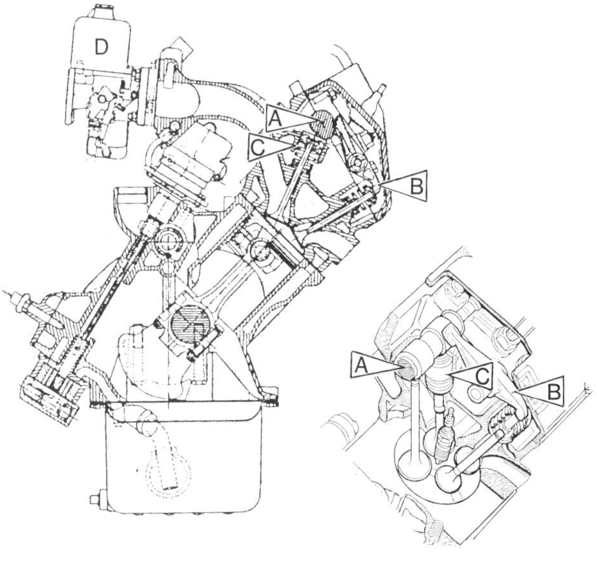

Die ungewöhnliche Ventilbetätigung des Dolomite Sprint-Motors erlaubte eine nahezu zentrale Anordnung der Zündkerze. Mit nur einer Nockenwelle (A) wurden alle Ventile betätigt: Einlaßventile direkt über Tassenstößel (C) und die Auslaßventile über relativ lange Kipphebel (B). Als Gemischbildner dienten zwei SU-Horizontalvergaser (D). Die Zylinderebene war um 45° geneigt.

Der Zylinderkopf ist zusammen mit einem Ventilwinkel von 36° sehr geschickt und elegant konstruiert. Durch die spezielle Art der Ventilbetätigung über nur zwei Nocken pro Zylinder muß man aber Einschränkungen in Bezug auf die Steuerzeiten und Ventilerhebungen in Kauf nehmen. Mit demselben Nockenprofil gleichzeitig einen Tassenstößel und einen Kipphebel zu bedienen, ergibt bekanntlich keine Optimallösung. Entweder muß man dabei Abstriche beim Drehmoment oder bei der Maximalleistung machen. Für damalige Begriffe war der Motor mit 9,5:1 relativ hoch verdichtet, und auch die Mitteldrücke konnten sich in Anbetracht dessen, daß es sich um einen Vergasermotor handelte, durchaus sehen lassen. Die damaligen BMW 2,0 Liter- Motoren hatten mit Zweiventil- und Einspritztechnik allerdings in etwa die gleichen Werte.

Dem Vierventilmotor wurde mangelnde Standfestigkeit nachgesagt. Insbesondere Motorsporteinsätze endeten oft mit kapitalen Motorschäden. Bei der Entwicklung zum Rennmotor erwies sich die umständliche Ventilbetätigung als besonders nachteilig. Den Niedergang der Marke Triumph konnte dieser Motor allerdings auch nicht verhindern. Er verschwand 1981 wieder aus den Automobilkatalogen. Immerhin ist ihm ein Platz in der Geschichte der Motorenentwicklung sicher.

VW 827: 1,8 Liter (1985)

Bauform/Zylinderzahl		R4	Leistung	kW (PS)/min	95 (129)/5800
Hubraum	cm^3	1781	spez. Leistung	kW (PS)/l	53,3 (72,4)
Bohrung/Hub	mm	81/86,4	max. Drehmoment	Nm/min	168/4250
Verdichtungsverh.		10:1	max. Mitteldruck	bar	11,7
Ventilzahl/Winkel		4/25°	Kraftstoff	ROZ	95
Aufladung		–	Ladedruck	bar	–

VW 827: 2,0 Liter (1989)

Bauform/Zylinderzahl		R4	Leistung	kW (PS)/min	100 (136)/5800
Hubraum	cm^3	1984	spez. Leistung	kW (PS)/l	50,4 (68,5)
Bohrung/Hub	mm	82,5/92,8	max. Drehmoment	Nm/min	180/4400
Verdichtungsverh.		10,8:1	max. Mitteldruck	bar	11,4
Ventilzahl/Winkel		4/25°	Kraftstoff	ROZ	95
Aufladung		–	Ladedruck	bar	–

Die VW-Motorbaureihe EA 827 dient als Basis für den ersten Vierventilmotor des VW-Konzerns. Gleichzeitig wurde dasselbe Zylinderkopfdesign auch für die Audi Fünfzylinder-Reihenmotoren entwickelt. Im Raum stand auch schon der spätere Audi V8-Motor. Alle diese Motoren weisen denselben Zylinderabstand von 88 mm auf. Bei der Festlegung des Zylinderkopfdesigns mußten folgende Parameter berücksichtigt werden:

Charakteristisch für die Vierventilmotoren von VW und Audi ist die unsymmetrische Ventilstellung. Zusammen mit dem kleinen Ventilwinkel von 25° ist der Zylinderkopf sehr schmal und erfordert wenig Platz auf der Auspuffseite. Zwei Ölkanäle (A) im Zylinderkopf versorgen nicht nur die hydraulischen Tassenstößel, sondern auch die Lagerstellen der Nockenwellen mit Öl. Ölspritzdüsen (B) führen zu einer intensiven Kolbenkühlung. Über den Luftkanal (C) wird dem Motor die benötigten Leerlaufluftmenge zugeführt.

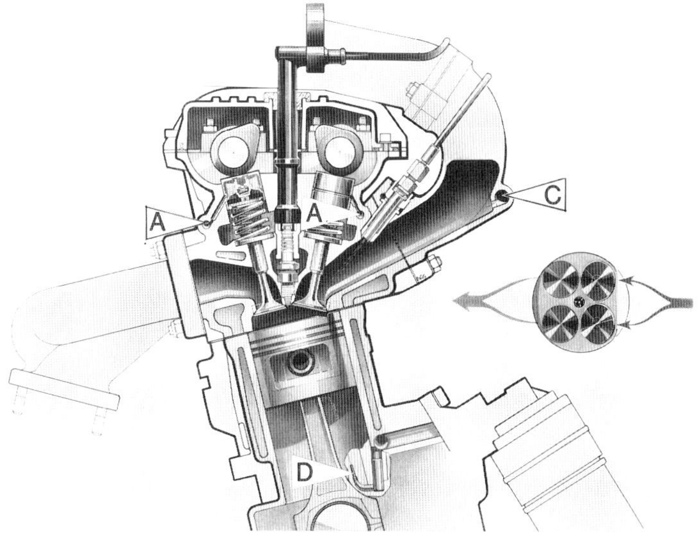

- Großserientauglichkeit
- Einteilige Konstruktion
- Zylinderkopfschrauben zugänglich
- Hydraulische Tassenstößel
- Schmale Bauweise
- Steife Konstruktion
- Tauglich für Aufladung
- Niedrige Geräuschabstrahlung

Die Aufgabenstellung für den Konstrukteur wird umso komplizierter, je kleiner der Zylinderabstand eines Motors ist. Da die Anzahl der unterzubringenden Teile immer gleich bleibt, wird es immer schwieriger, ausreichende Wandstärken für die Tassenstößel-Bohrungen oder den Wassermantelkern zu finden. Erschwerend kam in diesem Fall noch hinzu, daß die im VW-Konzern eingeführten und erprobten hydraulischen Tassenstößel mit 35 mm Durchmesser verwendet werden mußten. So dauerte es wegen technischer Schwierigkeiten relativ lange, bis der Motor von der ersten Vorstellung im Jahre 1983 im Volkswagen Scirocco 16V tatsächlich in Großserie gehen konnte.

Der kleine Ventilwinkel von 25° zusammen mit der ungewöhnlichen Brennraumform, bei der die Auslaßventile fast senkrecht stehen und nur die Einlaßventile geneigt sind, bietet eine Reihe von Vorteilen:

- Klein und leicht
- Besonders für breite V-Motoren geeignet
- Konzentration des Brennraumes unter den Auslaßventilen
- Kurze Auslaßkanäle
- Geringe geräuschabstrahlende Oberfläche
- Alle Zylinderkopfschrauben zugänglich

Durch den kleinen Abstand der beiden Nockenwellen ist ein gemeinsamer Antrieb über den Zahnriemen nicht mehr möglich. So treibt der Zahnriemen

Die Zweiteiler-Variante des VW 827-Vierventilers hat besonders lang ausgeführte Schwingrohre (A), um den Drehmomentverlauf im unteren Drehzahlbereich anzuheben. Die Zündkerzen (B) bleiben trotz der über den Kopf gezogenen Sauganlage gut zugänglich.

nur die Auslaßnockenwelle an, während eine kurze Kette den Antrieb der Einlaßnockenwelle übernimmt. Der ursprünglich vorgesehene Antrieb über schräg verzahnte Stirnräder mußte aus Geräuschgründen verlassen werden. Die 1,8 Liter 4V-Versionen für Scirocco und Golf GTi wurden später durch eine 2,0 Liter- Version für den VW Passat mit langem Hub und größerer Bohrung ergänzt.

Daß die Mitteldrücke der Motoren nicht zu den allerbesten gehören, liegt am Umfeld der Motoren. Mit nicht leistungsoptimalen Luftführungen, Abgasanlagen, Luftfilter, Einspritz- und Zündanlagen lassen sich keine Spitzenwerte erreichen.